新工科建设之路·计算机类专业系列教材

Java EE 轻量级框架应用实战——SSM 框架（Spring MVC+Spring+MyBatis）（第2版）

石　毅　主编

電子工業出版社
Publishing House of Electronics Industry
北京·BEIJING

内 容 简 介

本书对第 1 版进行了更新和修订，详细讲解了 Java EE 轻量级框架中使用最多的 SSM 框架，即 Spring MVC、Spring 和 MyBatis 的基本知识和应用。随着互联网的迅猛发展，SSM 框架被越来越多地应用于企业级开发中，其发展势头已经超过大部分 Java Web 框架，稳居榜首。本书以实用性为原则，在重点讲解 SSM 框架在企业开发中常用的核心技术的同时，分别讲解了 Spring MVC、Spring 和 MyBatis 的精髓内容，以课堂实录的方式，理论结合实践，边讲边练。此外，作者在本书中还使用 SSM 框架改造了经典项目，力求通过项目的实现加深读者对 SSM 框架的理解和掌握程度。

本书提供丰富的配套资源和支持服务，包括电子教案（PPT）、案例素材、源代码、上机练习与课后作业参考答案、教学设计、教学大纲、课程思政素材等，为读者带来全方位的阅读体验，读者可以在华信教育资源网（www.hxedu.com.cn）上免费下载。

本书既可以作为高等院校本、专科计算机相关专业的程序设计教材，又可以作为 Java 技术的培训教材，适合广大编程爱好者阅读与使用。

图书在版编目（CIP）数据

Java EE 轻量级框架应用实战 ：SSM 框架 ：Spring MVC+Spring+MyBatis / 石毅主编．—2 版．—北京：电子工业出版社，2023.12

ISBN 978-7-121-46528-4

Ⅰ．①J… Ⅱ．①石… Ⅲ．①JAVA 语言－程序设计②数据库－基本知识 Ⅳ．①TP312.8②TP311.138

中国国家版本馆 CIP 数据核字（2023）第 199878 号

责任编辑：牛晓丽　　　　特约编辑：田学清
印　　刷：三河市鑫金马印装有限公司
装　　订：三河市鑫金马印装有限公司
出版发行：电子工业出版社
　　　　　北京市海淀区万寿路 173 信箱　　　邮编：100036
开　　本：787×1092　1/16　印张：24.5　字数：692 千字
版　　次：2020 年 7 月第 1 版
　　　　　2023 年 12 月第 2 版
印　　次：2024 年 11 月第 3 次印刷
定　　价：79.00 元

凡所购买电子工业出版社图书有缺损问题，请向购买书店调换。若书店售缺，请与本社发行部联系，联系及邮购电话：（010）88254888，88258888。

质量投诉请发邮件至 zlts@phei.com.cn，盗版侵权举报请发邮件至 dbqq@phei.com.cn。

本书咨询联系方式：9616328（QQ）。

前　言

《Java EE 轻量级框架应用实战——SSM 框架（Spring MVC+Spring+MyBatis）》一书于 2020 年 7 月面世，到目前已经印刷多次，受到了广大读者的欢迎和好评，作者为此备受鼓舞。随着时间的推移，Java EE 轻量级框架技术又有了新的变化。作为 Java EE 轻量级框架应用实战教程，本书当然要紧跟技术发展，及时反映新平台、新技术、新方法和新特性。因此，作者撰写了《Java EE 轻量级框架应用实战——SSM 框架（Spring MVC+Spring+MyBatis）（第 2 版）》一书。为贯彻落实党的二十大精神，提升教材铸魂育人的效果，作者结合 Java EE 轻量级框架的教学内容，为本书配备了“课程思政 • 素材库”（可与其他教学资源一起从华信教育资源网下载），以引导学生践行社会主义核心价值观，培养学生的奋斗精神、敬业精神、奉献精神、创新精神、工匠精神、法制精神、绿色环保意识等。

本书在写作架构上与第 1 版保持一致，但是作者又对各章内容进行了更新，对软件平台和主要组件都进行了升级，具体变化如下。

（1）增加课程思政元素。党的二十大报告指出：“育人的根本在于立德。”在充分调研“Java EE 轻量级框架应用”课程在思政方面存在的薄弱环节后，通过探寻计算机专业课程与思政内容的切入点，以多种途径巧妙、自然地融入课程思政元素，具体包括“名言警句”“砥节砺行”“技能训练”“科技故事”等模块。在介绍知识的同时，既增加了学习的趣味性，又使学生能够接受计算机思维方式和科学家精神的熏陶，从人文素养等不同的角度来学习计算机技术，提高运用科学技术解决实际问题的能力，从而实现“全员育人、全程育人、全方位育人”。

（2）开发环境由 MyEclipse 变为 IntelliJ IDEA，操作更加便捷、高效。

（3）第三方的 API 文件不再使用手工方式管理 JAR 文件，改由 Maven 仓库进行统一配置与管理。

（4）案例的实践操作步骤描述更加清晰，更有利于读者实践操作。

（5）将第 1 版中的案例描述内容更改到第 14 章，第 14 章的内容包括项目介绍、需求分析、系统设计、系统环境搭建、应用案例（实现用户登录模块的功能、实现用户管理模块的功能）、技能训练，以突显案例的完整性。

（6）由于篇幅限制，作者对第 1 版中讲解的表单标签库、数据转换和格式化、数据校验等知识点进行了删减，读者可以从华信教育资源网（www.hxedu.com.cn）上获取删减部分与其他拓展内容，进行深入学习。

本书基于 Spring MVC+Spring+MyBatis，讲解了 SSM 框架的应用及 SSM 框架的搭建技巧，详细讲解了 SSM 框架的基础知识和使用方法。在编写本书时，作者力求将一些复杂且难以理解的概念和问题简单化，使读者能够轻松理解并快速掌握这些知识点。同时，作者还对每个知识点进行了深入分析，并针对重要知识点精心设计了案例，以提高读者的实践操作能力。本书的内容分为 4 个部分，具体如下。

第 1 部分（第 1～5 章）：讲解 MyBatis，主要内容包括初识 MyBatis、MyBatis 的核心配置、动态 SQL 语句、MyBatis 的关联映射，以及深入使用 MyBatis。

第 2 部分（第 6～9 章）：讲解 Spring，主要内容包括初识 Spring、Spring Bean、Spring AOP，以及 Spring 的数据库开发及事务管理。

第 3 部分（第 10～12 章）：讲解 Spring MVC，主要内容包括初识 Spring MVC、Spring MVC 数据绑定与交互，以及深入使用 Spring MVC。

第 4 部分（第 13～14 章）：主要内容包括 SSM 框架整合、百货中心供应链管理系统。这一部分主要基于 Spring MVC+Spring+MyBatis 完成一个 SSM 框架的企业级项目，将对前面章节所讲的 SSM 框架的技能起到检查、巩固和提高的作用。熟练掌握这一部分的内容，读者将能够开发基于 MVC 设计模式，具有高复用性、高扩展性、松耦合性的 Web 应用程序。

百货中心供应链管理系统几乎贯穿本书中的每章内容。读者可以利用各章技能对该案例的功能进行实现或优化，并且在学习技能的同时获取项目开发经验，一举两得。这是一段从梦想到飞翔的旅程，希望读者潜心修炼。在实际的网页开发中，会遇到各种各样的问题，但只要把握住问题的核心，耐心分析并确定问题的解决步骤，对应到程序的输入、处理和输出环节，运用所学知识和技能或通过上网学习新知识，就能一一破解。

在学习本书的过程中，读者一定要亲自实践书中的案例代码，如果不能完全理解书中所讲的知识点，那么可以通过互联网等途径寻求帮助。另外，读者如果在理解知识点的过程中遇到困难，不要纠结于某个知识点，可以先学习后面的知识点。通常来讲，随着对后面知识点的不断深入了解，前面不能理解的知识点一般都能理解。如果在动手练习的过程中遇到问题，建议读者多思考，理清思路，认真分析问题发生的原因，并在解决问题后多总结。

本书采用知识点与案例相结合的方式编写。读者通过学习案例，可以快速掌握对应的知识点。“千里之行，始于足下。”让我们一起进入《Java EE 轻量级框架应用实战——SSM 框架（Spring MVC+Spring+MyBatis）（第 2 版）》一书的精彩世界吧！

限于作者水平，书中难免存在不妥之处，欢迎各界专家和读者来函提出宝贵意见，我们将不胜感激。读者在阅读本书时，如果发现任何问题或不认同之处可以通过电子邮件与我们联系，请发送电子邮件至 sem00000@163.com。

目 录

第 1 章 初识 MyBatis

本章目标

- ◎ 理解数据持久化的概念和 ORM 框架的原理
- ◎ 理解 MyBatis 的概念及特点
- ◎ 了解如何搭建 MyBatis 环境
- ◎ 了解 MyBatis 与 JDBC 的区别和联系
- ◎ 熟悉 MyBatis 的工作原理
- ◎ 掌握如何编写 MyBatis 的入门程序

本章简介

本章介绍持久层的 MyBatis。使用 MyBatis 可以很方便地完成持久化的增加、删除、修改、查找操作，本章主要内容包括框架简介、MyBatis 简介、MyBatis 环境的搭建与 MyBatis 的入门程序、MyBatis 的基础操作，以及 MyBatis 的工作原理。

技术内容

1.1 框架简介

1.1.1 为什么使用框架

如何制作一份具有专业水准的 PPT（PowerPoint）呢？一个简单的方法就是使用 PPT 模板。PPT 模板如图 1.1 所示。

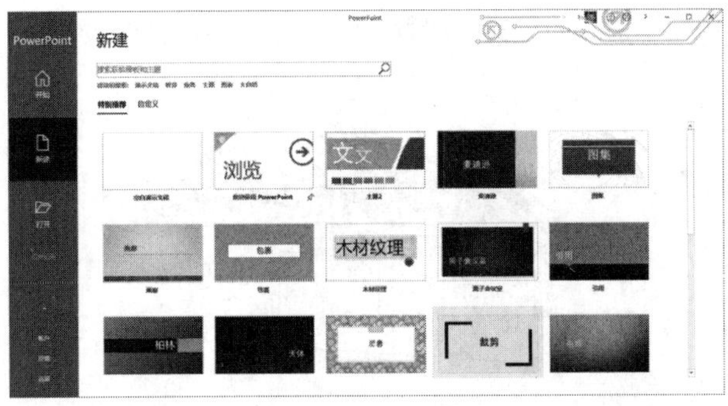

图 1.1 PPT 模板

使用 PPT 模板创建的文档已经有了一个 PPT 的“架子”，此时只需填写必要的信息即可创建新文档。使用 PPT 模板创建的新文档如图 1.2 所示。

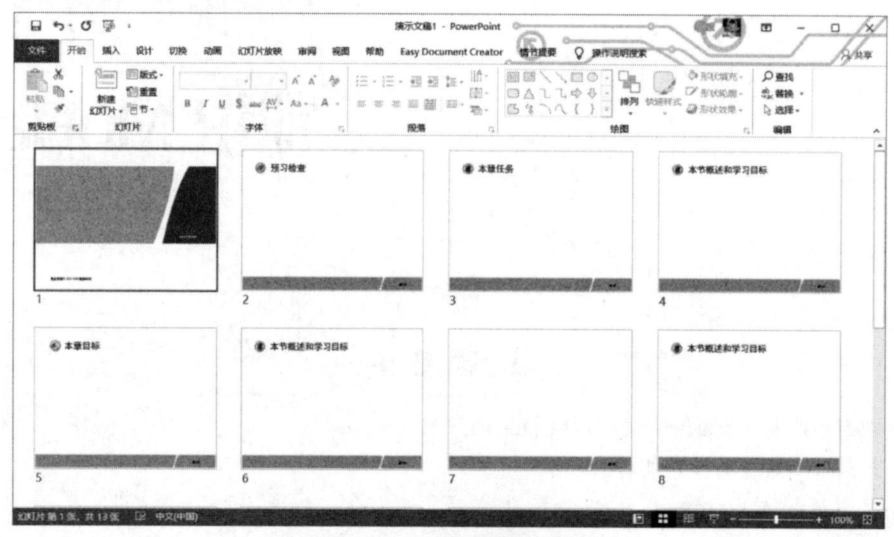

图 1.2 使用 PPT 模板创建的新文档

思考：使用 PPT 模板制作 PPT 有哪些好处？

（1）不用考虑布局、排版等问题，可以提高制作效率。

（2）可以专心设计 PPT 的内容，使演讲“质量”更有保障。

（3）初学者也可以制作很专业的幻灯片演讲稿。

使用框架创建项目也是基于这样的考虑的。当确定使用哪种框架后，就已经有了一个“半成品”，此时只需填写所需内容，即可完成工作。

使用框架的优势如下。

（1）不用考虑公共问题，这是因为框架已经创建完成。

（2）可以专心于业务逻辑，保证核心内容的开发质量。

（3）结构统一，便于学习和维护。

（4）集成了前人的经验，可以帮助初学者编写出稳定、性能优良且结构优美的高质量程序。

1.1.2 框架的概念

框架（Framework）是一个提供了可重用的公共结构半成品。它为编写新应用程序提供了极大的便利。“框架”这个词最早出现在建筑领域，指在建造房屋前期构建的建筑骨架。建筑框架如图 1.3 所示。对应用程序来说，框架就是应用程序的骨架，开发人员可以在这个骨架上搭建符合自己需求的应用系统。这些框架凝聚了前人的经验和智慧，使用这些框架就等于站在了巨人的肩膀上。

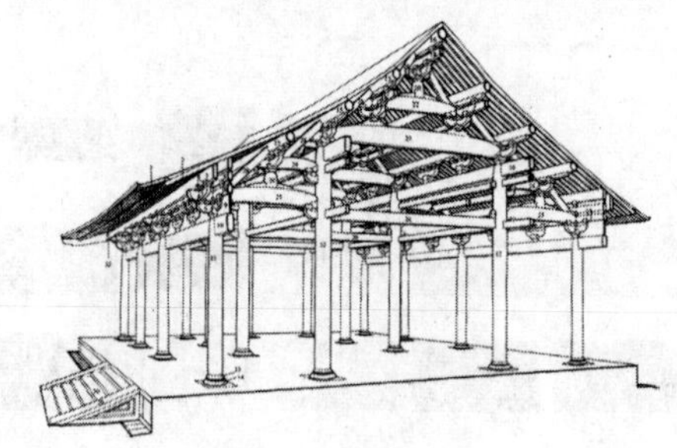

图 1.3 建筑框架

Rickard Oberg（WebWork 的开发人员和 JBoss 的创始人之一）曾说过：“框架的强大之处不是它能让你做什么，而是它不能让你做什么。”Rickard Oberg 强调框架另一个层面的含义，即框架能使混乱的内容变得结构化。如果没有框架，那么一千个人将写出一千种 Servlet+JavaBean+JSP 的代码，而框架保证了程序结构风格的统一。从企业的角度来说，框架也降低了人员培训和软件维护的成本。框架在结构统一和创造力之间维持着一个平衡。

1.1.3 框架的优势

在早期的 Java EE 轻量级框架的应用开发中，开发人员是使用 JSP+Servlet 进行软件应用和系统开发的，JSP+Servlet 使用该技术会有以下两个弊端。

（1）软件应用和系统的可维护性差。如果全部使用 JSP+Servlet 进行软件的开发，那么会因分层不够清晰导致业务逻辑的实现无法单独分离出来，从而造成系统后期维护困难。

（2）代码的重用性低。企业希望以较快的速度，开发出稳定、实用的软件。如果不使用框架，那么每次都需要重新开发系统，这需要投入大量的人力、物力和财力，并且重新开发系统的代码可能具有更多的漏洞，这就增加了系统出错的风险。

针对以上弊端，开发人员开发了许多框架。相比使用 JSP+Servlet 进行软件开发，使用框架有以下 3 个优势。

（1）提高开发效率。如果采用成熟、稳定的框架，那么一些通用的基础工作，如事务管理、安全性、数据流控制等都可以交给框架处理，开发人员只需集中精力完成系统的业务逻辑设计即可，这样降低了开发难度。

（2）提高代码的规范性和可维护性。当多人协同进行开发时，代码的规范性和可维护性就变得非常重要。成熟的框架都有严格的代码规范，能保证整体团队的开发风格统一。

（3）提高软件性能。使用框架进行软件开发，可以减少程序中的冗余代码。例如，在使用 Spring 开发时，通过 Spring 的 IoC 特性，可以将对象之间的依赖关系交给 Spring 控制，进而简化开发流程；在使用 MyBatis 开发时，MyBatis 提供了 XML 标签，支持动态 SQL 语句，开发人员无须在类中编写大量的 SQL 语句，只需在配置文件中进行配置即可。

1.1.4 主流框架的介绍

1. Spring

Spring 是一个轻量级框架，渗入 Java EE 轻量级框架的方方面面。Spring 是因软件开发的复杂性而创建的，是一个开源框架。Spring 的用途不仅限于服务器的开发。从简单性、可测试性和松耦合角度来讲，绝大部分 Java 应用都可以从 Spring 中受益。

Spring 是一个轻量级 IoC 和 AOP 的容器框架。它主要作为 DI 容器和用于实现 AOP 存在，提供了声明式事务、对 DAO 层的支持等简化开发的功能。Spring 可以很方便地与 Spring MVC、Struts 2、MyBatis、Hibernate 等框架集成，其中的 SSM 框架指的就是基于 Spring MVC、Spring 和 MyBatis 的技术框架，使用 SSM 框架能使应用程序更加健壮、稳固、轻巧和优雅，这也是当前流行的 Java 技术框架，其详细内容将在后续章节中介绍。

2. Spring MVC

Spring MVC 属于 Spring 的后续产品，已经融合在 Spring Web Flow 中，是 MVC Model 2 结构清晰的实现。Spring 提供了编写 Web 应用程序的全功能 MVC 模块，并且拥有高度可配置性，支持多种视图技术。此外，Spring MVC 还可以进行定制化开发，使用相当灵活。Spring 整合 Spring MVC，无缝集成，是高性能的架构模式，已越来越广泛地应用于互联网的开发中。当使用 Spring 进行 Web 应用程序开发时，可以选择 Spring MVC 或集成其他 MVC 框架，如 Struts 1（一般不用）、Struts 2（一般老项目使用）等。

3．MyBatis

MyBatis 是优秀的持久层框架，可以在实体类和 SQL 语句之间建立映射关系，是半自动化的对象关系映射（Object Relational Mapping，ORM）框架。它的封装性要低于 Hibernate，且性能优异、简单易学，应用较为广泛。MyBatis 本是 Apache 的开源项目 iBatis。2010 年，这个项目由 Apache Software Foundation 迁移到了 Google Code，并且改名为 MyBatis。2013 年 11 月，这个项目又迁移到了 GitHub。“iBatis”一词来源于 internet 和 abatis 的组合，其框架包括 SQL Maps 和 Data Access Objects（DAO）。

4．Hibernate

Hibernate 不仅是优秀的持久层框架，而且是开放源码的 ORM 框架。它对 JDBC（Java Database Connectivity，Java 数据库连接）进行了轻量级的对象封装，为 POJO（Plain Ordinary Java Object，普通的 Java 对象）类与数据库表建立了映射关系，形成了一个全自动的 ORM 框架。Hibernate 可以自动生成且自动执行 SQL 语句，使开发人员可以随心所欲地使用对象编程思维来操纵数据库。Hibernate 还可以应用在任何使用 JDBC 的场合，既可以在 Java 的客户端程序中使用，又可以在 Servlet/JSP 的 Web 应用程序中使用，最具革命意义的是，Hibernate 可以在应用 EJB（Enterprise Java Beans）的 Java EE 轻量级框架中取代 CMP，以实现数据持久化。当前 Hibernate 已经成为主流的数据库持久层框架，并被广泛应用。

5．Spring Boot

Spring Boot 是 Pivotal 团队基于 Spring 开发的全新框架。其设计初衷是简化 Spring 的配置，使用户能够编写独立运行的程序，提高开发效率。Spring Boot 本身并不提供 Spring 的核心特性及扩展功能，只用于快速、敏捷地开发新一代基于 Spring 的应用。同时，Spring Boot 还集成了大量的第三方类库（Jackson 等），用户只需少量配置就能完成相应功能。

6．Spring Cloud

Spring Cloud 是一系列框架的有序集合，为开发人员构建微服务架构提供了完整的解决方案。Spring Cloud 利用 Spring Boot 的开发便利性巧妙地简化了分布式系统的开发流程。例如，配置管理、服务发现、控制总线等操作，都可以使用 Spring Boot 做到一键启动和部署。可以说，Spring Cloud 将 Spring Boot 进行了再封装，屏蔽了复杂的配置和实现原理，具有简单易懂、易部署和易维护等特点。

1.2 MyBatis 简介

Java 程序依靠 JDBC 实现对数据库的操作。由于在大型企业项目中程序与数据库交互次数较多且读写数据量较大，仅仅使用传统的 JDBC 数据库无法满足性能要求，同时使用 JDBC 也会带来代码冗余等问题，因此企业级开发中一般使用 MyBatis 等框架操作数据库。下面将对 MyBatis 涉及的基础知识进行详细讲解。

1.2.1 数据持久化的概念

数据持久化是将内存中的数据模型转换为存储模型，以及将存储模型转换为内存中的数据模型的统称，如文件的存储、数据的读取等。数据模型可以是任何数据结构或对象模型，而存储模型可以是关系模型、二进制流等。

那么在过去是否介绍过数据持久化？是否进行过数据持久化的操作？答案是肯定的。在数据库的课程学习中就编写过操作表的应用程序，并对表进行增加、删除、修改、检查操作，即数据持久化的操作。

MyBatis 和数据持久化有什么关系呢？读者可以带着这个问题继续学习下面的内容。

1.2.2　传统的 JDBC 的劣势

JDBC 是 Java 程序实现数据访问的基础，提供了一套数据库操作。JDBC 实现数据库操作的步骤包括加载驱动、获取连接、获取执行者对象、发送 SQL 语句等，操作比较烦琐，并且传统的 JDBC 存在一定的局限性。传统的 JDBC 的劣势主要有以下几个方面。

（1）频繁地创建、释放 JDBC 会造成系统资源浪费，从而影响系统性能。

（2）代码中的 SQL 语句硬编码，会造成代码不易维护。在实际应用的开发中，SQL 语句变化的可能性较大。在传统的 JDBC 编程中，变动 SQL 语句需要更改 Java 代码，这违反了开闭原则。

（3）使用 PreparedStatement 向占位符传递参数存在硬编码，这是因为 SQL 语句中<where>元素的条件不确定，如果有修改 SQL 语句的需求，那么必须修改代码，这样会导致系统难以维护。

（4）JDBC 对结果集（Resultset）解析存在硬编码（查询列名)，SQL 语句变化会导致解析代码变化，使得系统不易维护。

由于传统的 JDBC 存在上述劣势，因此企业中常使用 ORM 框架完成数据库的编程操作。常用的 ORM 框架有 MyBatis 和 Hibernate，MyBatis 容易掌握，而 Hibernate 的学习门槛较高，本书主要介绍 MyBatis。

MyBatis 内部封装了通过 JDBC 访问数据库的操作，支持普通的 SQL 语句查询、存储过程和高级映射，消除了所有 JDBC 代码和参数的手工设置及结果集的检索。MyBatis 作为持久层框架，主要思想是将程序中的大量 SQL 语句剥离出来，配置到文件中，以实现 SQL 语句的灵活配置。这样做的好处是将 SQL 语句与程序代码进行分离，可以在不修改程序代码的情况下，直接在配置文件中修改 SQL 语句。

1.2.3　ORM 框架

MyBatis 是一个 ORM 框架。ORM 框架就是一种为了解决面向对象中属性数据类型与关系型数据库中字段数据类型不匹配这一问题的技术。它通过描述 Java 对象与数据库表之间的映射关系，自动将 Java 对象持久化到数据库表中。ORM 框架是一种数据持久化技术，即在对象模型和关系型数据库之间建立对应关系，并且提供一种机制，可以通过 JavaBean 操作数据库表中的数据。ORM 框架如图 1.4 所示。

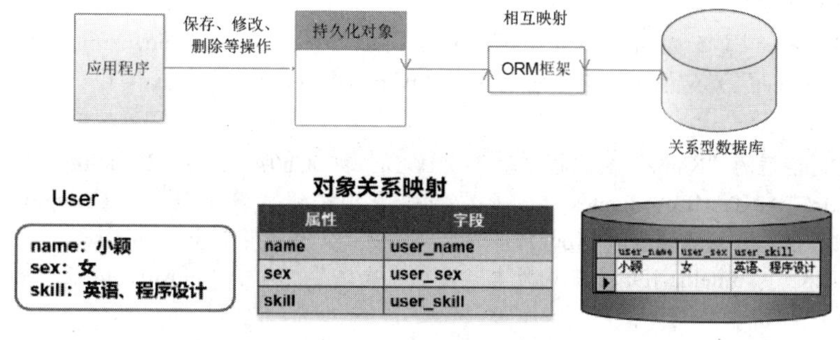

图 1.4　ORM 框架

在实际开发中，开发人员通过面向对象操作数据，而在存储数据时，使用的却是关系型数据库，这样就造成了很多不便。使用 ORM 框架可以在对象模型和关系型数据库表之间建立一座桥梁，开发人员使用 API 直接操作 JavaBean 就可以实现数据的保存、修改、删除等。MyBatis 通过简单的注解进行配置和原始映射，在实体类和 SQL 语句之间建立映射关系，MyBatis 是一种半自动化的 ORM 框架。

1.2.4 Hibernate 与 MyBatis 的区别

当前，ORM 框架的种类有很多，常见的 ORM 框架有 Hibernate 和 MyBatis。其区别主要如下。

（1）Hibernate 是一个全表映射的框架。通常，开发人员只要定义好持久化对象到数据库表的映射关系，就可以通过 Hibernate 提供的方法完成操作。开发人员并不需要熟练地掌握 SQL 语句的编写方法，Hibernate 会根据编写的存储逻辑，自动生成对应的 SQL 语句，并调用 JDBC 来执行。因此，Hibernate 的开发效率高于 MyBatis。然而，Hibernate 自身也存在一些缺点，如在多个表关联时，对 SQL 语句查询功能的支持力度较弱；在更新数据时，需要发送所有字段；不支持存储过程；不能通过优化 SQL 语句来优化性能等。这些问题导致其只适合在场景不太复杂且对性能要求不高的项目中使用。

（2）MyBatis 是一个半自动映射的框架。所谓“半自动”是相对全表映射而言的，MyBatis 需要手动匹配提供 POJO、SQL 语句和映射关系，而 Hibernate 只需提供 POJO 和映射关系即可。与 Hibernate 相比，虽然使用 MyBatis 手动编写 SQL 语句要比使用 Hibernate 的工作量大，但是 MyBatis 可以配置动态 SQL 语句并优化 SQL 语句，通过配置决定 SQL 语句的映射规则，以及支持存储过程等。对一些复杂的和对优化性能要求较高的项目来说，显然使用 MyBatis 更合适。

MyBatis 可以应用于需求多变的互联网项目（电商项目等）中。Hibernate 可以应用于需求明确、业务固定的项目（OA 项目、ERP 项目等）中。

1.3 MyBatis 环境的搭建与 MyBatis 的入门程序

在使用 MyBatis 进行数据库开发前，需要先搭建 MyBatis 环境。

1.3.1 MyBatis 环境的搭建

MyBatis 环境搭建的基本步骤包括创建项目、引入相关依赖、创建数据库、创建数据库连接信息配置文件、创建 MyBatis 的核心配置文件。

本书采用 MyBatis 3.5.13 搭建 MyBatis 环境，本书内容基于第 14 章中介绍的百货中心供应链管理系统进行讲解，具体实现步骤如下。

步骤 1　创建项目

启动 IntelliJ IDEA，选择“File”→“New”→“Project”命令，弹出“New Project”对话框，如图 1.5 所示。在“New Project”对话框中，选择左侧的“Maven”选项，单击“Next”按钮，弹出项目命名对话框，如图 1.6 所示。

在项目命名对话框的“Name”文本框中输入项目名，如“Ch01”，在“Location”文本框中选择项目存放目录，单击“Artifact Coordinates”选项左侧的下拉按钮，分别设置“GroupId”“ArtifactId”“Version”选项。其中，通常设置“GroupId”为公司倒置的网络域名，如“cn.dsscm”，“ArtifactId”为项目名；“Version”为 IntelliJ IDEA 默认版本。设置完成之后，单击“Finish”按钮，完成项目的创建。项目结构如图 1.7 所示。

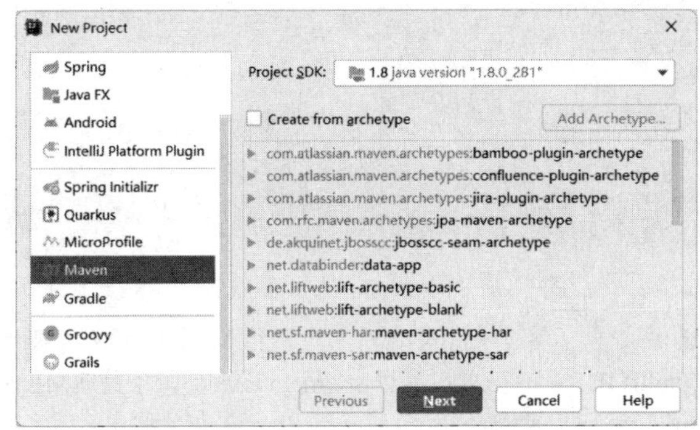

图 1.5　“New Project”对话框

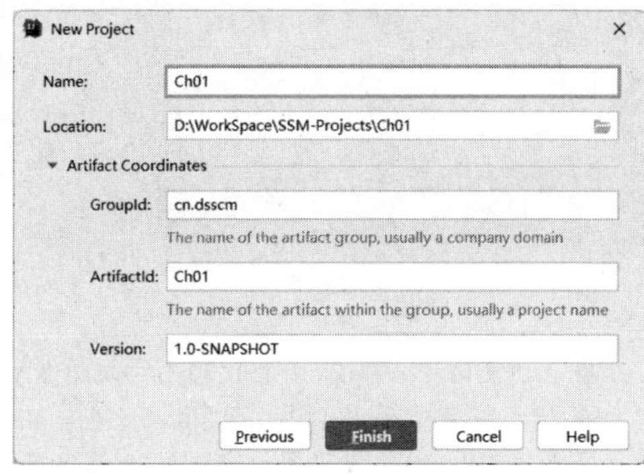

图 1.6　项目命名对话框

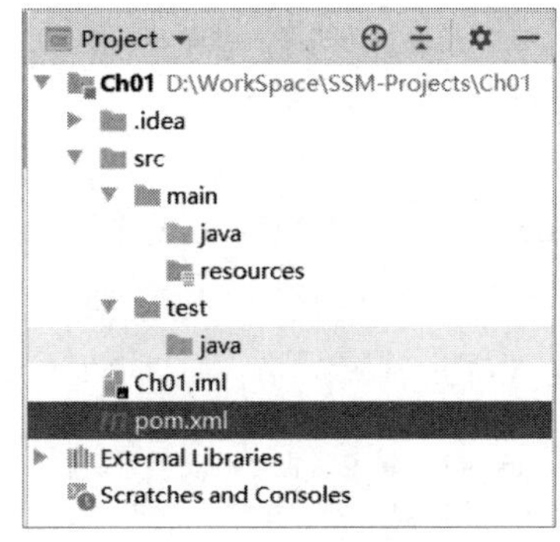

图 1.7　项目结构

步骤 2　引入相关依赖

在以往 Java 项目的开发中，需要在项目中引入许多 JAR 包以便调用 JAR 包下封装好的常用类集。JAR 包占用的内存空间较大，给项目的打包和发布带来了极大的不便。基于以上原因，Apache 开发了项目管理工具 Maven。Maven 使用 Maven 仓库管理 JAR 包，使用 Maven 管理项目不需要引入 JAR 包，只需要将 JAR 包的依赖引入 pom.xml 中就可以调用 JAR 包下的类了，极大地提高了编程效率。由于 IntelliJ IDEA 中已经集成了 Maven，因此可以直接使用 IntelliJ IDEA 中默认的 Maven，也可以自行另外配置 Maven。

由于本项目要连接数据库并对程序进行测试，因此需要在 pom.xml 中引入 MySQL 数据库驱动包、JUnit 测试包、MyBatis 核心包等相关依赖。pom.xml 的具体代码如示例 1 所示。

【示例 1】　pom.xml

```
    <dependencies>
        <dependency>
            <groupId>org.mybatis</groupId>
            <artifactId>mybatis</artifactId>
            <version>3.5.13</version>
        </dependency>
        <dependency>
            <groupId>mysql</groupId>
            <artifactId>mysql-connector-java</artifactId>
            <version>8.0.11</version>
        </dependency>
        <dependency>
            <groupId>junit</groupId>
            <artifactId>junit</artifactId>
            <version>4.12</version>
            <scope>compile</scope>
        </dependency>
    </dependencies>

    <build>
        <resources>
```

```
22.             <resource>
23.                 <directory>src/main/java</directory>
24.                 <includes>
25.                     <include>**/*.properties</include>
26.                     <include>**/*.xml</include>
27.                 </includes>
28.                 <filtering>true</filtering>
29.             </resource>
30.         </resources>
31.     </build>
```

在上述代码中，第 2～6 行代码用于运行 MyBatis 核心包；第 7～11 行代码用于运行 MySQL 数据库驱动包；第 12～17 行代码用于运行 JUnit 测试包。由于 IntelliJ IDEA 不会自动编译 src/main/java 目录下的 XML 文件，因此第 19～30 行代码用于将项目中 src/main/java 目录下的 XML 文件等编译到 classes 文件夹中。

> **注意**
>
> 由于本书使用的是 Maven 创建项目，因此在第一次导入依赖时，需要在联网状态下进行，且导入依赖需要较长时间，读者耐心等待依赖导入完成即可。

步骤 3　创建数据库

在 MySQL 数据库中导入名为 dsscm.sql 的素材文件，创建名为 dsscm 的数据库。

> **注意**
>
> 百货中心供应链管理系统使用的是 MySQL 数据库，在 root 用户下导入 SQL 语句（dsscm.sql）后，使用的是 dsscm 数据库，其中包括 tb_user 表（用户表）、tb_role 表（角色表）、tb_provider 表（供应商表）、tb_product 表（商品表）、tb_bill 表（采购订单表）、tb_order 表（销售订单表）等。在后续内容中将有百货中心供应链管理系统的功能介绍。如果没有特别说明，那么示例和上机练习都在测试类中运行，结果都在控制台输出。

步骤 4　创建数据库连接信息配置文件

MyBatis 的核心配置文件主要用于配置数据库连接的参数和 MyBatis 运行时所需的各种特性，包含设置和影响 MyBatis 行为的属性。

在 src/main/resources 目录下创建数据库连接信息配置文件，这里将其命名为 db.properties，在该文件中配置数据库连接的参数。db.properties 的具体代码如示例 2 所示。

【示例 2】　db.properties

```
driver=com.mysql.cj.jdbc.Driver
url=jdbc:mysql://localhost:3306/dsscm?serverTimezone=UTC&characterEncoding=utf8&useUnicode=true&useSSL=false
username=root
password=123456
```

由于 MyBatis 默认使用 log4j.properties 输出日志信息，因此要在控制台查看输出的 SQL 语句，就需要在类目录下配置日志文件。在 src/main/resources 目录下创建 log4j.properties。log4j.properties 的具体代码如示例 3 所示。

【示例 3】　log4j.properties

```
log4j.rootLogger=debug, stdout, R

log4j.appender.stdout=org.apache.log4j.ConsoleAppender
log4j.appender.stdout.layout=org.apache.log4j.PatternLayout

# Pattern to output the caller's file name and line number.
log4j.appender.stdout.layout.ConversionPattern=%5p [%t] (%F:%L) - %m%n

log4j.appender.R=org.apache.log4j.RollingFileAppender
log4j.appender.R.File=example.log

log4j.appender.R.MaxFileSize=100KB
# Keep one backup file
```

```
log4j.appender.R.MaxBackupIndex=5

log4j.appender.R.layout=org.apache.log4j.PatternLayout
log4j.appender.R.layout.ConversionPattern=%p %t %c - %m%n
```

日志配置包含全局的日志配置、MyBatis 的日志配置和控制台输出，其中 MyBatis 的日志配置为将 cn.dsscm 包下所有类的日志记录级别设置为 DEBUG。

注意

log4j.properties 中的具体内容这里不进行讲解，读者可自行查找资料学习。上述配置文件代码也不需要全部手写，在 MyBatis 使用手册的 logging 节中，可以找到如图 1.8 所示的配置文件代码，只要将其复制到 log4j.properties 中，并对 MyBatis 的日志信息进行简单修改即可使用。

在应用的类路径中创建一个名称为 log4j.properties 的文件，文件的具体内容如下：

```
# Global logging configuration
log4j.rootLogger=ERROR, stdout
# MyBatis logging configuration...
log4j.logger.org.mybatis.example.BlogMapper=TRACE
# Console output...
log4j.appender.stdout=org.apache.log4j.ConsoleAppender
log4j.appender.stdout.layout=org.apache.log4j.PatternLayout
log4j.appender.stdout.layout.ConversionPattern=%5p [%t] - %m%n
```

图 1.8　MyBatis 使用手册的 logging 节

步骤 5　创建 MyBatis 的核心配置文件

在 src/main/resources 目录下创建 MyBatis 的核心配置文件，该文件主要用于项目环境的配置，如数据库连接相关配置等。核心配置文件可以随意命名，默认文件名为 configuration.xml，为了方便在框架集成时更好地区分各个配置文件，一般会将此文件命名为 mybatis-config.xml。如果没有特殊说明，那么本书中 MyBatis 的核心配置文件均被命名为 mybatis-config.xml。mybatis-config.xml 的具体代码如示例 4 所示。

【示例 4】　mybatis-config.xml

```
1.  <?xml version="1.0" encoding="UTF-8" ?>
2.  <!DOCTYPE configuration
3.          PUBLIC "-//mybatis.org//DTD Config 3.0//EN"
4.          "http://mybatis.org/dtd/mybatis-3-config.dtd">
5.  <configuration>
6.      <!-- 配置环境 -->
7.      <!-- 加载类目录下的属性文件 -->
8.      <properties resource="db.properties"/>
9.      <environments default="development">
10.         <environment id="development">
11.             <!--配置事务管理，采用 JDBC 的事务管理  -->
12.             <transactionManager type="JDBC"></transactionManager>
13.             <!-- POOLED:MyBatis 自带的数据源类型，JNDI:基于 Tomcat 服务器的数据源类型 -->
14.             <dataSource type="POOLED">
15.                 <property name="driver" value="${driver}"/>
16.                 <property name="url" value="${url}"/>
17.                 <property name="username" value="${username}"/>
18.                 <property name="password" value="${password}"/>
19.             </dataSource>
20.         </environment>
21.     </environments>
22.     <!-- 目录配置 -->
23.     <mappers>
24.         <mapper resource="mapper/UserMapper.xml"/>
25.     </mappers>
26.
27. </configuration>
```

在上述代码中，第 2～4 行代码是核心配置文件的约束信息；第 8 行代码用于加载数据库连接信息配置文件；第 14～19 行代码是数据库连接参数的配置信息。

<configuration>元素中的内容是需要编写的配置信息。这里按照<configuration>元素功能的不同，分为两个步骤进行配置：第 1 步配置环境；第 2 步配置<mapper>元素的位置。关于上述代码中各个元素的详细配置信息将在后续章节中介绍，此示例中只要按照上述代码配置即可。mybatis-config.xml 中几个常用元素的含义如下。

（1）<configuration>：配置文件的根元素。

（2）<properties>：通过 resource 属性从外部指定 db.properties。该文件用于描述数据库连接的相关配置（数据库驱动、连接数据库的 URL、数据库用户名、数据库密码），位置也是在 src/main/resources 目录下。

（3）<settings>：设置 MyBatis 运行中的一些行为，如设置 MyBatis 的日志实现为 log4j.properties，即使用 log4j.properties 实现日志记录功能。

（4）<environments>：配置 MyBatis 的多套运行环境，将 SQL 语句映射到多个不同的数据库中。在该元素中可以配置多个子元素，但是必须指定其中一个为默认运行环境（通过 default 属性指定）。

（5）<environment>：配置 MyBatis 的一套运行环境，需要指定运行环境 id、事务管理、数据源配置等相关信息。

（6）<mappers>：告诉 MyBatis 如何找到 SQL 语句映射文件（该文件内容是开发人员定义的映射 SQL 语句），整个项目中可以有 1 个或多个 SQL 语句映射文件。

（7）<mapper>：<mappers>元素的子元素，具体指定 SQL 语句映射文件目录，其中 resource 属性的值表述了 SQL 语句映射文件目录（类资源目录）。

注意

mybatis-config.xml 中的元素是有一定顺序的，如果不按顺序排列，那么 mybatis-config.xml 文件就会报错。配置文件并不需要完全手动编写，在 MyBatis 使用手册中，已经给出了配置模板（包含约束信息），用户在使用时只需要将其复制过来，依照自己的项目需求修改即可。

至此，MyBatis 环境就搭建完成了。

1.3.2 MyBatis 的入门程序

下面将在 MyBatis 环境下实现一个入门程序，演示 MyBatis 的使用（如果不做特别说明，那么后续编程都将在 1.3.1 节搭建的 MyBatis 环境下进行）。本节介绍的入门程序要求实现统计 tb_user 表中用户数量，具体实现步骤如下。

步骤 1　创建 UserMapper.xml

在 src/main/resources 目录下创建 cn.dsscm.mapper 包，在该包下创建 UserMapper.xml，具体代码如示例 5 所示。

【示例 5】　UserMapper.xml

```
<?xml version="1.0" encoding="UTF-8" ?>
<!DOCTYPE mapper
  PUBLIC "-//mybatis.org//DTD Mapper 3.0//EN"
  "http://mybatis.org/dtd/mybatis-3-mapper.dtd">
<mapper namespace="cn.dsscm.dao.UserMapper">
    <!-- 查询 tb_user 表中的记录数 -->
    <select id="count" resultType="int">
        SELECT count(1)
          FROM tb_user
    </select>
</mapper>
```

注意

因为 SQL 语句映射文件都会对应相应的 POJO，所以一般采用 POJO 名+Mapper 的规则来进行命名。当然，创建映射文件的操作在 DAO 层进行，应该放置在 DAO 包下，并根据业务功能进行分包放置，如 cn.dsscm.dao.UserMapper.xml。

示例 5 的 UserMapper.xml 中定义了 SQL 语句，其中各元素的含义如下。

（1）<mapper>：映射文件的根元素，只有一个 namespace 属性。

namespace：区分不同的映射文件，全局唯一。

（2）<select>：SQL 语句，是 MyBatis 的常用元素，常用属性如下。

① id：namespace 属性的唯一标识。

② resultType：SQL 语句返回类型的全限定名或别名，示例 5 中通过 SQL 语句返回类型为 int。

注意

MyBatis 的映射文件中包含一些约束信息，初学者如果自己动手编写，不但浪费时间而且容易出错。其实，在 MyBatis 使用手册中就可以找到这些约束信息，具体的获取方法如下。

访问官网，在 Getting started（入门指南）的 2.1.5 节的 Exploring Mapped SQL Statements 中，即可找到 MyBatis 映射文件约束信息，如图 1.9 所示。

探究已映射的 SQL 语句

现在你可能很想知道 SqlSession 和 Mapper 到底执行了什么操作，但 SQL 语句映射是个相当大的话题，可能会占去文档的大部分篇幅。 不过为了让你能够了解个大概，这里会给出几个例子。

在上面提到的例子中，一个语句既可以通过 XML 定义，也可以通过注解定义。我们先看看 XML 定义语句的方式，事实上 MyBatis 提供的全部特性都可以利用基于 XML 的映射语言来实现，这使得 MyBatis 在过去的数年间得以流行。如果你以前用过 MyBatis，就应该对这个概念比较熟悉。 不过自那以后，XML 的配置也改进了许多，我们稍后还会再提到。这里给出一个基于 XML 映射语句的示例，它可以满足上述示例中 SqlSession 的调用。

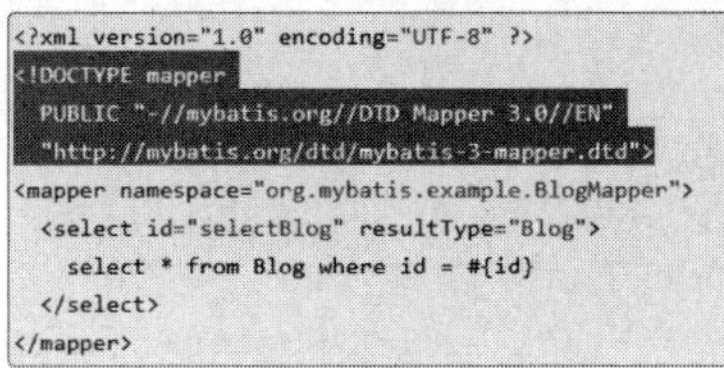

```
<?xml version="1.0" encoding="UTF-8" ?>
<!DOCTYPE mapper
  PUBLIC "-//mybatis.org//DTD Mapper 3.0//EN"
  "http://mybatis.org/dtd/mybatis-3-mapper.dtd">
<mapper namespace="org.mybatis.example.BlogMapper">
  <select id="selectBlog" resultType="Blog">
    select * from Blog where id = #{id}
  </select>
</mapper>
```

图 1.9 MyBatis 映射文件的约束信息

从图 1.9 中可以看出，方框处标注的就是 MyBatis 的映射文件的约束信息。初学者只需将其复制到项目创建的 XML 文件中即可。

步骤 2 创建 UserMapperTest.java

前面已经在项目中导入 JUnit 测试包，在 src/test/java 目录下创建 cn.dsscm.test 包，在该包下创建 UserMapperTest.java 进行功能测试，在后端打印出 tb_user 表中的记录数。

（1）读取 mybatis-config.xml，代码如下。

```
String resource = "mybatis-config.xml";
//获取 mybatis-config.xml 的输入流
InputStream is = Resources.getResourceAsStream(resource);
```

（2）创建 SqlSessionFactory，此对象可以完成对配置文件的读取，代码如下。

```
SqlSessionFactory factory = new SqlSessionFactoryBuilder().build(is);
```

（3）创建 SqlSession，此对象可以调用映射文件对数据进行操作。需要注意的是，必须先把映射文件引入到 mybatis-config.xml 中，代码如下。

```
int count = 0;
SqlSession sqlSession = null;
// 创建 SqlSession
sqlSession = factory.openSession();
// 在调用映射文件对数据进行操作时，先把映射文件引入到 mybatis-config.xml 中
count = sqlSession.selectOne("cn.dsscm.dao.user.UserMapper.count");
logger.debug("UserMapperTest count---> " + count);
```

（4）关闭 SqlSession，代码如下。

```
sqlSession.close();
```

完整的 UserMapperTest.java 的具体代码如示例 6 所示。

【示例 6】 UserMapperTest.java

```java
package cn.dsscm.test;

import java.io.IOException;
import java.io.InputStream;
import java.text.SimpleDateFormat;
import java.util.Date;
import java.util.List;

import cn.dsscm.pojo.User;
import org.apache.ibatis.io.Resources;
import org.apache.ibatis.session.SqlSession;
import org.apache.ibatis.session.SqlSessionFactory;
import org.apache.ibatis.session.SqlSessionFactoryBuilder;
import org.apache.log4j.Logger;
import org.junit.Test;

public class UserMapperTest {
    private Logger logger = Logger.getLogger(UserMapperTest.class);

    @Test
    public void test1() {
        // 创建 SqlSession
        SqlSession sqlSession = null;
        try {
            // 获取 mybatis-config.xml 的输入流
            InputStream is = Resources.getResourceAsStream("mybatis-config.xml");
            // 创建 SqlSessionFactory，此对象可以完成对配置文件的读取
            SqlSessionFactory factory = new SqlSessionFactoryBuilder().build(is);
            int count = 0;
            // 创建 SqlSession
            SqlSession = factory.openSession();
            // 在调用映射文件对数据进行操作时，必须先把映射文件引入到 mybatis-config.xml 中
            count = sqlSession.selectOne("getUserCount");
            System.out.println("UserMapperTest count---> " + count);
        } catch (IOException e) {
            e.printStackTrace();
        } finally {
            // 关闭 SqlSession
            SqlSession.close();
        }
    }

}
```

使用 JUnit4 测试包执行 test1()方法后，控制台的输出结果如下。

```
DEBUG [main] (LogFactory.java:109) - Logging initialized using 'class
org.apache.ibatis.logging.log4j.Log4jImpl' adapter.
DEBUG [main] (PooledDataSource.java:379) - PooledDataSource forcefully closed/removed
all connections.
DEBUG [main] (PooledDataSource.java:379) - PooledDataSource forcefully closed/removed
all connections.
DEBUG [main] (PooledDataSource.java:379) - PooledDataSource forcefully closed/removed
all connections.
DEBUG [main] (PooledDataSource.java:379) - PooledDataSource forcefully closed/removed
all connections.
DEBUG [main] (JdbcTransaction.java:143) - Opening JDBC Connection
DEBUG [main] (PooledDataSource.java:454) - Created connection 240166646.
DEBUG [main] (JdbcTransaction.java:107) - Setting autocommit to false on JDBC
Connection [com.mysql.cj.jdbc.ConnectionImpl@e50a6f6]
DEBUG [main] (BaseJdbcLogger.java:135) - ==> Preparing: SELECT count(1) FROM tb_user
```

```
DEBUG [main] (BaseJdbcLogger.java:135) - ==> Parameters:
DEBUG [main] (BaseJdbcLogger.java:135) - <==      Total: 1
UserMapperTest count---> 14
DEBUG [main] (JdbcTransaction.java:130) - Resetting autocommit to true on JDBC
Connection [com.mysql.cj.jdbc.ConnectionImpl@e50a6f6]
DEBUG [main] (JdbcTransaction.java:97) - Closing JDBC Connection
[com.mysql.cj.jdbc.ConnectionImpl@e50a6f6]
DEBUG [main] (PooledDataSource.java:409) - Returned connection 240166646 to pool.

Process finished with exit code 0
```

注意

本书所有示例及上机练习，不再要求使用 System.out.print 实现日志的输出，而一律使用 log4j.properties 来实现日志的输出，需要在 src/main/resources 目录下加入 log4j.properties，并且在 mybatis-config.xml 中设置 MyBatis 的日志实现为 log4j.properties。由于控制台输出的内容太多，为避免空间浪费，因此本书中只显示需要的内容。

至此，MyBatis 的入门程序介绍完毕，下面介绍 MyBatis 的优点、缺点及适用场合。

1.3.3 MyBatis 的优点、缺点及适用场合

回顾 DAO 层代码，以查询 tb_user 表中的记录数为例，直接使用 JDBC 和 MyBatis 进行查询的两种实现方法的对比，如图 1.10 所示。

由于使用 JDBC 查询返回的是结果集，结果集不能直接使用，需要转换成其他封装类型，因此使用 JDBC 查询并不能直接得到具体的业务对象，这样在整个查询的过程中就需要做很多重复性的转换工作；而使用 MyBatis 查询则可以将图 1.10 中的几行代码分解包装。

第 1、2 行：表示对数据库连接的管理，包括事务管理。

第 3～5 行：表示 MyBatis 通过配置文件管理 SQL 语句，以及传入参数的映射。

第 6～9 行：表示 MyBatis 获取返回结果到 Java 对象的映射，也是通过配置文件管理的。

```
1  Class.forName("com.mysql.jdbc.Driver");
2  Connection connection =DriverManager.getConnection(url, user, password);
3  String sql = "select count(*) as count from user;
4  Statement st = connection.createStatement();
5  ResultSet rs = st.executeQuery(sql);
6  if(rs.next()){
7      int count = rs.getInt("count");
8      …
9  }
10 /**======================华丽丽的分隔线================**/
11 <mapper namespace="cn.dao.user.UserMapper">
12     <select id="count" resultType="int">
13         select count(1) as count from user
14     </select>
15 </mapper>
```

图 1.10　两种实现方法的对比

1．MyBatis 的优点

与 JDBC 相比，使用 MyBatis 可以减少 50%以上的代码量。

（1）MyBatis 是简单的持久层框架，小巧且简单易学。

（2）MyBatis 的使用相当灵活，不会对应用程序或数据库的现有设计造成影响。将 SQL 语句写在 XML 文件中，可以从程序代码中彻底分离，降低耦合度，便于统一管理和优化并可重用。

（3）提供 XML 标签，支持编写动态 SQL 语句。

（4）提供映射标签，支持对象与数据库的 ORM 框架字段关系映射。

2．MyBatis 的缺点

（1）编写工作量较大，对编写 SQL 语句的能力有一定的要求。

（2）依赖于数据库，导致数据库移植性差，不能随意更换数据库。

3．MyBatis 的适用场合

MyBatis 专注于 SQL 语句本身，是一个足够灵活的 DAO 层解决方案。它适用于对性能要求很高或需求变化较多的项目，如互联网项目等。

1.3.4 技能训练

百货中心供应链管理系统是一个 B/S 架构的信息管理平台。该系统的主要业务需求是，记录并维护百货公司的供应商信息，以及百货公司与供应商、顾客之间交易的订单信息。该系统中有系统管理员、经理、普通员工等角色，具体内容可参考第 14 章。

上机练习 1　实现 tb_provider 表记录数的查询

⌘ 需求说明

为百货中心供应链管理系统搭建 MyBatis 环境，并实现 tb_provider 表记录数的查询。

提示

（1）在 IntelliJ IDEA 中创建一个名为 Ch01 的项目，导入 MyBatis 所需的 JAR 文件。

（2）创建 mybatis-config.xml。

（3）创建 tb_provider 表对应的 Provider.java 和 ProviderMapper.xml。

（4）编写 ProviderMapperTest.java，并在后端运行输出结果。

1.4 MyBatis 的基础操作

通过对前面内容的学习，相信读者对 MyBatis 已经有了初步了解。下面就通过用户信息的查询、添加、更新、删除操作来介绍 MyBatis 的基础操作。

1.4.1 查询用户信息

在实际开发中通常会涉及单条数据的精确查询，以及多条数据的模糊查询。那么怎样使用 MyBatis 进行这两种查询呢？下面介绍使用 MyBatis 查询用户信息的方法。

1．根据 id 查询用户信息

根据 id 查询用户信息主要是通过查询 tb_user 表中的主键（这里表示唯一的 id）来实现的，具体实现步骤如下。

步骤 1　创建 POJO

持久化类是指实例状态需要被 MyBatis 持久化到数据库中的类。在设计中，持久化类通常对应需求中的业务实体。MyBatis 一般采用 POJO 来实现持久化类，与 POJO 配合完成持久化工作是 MyBatis 常见的工作模式。POJO 可以简单地理解为符合 JavaBean 规范的实体类，不需要继承和实现任何特殊的 Java 基类或接口。JavaBean 的状态保存在属性中，访问属性必须通过对应的 getter 方法和 setter 方法。

在 src/main/java 目录下创建 cn.dsscm.pojo 包，在该包下创建 User.java，该类用于封装 User 的属性，具体代码如示例 7 所示。

【示例 7】　User.java

```
import java.util.Date;

```

```
public class User {
    private Integer id; // id
    private String userCode; // 用户编码
    private String userName; // 用户名
    private String userPassword; // 密码
    private Date birthday; // 出生日期
    private Integer gender; // 性别
    private String phone; // 电话号码
    private String email; // 电子邮件
    private String address; // 地址
    private String userDesc; // 简介
    private Integer userRole; // 用户角色
    private Integer createdBy; // 创建者
    private String imgPath; // 用户照片
    private Date creationDate; // 创建时间
    private Integer modifyBy; // 更新者
    private Date modifyDate; // 更新时间

    private Integer age;// 年龄
    private String userRoleName; // 角色名称
    public User() {
    }
    public User(String userCode, String userName, String userPassword,
            Integer gender, Integer userRole) {
        super();
        this.userCode = userCode;
        this.userName = userName;
        this.userPassword = userPassword;
        this.gender = gender;
        this.userRole = userRole;
    }
    public Integer getAge() {
        Date date = new Date();
        if (null != birthday) {
            Integer age = date.getYear() - birthday.getYear();
            return age;
        } else {
            return null;
        }
    }
    @Override
    public String toString() {
        return "User [id=" + id + ", userCode=" + userCode + ", userName="
                + userName + ", userPassword=" + userPassword + ", birthday="
                + birthday + ", gender=" + gender + ", phone=" + phone
                + ", email=" + email + ", address=" + address + ", userDesc="
                + userDesc + ", userRole=" + userRole + ", createdBy="
                + createdBy + ", imgPath=" + imgPath + ", creationDate="
                + creationDate + ", modifyBy=" + modifyBy + ", modifyDate="
                + modifyDate + ", age=" + age + ", userRoleName="
                + userRoleName + "]";
    }

    // 省略 getter 方法和 setter 方法
}
```

注意

在 MyBatis 中并不需要 POJO 名与数据库表名一致，这是因为 MyBatis 会自动处理好 POJO 与 SQL 语句之间的映射关系，在一般情况下，保证 POJO 的属性名与数据库表的字段名一致即可，示例 7 中的 age 字段是根据 birthday 字段计算得出的。建议在每个实体类中都为其提供无参构造方法与有参构造方法、toString()方法，以方便后续测试与使用。

步骤 2　编辑 UserMapper.xml

编辑 src/main/java 目录的 cn.dsscm.dao 包下的 UserMapper.xml，添加根据 id 查询用户信息的 SQL 语

句，具体代码如示例 8 所示。

【示例 8】 UserMapper.xml

```
<!--根据 id 查询用户信息-->
<select id="getUserListById"  parameterType="Integer"
                              resultType="cn.dsscm.pojo.User">
    SELECT * FROM tb_user WHERE id = #{id}
</select>
```

在示例 8 中，使用 parameterType 属性对传入 Integer 类型的参数进行设置，返回类型是 User。在定义的 SQL 语句中，“#{}”表示一个占位符，相当于“?”，而“#{id}”则表示该占位符待接收参数名为 id。

步骤 3 编辑测试方法

编辑 src/test/java 目录下的 cn.dsscm.test 包下的 UserMapperTest.java，添加根据 id 查询用户信息的测试方法，具体代码如示例 9 所示。

【示例 9】 UserMapperTest.java

```
@Test
public void findUserByIdTest() {
    String resource = "mybatis-config.xml";
    User user = null;
    SqlSession sqlSession = null;
    try {
        //获取 mybatis-config.xml 的输入流
        InputStream is = Resources.getResourceAsStream(resource);
        //创建 SqlSessionFactory，完成对配置文件的读取
        SqlSessionFactory factory = new SqlSessionFactoryBuilder().build(is);
        //创建 SqlSession
        sqlSession = factory.openSession();
        //在调用映射文件对数据进行操作时，必须先把映射文件引入到 mybatis-config.xml 中
        user = sqlSession.selectOne("getUserListById", 1);
        logger.debug("UserTest user---> " + user);
    } catch (IOException e) {
        // TODO Auto-generated catch block
        e.printStackTrace();
    } finally {
        sqlSession.close();
    }
}
```

在示例 9 的 findUserByIdTest() 方法中，通过输入流读取配置文件后，根据配置文件创建 SqlSessionFactory，并通过 SqlSessionFactory 创建 SqlSession，使用 SqlSession 的 selectOne()方法执行查询操作。selectOne()方法的第 1 个参数表示映射 SQL 语句的标识字符串，由 UserMapper.xml 的<mapper>元素的 namespace 属性的值+<select>元素的 id 属性的值组成；第 2 个参数表示查询所需的参数，这里查询的是 tb_user 表中 id 属性的值为 1 的用户信息，可以使用输出语句查询结果。程序运行完成后，关闭 SqlSession。

使用 JUnit4 测试包执行 findUserByIdTest ()方法后，控制台的输出结果如下。

```
DEBUG [main] (BaseJdbcLogger.java:135) - ==>  Preparing: SELECT * FROM tb_user WHERE id = ?
DEBUG [main] (BaseJdbcLogger.java:135) - ==> Parameters: 1(Integer)
DEBUG [main] (BaseJdbcLogger.java:135) - <==      Total: 1
DEBUG [main] (UserMapperTest.java:57) - UserTest user---> User{id=1, userCode='admin', userName='系统管理员', userPassword='123456', birthday=Tue Oct 22 08:00:00 CST 1991, gender=2, phone='13688889999', email='null', address='北京市海淀区成府路 207 号', userDesc='', userRole=1, createdBy=1, imgPath='null', creationDate=Thu Oct 24 21:01:49 CST 2019, modifyBy=1, modifyDate=Mon Nov 04 00:40:25 CST 2019}
```

从控制台的输出结果中可以看出，使用 MyBatis 已成功查询出 id 属性的值为 1 的用户信息。

了解使用 MyBatis 根据 id 查询用户信息的方法后，下面介绍使用 MyBatis 根据用户名查询用户信息（模糊查询）的方法。

2．根据用户名查询用户信息

模糊查询的实现非常简单，只需在映射文件中使用<select>元素编写相应的 SQL 语句，并通过 SqlSession 的查询方法执行该 SQL 语句即可，具体实现步骤如下。

步骤 1 编辑 UserMapper.xml

在 UserMapper.xml 中，添加根据用户名查询用户信息的 SQL 语句，具体代码如示例 10 所示。

【示例 10】 UserMapper.xml

```
<!--根据用户名查询用户信息-->
<select id="getUserListByName" parameterType="String" resultType="cn.dsscm.pojo.User">
        SELECT * FROM tb_user
         WHERE userName LIKE '%${value}%'
</select>
```

与根据 id 查询用户信息相比，上述代码中 id 属性的值、parameterType 属性的值和 SQL 语句都发生了相应的变化，其中 SQL 语句中的“${}”表示拼接的是字符串，即可以不加解释原样输出，“${value}”表示拼接的是简单数据类型参数。

> **注意**
>
> 因为在使用“${}”进行字符串拼接时，无法防止 SQL 语句注入问题的发生，所以应对 UserMapper.xml 中模糊查询的 SQL 语句进行修改，并使用 MySQL 数据库中的 CONCAT()函数进行字符串拼接，进而实现模糊查询，同时防止 SQL 语句注入修改，具体代码如下。
>
> ```
> select * from tb_user where username like concat('%',#{value},'%')
> ```

步骤 2 编辑测试方法

在 UserMapperTest.java 中，编辑 findUserByNameTest ()方法，具体代码如示例 11 所示。

【示例 11】 UserMapperTest.java

```
1.     @Test
2.     public void findUserByNameTest() {
3.         String resource = "mybatis-config.xml";
4.         List<User> list = null;
5.         SqlSession sqlSession = null;
6.         try {
7.             //获取 mybatis-config.xml 的输入流
8.             InputStream is = Resources.getResourceAsStream(resource);
9.             //创建 SqlSessionFactory，完成对配置文件的读取
10.            SqlSessionFactory factory = new SqlSessionFactoryBuilder().build(is);
11.            //创建 SqlSession
12.            sqlSession = factory.openSession();
13.            //在调用映射文件对数据进行操作时，必须先把映射文件引入到 mybatis-config.xml 中
14.            list = sqlSession.selectList("getUserListByName", "张");
15.            for (User user : list) {
16.                logger.debug(user);
17.            }
18.        } catch (IOException e) {
19.            // TODO Auto-generated catch block
20.            e.printStackTrace();
21.        } finally {
22.            sqlSession.close();
23.        }
24.    }
```

从上述代码中可以看出，findUserByNameTest()方法的代码只是在第 4 行中与根据 id 查询用户信息的测试方法有所不同，其他代码都相同。由于查询出的是多条数据，因此执行 SqlSession 的 selectList()方法用于查询返回结果的集合，并使用 for 循环输出返回结果。

使用 JUnit 测试包执行 findUserByNameTest()方法后，控制台的输出结果如下。

```
DEBUG [main] (BaseJdbcLogger.java:135) - ==>  Preparing: SELECT * FROM tb_user WHERE
```

```
userName LIKE '%张%'
DEBUG [main] (BaseJdbcLogger.java:135) - ==> Parameters:
DEBUG [main] (BaseJdbcLogger.java:135) - <==      Total: 3
DEBUG [main] (UserMapperTest.java:81) - User{id=4, userCode='zhanghua', userName='张华
', userPassword='0000000', birthday=Tue Jun 15 08:00:00 CST 1993, gender=1,
phone='13544561111', email='null', address='北京市海淀区学院路 61 号', userDesc='null',
userRole=3, createdBy=1, imgPath='null', creationDate=Thu Oct 24 21:01:51 CST 2019,
modifyBy=null, modifyDate=null}
DEBUG [main] (UserMapperTest.java:81) - User{id=9, userCode='zhangchen', userName='张晨
', userPassword='0000000', birthday=Fri Mar 28 08:00:00 CST 1986, gender=1,
phone='18098765434', email='null', address='朝阳区管庄路口北柏林爱乐三期 13 号楼',
userDesc='null', userRole=3, createdBy=1, imgPath='null', creationDate=Thu Oct 24
21:01:55 CST 2019, modifyBy=1, modifyDate=Thu Nov 14 22:15:36 CST 2019}
DEBUG [main] (UserMapperTest.java:81) - User{id=13, userCode='zhangsan', userName='张三
', userPassword='123456', birthday=Sat Feb 29 08:00:00 CST 1992, gender=2,
phone='13912341234', email='123@qq.com', address='湖南省长沙市', userDesc='',
userRole=7, createdBy=null, imgPath='D:\soft\apache-tomcat-
7.0.76\webapps\DSSCM\statics\uploadfiles\1572768815398_Personal.jpg', creationDate=Sun
Nov 03 19:59:17 CST 2019, modifyBy=1, modifyDate=Fri Nov 08 07:47:52 CST 2019}
```

从控制台的输出结果中可以看出，已成功查询出 tb_user 表中用户名带有“张”的 3 条用户信息。至此，查询功能介绍完毕。

从上面两个查询方法中可以发现，MyBatis 的基础操作大致可以分为以下 5 个步骤。

（1）读取配置文件。

（2）根据配置文件创建 SqlSessionFactory。

（3）通过 SqlSessionFactory 创建 SqlSession。

（4）使用 SqlSession 操作（查询、添加、更新、删除和提交事务等）数据库。

（5）关闭 SqlSession。

1.4.2 技能训练 1

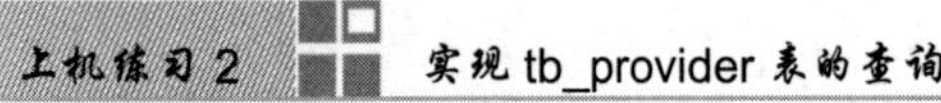

实现 tb_provider 表的查询

⌘ **需求说明**

（1）按条件查询 tb_provider 表，查询条件如下。

①供应商名称。

②供应商 id。

（2）查询结果列显示：供应商信息。

1.4.3 添加用户信息

在 MyBatis 的映射文件中可以通过配置<insert>元素来完成添加操作。添加用户信息的具体实现步骤如下。

步骤 1 编辑 UserMapper.xml

编辑 UserMapper.xml 的具体代码如示例 12 所示。

【示例 12】 UserMapper.xml

```
<insert id="add" parameterType="cn.dsscm.pojo.User">
        insert into tb_user (userCode,userName,userPassword,gender,birthday,phone,
                address,userRole,createdBy,creationDate)
           values (#{userCode},#{userName},#{userPassword},#{gender},#{birthday},
              #{phone},#{address},#{userRole},#{createdBy},#{creationDate})
</insert>
```

在上述代码中，入参（全称为“传入参数”）是一个 Customer 类型的值，该类型的参数被传递到 SQL

语句中时，#{userName}会查找 userName 属性（#{userCode}和#{userPassword}也是一样），并将 userName 属性的值传入 SQL 语句。为了验证上述代码是否正确，可以编辑测试方法用来执行添加操作。

步骤 2　编辑测试方法

在 UserMapperTest.java 中，编辑 addUserTest()方法，具体代码如示例 13 所示。

【示例 13】　UserMapperTest.java

```
    @Test
    public void addUserTest() {
        logger.debug("testAdd !===================");
        SqlSession sqlSession = null;
        int count = 0;
        String resource = "mybatis-config.xml";
        try {
            // 获取 mybatis-config.xml 的输入流
            InputStream is = Resources.getResourceAsStream(resource);
            // 创建 SqlSessionFactory，完成对配置文件的读取
            SqlSessionFactory factory = new SqlSessionFactoryBuilder().build(is);
            // 创建 SqlSession
            sqlSession = factory.openSession();
            // 执行 SqlSession 的添加操作
            // 创建 User，并向 User 中添加数据
            User user = new User();
            user.setUserCode("test001");
            user.setUserName("测试用户 001");
            user.setUserPassword("1234567");
            Date birthday = new SimpleDateFormat("yyyy-MM-dd").parse("1999-12-12");
            user.setBirthday(birthday);
            user.setCreationDate(new Date());
            user.setAddress("测试地址");
            user.setGender(1);
            user.setPhone("13688783697");
            user.setUserRole(1);
            user.setCreatedBy(1);
            user.setCreationDate(new Date());
            // 执行 SqlSession 的添加操作，返回 SQL 语句影响的行数
            count = sqlSession.insert("cn.dsscm.dao.UserMapper.add", user);
            // 通过返回结果，判断添加操作能否执行成功
            if(count > 0){
                System.out.println("您成功添加了"+count+"条数据！");
            }else{
                System.out.println("执行添加操作失败!!! ");
            }
            // 提交事务
            sqlSession.commit();
        } catch (Exception e) {
            e.printStackTrace();
            // 模拟异常，进行回滚
            sqlSession.rollback();
        } finally {
            // 关闭 SqlSession
            sqlSession.close();
        }
    }
```

在上述代码中，首先创建 User 且添加属性的值，其次使用 SqlSession 的 insert()方法执行添加操作，并通过该操作返回的数据来判断添加操作能否执行成功，最后通过 SqlSession 的 commit()方法提交事务，并使用 close()方法关闭 SqlSession。

使用 JUnit 测试包执行 addUserTest()方法后，控制台的输出结果如下。

```
DEBUG [main] (BaseJdbcLogger.java:135) - ==> Preparing: insert into tb_user (userCode,userName,userPassword,gender,birthday,phone, address, userRole,createdBy, creationDate ) values (?,?,?,?,?,?, ?,?,?,?)
```

```
DEBUG  [main]  (BaseJdbcLogger.java:135)  -  ==>  Parameters:  test001(String),  测试用户
001(String), 1234567(String), 1(Integer), 1999-12-12 00:00:00.0(Timestamp), 13688783697
(String), 测试地址(String), 1(Integer), 1(Integer), 2023-03-26 11:50:52.279(Timestamp)
DEBUG [main] (BaseJdbcLogger.java:135) - <==    Updates: 1
DEBUG [main] (UserMapperTest.java:123) - 您成功插入了 1 条数据!
```

从控制台的输出结果中可以看出，已经成功添加了 1 条数据。为了验证是否真的添加成功，可以查询数据库中的 tb_user 表中的信息，如图 1.11 所示。

id	userCode	userName	userPassword	gender	birthday	email	phone	address
1	admin	系统管理员	123456	2	1991-10-22	(NULL)	13688889999	
2	liming	李明	0000000	2	1993-12-10	(NULL)	13688884457	
3	hanlubiao	韩路彪	0000000	2	1994-06-05	(NULL)	18567542321	
4	zhanghua	张华	0000000	1	1993-06-15	(NULL)	13544561111	
5	wangyang	王洋	0000000	2	1992-12-31	(NULL)	13444561124	
6	zhaoyan	赵燕	0000000	1	1996-03-07	(NULL)	18098764545	
7	sunlei	孙磊	0000000	2	1991-01-04	(NULL)	13387676765	
8	sunxing	孙兴	0000000	2	1998-03-12	(NULL)	13367890900	
9	zhangchen	张晨	0000000	1	1986-03-28	(NULL)	18098765434	
10	dengchao	邓超	0000000	2	1991-11-04	(NULL)	13689674534	
11	yangguo	杨过	0000000	2	1990-01-01	(NULL)	13388886623	
12	zhaomin	赵敏	12345678	1	1997-12-04		18099897657	
13	zhangsan	张三	123456	2	1992-02-29	123@qq.com	13912341234	
14	wangwu	王五	1234567	2	2019-11-01	123@qq.com	13912341234	
15	test001	测试用户001	1234567	1	1999-12-11	(NULL)	13688783697	

图 1.11 tb_user 表中的信息 1

可以看出，使用 MyBatis 已经成功添加了 id 属性的值为 15 的用户信息。

1.4.4 更新用户信息

在 MyBatis 映射文件中可以通过配置<update>元素来实现更新操作。更新用户信息的具体实现步骤如下。

步骤 1 编辑 UserMapper.xml

编辑 UserMapper.xml 的具体代码如示例 14 所示。

【示例 14】 UserMapper.xml

```xml
<!-- 更新用户信息 -->
<update id="modify" parameterType="cn.dsscm.pojo.User">
    UPDATE tb_user
       SET userCode=#{userCode},userName=#{userName},
           userPassword=#{userPassword},gender=#{gender},
           birthday=#{birthday},phone=#{phone},address=#{address},
           userRole=#{userRole},modifyBy=#{modifyBy},modifyDate=#{modifyDate}
     WHERE id = #{id}
</update>
```

与添加用户信息的配置相比，更新用户信息的配置中的元素与 SQL 语句都发生了相应的变化，但其属性名没有改变。为了验证配置是否正确，下面以 1.4.3 节中添加的用户信息为例编辑测试方法。

步骤 2 编辑测试方法

在 UserMapperTest.java 中，编辑 updateUserTest()方法，对 id 属性的值为 15 的用户信息进行更新，具体代码如示例 15 所示。

【示例 15】 UserMapperTest.java

```java
@Test
public void updateUserTest() {
    SqlSession sqlSession = null;
    int count = 0;
    String resource = "mybatis-config.xml";
    try {
        // 获取 mybatis-config.xml 的输入流
        InputStream is = Resources.getResourceAsStream(resource);
        // 创建 SqlSessionFactory，完成对配置文件的读取
        SqlSessionFactory factory = new SqlSessionFactoryBuilder()
                .build(is);
```

```
            // 创建 SqlSession
            sqlSession = factory.openSession();
            // 执行 SqlSession 的添加操作
            // 创建 User，并向 User 中添加数据
            User user = new User();
            user.setId(15);
            user.setUserCode("test002");
            user.setUserName("测试用户 002");
            user.setUserPassword("8888888");
            Date birthday = new SimpleDateFormat("yyyy-MM-dd").parse("1999-12-12");
            user.setBirthday(birthday);
            user.setAddress("测试地址");
            user.setGender(1);
            user.setPhone("13612341234");
            user.setUserRole(1);
            user.setModifyBy(1);
            user.setModifyDate(new Date());
            // 执行 SqlSession 的更新操作，返回 SQL 语句影响的行数
            count = sqlSession.update("cn.dsscm.dao.UserMapper.modify", user);
            // 通过返回结果，判断更新操作能否执行成功
            if(count > 0){
                System.out.println("您成功更新了"+count+"条数据！");
            }else{
                System.out.println("执行更新操作失败!!! ");
            }
            // 提交事务
            sqlSession.commit();
        } catch (Exception e) {
            e.printStackTrace();
            // 模拟异常，进行回滚
            sqlSession.rollback();
        } finally {
            // 关闭 SqlSession
            sqlSession.close();
        }
    }
```

与添加用户信息的配置相比，更新用户信息的配置中增加了 id 属性的设置，并执行了 SqlSession 的 update()方法，对 id 属性的值为 15 的用户信息进行了更新。

使用 JUnit 测试包执行 updateUserTest()方法后，控制台的输出结果如下。

```
DEBUG [main] (BaseJdbcLogger.java:135) - ==>  Preparing: UPDATE tb_user SET
userCode=?,userName=?,userPassword=?, gender=?,birthday=?,phone=?,address=?,
userRole=?,modifyBy=?,modifyDate=? WHERE id = ?
DEBUG [main] (BaseJdbcLogger.java:135) - ==> Parameters: test002(String), 测试用户 002
(String), 8888888(String), 1(Integer), 1999-12-12 00:00:00.0(Timestamp), 13612341234
(String), 测试地址(String), 1(Integer), 1(Integer), 2023-03-26 11:54:53.504(Timestamp),
15(Integer)
DEBUG [main] (BaseJdbcLogger.java:135) - <==    Updates: 1
您成功更新了 1 条数据！
```

此时，tb_user 表中的信息如图 1.12 所示。

id	userCode	userName	userPassword	gender	birthday	email	phone	address
1	admin	系统管理员	123456	2	1991-10-22	(NULL)	13688889999	[illegible]
2	liming	李明	0000000	2	1993-12-10	(NULL)	13688884457	[illegible]
3	hanlubiao	韩路彪	0000000	2	1994-06-05	(NULL)	18567542321	[illegible]
4	zhanghua	张华	0000000	1	1993-06-15	(NULL)	13544561111	[illegible]
5	wangyang	王洋	0000000	2	1992-12-31	(NULL)	13444561124	[illegible]
6	zhaoyan	赵燕	0000000	1	1996-03-07	(NULL)	18098764545	[illegible]
7	sunlei	孙磊	0000000	2	1991-01-04	(NULL)	13387676765	[illegible]
8	sunxing	孙兴	0000000	2	1998-03-12	(NULL)	13367890900	[illegible]
9	zhangchen	张晨	0000000	1	1986-03-28	(NULL)	18098765434	[illegible]
10	dengchao	邓超	0000000	2	1991-11-04	(NULL)	13689674534	[illegible]
11	yangguo	杨过	0000000	2	1990-01-01	(NULL)	13388886623	[illegible]
12	zhaomin	赵敏	12345678	1	1997-12-04		18099897657	[illegible]
13	zhangsan	张三	123456	2	1992-02-29	123@qq.com	13912341234	[illegible]
14	wangwu	王五	1234567	2	2019-11-01	123@qq.com	13912341234	[illegible]
15	test002	测试用户002	8888888	1	1999-12-11	(NULL)	13612341234	[illegible]

图 1.12　tb_user 表中的信息 2

可以看出，使用 MyBatis 已经成功更新了 id 属性的值为 15 的用户信息。

1.4.5 删除用户信息

在 MyBatis 映射文件中可以通过配置<delete>元素来实现删除操作。删除用户信息的具体实现步骤如下。

步骤 1 编辑 UserMapper.xml

编辑 UserMapper.xml 的具体代码如示例 16 所示。

【示例 16】 UserMapper.xml

```
    <!-- 删除用户信息 -->
    <delete id="deleteUserById" parameterType="Integer">
        DELETE from tb_user
         WHERE id=#{id}
    </delete>
```

从上述代码中可以看出，只要传递一个 id 属性的值就可以将表中相应的数据删除。

步骤 2 编辑测试方法

要测试删除操作，使用 SqlSession 的 delete()方法传入需要删除用户信息的 id 属性的值即可。在 UserMapperTest.java 中编辑 deleteUserTest()方法，用于删除 id 属性的值为 15 的用户信息，具体代码如示例 17 所示。

【示例 17】 UserMapperTest.java

```
    @Test
    public void deleteUserTest() {
        SqlSession sqlSession = null;
        int count = 0;
        String resource = "mybatis-config.xml";
        try {
            // 获取 mybatis-config.xml 的输入流
            InputStream is = Resources.getResourceAsStream(resource);
            // 创建 SqlSessionFactory，完成对配置文件的读取
            SqlSessionFactory factory = new SqlSessionFactoryBuilder().build(is);
            // 创建 SqlSession
            sqlSession = factory.openSession();
            //
            // 执行 SqlSession 的删除操作，返回 SQL 语句影响的行数
            count = sqlSession.delete("cn.dsscm.dao.UserMapper.deleteUserById",15);
// 通过返回结果，判断插入操作能否执行成功
            if(count > 0){
                System.out.println("您成功删除了"+count+"条数据！");
            }else{
                System.out.println("执行删除操作失败!!! ");
            }
            // 提交事务
            sqlSession.commit();
        } catch (Exception e) {
            e.printStackTrace();
            // 模拟异常，进行回滚
            sqlSession.rollback();
        } finally {
            // 关闭 SqlSession
            sqlSession.close();
        }
    }
```

使用 JUnit 测试包执行 deleteUserTest()方法后，控制台的输出结果如下。

```
DEBUG [main] (BaseJdbcLogger.java:135) - ==>  Preparing: DELETE from tb_user WHERE id=?
DEBUG [main] (BaseJdbcLogger.java:135) - ==> Parameters: 15(Integer)
DEBUG [main] (BaseJdbcLogger.java:135) - <==    Updates: 1
您成功删除了 1 条数据!
```

此时，再次查看 tb_user 表中的信息，如图 1.13 所示。

id	userCode	userName	userPassword	gender	birthday	email	phone	address
1	admin	系统管理员	123456	2	1991-10-22	(NULL)	13688889999	[illegible]
2	liming	李明	0000000	2	1993-12-10	(NULL)	13688884457	[illegible]
3	hanlubiao	韩路彪	0000000	2	1994-06-05	(NULL)	18567542321	[illegible]
4	zhanghua	张华	0000000	1	1993-06-15	(NULL)	13544561111	[illegible]
5	wangyang	王洋	0000000	2	1992-12-31	(NULL)	13444561124	[illegible]
6	zhaoyan	赵燕	0000000	1	1996-03-07	(NULL)	18098764545	[illegible]
7	sunlei	孙磊	0000000	2	1991-01-04	(NULL)	13387676765	[illegible]
8	sunxing	孙兴	0000000	2	1998-03-12	(NULL)	13367890900	[illegible]
9	zhangchen	张晨	0000000	1	1986-03-28	(NULL)	18098765434	[illegible]
10	dengchao	邓超	0000000	2	1991-11-04	(NULL)	13689674534	[illegible]
11	yangguo	杨过	0000000	2	1990-01-01	(NULL)	13388886623	[illegible]
12	zhaomin	赵敏	12345678	1	1997-12-04		18099897657	[illegible]
13	zhangsan	张三	123456	2	1992-02-29	123@qq.com	13912341234	[illegible]
14	wangwu	王五	1234567	2	2019-11-01	123@qq.com	13912341234	[illegible]

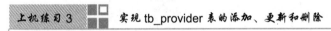

图 1.13　tb_user 表中的信息 3

可以看出，使用 MyBatis 已经成功删除了 id 属性的值为 15 的用户信息。

1.4.6　技能训练 2

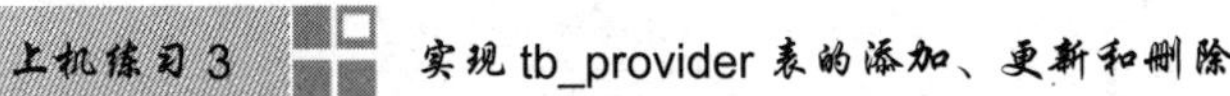

上机练习 3　实现 tb_provider 表的添加、更新和删除

⌘ 需求说明

在上机练习 2 的基础上，完成以下操作。

（1）添加供应商信息。

（2）根据供应商 id 更新供应商信息。

（3）根据供应商 id 删除供应商信息。

提示

（1）添加和更新供应商信息。

①使用<insert>元素和<update>元素。

②parameterType：Provider.java。

③DAO 层的接口方法的返回类型 int。

（2）删除供应商信息。

使用<delete>元素。

至此，MyBatis 的入门程序的查询、添加、更新、删除操作介绍完成。本章只需要了解所使用的元素即可，关于程序中映射文件和配置文件的元素信息，将在第 2 章中详细介绍。

注意

createdBy 和 creationDate、modifyDate 和 modifyBy 这 4 个字段应根据方法进行添加或更新操作。

1.5　MyBatis 的工作原理

MyBatis 的执行流程如图 1.14 所示。

可以看出，MyBatis 在操作数据库时经过了 8 个步骤。下面就对每个步骤进行详细介绍。

（1）读取 mybatis-config.xml。mybatis-config.xml 作为 MyBatis 的全局配置文件，配置了 MyBatis 环境等信息，主要功能是获取数据库连接。

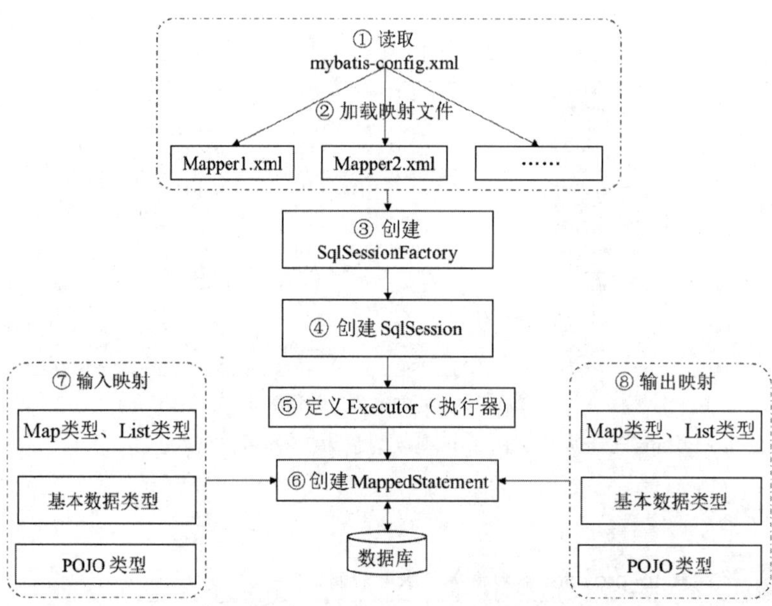

图 1.14　MyBatis 的执行流程

（2）加载映射文件。Mapper.xml 即 SQL 语句映射文件，配置了操作数据库的 SQL 语句，只有在 mybatis-config.xml 中加载才能执行。mybatis-config.xml 可以加载多个配置文件，每个配置文件都对应数据库中的一张表。

（3）创建 SqlSessionFactory。通过 MyBatis 环境等信息创建 SqlSessionFactory。

（4）创建 SqlSession。由 SqlSessionFactory 创建 SqlSession，该对象中包含执行 SQL 语句的所有方法。

（5）定义 Executor（执行器）。MyBatis 底层定义了一个 Executor 来操作数据库。它会根据 SqlSession 传递的参数，动态地生成需要执行的 SQL 语句，同时负责查询缓存的维护。

（6）创建 MappedStatement。在 Executor 的执行方法中，包含一个 MappedStatement 的参数。该参数是对映射信息的封装，用于存储要映射的 SQL 语句的参数等。Mapper.xml 中的一个 SQL 语句对应一个 MappedStatement，SQL 语句的 id 属性即 MappedStatement 的 id。

（7）输入映射。在执行方法时，MappedStatement 会对用户执行 SQL 语句的入参进行定义（Map 类型、List 类型、基本数据类型和 POJO 类型），Executor 通过 MappedStatement 在执行 SQL 语句前，将输入的 Java 对象映射到 SQL 语句中。这里对入参的映射过程就类似于 JDBC 编程中对 PreparedStatement 设置参数的过程。

（8）输出映射。在数据库中执行 SQL 语句后，MappedStatement 会对执行 SQL 语句的结果进行定义（Map 类型、List 类型、基本类型、POJO 类型），Executor 通过 MappedStatement 在执行 SQL 语句后，将输出结果映射到 Java 对象中，这个过程就类似于 JDBC 编程中对结果的解析处理过程。

通过对前面 MyBatis 执行流程详细介绍的学习，读者可以初步了解 MyBatis 的工作原理。

本章总结

- 框架是一个提供可重用公共结构的半成品。它为编写应用程序提供了极大的便利。
- 数据持久化是将内存中的数据模型转换为存储模型，以及将存储模型转换为内存中的数据模型的统称。

- ORM 即对象关系映射，ORM 框架是一种数据持久化技术。
- MyBatis 的基本要素包括核心对象、核心配置文件和 SQL 语句映射文件。

本章作业

一、选择题

1．下列关于 MyBatis 的优点和缺点的描述错误的是（　　）。

A．因为 MyBatis 结构简单，所以 MyBatis 只适用于简单查询

B．MyBatis 是一个优秀的 ORM 框架，在 SQL 语句和实体类之间建立了映射关系

C．使用 MyBatis 进行开发，需要编写 SQL 语句，且可移植性差

D．MyBatis 方便维护，并且可以使用程序代码进行调试

2．database.properties 的代码如下。

```
driverClass=com.mysql.jdbc.Driver
url=jdbc:mysql://127.0.0.1:3306/dsscm
user=root
password=123456
```

mybatis-config.xml 的代码如下。

```
<configuration>
    <properties resource="database.properties"/>
    <environments default="development">
        <environment id="development">
        <transactionManager type="JDBC">
        </transactionManager>
        <dataSource type="POOLED">
            <property name="driver" value="__①__"/>
            <property name="url" value="__②__"/>
            <property name=" username" value="__③__" />
            <property name="password" value="__④__" />
        </dataSource>
        </environment>
    </environments>
</configuration>
```

上述代码中有空的位置应填写（　　）。

A．①${driver}　②${url}　③${username}　④${password}

B．①${driverClass}　② ${url}　③ $ {username}　④{password}

C．①${driverClass}　②${url}　③${user}　④${password}

D．①${com.mysql.jdbc.Driver}　②${jdbc:mysql ://127.0.0.1:3306/dsscm}　③${root}　④${1234}

3．下列关于 MyBatis 的删除操作的说法错误的是（　　）。

A．MyBatis 的删除操作在映射文件中是通过配置<delete>元素来实现的

B．MyBatis 的删除操作需要进行事务提交

C．MyBatis 的删除操作执行 SqlSession 的 delete()方法

D．MyBatis 的删除操作和添加操作都需要封装整个实体类

4．下列关于 MyBatis 在模糊查询中进行 SQL 语句字符串拼接时的说法错误的是（　　）。

A．在使用"${}"进行 SQL 语句字符串拼接时，无法防止 SQL 语句注入问题

B．可以使用 MySQL 数据库的 CONCAT()函数进行字符串拼接

C．使用 MySQL 数据库的 CONCAT()函数进行字符串拼接，无法防止 SQL 语句注入

D．使用 MySQL 数据库的 CONCAT()函数进行字符串拼接，会导致数据库移植性变差

5．下列关于 MyBatis 工作原理的说法错误的是（　　）。

A．MyBatis 的全局配置文件配置了 MyBatis 环境等信息，其中主要内容是获取数据库连接

B．MyBatis 的映射文件配置了操作数据库的 SQL 语句，只有在 MyBatis 的全局配置文件中加载才能执行

C．可以通过 MyBatis 环境等信息创建 SqlSession

D．SqlSession 中包含执行 SQL 语句的所有方法

二、简答题

1．简述 MyBatis 的内容。

2．简述 MyBatis 的操作步骤。

3．简述 MyBatis 的工作原理。

三、操作题

某机械设备管理系统的详细设计文档如表 1.1 所示。

表 1.1　某机械设备管理系统的详细设计文档

字 段 名	数 据 类 型	Java 类型	说　明
编码（id）	bigint（20）	java.lang.Integer	主键
型号（typeNo）	varchar（20）	java.lang.String	不允许为空
出厂价格（price）	decimal（20,2）	java.math.BigDecimal	
出厂日期（date）	date	java.util.Date	

（1）编写 SQL 语句，创建表，并为表添加备件信息。备件信息如表 1.2 所示。

表 1.2　备件信息

型　号	出厂价格（元）	出 厂 日 期
D-1	1650.00	2019-12-25
D-2	2250.00	2019-10-25
D-3	2200.00	2019-11-29

（2）搭建 MyBatis 环境，编写对应的 POJO 和 SQL 语句映射文件，以及 MyBatis 的核心配置文件。

（3）实现数据表的查找、添加、删除、更新。

（4）编写测试类，并在控制台中输出结果。

第 2 章 MyBatis 的核心配置

本章目标

◎ 了解 MyBatis 的核心接口和类的作用

◎ 熟悉 MyBatis 的配置文件中各个元素的作用

◎ 掌握 MyBatis 的映射文件中常用元素的使用方法

◎ 掌握使用<select>元素实现条件查询的方法

◎ 掌握使用接口实现添加、更新、删除的方法

本章简介

通过学习，读者对 MyBatis 的使用已经有了一个初步了解，但是要想熟练使用 MyBatis 进行实际开发，还需要对框架的核心接口和类、生命周期和作用域、核心配置文件的结构、映射文件有更加深入的了解。本章将介绍 MyBatis 的核心接口和类、MyBatis 的核心配置文件、MyBatis 的映射文件，及如何利用接口实现条件查询、添加、删除、更新操作。

技术内容

2.1 MyBatis 的核心接口和类

在使用 MyBatis 对项目进行测试时，创建 SqlSession 的代码如下。

```
//获取 mybatis-config.xml 的输入流
InputStream is = Resources.getResourceAsStream(resource);
//创建 SqlSessionFactory，完成对配置文件的读取
SqlSessionFactory factory = new SqlSessionFactoryBuilder().build(is);
//创建 SqlSession
SqlSession sqlSession = factory.openSession();
```

上述代码中涉及两个核心对象：SqlSessionFactory 和 SqlSession，它们在 MyBatis 中起着至关重要的作用。本节将对这两个对象进行详细介绍。MyBatis 的核心接口和类如图 2.1 所示。

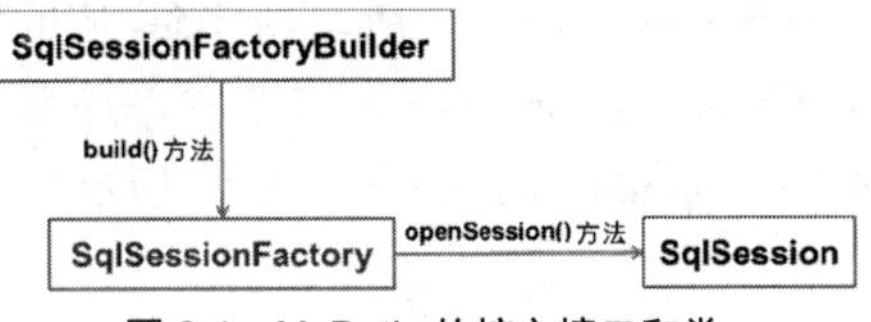

图 2.1 MyBatis 的核心接口和类

（1）每个 MyBatis 的应用程序都以一个 SqlSessionFactory 的实例为核心。

（2）根据 XML 文件或<configuration>元素的实例可以创建 SqlSessionFactoryBuilder。

（3）通过 SqlSessionFactoryBuilder 可以创建 SqlSessionFactory。

（4）SqlSession 包含以数据库为背景的所有执行 SQL 语句的方法，可以使用 SqlSession 直接执行已映射的 SQL 语句。

2.1.1 SqlSessionFactoryBuilder

1. SqlSessionFactoryBuilder 的作用

SqlSessionFactoryBuilder 负责创建 SqlSessionFactory，并提供多个 build()方法。SqlSessionFactoryBuilder 提供的 build()方法如图 2.2 所示。

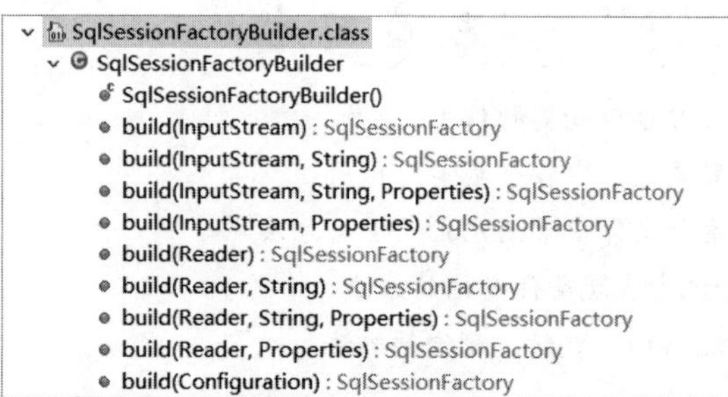

图 2.2 SqlSessionFactoryBuilder 提供的 build()方法

通过代码分析可以发现，它们都在执行同一个签名方法。

```
build (InputStream inputStream, String environment, Properties properties)
```

由于<environment>元素和<properties>元素的值都可以为 null，因此真正的重载方法只有如下 3 种。

（1）build（Reader reader,String environment,Properties properties）。

（2）build（InputStream inputStream,String environment,Properties properties）。

（3）build（Configuration config）。

通过上述分析可以发现，配置信息提供给 SqlSessionFactoryBuilder 的 build()方法包括 Reader（字符流）、InputStream（字节流）和 Configuration（类）。因为字节流与字符流都属于读取配置文件的方式，所以根据配置信息的来源就很容易想到创建 SqlSessionFactory 的两种方式：读取 XML 文件和编程。本章采用读取 XML 文件的方式创建 SqlSessionFactory。

2. SqlSessionFactoryBuilder 的生命周期和作用域

SqlSessionFactoryBuilder 的最大特点是用过即丢。一旦创建 SqlSessionFactory 后，这个类就不再需要了。因此，SqlSessionFactoryBuilder 最好作用于方法内，也就是作用于局部变量中。

2.1.2 SqlSessionFactory

1. SqlSessionFactory 的作用

SqlSessionFactory 就是创建 SqlSession 的工厂，所有 MyBatis 应用都以 SqlSessionFactory 为中心。SqlSessionFactory 可以通过 SqlSessionFactoryBuilder 来获取，进而使用 openSession()方法来获取 SqlSession。SqlSessionFactory 提供的 openSession()方法如图 2.3 所示。

- SqlSessionFactory.class
  - SqlSessionFactory
    - getConfiguration() : Configuration
    - openSession() : SqlSession
    - openSession(boolean) : SqlSession
    - openSession(Connection) : SqlSession
    - openSession(ExecutorType) : SqlSession
    - openSession(ExecutorType, boolean) : SqlSession
    - openSession(ExecutorType, Connection) : SqlSession
    - openSession(ExecutorType, TransactionIsolationLevel) : SqlSession
    - openSession(TransactionIsolationLevel) : SqlSession

图 2.3　SqlSessionFactory 提供的 openSession()方法

注意

当 openSession()方法的参数为 Boolean 类型时，若传入 true 则表示关闭事务控制，自动提交事务；若传入 false 则表示开启事务控制，手动提交事务；若不入参则默认为 true，自动提交事务。

```
openSession(boolean autoCommit)
openSession()//不入参，默认为true，自动提交事务
```

2. SqlSessionFactory 的生命周期和作用域

SqlSessionFactory 一旦创建就会在整个应用运行中始终存在，没有理由销毁或再次创建。在应用运行中不建议多次创建 SqlSessionFactory。因此，SqlSessionFactory 最好作用于应用的整个生命周期。这种“存在于应用的整个生命周期，并且同时只存在一个对象”的模式就是单例模式。

下面将对获取 SqlSessionFactory 的代码进行优化，比较简单的实现方法是放在静态代码块下，以保证 SqlSessionFactory 只被创建一次。其具体实现步骤如下。

（1）创建 MyBatisUtil.java，在静态代码块中创建 SqlSessionFactory。

在前面的示例中，每个方法在执行时都需要先读取配置文件，并根据配置文件的信息创建 SqlSessionFactory，再创建 SqlSession，这就导致了大量的重复代码。为了简化开发，可以先将上述重复代码封装到一个工具类中，再通过工具类来创建 SqlSession，具体代码如示例 1 所示。

【示例 1】MyBatisUtil.java

```
import java.io.IOException;
import java.io.InputStream;
import org.apache.ibatis.io.Resources;
import org.apache.ibatis.session.SqlSession;
import org.apache.ibatis.session.SqlSessionFactory;
import org.apache.ibatis.session.SqlSessionFactoryBuilder;

public class MyBatisUtil {
    private static SqlSessionFactory factory;

    static{//在静态代码块下，SqlSessionFactory 只被创建一次
        System.out.println("static factory===============");
        try {
            InputStream is = Resources.getResourceAsStream("mybatis-config.xml");
            factory = new SqlSessionFactoryBuilder().build(is);
        } catch (IOException e) {
            // TODO Auto-generated catch block
            e.printStackTrace();
        }
    }
}
```

（2）创建 SqlSession 和关闭 SqlSession，具体代码如示例 2 所示。

【示例 2】创建 SqlSession 和关闭 SqlSession

```
    public static SqlSession createSqlSession(){
```

```
        return factory.openSession(false);//false 表示手动提交事务，true 表示自动提交事务
    }

    public static void closeSqlSession(SqlSession sqlSession){
        if(null != sqlSession)
            sqlSession.close();
    }
```

通过以上方式可以保证 SqlSessionFactory 只被创建一次。当然，最佳解决方案是使用 DI 容器 Spring 来管理 SqlSessionFactory 的单例生命周期。

注意

设计模式中的单例模式将在后续的 Spring MVC 中具体介绍，此处简单了解即可。

2.1.3 SqlSession

1. SqlSession 的作用

SqlSession 是用于执行持久化操作的对象，类似 JDBC 的 Connection。它提供了面向数据库执行 SQL 语句所需的所有方法，可以通过 SqlSession 直接运行已映射的 SQL 语句。SqlSession 提供的方法如图 2.4 所示。

SqlSession.class
SqlSession
clearCache() : void
close() : void
commit() : void
commit(boolean) : void
delete(String) : int
delete(String, Object) : int
flushStatements() : List<BatchResult>
getConfiguration() : Configuration
getConnection() : Connection
getMapper(Class<T>) <T> : T
insert(String) : int
insert(String, Object) : int
rollback() : void
rollback(boolean) : void
select(String, Object, ResultHandler) : void
select(String, Object, RowBounds, ResultHandler) : void
select(String, ResultHandler) : void
selectList(String) <E> : List<E>
selectList(String, Object) <E> : List<E>
selectList(String, Object, RowBounds) <E> : List<E>
selectMap(String, Object, String) <K, V> : Map<K, V>
selectMap(String, Object, String, RowBounds) <K, V> : Map<K, V>
selectMap(String, String) <K, V> : Map<K, V>
selectOne(String) <T> : T
selectOne(String, Object) <T> : T
update(String) : int
update(String, Object) : int

图 2.4 SqlSession 提供的方法

2. SqlSession 的生命周期和作用域

SqlSession 对应着一次数据库会话，由于数据库会话不是永久的，因此 SqlSession 的生命周期也不是永久的。在每次访问数据库时都需要创建它（在 SqlSession 中并非只能执行一次 SQL 语句，完全可以执行多次 SQL 语句，SqlSession 若关闭则需要重新创建）。只能使用 SqlSessionFactory 的 openSession()方法创建 SqlSession。

注意

每个线程都有自己的 SqlSession 的实例，SqlSession 的实例不能被共享，也不是线程安全的。因此，SqlSession 最好作用于方法内。

关闭 SqlSession 是非常重要的，必须确保 SqlSession 在 finally 语句块中正常关闭，具体代码如下。

```
SqlSession session = SqlSessionFactory.openSession();
try {
    //do work
} finally {
    session.close();
}
```

3. SqlSession 的常用方法

SqlSession 中包含了很多方法。SqlSession 的常用方法如表 2.1 所示。

表 2.1 SqlSession 的常用方法

方　法	说　明
<T> T selectOne(String statement);	查询方法。其中 statement 是配置文件中定义<select>元素的 id 属性的值。使用该方法可返回 SQL 语句查询结果的一个泛型对象
<T> T selectOne(String statement, Object parameter);	查询方法。其中 statement 是配置文件中定义<select>元素的 id 属性的值；parameter 是查询所需的参数。使用该方法可返回 SQL 语句查询结果的一个泛型对象
<E> List<E> selectList(String statement);	查询方法。其中 statement 是配置文件中定义<select>元素的 id 属性的值。使用该方法可返回 SQL 语句查询结果泛型对象的集合
<E> List<E> selectList(String statement, Object parameter);	查询方法。其中 statement 是配置文件中定义<select>元素的 id 属性的值；parameter 是查询所需的参数。使用该方法可返回 SQL 语句查询结果的泛型对象的集合
<E> List<E> selectList(String statement, Object parameter, RowBounds rowBounds);	查询方法。其中 statement 是配置文件中定义<select>元素的 id 属性的值；parameter 是查询所需的参数；RowBounds 是用于分页的参数。使用该方法可返回 SQL 语句查询结果泛型对象的集合
void select(String statement, Object parameter, ResultHandler handler);	查询方法。其中 statement 是配置文件中定义<select>元素的 id 属性的值；parameter 是查询所需的参数；ResultHandler 是用于处理查询返回的复杂结果集，通常用于多个表关联查询
int insert(String statement);	插入方法。其中 statement 是配置文件中定义<insert>元素的 id 属性的值。使用该方法可返回 SQL 语句影响的行数
int insert(String statement, Object parameter);	插入方法。其中 statement 是配置文件中定义<insert>元素的 id 属性的值；parameter 是插入所需的参数。使用该方法可返回 SQL 语句影响的行数
int update(String statement);	更新方法。其中 statement 是配置文件中定义<update>元素的 id 属性的值。使用该方法可返回 SQL 语句影响的行数
int update(String statement, Object parameter);	更新方法。其中 statement 是配置文件中定义<update>元素的 id 属性的值；parameter 是更新所需的参数。使用该方法可返回 SQL 语句影响的行数
int delete(String statement);	删除方法。其中 statement 是配置文件中定义<delete>元素的 id 属性的值。使用该方法可返回 SQL 语句影响的行数
int delete(String statement, Object parameter);	删除方法。其中 statement 是配置文件中定义<delete>元素的 id 属性的值；parameter 是删除所需的参数。使用该方法可返回 SQL 语句影响的行数
void commit();	提交事务的方法
void rollback();	回滚事务的方法
void close();	关闭 SqlSession 的方法
<T> T getMapper(Class<T> type);	返回 Mapper 的代理对象。该对象关联了 SqlSession，开发人员可以使用该对象直接执行方法操作数据库。其中 type 是 Mapper 的接口类型。MyBatis 官方推荐通过 Mapper 访问 MyBatis
Connection getConnection();	获取 JDBC 数据库连接对象的方法

2.1.4 应用案例——查询用户信息

前面介绍了 SqlSession 的常用方法，本节将分别通过 SqlSession 直接执行已映射的 SQL 语句和基于 Mapper 操作数据两种常用方式查询用户信息，具体实现步骤如下。

步骤 1 创建项目

启动 IntelliJ IDEA，创建 Maven 项目，项目名为 Ch02。

步骤 2 引入相关依赖

在 pom.xml 中引入 MySQL 数据库驱动包、JUnit 测试包、MyBatis 核心包等相关依赖。pom.xml 的具体代码如第 1 章示例 1 所示。

步骤 3 创建数据库连接信息配置文件

在 src/main/resources 目录下创建数据库连接信息配置文件，这里将其命名为 db.properties，在该文件中配置数据库连接的参数。db.properties 的具体代码如第 1 章示例 2 所示。

在 src/main/resources 目录下创建 log4j.properties。log4j.properties 的具体代码如第 1 章示例 3 所示。

步骤 4 创建 MyBatis 的核心配置文件

在 src/main/resources 目录下创建 MyBatis 的核心配置文件，这里将其命名为 mybatis-config.xml。mybatis-config.xml 的具体代码如第 1 章示例 4 所示。

步骤 5 创建 POJO

在 src/main/java 目录下创建 cn.dsscm.pojo 包，在该包下创建 User.java，该类用于封装 User 的属性，具体代码如第 1 章示例 7 所示。

步骤 6 创建 UserMapper.xml

在 src/main/java 目录下创建 cn.dsscm.mapper 包，在该包下创建 UserMapper.xml，添加<select>元素的子元素，具体代码如示例 3 所示。

【示例 3】UserMapper.xml

```
<?xml version="1.0" encoding="UTF-8"?>
<!DOCTYPE mapper
        PUBLIC "-//mybatis.org//DTD mapper 3.0//EN"
        "http://mybatis.org/dtd/mybatis-3-mapper.dtd">
<mapper namespace="cn.dsscm.dao.UserMapper">
    <!-- 查询用户信息 -->
    <select id="getUserList" resultType="cn.dsscm.pojo.User">
        SELECT * FROM tb_user
    </select>
</mapper>
```

步骤 7 创建 MyBatisUtil.java

在 src/main/java 目录下创建 cn.dsscm.utils 包，在该包下创建 MyBatisUtil.java，具体代码如示例 4 所示。

【示例 4】MyBatisUtil.java

```
package cn.dsscm.utils;

import java.io.IOException;
import java.io.InputStream;
import org.apache.ibatis.io.Resources;
import org.apache.ibatis.session.SqlSession;
import org.apache.ibatis.session.SqlSessionFactory;
import org.apache.ibatis.session.SqlSessionFactoryBuilder;

public class MyBatisUtil {
    private static SqlSessionFactory factory;
    static {//在静态代码块下，SqlSessionFactory 只被创建一次
```

```
        try {
            InputStream is = Resources.getResourceAsStream("mybatis-config.xml");
            factory = new SqlSessionFactoryBuilder().build(is);
        } catch (IOException e) {
            // TODO Auto-generated catch block
            e.printStackTrace();
        }
    }
    public static SqlSession createSqlSession() {
        return factory.openSession(false);//false 表示手动提交事务，true 表示自动提交事务
    }
    public static void closeSqlSession(SqlSession sqlSession) {
        if (null != sqlSession)
            sqlSession.close();
    }
}
```

步骤 8　创建 UserMapperTest.java

在 src/test/java 目录下创建 cn.dsscm.test 包，在该包下创建 UserMapperTest.java 进行功能测试，执行 selectList()方法进行查询操作，具体代码如示例 5 所示。

【示例 5】UserMapperTest.java

```
    @Test
    public void testGetUserList1() {
        SqlSession sqlSession = null;
        List<User> userList = new ArrayList<User>();
        try {
            sqlSession = MyBatisUtil.createSqlSession();
            userList = sqlSession.selectList("getUserList");
        } catch (Exception e) {
            e.printStackTrace();
        } finally {
            MyBatisUtil.closeSqlSession(sqlSession);
        }
        for (User user : userList) {
            logger.debug("用户编码: " + user.getUserCode()
                    + " -- 用户名: " + user.getUserName());
        }
    }
```

使用 JUnit 测试包执行 testGetUserList1()方法后，控制台的输出结果如下。

```
DEBUG [main] (BaseJdbcLogger.java:135) - ==>  Preparing: SELECT * FROM tb_user
DEBUG [main] (BaseJdbcLogger.java:135) - ==> Parameters:
DEBUG [main] (BaseJdbcLogger.java:135) - <==      Total: 14
DEBUG [main] (JdbcTransaction.java:130) - Resetting autocommit to true on JDBC Connection
[com.mysql.cj.jdbc.ConnectionImpl@2145433b]
DEBUG [main] (JdbcTransaction.java:97) - Closing JDBC Connection [com.mysql.cj.
jdbc.ConnectionImpl@2145433b]
DEBUG [main] (PooledDataSource.java:409) - Returned connection 558187323 to pool.
DEBUG [main] (UserMapperTest.java:36) - 用户编码: admin -- 用户名: 系统管理员
DEBUG [main] (UserMapperTest.java:36) - 用户编码: liming -- 用户名: 李明
DEBUG [main] (UserMapperTest.java:36) - 用户编码: hanlubiao -- 用户名: 韩路彪
DEBUG [main] (UserMapperTest.java:36) - 用户编码: zhanghua -- 用户名: 张华
DEBUG [main] (UserMapperTest.java:36) - 用户编码: wangyang -- 用户名: 王洋
DEBUG [main] (UserMapperTest.java:36) - 用户编码: zhaoyan -- 用户名: 赵燕
DEBUG [main] (UserMapperTest.java:36) - 用户编码: sunlei -- 用户名: 孙磊
DEBUG [main] (UserMapperTest.java:36) - 用户编码: sunxing -- 用户名: 孙兴
DEBUG [main] (UserMapperTest.java:36) - 用户编码: zhangchen -- 用户名: 张晨
DEBUG [main] (UserMapperTest.java:36) - 用户编码: dengchao -- 用户名: 邓超
DEBUG [main] (UserMapperTest.java:36) - 用户编码: yangguo -- 用户名: 杨过
DEBUG [main] (UserMapperTest.java:36) - 用户编码: zhaomin -- 用户名: 赵敏
DEBUG [main] (UserMapperTest.java:36) - 用户编码: zhangsan -- 用户名: 张三
DEBUG [main] (UserMapperTest.java:36) - 用户编码: wangwu -- 用户名: 王五
```

从控制台的输出结果中可以看出，使用 MyBatis 已成功查询出 tb_user 表中的用户信息。

修改前面的示例，基于 Mapper 操作数据，后续步骤如下。

步骤 9　创建 UserMapper.java

在 src/main/java 目录下创建 cn.dsscm.dao 包，在该包下创建 UserMapper.java，并提供 getUserList()方法，具体代码如示例 6 所示。

【示例 6】UserMapper.java

```
package cn.dsscm.dao;

import cn.dsscm.pojo.User;

import java.util.List;

public interface UserMapper {
    //查询用户信息
    public List<User> getUserList();

}
```

注意

接口方法必须与 SQL 语句映射文件中 SQL 语句的 id 属性的值相对应。

步骤 10　编辑测试方法

在 UserMapperTest.java 中，编辑 testGetUserList2()方法。执行 getMapper（UserMapper.class）实现数据的查询，具体代码如示例 7 所示。

【示例 7】UserMapperTest.java

```
    @Test
    public void testGetUserList2() {
        SqlSession sqlSession = null;
        List<User> userList = new ArrayList<User>();
        try {
            sqlSession = MyBatisUtil.createSqlSession();
            userList = sqlSession.getMapper(UserMapper.class).getUserList();
        } catch (Exception e) {
            e.printStackTrace();
        } finally {
            MyBatisUtil.closeSqlSession(sqlSession);
        }
        for (User user : userList) {
            logger.debug("用户编码: " + user.getUserCode()
                    + " -- 用户名: " + user.getUserName());
        }
    }
```

使用 JUnit 测试包执行 testGetUserList2 ()方法后，控制台的输出结果与步骤 8 中的输出结果一致。

注意

第 1 种方式是 MyBatis 3 之前的版本提供的操作方式，使用其虽然现在也可以正常工作，但第 2 种方式是 MyBatis 官方推荐使用的，其表达方式的代码更清晰且类型更安全，不用担心出现字符串字面值错误和强制类型转换的情况。

2.1.5　技能训练

上机练习 1　实现 tb_provider 表的查询

⌘ 需求说明

在第 1 章技能训练搭建的环境中，完成以下操作。

（1）使用 MyBatis 实现 tb_provider 表的查询（查询出全部数据）。

（2）编辑 MyBatisUtil.java，获取 SqlSessionFactory。

（3）分别使用两种方式（①通过 SqlSession 直接运行已映射的 SQL 语句；②基于 Mapper 操作数据）完成数据的操作，并对比其区别。

提示

（1）修改 ProviderMapper.xml，增加<select>元素的子元素，编写 SQL 语句。

（2）编辑 MyBatisUtil.java，在静态代码块中实现 SqlSessionFactory 的创建，并在该类中定义创建 SqlSession 和关闭 SqlSession 的静态方法。

（3）创建 ProviderMapper.java。

（4）修改 ProviderMapperTest.java，分别使用两种方式完成数据的操作，在后端运行并输出结果。

2.2 MyBatis 的核心配置文件

mybatis-config.xml 配置了 MyBatis 的一些全局信息，包含数据库连接信息和 MyBatis 运行时所需的各种特性，以及设置和影响 MyBatis 行为的一些属性。这些信息只能编写到一个核心配置文件中，且不会轻易被改动。虽然在实际开发中需要开发人员编写或修改的配置文件并不多，但熟悉配置文件中各个元素的功能还是十分重要的。下面将对 MyBatis 的核心配置文件中的元素进行详细介绍。

2.2.1 mybatis-config.xml

mybatis-config.xml 需要配置一些基本元素。应注意的是，该文件中根元素的子元素是有先后顺序的。mybatis-config.xml 的层次结构如图 2.5 所示。

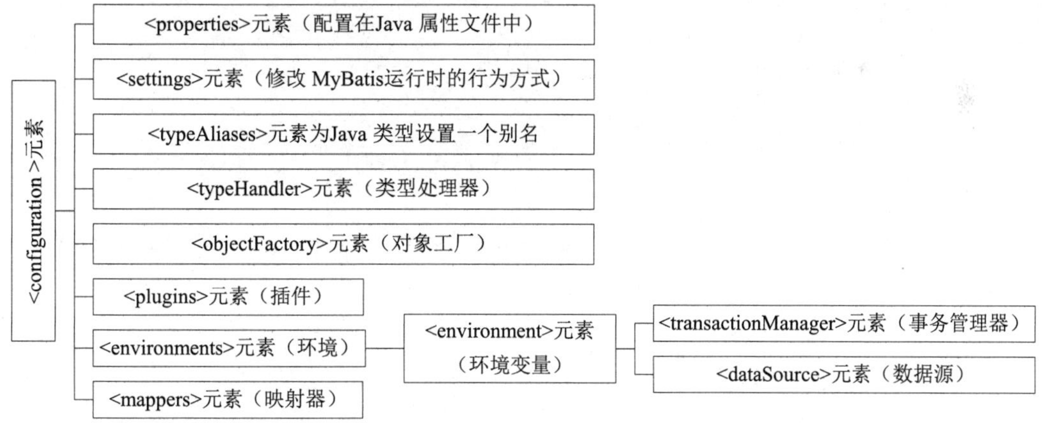

图 2.5　mybatis-config.xml 的层次结构

可以看出，<configuration>元素是整个 XML 文件的根元素，其角色就相当于 MyBatis 的总管，将所有信息都存放其中。此外，MyBatis 还提供了设置这些信息的方法。

注意

这些基本元素必须按照由上到下的顺序进行配置，否则 MyBatis 在解析 XML 文件时会报错。

<configuration>元素可以从配置文件中获取属性的值，也可以通过程序直接设置属性的值。<configuration>可供配置的内容如下。

1. <properties>元素

<properties>元素描述的都是外部化、可替代的属性。这些属性的获取方式有以下两种。

（1）通过外部指定的方式，即配置在典型的 Java 中，并对配置项实现动态配置。

①database.properties 的代码如下。

```
driver=com.mysql.jdbc.Driver
url=jdbc:mysql://127.0.0.1:3306/dsscm
user=root
password=123456
```

② mybatis-config.xml 的部分代码如下。

```
<properties resource="database.properties"/>
...
<dataSource type="POOLED">
    <property name="driver" value="${driver}"/>
    <property name="url" value="${url}"/>
    <property name="username" value="${user}"/>
    <property name="password" value="${password}"/>
</dataSource>
```

在上述代码中，driver、url、username、password 等属性，都将用包含进来的 database.properties 设置的值替换。

（2）直接配置为 XML 文件，并对配置项实现动态配置。

mybatis-config.xml 的部分代码如下。

```
<!--在<properties>元素中直接配置<property>元素-->
<properties>
        <property name="driver" value="com.mysql.jdbc.Driver"/>
        <property name="url" value="jdbc:mysql://127.0.0.1:3306/dsscm"/>
        <property name="user" value="root"/>
        <property name="password" value="root"/>
</properties>
...
<dataSource type="POOLED">
        <property name="driver" value="${driver}"/>
        <property name="url" value="${url}"/>
        <property name="username" value="${user}"/>
        <property name="password" value="${password}"/>
</dataSource>
```

在上述代码中，driver、url、username、password 等属性将由<properties>元素设置的值替换。

思考：若使用两种方式，哪种方式优先呢？代码如下。

```
<properties resource="database.properties">
    <property name="user" value="root"/>
    <property name="password" value="123456"/>
</properties>
```

分析：<property>元素中 user 属性和 password 属性的值会先被读取，由于 database.properties 也设置了这两个属性的值，因此 resource 属性的值将会覆盖<property>元素中属性的值。

结论：resource 属性的值的优先级高于<property>元素中属性的值。

2. <settings>元素

<settings>元素主要用于改变 MyBatis 运行时的行为，如开启二级缓存、开启延迟加载等。虽然不配置<settings>元素也可以正常运行 MyBatis，但是熟悉<settings>元素的配置内容及作用还是十分必要的。

<settings>元素的常见参数如表 2.2 所示。

表 2.2　<settings>元素的常见参数

常见参数	说　明	有效值	默认值
cacheEnabled	影响所有映射器配置的缓存全局开关	true ｜ false	false
lazyLoadingEnabled	延迟加载的全局开关。当开启时，所有关联对象都会延迟加载。其特定关联关系可以通过设置 fetchType 属性来覆盖开关状态	true ｜ false	false
aggressiveLazyLoading	关联对象属性的延迟加载开关。当开启时，对任意延迟属性的调用都会使带有延迟加载属性的对象完整加载；反之，每种属性都会按需加载	true ｜ false	true
multipleResultSetsEnabled	是否允许单一语句返回多结果集（需要兼容驱动）	true ｜ false	true
useColumnLabel	使用列标签代替列名。不同的驱动在这方面有不同的表现，具体可以参考驱动文档或通过测试两种模式来观察所用驱动的行为	true ｜ false	true
useGeneratedKeys	允许 JDBC 支持自动生成主键，并需要驱动兼容。如果设置为 true，则这个设置会强制自动生成主键。尽管有一些驱动不兼容但是仍可以正常工作	true ｜ false	false
autoMappingBehavior	指定 MyBatis 应如何自动映射列到字段或属性。NONE 表示取消自动映射；PARTIAL 表示只会自动映射没有定义通过嵌套结果映射的结果集；FULL 表示会自动映射任意复杂的结果集（无论是否嵌套）	NONE、PARTIAL、FULL	PARTIAL
defaultExecutorType	配置默认的 Executor。SIMPLE 表示普通的 Executor；REUSE 表示重用 Prepared Statements 的 Executor；BATCH 表示重用语句并执行批量更新的 Executor	SIMPLE、REUSE、BATCH	SIMPLE
defaultStatementTimeout	设置超时时间，决定驱动等待数据库响应的秒数。当没有设置时，采用驱动默认的时间	任何正整数	无
mapUnderscoreToCamelCase	是否开启自动驼峰命名规则（CamelCase）映射	true ｜ false	false
jdbcTypeForNull	当没有为参数提供特定的 JDBC 类型时，为空值指定 JDBC 类型。某些驱动需要指定列的 JDBC 类型，在多数情况下直接用一般类型即可，如 NULL、VARCHAR 或 OTHER	NULL、VARCHAR、OTHER	OTHER

表 2.2 中介绍了<settings>元素的常见参数，以上部分参数在配置文件中的使用方式如下。

```
<!--设置-->
<settings>
    <setting name="cacheEnabled" value="true"/>
    <setting name="lazyLoadingEnabled" value="true"/>
    <setting name="multipleResultSetsEnabled" value="true"/>
    <setting name="useColumnLabel" value="true"/>
    <setting name="useGeneratedKeys" value="false" />
    <setting name="autoMappingBehavior" value="PARTIAL"/>
    ...
</settings>
```

上面介绍的参数大多数不需要开发人员配置，通常在需要时只配置少数几项即可。这里只需要了解可以设置属性的值及描述即可。

对于其他配置，读者可参考 MyBatis 使用手册进行学习。

3. <typeAliases>元素

<typeAliases>元素用于为配置文件中的 Java 类型设置一个简短的名称，即设置别名。通过与 MyBatis 的 SQL 语句映射文件关联，减少输入多余的完整类名，以简化操作。别名的设置与 XML 文件的配置相关，其使用的意义在于减少全限定类名的冗余，具体代码如示例 8 所示。

【示例 8】使用<typeAliases>元素定义别名

```
<typeAliases>
        <!--这里为实体类设置别名，以便在映射文件中使用-->
        <typeAlias alias="User" type="cn.dsscm.pojo.User"/>
        <typeAlias alias="provider" type="cn.dsscm.pojo.Provider"/>
        ...
</typeAliases>
```

以上写法的弊端在于，如果一个项目中有多个 POJO，那么需要一一进行配置。比较简化的写法就是通过<package>元素的 name 属性直接指定包名，MyBatis 会自动扫描指定包下的 JavaBean，并默认设置一个 JavaBean 的非限定类名。在示例 8 中，type 属性用于指定需要被定义别名的类的全限定名；alias 属性的值 User 就是自定义的别名，可以代替 cn.dsscm.pojo.User 在 MyBatis 文件的任何位置使用。如果省略 alias 属性，那么会默认将类名首字母小写后的名称作为别名。

当 POJO 过多时，可以通过自动扫描包自定义别名，具体代码如示例 9 所示。

【示例 9】定义默认名为 JavaBean 的非限定类名

```
<typeAliases>
    <package name ="cn.dsscm.pojo" />
</typeAliases>
```

UserMapper.xml 的配置如下。

```
<mapper namespace="cn.dsscm.dao.user.UserMapper">
    <!-- 查询 tb_user 表中的记录数 -->
    <select id="count" resultType="int">
        select count(1) as count from tb_user
    </select>
    <!-- 查询用户信息 -->
    <select id="getUserList" resultType="User">
        select * from tb_user
    </select>
</mapper>
```

在示例 9 中，<package> 元素的 name 属性用于指定要被定义别名的包，MyBatis 会将所有 cn.dsscm.pojo 包下的 POJO 使用首字母小写的非限定类名形式来定义别名，如 cn.dsscm.pojo.User 的别名为 User 等。

需要注意的是，上述指定别名的方式只适用于没有使用注解的情况。如果在程序中使用了注解，那么别名为注解的值，具体代码如示例 10 所示。

【示例 10】使用注解定义别名

```
@Alias(value = "user")
public class User {
//User 的属性和方法
        ...
}
```

另外，对于基本数据类型，MyBatis 已经为许多常见的 Java 类型内建了相应的别名，一般都与其映射类型一致，并且它们都是大小写不敏感的，如映射类型 int、boolean、String、Integer 等，别名分别是 int、boolean、String、Integer。MyBatis 还默认为许多常见的 Java 类型提供了相应的类别名。MyBatis 的默认别名如表 2.3 所示。

表 2.3　MyBatis 的默认别名

别　名	映射类型	别　名	映射类型	别　名	映射类型
_byte	byte	byte	Byte	decimal	BigDecimal
_long	long	long	Long	bigdecimal	BigDecimal
_short	short	short	Short	object	Object
_int	int	int	Integer	map	Map
_integer	int	integer	Integer	hashmap	HashMap
_double	double	double	Double	list	List
_float	float	float	Float	arraylist	ArrayList
_boolean	boolean	boolean	Boolean	collection	Collection
string	String	date	Date	iterator	Iterator

表 2.3 中列举的别名在 MyBatis 中可以直接使用，但由于别名不区分大小写，因此在使用时要注意重复定义的覆盖问题。

4．<typeHandler>元素

MyBatis 在 PreparedStatement 中设置一个参数或从结果集中取出一个值时，都会用内部注册的类型处理器进行相关处理。<typeHandler>元素的作用就是将 PreparedStatement 中的入参从 Java 类型转换为 JDBC 类型，或在从数据库取出结果时从 JDBC 类型转换为 Java 类型。

为了方便转换，MyBatis 提供了一些默认的类型处理器。MyBatis 的常用类型处理器如表 2.4 所示。

表 2.4　MyBatis 的常用类型处理器

类型处理器	Java 类型	JDBC 类型
BooleanTypeHandler	java.lang.Boolean, boolean	数据库兼容的 BOOLEAN
ByteTypeHandler	java.lang.Byte, byte	数据库兼容的 NUMERIC 或 BYTE
ShortTypeHandler	java.lang.Short, short	数据库兼容的 NUMERIC 或 SHORT INTEGER
IntegerTypeHandler	java.lang.Integer, int	数据库兼容的 NUMERIC 或 INTEGER
LongTypeHandler	java.lang.Long, long	数据库兼容的 NUMERIC 或 LONG INTEGE
FloatTypeHandler	java.lang.Float, float	数据库兼容的 NUMERIC 或 FLOAT
DoubleTypeHandler	java.lang.Double, double	数据库兼容的 NUMERIC 或 DOUBLE
BigDecimalTypeHandler	java.math.BigDecimal	数据库兼容的 NUMERIC 或 DECIMAL
StringTypeHandler	java.lang.String	CHAR、VARCHAR
ClobTypeHandler	java.lang.String	CLOB、LONGVARCHAR
ByteArrayTypeHandler	byte[]	数据库兼容的字节流类型
BlobTypeHandler	byte[]	BLOB、LONGVARBINARY
DateTypeHandler	java.util.Date	TIMESTAMP
SqlTimestampTypeHandler	java.sql.Timestamp	TIMESTAMP
SqlDateTypeHandler	java.sql.Date	DATE
SqlTimeTypeHandler	java.sql.Time	TIME

当 MyBatis 提供的这些类型处理器不能够满足需求时，可以通过自定义的方式对类型处理器进行扩展（自定义类型处理器需要实现 TypeHandler 接口或继承 BaseTypeHandler 类）。<typeHandler>元素就是用于在配置文件中注册自定义类型处理器的，其使用方式有两种，具体内容如下。

（1）注册一个类的类型处理器。

```
<typeHandlers>
<!--以单个类的形式配置-->
    <typeHandler handler="cn.dsscm.type.CustomtypeHandler" />
</typeHandlers>
```

在上述代码中，<typeHandler>元素的 handler 属性用于指定在程序中自定义的类型处理器。

（2）注册一个包下的所有类型处理器。

```
<typeHandlers>
<!--注册一个包下的所有类型处理器，系统在启动时会自动扫描包下的所有文件-->
    <package name="cn.dsscm.type" />
</typeHandlers>
```

在上述代码中，<package>元素的 name 属性用于指定类型处理器所在的包名。使用这种方式，系统会在启动时自动扫描 cn.dsscm.type 包下的所有文件，并把它们当作类型处理器。

5. <objectFactory>元素

MyBatis 每次在创建结果对象的新实例时，都会使用一个对象工厂的实例来完成。MyBatis 中默认的<objectFactory>元素的作用就是实例化目标类，它既可以通过默认的构造方法实例化，又可以在参数映射存在时通过参数构造方法实例化。在通常情况下，使用默认的<objectFactory>元素即可，MyBatis 中默认的<objectFactory>元素是由 org.apache.ibatis.reflection. factory.DefaultObjectFactory 来提供服务的，在大部分场景下都不用配置和修改。如果想覆盖<objectFactory>元素的默认行为，那么可以通过自定义<objectFactory>元素来实现。

（1）自定义一个对象工厂。自定义的对象工厂需要实现 ObjectFactory 接口或继承 DefaultObjectFactory 类。由于 DefaultObjectFactory 类已经实现了 ObjectFactory 接口，因此通过继承 DefaultObjectFactory 类实现即可，具体代码如下。

```
//自定义一个对象工厂
public class MyObjectFactory extends DefaultObjectFactory {
   private static final long serialVersionUID = -4114845625429965832L;
   public <T> T create(Class<T> type) {
      return super.create(type);
   }
   public <T> T create(Class<T> type, List<Class<?>> constructorArgTypes,
         List<Object> constructorArgs) {
      return super.create(type, constructorArgTypes, constructorArgs);
   }
   public void setProperties(Properties properties) {
      super.setProperties(properties);
   }
   public <T> boolean isCollection(Class<T> type) {
      return Collection.class.isAssignableFrom(type);
   }
}
```

（2）在配置文件中使用<objectFactory>元素配置自定义的对象工厂，具体代码如下。

```
<objectFactory type="cn.dsscm.factory.MyObjectFactory">
   <property name="name" value="MyObjectFactory"/>
</objectFactory>
```

由于自定义<objectFactory>元素在实际开发中不经常使用，因此这部分内容读者只需了解即可。

6. <plugins>元素

MyBatis 允许在已映射语句执行过程中的某一点进行拦截调用，这种拦截调用是通过插件来实现的。<plugins>元素的作用就是配置用户开发的插件。如果用户想要开发插件，那么必须先了解其内部运行原理，这是因为在试图修改或重写已有方法时，很可能会破坏 MyBatis 原有的核心插件。关于插件的使用，本书不进行详细介绍，读者只需了解<plugins>元素的作用即可，有兴趣的读者可自行查找官方文档学习。

7．<environments>元素

在配置文件中，<environments>元素用于对环境进行配置。MyBatis 环境的配置实际上就是数据源的配置，即配置多种数据库。

使用 MyBatis 可以配置多套运行环境，如开发环境、测试环境、生产环境等，通过灵活选择不同的配置可以将 SQL 语句映射到不同的数据库环境上。这些不同的数据环境可以通过<environments>元素来配置，但是不管增加几套运行环境都必须选出唯一一套运行环境，这是因为每个数据库都是对应一个 SqlSessionFactory 的，应指明哪套运行环境将被创建，并把运行环境中设置的参数传递给 SqlSessionFactoryBuilder，具体代码如下。

```
<environments default="development">
    <!--开发环境-->
    <environment id="development">
        <!--配置事务管理，采用 JDBC 的事务管理  -->
        <transactionManager type="JDBC"></transactionManager>
        <!-- POOLED:MyBatis 自带的数据源类型，JNDI:基于 Tomcat 服务器的数据源类型 -->
        <dataSource type="POOLED">
            <property name="driver" value="${driver}"/>
            <property name="url" value="${url}"/>
            <property name="username" value="${user}"/>
            <property name="password" value="${password}"/>
        </dataSource>
    </environment>
    <!--测试环境-->
    <environment id="test">
        ...
    </environment>
</environments>
```

在上述代码中，<environments>元素是环境配置的根元素，包含一个 default 属性。该属性用于指定默认的环境 id。<environment>元素是<environments>元素的子元素，可以定义多个，其 id 属性用于表示所定义环境的 id。在<environment>元素中，包含事务管理和数据源的配置信息，其中<transactionManager>元素用于配置事务管理，它的 type 属性用于指定事务管理的方式，即使用哪种事务管理器；<dataSource>元素用于配置数据源，它的 type 属性用于指定使用哪种数据源。

需要注意以下几个关键点。

（1）默认运行 id。通过 default 属性指定当前的运行环境 id，对于运行环境 id 的命名要确保唯一。

（2）<transactionManager>元素的类型为 JDBC，可以直接使用 JDBC 的提交和回滚功能，依赖于从数据源获取连接来管理事务的生命周期。

（3）<dataSource>元素使用标准的数据源接口配置 JDBC 连接对象的资源。MyBatis 提供了 3 种数据源类型，即 UNPOOLED 类型、POOLED 类型和 JNDI 类型），这里使用 POOLHD 类型。该类型利用“池”的概念将 JDBC 连接对象组织起来，避免创建新连接对象时所需要的初始化和认证时间，是 MyBatis 实现的简单数据库连接池类型。它使数据库连接可以被重复使用，不必在每次请求时都创建一个物理连接。这对于高并发的 Web 应用程序是一种流行的处理方式，有利于快速响应请求。

在 MyBatis 中可以配置两种事务管理器，分别是 JDBC 和 MANAGED。关于这两种事务管理器的描述如下。

（1）JDBC：此配置可以直接使用 JDBC 的提交和回滚设置，依赖于从数据源得到的连接来管理事务的作用域。

（2）MANAGED：此配置从来不提交或回滚一个连接，而是让容器来管理事务的整个生命周

期。在默认情况下，它会关闭连接，但一些容器并不希望这样，为此可以将 closeConnection 属性的值设置为 false 以阻止其关闭连接。

注意

如果项目中使用的框架是 Spring+MyBatis，那么没有必要在 MyBatis 中配置事务管理。这是因为在实际开发中会使用 Spring 自带的管理器来实现事务管理。

数据源配置的具体内容如下。

（1）UNPOOLED 类型。

配置此类型后，在每次请求时都会打开和关闭连接。此类型对没有性能要求的简单应用程序是一个很好的选择。

UNPOOLED 类型的数据源需要配置 5 种属性，如表 2.5 所示。

表 2.5 UNPOOLED 类型的数据源需要配置的属性

属　性	说　明
driver	JDBC 驱动的 Java 类型的完全限定名（并不是 JDBC 驱动中可能包含的数据源类型）
url	数据库的 URL
username	登录数据库的用户名
password	登录数据库的密码
defaultTransactionIsolationLevel	默认的连接事务隔离级别

（2）POOLED 类型。

POOLED 类型的数据源利用“池”的概念将 JDBC 连接对象组织起来，可以避免在创建新连接实例时所需要的初始化和认证时间不一致的问题出现。使用 POOLED 类型使 Web 应用程序快速响应请求，是当前流行的处理方式（本书中使用的就是这种方式）。在配置 POOLED 类型的数据源时，除了可以配置表 2.5 中的 5 种属性，还可以配置更多属性，如表 2.6 所示。

表 2.6 POOLED 类型的数据源可额外配置的属性

属　性	说　明
poolMaximumActiveConnections	任意时间可能存在的活动（正在使用）连接数，默认值为 10
poolMaximumIdleConnections	任意时间可能存在的空闲连接数
poolMaximumCheckoutTime	在被强制返回之前，池中连接被检出的时间，默认值为 20 000 毫秒，即 20 秒
poolTimeToWait	如果获取连接花费的时间较长，那么会给连接池打印状态日志并重新尝试获取一个连接（避免在误配置的情况下，一直处于无提示的失败），默认值为 20 000 毫秒，即 20 秒
poolPingQuery	发送到数据库的侦测查询，用于检验连接是否处在正常工作秩序中。默认值为 NO PING QUERY SET。当 poolPingQuery 属性的值为默认值时，会导致很多数据库驱动失败时带有一定的错误消息
poolPingEnabled	是否开启侦测查询。若开启则必须使用一个可执行的 SQL 语句设置 poolPingQuery 属性（最好是执行速度非常快的 SQL 语句），默认值为 false
poolPingConnectionsNotUsedFor	配置 poolPingQuery 属性的使用频率。通过设置成匹配具体的数据库连接超时时间来避免不必要的侦测，默认值为 0（即所有连接每一时刻都被侦测，只有 poolPingEnabled 属性的值为 true 时适用）

（3）JNDI 类型。

JNDI 类型的数据源可以在 EJB 或应用服务器等容器中使用。容器集中或在外部配置数据源后，放置一个 JNDI 类型上下文的引用。在配置 JNDI 类型的数据源时，只需要配置两个属性，如表 2.7 所示。

表 2.7　JNDI 类型的数据源需要配置的属性

属　性	说　明
initial_context	主要用于在 InitialContext 中寻找上下文，即 initialContext.lookup(initial_context)。此属性为可选属性。如果提供了 initial_context 属性的值，那么程序会在其返回的上下文中进行查找；如果没有提供 initial_context 属性的值，那么会直接在 InitialContext 中查找
data-source	表示引用数据源实例位置上下文的目录

8. <mappers>元素

<mappers>元素用来定义映射的 SQL 语句，表示告诉 MyBatis 如何找到 SQL 语句映射文件，可以使用类资源目录或 URL 等。

在配置文件中，<mappers>元素用于指定 MyBatis 的映射文件的位置，一般使用 4 种方式引入映射文件，具体代码如下。

（1）使用类目录引入。

```
<mappers>
    <mapper resource="cn/dsscm/dao/user/UserMapper.xml"/>
</mappers>
```

（2）使用本地文件目录引入。

```
<mappers>
    <mapper url="file:///D:/cn/dsscm/dao/user/UserMapper.xml"/>
</mappers>
```

（3）使用接口类引入。

```
<mappers>
    <mapper class="cn.dsscm.dao.user.UserMapper"/>
</mappers>
```

（4）使用包名引入。

```
<mappers>
    <package name="cn.dsscm.dao"/>
</mappers>
```

上述 4 种引入方式都非常简单，可以根据实际开发需要选取。这些配置只是告诉 MyBatis 如何找到 SQL 语句映射文件，更详尽的配置信息在每个 SQL 语句映射文件中，相关内容将在后续章节中介绍。

2.2.2　技能训练

上机练习 2　实现配置文件的深入使用

⌘ 需求说明

在上机练习 1 的基础上，完成以下操作。

（1）增加数据库测试运行环境（SQL Server 数据库或另一台测试服务器的 MySQL 数据库），并完成由开发环境到测试环境的切换。

（2）更改<properties>元素，将数据库信息直接配置为 XML 形式。使用这些属性实现动态配置，并观察 resource 属性的值和<property>元素配置的优先级。

（3）使用<typeAliases>元素为 POJO 设置别名。

（4）对于<mappers>元素，使用 URL 获取 SQL 语句映射文件。

2.3 MyBatis 的映射文件

MyBatis 的真正强大之处在 SQL 语句映射文件的编写上，这也是其魅力所在。相对于它强大的功能，SQL 语句映射文件的配置非常简单。在第 1 章中将 SQL 语句映射文件的配置和 JDBC 代码对比可以发现，使用 SQL 语句映射文件的配置可以减少 50%以上的代码量，并且 MyBatis 专注于 SQL 语句，对于开发人员来说，这可以极大限度地对 SQL 语句进行调节以保证其性能。

映射文件是 MyBatis 中十分重要的文件。下面对 MyBatis 的映射文件中的主要元素进行详细介绍。

2.3.1 映射文件中的主要元素

在映射文件中，<mapper>元素是映射文件的根元素，其他元素都是其子元素。映射文件中的主要元素及作用如图 2.6 所示。

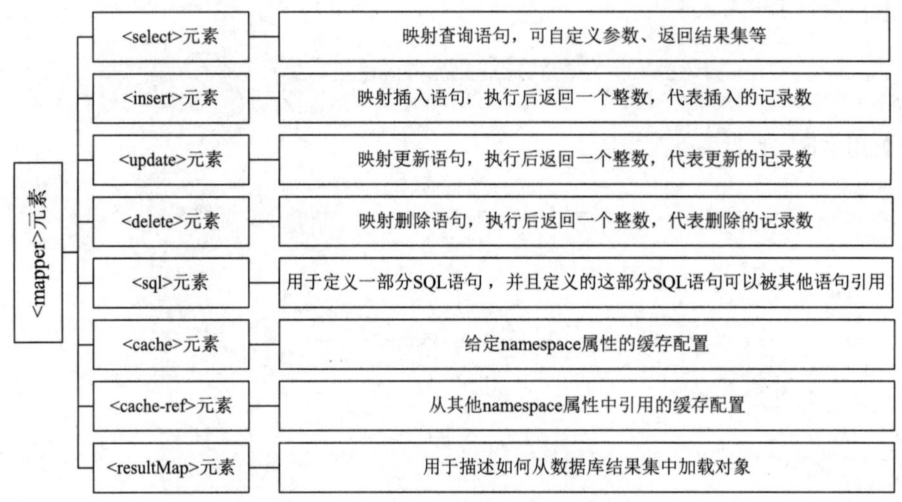

图 2.6 映射文件中的主要元素及作用

注意

对 MyBatis 的 SQL 语句映射文件中<mapper>元素的 namespace 属性有如下要求。

（1）由于 namespace 属性必须与某个 DAO 层的接口同名，同属 DAO 层，因此在代码结构上，映射文件与该 DAO 层的接口应放到同一个<package>元素（如 cn.dsscm.dao.user）中，并且都以 Mapper 结尾，如 UserMapper.java、UserMapper.xml 等。

（2）在不同的映射文件中，子元素的 id 属性的值可以相同，MyBatis 通过 namespace 属性和子元素的 id 联合区分。接口的方法与映射文件中 SQL 语句的 id 应相互对应。

2.3.2 <select>元素

<select>元素用于映射查询语句，可以帮助从数据库中读取数据，并组装数据给开发人员，具体代码如示例 11 所示。

【示例 11】<select>元素

```
<!--根据 id 查询用户信息-->
<select id="getUserListById" parameterType="Integer"
                             resultType="cn.dsscm.pojo.User">
        SELECT * FROM tb_user
         WHERE id = #{id}
</select>
```

上述代码的唯一标识为 getUserListById，它接收一个 Integer 类型的参数，并返回一个 User。在<select>元素中，除了包含上述代码中的属性，还包含其他一些可以配置的属性。<select>元素的常用属性如表 2.8 所示。

表 2.8　<select>元素的常用属性

属　性	说　明
id	namespace 属性的唯一标识，常与 namespace 属性组合起来使用。如果组合后不唯一，那么 MyBatis 会抛出异常
parameterType	SQL 语句入参类型的全限定名或别名，是一个可选属性，这是因为 MyBatis 可以通过类型处理器推断出具体传入语句的参数，默认值为 unset
resultType	SQL 语句返回结果的全限定名或别名。如果是集合，那么返回集合可以包含的类型，而不是集合本身。返回时可以使用 resultType 属性或 resultMap 属性
resultMap	外部<resultMap>元素的命名引用。返回时可以使用 resultType 属性或 resultMap 属性
flushCache	在调用 SQL 语句后，是否需要 MyBatis 清空之前查询的一级缓存和二级缓存，值为 Boolean 类型（true|false），默认值为 false。如果设置为 true，那么只要 SQL 语句被调用就会清空一级缓存和二级缓存
useCache	控制二级缓存的开启和关闭，值为 Boolean 类型（true|false），默认值为 true，表示将查询结果存入二级缓存
timeout	设置超时时间，单位为秒。若超时则会抛出异常
fetchSize	设置总记录数，默认值为 unset
statementType	设置 MyBatis 使用哪个 JDBC 的 Statement 工作，可以设置值为 STATEMENT、PREPARED（默认值）或 CALLABLE，分别对应 JDBC 的 Statement、PreparedStatement 和 CallableStatement
resultSetType	表示结果集的类型，可以设置值为 FORWARD_ONLY、SCROLL_SENSITIVE 或 SCROLLJNSENSITIVE

2.3.3　<insert>元素

<insert>元素用于映射插入语句，在执行完定义的 SQL 语句后，会返回一个表示插入记录数的整数，具体代码如示例 12 所示。

【示例 12】<insert>元素

```
<insert id="add" parameterType="cn.dsscm.pojo.User" flushCache="true"
    statementType="PREPARED"
    keyProperty=""
    keyColumn=""
    useGeneratedKeys=""
    timeout="20">
```

从上述代码中可以看出，<insert>元素的属性与<select>元素的属性大部分相同，但<insert>元素也有 3 个特有属性，如表 2.9 所示。

表 2.9　<insert>元素的特有属性

属　性	说　明
keyProperty	（仅对<insert>元素和<update>元素有用）将进行插入或更新操作时的返回结果赋予 POJO 的某个属性，通常会将 keyProperty 属性设置为主键对应的属性。如果需要设置联合主键，那么可以将多个值用逗号隔开
keyColumn	（仅对<insert>元素和<update>元素有用）设置第几列是主键，当主键所在列不是表中的第一列时需要设置。如果需要设置联合主键，那么可以将多个值用逗号隔开
useGeneratedKeys	（仅对<insert>元素和<update>元素有用）使用 JDBC 的 getGeneratedKeys()方法来获取由数据库内部生成的主键，如 MySQL 和 SQL Server 等数据库自动递增的字段，默认值为 false

执行插入操作后，当需要返回插入成功的数据生成的主键值时，可以通过上面介绍的 3 个属性来实现。如果使用的数据库（MySQL 数据库）支持主键自动增长，那么可以通过 keyProperty 属性指定 POJO 的某个属性，接收主键的返回结果（通常会设置到 id 属性上），并将 useGeneratedKeys 属性的值设置为 true，具体代码如示例 13 所示。

【示例 13】<insert>元素

```
    <!-- 添加用户信息 -->
    <insert id="add" parameterType="cn.dsscm.pojo.User"keyProperty="id"
useGeneratedKeys= "true">
        insert into tb_user (userCode,userName,userPassword,gender,birthday,phone,
                    address,userRole,createdBy,creationDate)
        values (#{userCode},#{userName},#{userPassword},#{gender},#{birthday},
            #{phone},#{address},#{userRole},#{createdBy},#{creationDate})
    </insert>
```

执行上述代码后，就会返回插入成功的行数，以及插入行的主键值。可以通过前面的代码验证此配置。

如果使用的数据库（Oracle 数据库）不支持主键自动增长，或支持增长的数据库取消了主键自动增长的规则，那么可以使用 MyBatis 提供的另一种方式来自动生成主键，具体代码如示例 14 所示。

【示例 14】<inset>元素

```
<!-- 对于不支持自动生成主键的数据库，或取消自动增长规则的数据库可以自定义主键生成规则 -->
<insert id="insertUser" parameterType="cn.dsscm.pojo.User">
    <selectKey keyProperty="id" resultType="Integer" order="BEFORE">
        select if(max(id) is null, 1, max(id) +1) as newId from t_customer
    </selectKey>
   insert into tb_user(id,userCode,userName,userPassword,gender,birthday,phone,
            address,userRole,createdBy,creationDate)
    values (#{id},#{userCode},#{userName},#{userPassword},#{gender},#{birthday},
            #{phone},#{address},#{userRole},#{createdBy},#{creationDate})
</insert>
```

在执行上述代码时，<selectKey>元素会首先运行，它会通过自定义语句来设置表中的主键（如果 tb_user 表中没有记录，那么将 id 属性的值设置为 1，否则就将 id 属性的最大值加 1 来作为新主键），然后调用插入语句。

<selectKey>元素在使用时可以设置以下几种属性。

```
  <selectKey keyProperty="id" resultType="Integer" order="BEFORE" statementType=
"PREPARED">
```

在上述<selectKey>元素的属性中，keyProperty 属性、resultType 属性和 statementType 属性的作用与前面介绍的相同，这里不再重复介绍。order 属性的值可以被设置为 BEFORE 或 AFTER。如果被设置为 BEFORE，那么会首先执行<selectKey>元素中的配置来设置主键，然后执行插入语句；如果被设置为 AFTER，那么会首先执行插入语句，然后执行<selectKey>元素中的配置。

2.3.4 <update>元素和<delete>元素

<update>元素和<delete>元素的使用方法比较简单，它们的配置也基本相同（<delete>元素中不包含表 2.9 中的 3 个属性），具体代码如示例 15 所示。

【示例 15】<update>元素和<delete>元素

```
<update id="updateUser" parameterType="cn.dsscm.pojo.User"
flushCache="true" statementType="PREPARED" timeout="20">
<delete id="deleteUser" parameterType="cn.dsscm.pojo.User"
flushCache="true" statementType="PREPARED" timeout="20">
```

从上述代码中可以看出，<update>元素和<delete>元素的属性与<select>元素的属性基本一致。与<insert>元素一样，<update>元素和<delete>元素在执行完之后，也会返回一个表示影响记录数的整数，具体代码如示例 16 所示。

【示例 16】<update>元素和<delete>元素

```
<!-- 更新用户信息 -->
<update id="modify" parameterType="cn.dsscm.pojo.User">
 UPDATE tb_user
    SET userCode=#{userCode},userName=#{userName},userPassword=#{userPassword},
        gender=#{gender},birthday=#{birthday},phone=#{phone},address=#{address},
        userRole=#{userRole},modifyBy=#{modifyBy},modifyDate=#{modifyDate}
 WHERE id = #{id}
/update>
<!-- 删除用户信息 -->
<delete id="deleteUserById" parameterType="Integer">
    DELETE from tb_user
     WHERE id=#{id}
</delete>
```

2.3.5　<sql>元素

在一个映射文件中，通常需要定义多条 SQL 语句，这些 SQL 语句的组成可能有一部分是相同的，多条 SQL 语句中查询相同的 id、userName、jobs 字段，如果每条 SQL 语句都重写一遍相同的部分，那么会增加代码量，导致映射文件过于臃肿。有什么办法将这些 SQL 语句中相同的组成部分抽取出来，并在需要的地方引用呢？可以在映射文件中使用 MyBatis 提供的<sql>元素来解决上述问题。

<sql>元素的作用就是定义可重用的 SQL 代码片段，并在其他语句中引用这个代码片段。例如，定义一个包含 id、userCode、userName 和 userPassword 等字段的代码片段如下。

```
  <sql id="UserColumns">userCode,userName,userPassword,gender,birthday,phone,address,
userRole</sql>
```

以上代码片段可以包含在其他语句中使用，具体代码如示例 17 所示。

【示例 17】<sql>元素

```
<!--根据 id 查询用户信息-->
<select id="getUserListById" parameterType="Integer" resultType="cn.dsscm.pojo.
User">
       SELECT <include refid="UserColumns"/>
       FROM tb_user
        WHERE id = #{id}
</select>
```

在上述代码中，使用<include>元素的 refid 属性引用了自定义的代码片段，refid 属性的值为自定义代码片段的 id 属性的值。

上面只是一个简单的引用查询。在实际开发中，可以更加灵活地定义代码片段，具体代码如示例 18 所示。

【示例 18】<sql>元素

```
<!--定义要查询列 -->
<sql id="UserColumns"> userCode,userName,userPassword,gender,birthday,phone,
address,userRole</sql>

    <!--定义表的前缀名 -->
    <sql id="tablename"> ${prefix}user </sql>
    <!--定义要查询的表 -->
    <sql id="someinclude"> from <include refid="${include_target}" /></sql>
```

```
    <!--根据 id 查询用户信息 -->
    <select id="getUserListById2" parameterType="Integer"
                    resultType="cn.dsscm.pojo. User">
        select
        <include refid="UserColumns"/>
        <include refid="someinclude">
            <property name="prefix" value="tb_" />
            <property name="include_target" value="tablename" />
        </include>
        where id = #{id}
    </select>
```

上述代码中定义了 3 个代码片段，分别为表定义的前缀名、要查询的表和定义要查询的列。前两个代码片段分别获取了<include>元素的<property>元素中属性的值，其中第 1 个代码片段中的${prefix}会获取 name 属性的值为 prefix，value 属性的值为 tb_，获取后组成的表名为 tb_user；而第 2 个代码片段中的${include_target}会获取 name 属性的值为 include_target，value 属性的值为 tablename，由于 tablename 为第 1 个代码片段的 id 属性的值，因此最后要查询的表为 tb_user。所有代码片段在程序运行时，都会通过由 MyBatis 组成的 SQL 语句来执行需要的操作。

2.3.6 <resultMap>元素

<resultMap>元素用于表示结果映射集，是 MyBatis 中非常重要的元素。它的主要作用是定义映射规则、更新级联及定义类型转化器等。

<resultMap>元素中包含一些子元素，具体代码如示例 19 所示。

【示例 19】<resultMap>元素

```
<!--<resultMap>元素的结构-->
<resultMap type="" id="">
    <constructor><!--在实例化时，类用来将注入结果放到构造方法中-->
        <idArg/><!--id 参数；标记结果作为 id-->
        <arg/><!--注入构造方法的一个普通结果-->
    </constructor>
    <id/><!--用于表示哪个列是主键-->
    <result/><!--注入字段或 JavaBean 属性的一个普通结果-->
    <association property=""/><!--用于一对一关联-->
    <collection property=""/><!--用于一对多关联-->
    <discriminator javaType=""><!--通过结果来决定使用哪个结果映射-->
        <case value=""/><!--基于某些结果的结果映射-->
    </discriminator>
</resultMap>
```

<resultMap>元素的 type 属性表示需要映射的 POJO，id 属性是<resultMap>元素的唯一标识。<constructor>元素用于配置构造方法（当一个 POJO 中未定义无参的构造方法时，就可以使用<constructor>元素进行配置）。<id>元素用于表示哪个列是主键，而<result>元素用于表示 POJO 和表中普通列的映射关系。<association>元素和<collection>元素用于处理多个表之间的关联关系。<discriminator>元素主要用于处理一个单独的数据库查询返回很多不同数据类型结果集的情况。

在默认情况下，MyBatis 程序在运行时会自动将查询到的数据与需要返回对象的属性进行匹配赋值（需要表中的列名与对象的属性名完全一致）。然而在实际开发时，表中的列名与对象的属性名可能不完全一致，在这种情况下，MyBatis 是不会自动赋值的，此时就可以使用<resultMap>元素进行处理。

2.3.7　技能训练

上机练习 3　实现 tb_bill 表的查询、添加、更新和删除

⌘ 需求说明

在上机练习 2 的基础上，完成以下操作。

（1）查询 tb_bill 表。

（2）添加订单信息。

（3）根据供应商 id 更新订单信息。

（4）根据供应商 id 删除订单信息。

提示

（1）添加和更新订单信息。

①使用<insert>元素和<update>元素。

②parameterType：Bill.java。

③DAO 层的接口方法的返回类型：int。

（2）删除订单信息。

使用<delete>元素。

createdBy、creationDate、modifyDate、modifyBy 这 4 个字段应根据方法进行添加或更新操作。

2.4　使用接口实现条件查询

2.4.1　使用<select>元素实现单条件查询

与查询对应的<select>元素是使用 MyBatis 时的常用元素。在前面已经实现了 tb_user 表的简单查询，现在要实现带参数和返回简单数据类型的查询，就要先了解<select>元素的属性。下面以实现根据用户名查询来获取用户信息为例进行介绍，具体实现步骤如下。

步骤 1　编辑 UserMapper.xml

在 UserMapper.xml 中，添加<select>元素完成单条件查询，具体代码如示例 20 所示。

【示例 20】UserMapper.xml

```
<!-- 根据用户名查询用户信息 -->
    <select id="findUserListByUserName" resultType="User" parameterType="String">
        select * from tb_user where userName like CONCAT ('%',#{userName},'%')
    </select>
```

这是一个 id 属性的值为 findUserListByUserName 的 SQL 语句，参数类型为 String，返回类型为 User。为了使数据库的查询结果和返回类型中的属性能够自动匹配以便开发，对于 MySQL 数据库和 JavaBean 都会采用同一套命名规则，即 Java 命名驼峰规则，这样就不需要进行映射了（数据库表的字段名和属性名不一致时需要手动映射）。注意，参数的传递使用“#{参数名}”，它告诉 MyBatis 如何生成 PreparedStatement。JDBC 会被标识为“?”。采用 JDBC 来实现的具体代码如下。

```
String sql = " select * from tb_user where userName like CONCAT ('%',?,'%') ";
PreparedStatement ps= conn.prepareStatement(sql);
ps.setString(1,userName);
```

由此可以看出，使用 MyBatis 可以节省大量的代码。如果想完成复杂一些的查询或让配置文件更简洁，那么需要进一步了解<select>元素的属性和 MyBatis 配置文件的属性。

步骤 2 编辑 UserMapper.java

在 UserMapper.java 中，添加 findUserListByUserName()方法，具体代码如示例 21 所示。

【示例 21】UserMapper.java

```
//根据用户名查询用户信息
 public List<User> findUserListByUserName(String userName);
```

步骤 3 编辑测试方法

在 UserMapperTest.java 中，编辑 testFindUserListByUserName()方法，具体代码如示例 22 所示。

【示例 22】UserMapperTest.java

```
    //根据用户名查询用户信息
    @Test
    public void testFindUserListByUserName() {
        SqlSession sqlSession = null;
        List<User> userList = new ArrayList<User>();
        try {
            sqlSession = MyBatisUtil.createSqlSession();
   userList = sqlSession.getMapper(UserMapper.class).findUserListByUserName("三");
        } catch (Exception e) {
            e.printStackTrace();
        } finally {
            MyBatisUtil.closeSqlSession(sqlSession);
        }
        for (User user : userList) {
            logger.debug("用户编码: " + user.getUserCode()
                    + " -- 用户名: " + user.getUserName());
        }
    }
```

使用 JUnit 测试包执行 testFindUserListByUserName()方法后，控制台输出结果。

2.4.2 使用<select>元素实现多条件查询

本章示例 20 通过一个条件对 tb_user 表进行查询操作，但是在实际应用中，数据查询会有多个条件，结果也会有各种类型，如图 2.7 所示。

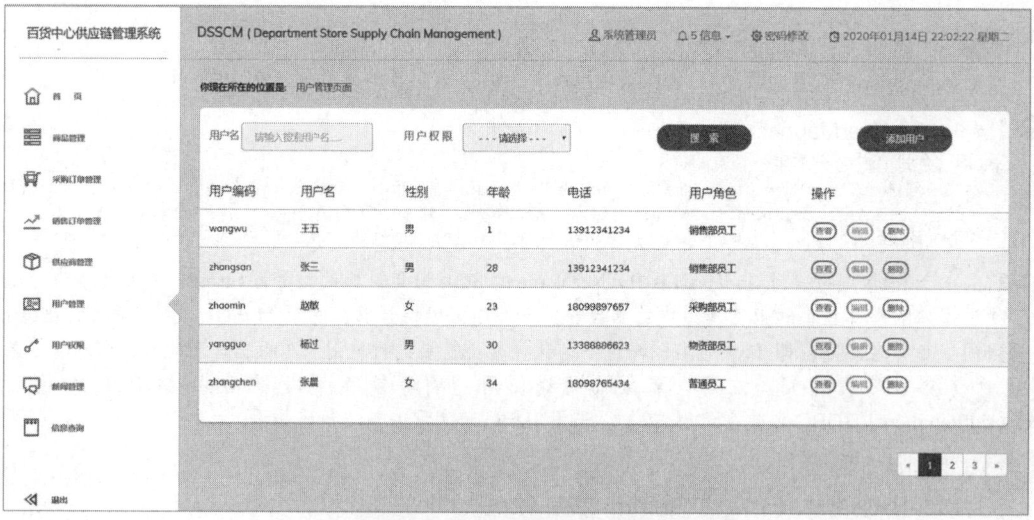

图 2.7 百货中心供应链管理系统的用户信息页面

对于多条件查询的实现，常用的方式有以下几种。

1. User 入参

将查询条件封装成 User 进行入参，具体实现步骤如下。

步骤 1 编辑 UserMapper.java

在 UserMapper.java 中，添加 findUserListByObject()方法，具体代码如示例 23 所示。

【示例 23】UserMapper.java

```
public List<User> findUserListByObject(User user);
```

步骤 2 编辑 UserMapper.xml

编辑 UserMapper.xml 的具体代码如示例 24 所示。

【示例 24】UserMapper.xml

```
<!-- 查询用户信息(参数: User) -->
<select id="findUserListByObject" resultType="User" parameterType="User">
  SELECT * FROM tb_user
   WHERE userName like CONCAT ('%',#{userName},'%') and userRole = #{userRole}
</select>
```

步骤 3 编辑测试方法

在 UserMapperTest.java 中，编辑 testFindUserListByObject()方法，具体代码如示例 25 所示。

【示例 25】UserMapperTest.java

```
    @Test
    public void testFindUserListByObject() {
        SqlSession sqlSession = null;
        List<User> userList = new ArrayList<User>();
        try {
            sqlSession = MyBatisUtil.createSqlSession();
            User user = new User();
            user.setUserName("赵");
            user.setUserRole(3);
    userList = sqlSession.getMapper(UserMapper.class).findUserListByObject(user);
        } catch (Exception e) {
            e.printStackTrace();
        } finally {
            MyBatisUtil.closeSqlSession(sqlSession);
        }
        for (User user : userList) {
            logger.debug("用户编码: " + user.getUserCode()
                    + " -- 用户名: " + user.getUserName());
        }
    }
```

使用 JUnit 测试包执行 testFindUserListByObject()方法后，控制台输出结果。

在示例 25 中，parameterType 属性的值使用了复杂数据类型，将查询条件封装成 User 进行入参。

分别为 User 中 userName 和 userRole 两个属性赋值，在映射的 SQL 语句中设置 parameterType 属性的值为 User，参数值分别使用#{userName}和#{userRole}来表示，即#{属性名}（参数中的属性名）。

2. Map 入参

parameterType 属性支持的复杂数据类型除了 JavaBean 类型，还包括 Map 类型。改造上一案例的具体实现步骤如下。

步骤 1 编辑 UserMapper.xml

将 parameterType 属性的值设置为 Map，SQL 语句中的参数值分别使用#{uName}和#{uRole}来表示，即#{Map 的 key}，具体代码如示例 26 所示。

【示例 26】UserMapper.xml

```
<!-- 查询用户信息(参数: Map) -->
<select id="findUserListByMap" resultType="User" parameterType="Map">
   SELECT * FROM tb_user
    WHERE userName like CONCAT ('%',#{uName},'%') and userRole = #{uRole}
</select>
```

步骤 2　编辑 UserMapper.java

编辑 UserMapper.java，把封装好的 userMap 作为参数传入方法，具体代码如示例 27 所示。

【示例 27】UserMapper.java

```
public List<User> findUserListByMap(Map<String, String> userMap);
```

步骤 3　编辑测试方法

把用户名和用户角色封装成 Map 进行入参。在 UserMapperTest.java 中，编辑 testFindUserListByMap() 方法，具体代码如示例 28 所示。

【示例 28】UserMapperTest.java

```
    @Test
    public void testFindUserListByMap() {
        SqlSession sqlSession = null;
        List<User> userList = new ArrayList<User>();
        try {
            sqlSession = MyBatisUtil.createSqlSession();
            Map<String, String> userMap = new HashMap<String, String>();
            userMap.put("uName", "赵");
            userMap.put("uRole", "3");
    userList = sqlSession.getMapper(UserMapper.class).findUserListByMap(userMap);
        } catch (Exception e) {
            e.printStackTrace();
        } finally {
            MyBatisUtil.closeSqlSession(sqlSession);
        }
        for (User user : userList) {
            logger.debug("用户编码: " + user.getUserCode()
                    + " -- 用户名: " + user.getUserName());
        }
    }
```

使用 JUnit 测试包执行 testFindUserListByMap()方法，控制台输出查询结果。

这种做法更加灵活，不管是什么类型的参数，还是有多少个参数，都可以把其封装成 Map 进行入参，通过 Map 的 key 即可获取入参的值。

> 注意
>
> MyBatis 的入参类型可以是基本数据类型，但是只适用于传入一个参数的情况，通过“#{参数名}”即可获取入参的值。若出现多个参数的情况则需要使用复杂数据类型，复杂数据类型包括 Java 类型、Map 类型，可以通过“#{属性名}”或“#{Map 的 key}”来获取入参的值。

3. @Param 注解入参

示例 28 中是将两种不同数据类型的数据传入以实现用户信息的查询，对于此需求，若按照将查询条件封装成 User 进行入参，则有点大材小用，可以用更灵活的方式处理。通过使用定义接口直接进行多个参数入参即可，其代码可读性高，可以很清晰地看出这个接口方法所需的参数，具体实现步骤如下。

步骤 1　编辑 UserMapper.java

编辑 UserMapper.java，当方法参数有多个时，每个参数前都需增加@Param 注解，具体代码如示例 29 所示。

【示例 29】UserMapper.java

```
public List<User>findUserListByAnnotation(@Param("userName")String username,
        @Param("userRole") Integer rid);
```

使用@Param 注解传入单个参数，如@Param("userName")String username，相当于将 username 重命名为 userName，在映射的 SQL 语句中需要使用“#{注解名称}”，如#{userName}。

步骤 2　编辑 UserMapper.xml

在 UserMapper.xml 中添加 id 属性的值为 findUserListByAnnotation 的 SQL 语句，具体代码如示例 30 所示。

【示例 30】UserMapper.xml

```
<!-- 查询用户信息(参数：注解) -->
<select id="findUserListByAnnotation" resultType="User">
    SELECT * FROM tb_user
     WHERE userName like CONCAT ('%',#{userName},'%') and userRole = #{userRole}
</select>
```

这种做法更加灵活，不用考虑是什么类型的参数，或有多少个参数，都可以使用注解实现。当参数太多时通常会选择实体对象入参。这里需要注意的是，由于在 UserMapper.xml 的<select>元素中不能编写 parameterType 属性，也不好编写传参类型，因此后面配合注解的 SQL 语句是不需要编写 parameterType 属性的。

步骤 3　编辑测试方法

在 UserMapperTest.java 中编辑 testFindUserListByAnnotation()方法，具体代码如示例 31 所示。

【示例 31】UserMapperTest.java

```
@Test
public void testFindUserListByAnnotation() {
    SqlSession sqlSession = null;
    List<User> userList = new ArrayList<User>();
    try {
        sqlSession = MyBatisUtil.createSqlSession();
        //调用 getMapper(UserMapper.class)执行 DAO 层的接口方法来实现数据库的查询
        userList = sqlSession.getMapper(UserMapper.class)
                .findUserListByAnnotation("赵", 3);
    } catch (Exception e) {
        e.printStackTrace();
    } finally {
        MyBatisUtil.closeSqlSession(sqlSession);
    }
    for (User user : userList) {
        logger.debug("用户编码: " + user.getUserCode()
                + " -- 用户名: " + user.getUserName());
    }
}
```

使用 JUnit 测试包执行 testFindUserListByAnnotation ()方法后，控制台输出查询结果。

在该方法中不需要封装 User，直接进行两个参数的入参即可。

2.4.3 实现查询结果的展示

在 2.4.2 节中虽然实现了多条件查询，但是对于结果只能展示 tb_user 表中所有字段的值，如 tb_user 表中 userRole 字段记录的是角色 id，而不是对应的角色名称。在实际应用中用户关注的往往是角色名称而不是角色 id（见图 2.7），那么应该如何解决这类问题呢？

有两种解决方案，下面进行简单介绍。

1．使用<resultType>元素做自动映射

修改 POJO:User.java，增加 userRoleName 属性，并修改查询用户信息的 SQL 语句，对 tb_user 表和 tb_role 表进行连表查询，使用<resultType>元素做自动映射。

使用<resultType>元素做自动映射的具体实现步骤如下。

步骤 1 创建 POJO

在 cn.dsscm.pojo 包下的 User.java 中，定义 userRoleName 属性，以及 getter 方法、setter 方法和重写的 toString()方法，具体代码如示例 32 所示。

【示例 32】User.java

```
public class User {
    private Integer id; //id
    private String userCode; //用户编码
    private String userName; //用户名
    private String userPassword; //密码
    private Integer gender;  //性别
    private Date birthday;  //出生日期
    private String phone;   //电话号码
    private String address; //地址
    private Integer userRole;     //用户角色
    private Integer createdBy;    //创建者
    private Date creationDate; //创建时间
    private Integer modifyBy;      //更新者
    private Date modifyDate;   //更新时间

    private String userRoleName; //用户权限
    // 省略 getter 方法、setter 方法和重写的 toString()方法
}
```

步骤 2 编辑 UserMapper.xml

在 UserMapper.xml 中，编写 SQL 语句，给 roleName 字段取别名为 userRoleName，具体代码如示例 33 所示。

【示例 33】UserMapper.xml

```
    <!-- 查询用户信息(使用<resultType>元素做自动映射) -->
    <select id="getUserList1" resultType="User">
        SELECT u.*, r.roleName userRoleName
          FROM tb_user u,tb_role r
         WHERE u.userRole = r.id
    </select>
```

步骤 3 添加测试方法

在 UserMapper.java 中，添加 getUserList1()方法，具体代码如示例 34 所示。

【示例 34】UserMapper.java

```
    //查询用户信息(使用<resultType>元素做自动映射)
    public List<User> getUserList1();
```

步骤 4 编辑测试方法

在 UserMapper.java 中，编辑 findAllUserTest1()方法，具体代码如示例 35 所示。

【示例 35】UserMapperTest.java

```
    @Test
    public void findAllUserTest1() {
        String resource = "mybatis-config.xml";
```

```
        List<User> list = null;
        SqlSession sqlSession = null;
        try {
            // 获取 mybatis-config.xml 的输入流
            InputStream is = Resources.getResourceAsStream(resource);
            // 创建 SqlSessionFactory，完成对配置文件的读取
            SqlSessionFactory factory = new SqlSessionFactoryBuilder().build(is);
            // 创建 SqlSession
            sqlSession = factory.openSession();
            // 在调用映射文件对数据进行操作时，必须先把映射文件引入到 mybatis-config.xml 中
            list = sqlSession.getMapper(UserMapper.class).getUserList1();
            for (User user : list) {
                logger.debug("用户编码: " + user.getUserCode()
                        + " 用户名: " + user.getUserName()
                        + " 用户权限: " + user.getUserRoleName());
            }
        } catch (IOException e) {
            e.printStackTrace();
        } finally {
            sqlSession.close();
        }
    }
```

使用 JUnit 测试包执行 findAllUserTest1()方法后，控制台的输出结果如下。

```
DEBUG [main] (BaseJdbcLogger.java:135) - ==>  Preparing: SELECT u.*, r.roleName
userRoleName FROM tb_user u,tb_role r WHERE u.userRole = r.id
DEBUG [main] (BaseJdbcLogger.java:135) - ==> Parameters:
DEBUG [main] (BaseJdbcLogger.java:135) - <==      Total: 14
DEBUG [main] (UserMapperTest.java:169) - 用户编码: admin 用户名: 系统管理员 用户权限: 系统管
理员
DEBUG [main] (UserMapperTest.java:169) - 用户编码: liming 用户名: 李明 用户权限: 经理
DEBUG [main] (UserMapperTest.java:169) - 用户编码: hanlubiao 用户名: 韩路彪 用户权限: 经理
DEBUG [main] (UserMapperTest.java:169) - 用户编码: zhanghua 用户名: 张华 用户权限: 普通员工
DEBUG [main] (UserMapperTest.java:169) - 用户编码: wangyang 用户名: 王洋 用户权限: 普通员工
DEBUG [main] (UserMapperTest.java:169) - 用户编码: zhaoyan 用户名: 赵燕 用户权限: 普通员工
   ...
```

从控制台的输出结果中可以看出，虽然 tb_user 表的列名与 User 的属性名完全不一样，但查询出的数据还是被正确地封装到了 User 中。

> **注意**
>
> 在使用<resultType>元素做自动映射时，需要注意，字段名和 POJO 的属性名必须一致。若不一致，则需要给字段起别名，应保证其别名与 POJO 的属性名一致。

2. 使用<resultMap>元素映射自定义结果（推荐使用）

在使用<resultMap>元素映射自定义结果时，表的列名与 POJO的属性名可以不一致，并且可以指定要显示的列，操作比较灵活，应用也比较广泛。

使用<resultMap>元素映射自定义结果的具体实现步骤如下。

步骤 1　编辑 UserMapper.xml

在 UserMapper.xml 中，编写 SQL 语句，具体代码如示例 36 所示。

【示例 36】UserMapper.xml

```
    <!-- 当表的列名与 POJO 的属性名不一致时需要使用<resultMap>元素映射 -->
    <resultMap type="User" id="userList">
        <result property="id" column="id"/>
        <result property="userCode" column="userCode"/>
        <result property="userName" column="userName"/>
        <result property="phone" column="phone"/>
        <result property="birthday" column="birthday"/>
        <result property="gender" column="gender"/>
```

```
        <result property="userRole" column="userRole"/>
        <result property="userRoleName" column="roleName"/>
    </resultMap>

    <select id="getUserList2" resultMap="userList" parameterType="User">
        SELECT u.*,r.roleName
          FROM tb_user u,tb_role r
         WHERE u.userRole = r.id
    </select>
```

在示例 36 中，<resultMap>元素的 id 属性和<result>元素的 property 属性表示 User 的属性名，column 属性表示 tb_user 表的列名。其中 userRoleName 是实体类属性，roleName 是表中列名；<select>元素的 resultMap 属性表示引用上面定义的<resultMap>元素。

步骤 2　编辑测试方法

在 UserMapperTest.java 中，编辑 findAllUserTest2()方法，具体代码如示例 37 所示。

【示例 37】UserMapperTest.java

```
    @Test
    public void findAllUserTest2() {
        String resource = "mybatis-config.xml";
        List<User> list = null;
        SqlSession sqlSession = null;
        try {
            // 获取 mybatis-config.xml 的输入流
            InputStream is = Resources.getResourceAsStream(resource);
            // 创建 SqlSessionFactory，完成对配置文件的读取
            SqlSessionFactory factory = new SqlSessionFactoryBuilder().build(is);
            // 创建 SqlSession
            sqlSession = factory.openSession();
            // 在调用映射文件对数据进行操作时，必须先把映射文件引入到 mybatis-config.xml 中
            list = sqlSession.getMapper(UserMapper.class).getUserList2();
            for (User user : list) {
                logger.debug("用户编码: " + user.getUserCode()
                        + " 用户名: " + user.getUserName()
                        + " 用户权限: " + user.getUserRoleName());
            }
        } catch (IOException e) {
            e.printStackTrace();
        } finally {
            sqlSession.close();
        }
    }
```

使用 JUnit 测试包执行 findAllUserTest2()方法后，控制台的输出结果同示例 35。

从控制台的输出结果中可以看出，虽然 tb_user 表的列名与 User 的属性名完全不一样，但查询出的数据还是被正确地封装到了 User 中，与修改 POJO:User.java 通过<resultType>元素实现的效果相同。

<resultMap>元素用来描述如何将结果映射到 Java 对象上，此处使用<resultMap>元素对所需的必要字段进行自由映射，特别是在表的列名与 POJO 的属性名不一致的情况下，如角色名称的字段名是 roleName，而 User 的属性名则为 userRoleName，此时就需要做映射。

<resultMap>元素的属性和子元素的具体内容如下。

（1）id 属性：唯一标识，用于<select>元素的 resultMap 属性的引用。

（2）type 属性：表示<resultMap>元素的映射结果类型。

（3）<result>元素：用于标识一些简单属性，其中 column 属性表示从数据库中查询的字段名；property 属性则表示查询出的字段对应的值赋给实体对象的哪个属性。

在 UserMapperTest.java 中进行相关字段的输出，展示信息（用户编码、用户名、性别、年龄、电话号码、用户角色等）。应注意，此处用户角色不再是用户编码，而是角色名称。

3．<resultType>元素和<resultMap>元素的关联和区别

在 MyBatis 中对查询进行映射时，返回结果既可以为<resultType>元素，又可以为<resultMap>元素。那么<resultType>元素和<resultMap>元素到底有何关联和区别呢？应用场景又是什么呢？下面进行详细介绍。

（1）<resultType>元素。

<resultType>元素直接表示返回结果，返回结果的类型包括基本数据类型和复杂数据类型。

（2）<resultMap>元素。

<resultMap>元素是对外部<resultMap>元素定义的引用，对应外部<resultMap>元素的 id，表示返回结果映射到哪一个<resultMap>元素上。它的应用场景一般是，表的列名与 POJO 的属性名不一致，或需要进行复杂的联合查询以便自由控制映射结果。除此之外，还可以通过<resultMap>元素中的<association>元素和<collection>元素处理多个表之间的关联关系。关于关联关系的内容，将在后续章节中详细介绍，此处不再介绍。

（3）<resultType>元素和<resultMap>元素的关联。

在 MyBatis 中对查询进行映射时，将查询出来的每个字段值都放到一个对应的 Map 中，其中键是字段名，值是其对应的值。当<select>元素提供的返回类型的属性是 resultType 时，MyBatis 会将 Map 中的键-值对取出赋给<resultType>元素指定对象的属性（调用对象对应属性的 setter 方法进行填充）。正因为如此，当使用<resultType>元素时，直接在后端就能接收到相应对象属性的值。由此可以看出，每次在 MyBatis 中进行查询映射的返回结果都是<resultMap>元素，只是当提供的返回结果是<resultType>元素时，MyBatis 会自动把对应的值赋给<resultType>元素指定对象的属性，当提供的返回结果是<resultMap>元素时，会因为 Map 不能很好地表示领域模型，还需要通过进一步定义把它转化为对应的实体对象。

当返回结果是<resultMap>元素时，也是非常有用的。它主要用在进行复杂联合查询上。在进行简单查询时，使用<resultType>元素就足够了。

> **注意**
>
> 在 MyBatis 的<select>元素中，resultType 属性和 resultMap 属性本质上是一样的，都是 Map 数据结构。但需要明确一点，resultType 属性和 resultMap 属性绝对不能同时使用，只能二者选其一。

4．<resultMap>元素的自动映射级别

在上面的示例中选择部分字段进行<resultMap>元素映射时，希望没有映射的字段不能在后端进行查询并输出，即使 SQL 语句用于查询所有字段（select * from ...），这是因为使用<resultMap>元素也是为了自由、灵活地控制映射结果，以达到只对关心的属性进行赋值填充的目的。修改 UserMapperTest.java 的输出项，具体代码如示例 38 所示。

【示例 38】UserMapperTest.java

```
    @Test
    public void testGetUserList(){
        SqlSession sqlSession = null;
        List<User> userList = new ArrayList<User>();
        try {
            sqlSession = MyBatisUtil.createSqlSession();
            User user = new User();
            user.setUserName("赵");
            user.setUserRole(3);
            userList = sqlSession.getMapper(UserMapper.class).getUserList(user);
        } catch (Exception e) {
            // TODO: handle exception
            e.printStackTrace();
        }finally{
```

```
            MyBatisUtil.closeSqlSession(sqlSession);
        }
        /**
         * 若设置<resultMap>元素的自动映射级别为 NONE,
         * 则没有进行映射匹配输出的属性（address 等）的值为 null
         * 若不设置<resultMap>元素的自动映射级别，则不管是否进行映射，所有属性的值均可输出
         */
        for(User user: userList){
            logger.debug("testGetUserList userCode: " + user);
        }
    }
```

在上述代码中，对比之前设置的<resultMap>元素映射的属性的值，增加了 address 和 age 两个属性的值，通过观察结果发现，address 和 age 两个属性的值均可以正常输出。

那么为何 age 和 address 两个属性并没有在<resultMap>元素中做映射关联却能正常输出结果呢？如果更改需求为“没有在<resultMap>元素中映射的字段不能获取”，那么又该如何实现呢？

这种情况跟<resultMap>元素的自动映射级别有关，默认的映射级别为 PARTIAL。若要满足需求，则需要设置 MyBatis 对于<resultMap>元素的自动映射级别为 NONE，即禁止自动匹配，具体代码如示例 39 所示。

【示例 39】设置 MyBatis 对于<resultMap>元素的自动映射级别

```
<settings>
    <!--设置 MyBatis 对于<resultMap>元素的自动映射级别为 NONE，即禁止自动匹配-->
    <setting name="autoMappingBehavior" value="NONE" />
</settings>
```

增加以上设置之后，进行结果的输出。从输出结果中可以发现，address 属性的值为 null，该属性没有进行自动 setter 方法赋值，但是 age 属性的值仍为 30，并非空，这是因为 age 属性的值并不是直接取自表的，而是在 getAge()方法中通过 birthday 属性计算得出的，只要加载了 birthday 属性就可以计算出该属性的值。读者可参考素材 User.java 中的 getAge()方法进行更多的了解。

> 注意
>
> 在 MyBatis 中，使用<resultMap>元素能够进行自动映射匹配的前提是字段名和属性名要一致，在默认映射级别情况下，若一致，则即使没有进行字段名和属性名的匹配，也可以在后端获取未匹配属性的值；若不一致，且在<resultMap>元素里没有进行映射，则无法在后端获取并输出未匹配属性的值。

2.4.4 技能训练

上机练习 4　实现 tb_bill 表的查询

⌘ 需求说明

（1）按条件查询 tb_bill 表，查询条件如下。

①商品名称。

②供应商 id。

③是否付款。

（2）查询结果列显示：订单编码、商品名称、供应商名称、账单金额、是否付款、创建时间。

（3）必须使用<resultMap>元素进行显示字段的自定义映射。

> 提示
>
> （1）修改 Bill.java，增加 providerName 属性。
>
> （2）编写 SQL 语句（连表查询）。
>
> （3）在 SQL 语句映射文件中创建<resultMap>元素自定义映射结果，并在<select>元素中引用。

思考：该练习的需求是多条件查询，那么作为查询条件应该是多条件入参，可以采用封装对象入参，或直接进行多个参数入参（为查询方法定义 3 个入参）。程序编写完成之后，运行测试类，查看直接传入单个参数的做法是否会报错。若报错，则该如何处理呢？这部分内容将在后续章节中讲解。

2.5 使用接口实现添加、更新、删除

2.5.1 使用<insert>元素实现添加

要实现添加可以使用<insert>元素来映射插入语句。使用<insert>元素实现添加的具体步骤如下。

步骤 1 编辑 UserMapper.java

在 UserMapper.java 中添加 add()方法，具体代码如下。

```
//添加 add()方法
public int add(User user);
```

其中，要添加的 User 作为入参，返回类型为 int，即返回 SQL 语句影响的行数。

步骤 2 编辑 UserMapper.xml

在 UserMapper.xml 中添加用户信息，具体代码如示例 40 所示。

【示例 40】UserMapper.xml

```
    <!-- 添加用户信息 -->
    <insert id="add" parameterType="User">
        INSERT INTO tb_user (userCode,userName,userPassword,gender,birthday,phone,
               address,userRole,createdBy,creationDate)
        VALUES (#{userCode},#{userName},#{userPassword},#{gender},#{birthday},
               #{phone},#{address},#{userRole},#{createdBy},#{creationDate})
    </insert>
```

其中，<insert>元素的属性如下。

（1）id：与<select>元素的 id 属性一样，表示 namespace 属性唯一的标识。

（2）parameterType：与<select>元素的 parameterType 属性一样，表示入参类型的完全限定名或别名。

注意

在添加、删除、更新数据库时，需要注意以下两点。

（1）因为该操作本身默认返回 SQL 语句影响的行数，所以 DAO 层接口方法的返回类型一般设置为 int，最好不要设置为 Boolean。

（2）<insert>、<update>、<delete>等元素中均没有<resultType>元素，只有查询操作需要对返回结果<resultType>元素或<resultMap>元素进行相应的指定。

步骤 3 编辑测试方法

在 UserMapperTest.java 中，编辑 testAdd()方法进行添加数据测试，并开启事务控制模拟异常功能，若发生异常则进行回滚，且测试事务，具体代码如示例 41 所示。

【示例 41】UserMapperTest.java

```
    @Test
    public void testAdd() {
        SqlSession sqlSession = null;
        int count = 0;
        try {
            sqlSession = MyBatisUtil.createSqlSession();
            User user = new User();
            user.setUserCode("test001");
```

```
            user.setUserName("测试用户 001");
            user.setUserPassword("1234567");
            Date birthday = new SimpleDateFormat("yyyy-MM-dd").parse("1984-12-12");
            user.setBirthday(birthday);
            user.setCreationDate(new Date());
            user.setAddress("测试地址");
            user.setGender(1);
            user.setPhone("13688783697");
            user.setUserRole(1);
            user.setCreatedBy(1);
            user.setCreationDate(new Date());
            count = sqlSession.getMapper(UserMapper.class).add(user);
            //模拟异常，进行回滚
            //int i = 2/0;
            sqlSession.commit();
        } catch (Exception e) {
            e.printStackTrace();
            sqlSession.rollback();
            count = 0;
        } finally {
            MyBatisUtil.closeSqlSession(sqlSession);
        }
        logger.debug("testAdd count: " + count);
    }
```

之前已经在 MyBatisUtil.java 中开启了事务控制，具体代码如下。

```
factory.openSession(false); //false 表示手动提交事务，true 表示自动提交事务
```

在此测试方法中，当 SqlSession 执行 testAdd()方法后就需要进行提交，完成数据的添加。若在执行过程中抛出了异常，则必须在 catch 代码块中进行回滚，以保证数据的一致性，同时设置 count 属性的值为 0。

2.5.2 使用<update>元素实现更新

MyBatis 使用<update>元素来映射更新语句，其具体用法与<insert>元素类似。使用<update>元素实现更新的具体步骤如下。

步骤 1　编辑 UserMapper.java

在 UserMapper.java 中添加 modify()方法，具体代码如下。

```
//添加 modify()方法
public int modify(User user);
```

其中，要更新的 User 作为入参，返回类型为 int，即返回 SQL 语句影响的行数。

步骤 2　编辑 UserMapper.xml

在 UserMapper.xml 中更新用户信息，具体代码如示例 42 所示。

【示例 42】UserMapper.xml

```
<!-- 更新用户信息 -->
<update id="modify" parameterType="User">
    UPDATE tb_user
    SET userCode=#{userCode},userName=#{userName},userPassword=#{userPassword},
        gender=#{gender},birthday=#{birthday},phone=#{phone},address=#{address},
        userRole=#{userRole},modifyBy=#{modifyBy},modifyDate=#{modifyDate}
    WHERE id = #{id}
</update>
```

其中，<update>元素的 id 属性和 parameterType 属性的用法与<insert>元素中对应属性的用法相同，此处不再赘述。另外，由于是更新操作，因此只更新 modifyBy 字段和 modifyDate 字段，而不更新 createdBy 字段和 creationDate 字段。

步骤 3　编辑测试方法

在 UserMapperTest.java 中，编辑 testModify()方法进行更新数据测试，并开启事务控制模拟异常功能，若发生异常则进行回滚，且测试事务，具体代码如示例 43 所示。

【示例 43】UserMapperTest.java

```
    //更新用户信息
    @Test
    public void testModify() {
        logger.debug("testModify !===================");
        SqlSession sqlSession = null;
        int count = 0;
        try {
            User user = new User();
            user.setId(15);
            user.setUserCode("testmodify");
            user.setUserName("测试用户修改");
            user.setUserPassword("0000000");
            Date birthday = new SimpleDateFormat("yyyy-MM-dd").parse("2000-10-10");
            user.setBirthday(birthday);
            user.setCreationDate(new Date());
            user.setAddress("测试地址修改");
            user.setGender(2);
            user.setPhone("13600002222");
            user.setUserRole(2);
            user.setModifyBy(1);
            user.setModifyDate(new Date());
            sqlSession = MyBatisUtil.createSqlSession();
            count = sqlSession.getMapper(UserMapper.class).modify(user);
            //模拟异常，进行回滚
            //int i = 2/0;
            sqlSession.commit();
        } catch (Exception e) {
            e.printStackTrace();
            sqlSession.rollback();
            count = 0;
        } finally {
            MyBatisUtil.closeSqlSession(sqlSession);
        }
        logger.debug("testModify count: " + count);
    }
```

此测试方法与示例 41 中的测试方法相似，只不过需要调用 modify()方法进行数据的更新，并且事务管理操作也与示例 41 中的事务管理操作相同，此处不再赘述。

2.5.3　使用@Param 注解实现多个参数入参

除了根据 id 更新用户信息，百货中心供应链管理系统还有一个需求，即修改密码。此需求也是修改操作，但是可以传入的参数只有两个：id 和新密码。按照之前封装成 User 的方式进行入参，并不合适。可以采用更灵活的方式处理，即直接进行多个参数入参，这样做代码可读性高，可以清晰地看出这个接口方法所需的参数。使用@Param 注解实现多个参数入参的具体步骤如下。

步骤 1　编辑 UserMapper.java

在 UserMapper.java 中，采用添加密码的方法，当有单个参数时，每个参数前都需添加@Param 注解，具体代码如下。

```
// 使用@Param 注解实现多个参数入参
public int updatePwd(@Param("id") Integer id, @Param("userPassword") String pwd);
```

使用@Param 注解传入单个参数，如@Param("userPassword") String pwd，相当于将参数 pwd 重命名为 userPassword，在映射的 SQL 语句中需要使用“#{注解名称}”，如#{userPassword}。

步骤 2 编辑 UserMapper.xml

在 UserMapper.xml 中，添加 id 属性的值为 updatePwd 的 SQL 语句，具体代码如示例 44 所示。

【示例 44】UserMapper.xml

```
    <!-- 修改当前密码 -->
    <update id="updatePwd">
        UPDATE tb_user
           SET userPassword=#{userPassword}
        WHERE id=#{id}
    </update>
```

注意

上机练习 4 中提出了使用多个参数入参进行 tb_bill 表的查询操作。若不使用@Param 注解，则会报错，报错信息类似"Parameter '参数名' not found"。探究原因，需要深入 MyBatis 源码，MyBatis 的参数类型为 Map，若使用@Param 注解，则会记录指定的参数名为 key；若在参数前没有添加@Param 注解，则会使用"param+序号"作为 Map 的 key。因此，在进行多个参数入参时，若没有使用@Param 注解指定的参数，则在映射的 SQL 语句中将获取不到"#{参数名}"，从而报错。

步骤 3 编辑测试方法

在 UserMapperTest.java 中，编辑 testUpdatePwd()方法进行密码修改测试，具体代码如示例 45 所示。

【示例 45】UserMapperTest.java

```
    @Test
    public void testUpdatePwd() {
        logger.debug("testUpdatePwd !===================");
        SqlSession sqlSession = null;
        String pwd = "8888888";
        Integer id = 15;
        int count = 0;
        try {
            sqlSession = MyBatisUtil.createSqlSession();
            count = sqlSession.getMapper(UserMapper.class).updatePwd(id, pwd);
            sqlSession.commit();
        } catch (Exception e) {
            e.printStackTrace();
            sqlSession.rollback();
            count = 0;
        } finally {
            MyBatisUtil.closeSqlSession(sqlSession);
        }
        logger.debug("testUpdatePwd count:  " + count);
    }
```

在此测试方法中，不需要封装 User，直接进行两个参数的入参即可，效果清晰明了。

⌘ 经验 ⌘ 在 MyBatis 中的参数入参，何时需要封装成对象入参，何时需要使用多个参数入参？

在一般情况下，超过 4 个以上的参数最好封装成对象入参（特别是在进行常规的添加和更新操作时，由于字段较多，封装成对象比较方便）。

对于参数固定的业务最好使用多个参数入参，因为这种方法比较灵活，代码的可读性高，可以清晰地查看接口方法中所需的参数是什么，并且对于固定的接口，其参数一般是固定的，直接进行多个参数入参即可，无须封装对象。修改密码、根据 id 删除用户信息、根据 id 查看用户明细，都可以采取这种方法。

需要注意的是，当参数为基本数据类型时，不管是多个参数入参，还是单个参数入参，都需要使用@Param 注解进行参数的传递。

2.5.4 使用<delete>元素实现删除

MyBatis 使用<delete>元素来映射删除语句，其具体用法与<insert>元素、<update>元素类似。使用<delete>元素实现删除的具体步骤如下。

步骤 1　编辑 UserMapper.java

在 UserMapper.java 中添加 deleteUserById()方法，具体方法如下。

```
//添加 deleteUserById()方法
public int deleteUserById(@Param("id") Integer delId);
```

其中，delId 使用@Param 注解来指定参数名为 id，返回类型为 int，即执行 SQL 语句影响的行数。

步骤 2　编辑 UserMapper.xml

在 UserMapper.xml 中删除用户信息，具体代码如示例 46 所示。

【示例 46】UserMapper.xml

```
<delete id="deleteUserById" parameterType="Integer">
    DELETE FROM tb_user WHERE id=#{id}
</delete>
```

其中，<delete>元素的 id 属性和 parameterType 属性的用法与<insert>元素、<update>元素中对应属性的用法相同，此处不再赘述。

步骤 3　编辑测试方法

在 UserMapperTest.java 中，编辑 testDeleteUserById()方法进行修改删除测试，并开启事务控制模拟异常功能，若发生异常则进行回滚，且测试事务，具体代码如示例 47 所示。

【示例 47】UserMapperTest.java

```
@Test
public void testDeleteUserById() {
    logger.debug("testDeleteUserById !===================");
    SqlSession sqlSession = null;
    Integer delId = 15;
    int count = 0;
    try {
        sqlSession = MyBatisUtil.createSqlSession();
        count = sqlSession.getMapper(UserMapper.class).deleteUserById(delId);
        sqlSession.commit();
    } catch (Exception e) {
        e.printStackTrace();
        sqlSession.rollback();
        count = 0;
    } finally {
        MyBatisUtil.closeSqlSession(sqlSession);
    }
    logger.debug("testDeleteUserById count: " + count);
}
```

此测试方法与示例 45 中的测试方法相似，只不过需要调用 deleteUserById()方法进行数据的删除，并且事务管理操作也与示例 45 中的事务管理操作相同，此处不再赘述。

2.5.5　技能训练

上机练习 5　**实现 tb_provider 表的添加、更新和删除**

⌘ 需求说明

在上机练习 4 的基础上，完成以下操作。

（1）添加供应商信息。

（2）根据供应商 id 更新供应商信息。

（3）根据供应商 id 删除供应商信息。

提示

（1）添加和更新供应商信息。

①使用<insert>元素和<update>元素。

②parameterType：Provider.java。

③DAO 层的接口方法的返回类型：int。

（2）删除供应商信息。

①使用<delete>元素。

②使用@Param 注解。

③DAO 层的接口方法的返回类型：int。

注意

createdBy、creationDate、modifyDate 和 modifyBy 这 4 个字段应根据方法进行添加或更新操作。

本章总结

- MyBatis 的基本要素包括核心对象、核心配置文件、SQL 语句映射文件。
- MyBatis 的 SQL 语句映射文件提供<select>、<insert>、<update>、<delete>等元素来实现 SQL 语句的映射。
- SQL 语句映射文件的根元素是<mapper>元素，需要指定 namespace 属性来区别于其他<mapper>元素，以保证全局唯一，并且其名称必须要与接口相同，其作用是绑定 DAO 层的接口，即面向接口编程。
- SQL 语句映射文件的 SQL 语句的返回类型的映射可以使用 resultMap 属性或 resultType 属性，但不能同时使用 resultMap 属性和 resultType 属性。
- 关于 MyBatis 的 SQL 语句参数入参，基本数据类型的参数可以使用@Param 注解入参；复杂数据类型的参数直接入参即可。

本章作业

一、选择题

1．下列关于 MyBatis 的映射文件中<insert>元素的说法正确的是（　　）。

A．<insert>元素用于映射插入语句，在执行完元素中定义的 SQL 语句后，没有返回结果

B．<insert>元素的属性与<select>元素的属性相同

C．keyColumn 属性用于设置第几列是主键，当主键列不是表中的第一列时需要设置

D．useGeneratedKeys 属性（仅对<insert>元素有用）会使 MyBatis 使用 JDBC 的 getGeneratedKeys() 方法来获取由数据库内部生成的主键

2．下列关于<select>元素及其属性的说法错误的是（　　）。

A．<select>元素用于映射查询语句，可以从数据库中读取数据，并组装数据给开发人员

B．parameterType 属性表示传入 SQL 语句参数类型的全限定名或别名

C．<resultMap>元素表示外部<resultMap>元素的命名引用，返回时可以同时使用 resultType 属性和 resultMap 属性

D．在同一个映射文件中可以配置多个<select>元素

3．下列关于 MyBatis 的核心对象的说法错误的是（　　）。

A．SqlSession 是线程级别的，不能共享

B．SqlSessionFactoryBuilder 负责创建 SqlSessionFactory，并且可以提供多个 build()方法

C．一个 SqlSession 中只能执行一次 SQL 语句，并且 SqlSession 一旦关闭了就需要重新创建

D．SqlSessionFactory 的生命周期与应用的生命周期相同

4．下列关于 MyBatis 的核心配置文件的描述错误的是（　　）。

A．MyBatis 的核心配置文件主要包含数据源和事务管理等设置和属性信息

B．在 MyBatis 的核心配置文件中使用<properties>元素的 resource 属性对数据库配置文件进行引入

C．在 MyBatis 的核心配置文件中可以配置多套运行环境，但是每个 SqlSessionFactory 只能选择一套运行环境

D．通过<environment>元素的 default 属性指定默认的环境 id，这个环境 id 可以是之前没有定义的环境 id

5．下列不属于 SqlSession 的方法的是（　　）。

A．selectOne()　　B．selectList()　　C．save()　　D．update()

二、简答题

1．简述 MyBatis 的核心对象 SqlSessionFactory 的获取方式。

2．简述 MyBatis 的映射文件中的主要元素及其作用。

三、操作题

使用接口实现百货中心供应链管理系统中 tb_product 表的添加、删除、更新、查询，具体要求如下。

（1）实现 tb_product 表的查询（根据商品名称查询）。

（2）实现商品信息的添加。

（3）实现根据供应商 id 更新商品信息。

（4）实现根据供应商 id 删除商品信息。

第 3 章
动态 SQL 语句

本章目标

◎ 了解动态 SQL 语句中的主要元素及其说明

◎ 掌握动态 SQL 语句中主要元素的使用方法

◎ 熟练掌握动态 SQL 语句的运用

本章简介

前面已经介绍了 MyBatis 的 3 个基本要素，即核心接口和类、核心配置文件和映射文件，并对百货中心供应链管理系统的用户管理模块的 DAO 层进行了相应的改造。本章将介绍 MyBatis 的动态 SQL 语句，以进一步优化系统功能操作。

开发人员在使用 JDBC 或其他类似的框架进行数据库开发时，通常要根据需求手动组装 SQL 语句，这是一个非常麻烦且痛苦的工作，而 MyBatis 提供的对 SQL 语句动态组装的功能，能很好地解决这个麻烦。本章将对 MyBatis 的动态 SQL 语句进行详细介绍。

技术内容

3.1 动态 SQL 语句主要元素

动态 SQL 语句是 MyBatis 的一个强大特性，MyBatis 3 采用功能强大的 OGNL 表达式来完成动态 SQL 语句。它删除了之前版本中需要了解的大多数元素，只使用不到原来一半数量的元素就能完成所需工作。在使用 JDBC 操作数据时，如果查询条件特别多，那么将查询条件串联成 SQL 语句字符串是一件痛苦的事情，通常的解决方法是编写很多的 if-else 语句对字符串进行拼接，并确保不能忘了空格或在末尾省略逗号。MyBatis 使用一种强大的动态 SQL 语句改善了这种情况，动态 SQL 语句可以在 SQL 语句中很方便地实现某些逻辑。MyBatis 的动态 SQL 语句中的主要元素如表 3.1 所示。

表 3.1　MyBatis 的动态 SQL 语句中的主要元素

元　素	说　明
<if>	用于单条件分支判断
<choose>+<when>+<otherwise>	相当于 Java 中的 switch...case...default 语句，用于多条件分支判断
<where>	简化 SQL 语句中的 where 条件判断
<trim>	可以灵活地删除多余的关键字

续表

主要元素	说　明
<set>	用于解决动态更新
<foreach>	表示循环，常用于 in 语句等列举条件中
<bind>	表示在 OGNL 表达式中创建一个变量，并将其绑定到上下文，常用于模糊查询的 SQL 语句中

为了能更好地掌握动态 SQL 语句的使用方法，下面将对这些动态 SQL 语句中的主要元素进行详细介绍。

3.2 使用动态 SQL 语句实现多条件查询

3.2.1 使用<if>+<where>元素实现多条件查询

1. <if>元素

在 MyBatis 中，<if>元素类似于 Java 中的 if 语句，主要用于单条件分支判断。

在实际应用中经常会通过多个条件来精确地查询某个数据。例如，要查询某个用户信息，可以通过姓名和职业来查询，也可以不填写职业直接通过姓名来查询，还可以不填写姓名和职业来查询，此时姓名和职业就是非必要条件。类似于这种情况，在 MyBatis 中就可以通过<if>元素来实现。

前面介绍的根据 id 和用户名查询的示例，采用的是封装 User 入参进行查询。因此，在查询条件不是很多且较为固定的情况下，比较好的解决方案是采用多个参数直接入参，这样代码比较清晰，可读性也比较强。下面就通过一个案例演示这种情况，具体实现步骤如下。

修改 UserMapper.java 的 getUserList()方法，具体代码如示例 1 所示。

【示例 1】UserMapper.java

```
public interface UserMapper {
    public List<User> getUserList(@Param("userName")String userName,
                                  @Param("userRole") Integer roleId);
}
```

因为上述代码中使用了@Param 注解，并将参数 roleId 重命名为 userRole，所以 UserMapper.xml 代码无须修改，具体代码如示例 2 所示。

【示例 2】UserMapper.xml

```
<select id="getUserList" resultType="User">
        select u.*,r.roleName userRoleName
          from tb_user u,tb_role r
         where u.userName like CONCAT ('%',#{userName},'%')
                and u.userRole = #{userRole} and u.userRole = r.id
</select>
```

完成以上修改之后，运行测试类进行相应的方法测试。测试两个条件均给出的情况，testGetUserList1()方法的部分代码如示例 3 所示。

【示例 3】UserMapperTest.java

```
@Test
public void testGetUserList1() {
    SqlSession sqlSession = null;
    List<User> userList = new ArrayList<User>();
    try {
        sqlSession = MyBatisUtil.createSqlSession();
        String userName = "张";
```

```
            Integer roleId = 3;
            userList=sqlSession.getMapper(UserMapper.class).getUserList(userName,roleId);
            for (User user : userList) {
                logger.debug(user);
            }
        } catch (Exception e) {
            e.printStackTrace();
        } finally {
            MyBatisUtil.closeSqlSession(sqlSession);
        }
}
```

使用 JUnit 测试包执行上述方法后，控制台的输出结果如下。

```
DEBUG [main] (BaseJdbcLogger.java:135) - ==>  Preparing: SELECT u.*,r.roleName
userRoleName FROM tb_user u,tb_role r WHERE u.userName like CONCAT ('%',?,'%') AND
u.userRole = ? and u.userRole = r.id
DEBUG [main] (BaseJdbcLogger.java:135) - ==> Parameters: 张(String), 3(Integer)
DEBUG [main] (BaseJdbcLogger.java:135) - <==      Total: 2
DEBUG [main] (UserMapperTest.java:32) - User{id=4, userCode='zhanghua', userName='张华
', userPassword='0000000', birthday=Tue Jun 15 08:00:00 CST 1993, gender=1,
phone='13544561111', email='null', address='北京市海淀区学院路 61 号', userDesc='null',
userRole=3, createdBy=1, imgPath='null', creationDate=Thu Oct 24 21:01:51 CST 2019,
modifyBy=null, modifyDate=null}
DEBUG [main] (UserMapperTest.java:32) - User{id=9, userCode='zhangchen', userName='张晨
', userPassword='0000000', birthday=Fri Mar 28 08:00:00 CST 1986, gender=1,
phone='18098765434', email='null', address='朝阳区管庄路口北柏林爱乐三期 13 号楼',
userDesc='null', userRole=3, createdBy=1, imgPath='null', creationDate=Thu Oct 24
21:01:55 CST 2019, modifyBy=1, modifyDate=Thu Nov 14 22:15:36 CST 2019}
```

模拟用户没有输入所有条件的情况，如参数 roleId 的值为 null，即只按用户名进行模糊查询，具体代码如示例 4 所示。

【示例 4】UserMapperTest.java

```
    String userName = "张";
    Integer roleId = null;
    userList=sqlSession.getMapper(UserMapper.class).getUserList(username,roleId);
```

使用 JUnit 测试包执行上述方法后，控制台的输出结果如下。

```
DEBUG  [main]  (BaseJdbcLogger.java:135)  -  ==>   Preparing:  SELECT  u.*,r.roleName
userRoleName  FROM  tb_user  u,tb_role  r  WHERE  u.userName  like  CONCAT  ('%',?,'%')  AND
u.userRole = ? and u.userRole = r.id
DEBUG [main] (BaseJdbcLogger.java:135) - ==> Parameters: 张(String), null
DEBUG [main] (BaseJdbcLogger.java:135) - <==      Total: 0
```

从控制台的输出结果中可以发现，查询结果为空。那么这个查询结果是否正确呢？

根据控制台的输出日志信息，把 SQL 语句中含有“?”的位置分别替换成相应的参数："张"、null。修改后相应的 SQL 语句如下。

```
   SELECT u.*,r.roleName FROM tb_user u,dsscm_role r
    WHERE u.userName like CONCAT ('%','张','%')
          and u.userRole = #{userRole}
          and u.userRole = r.id
```

在 MySQL 数据库中执行该 SQL 语句，查询结果确实为空。按照正确的逻辑思考，用户在没有输入用户角色的情况下，只根据用户名进行模糊查询，查询结果应该是参数 userName 中含有“张”的全部用户信息。具体的 SQL 语句如下。

```
SELECT u.*,r.roleName FROM tb_user u,dsscm_role r
 WHERE u.userName like CONCAT ('%','张','%') and u.userRole = r.id
```

MySQL 数据库中 SQL 语句的执行结果如图 3.1 所示。

id	userCode	userName	userPassword	gender	birthday	email	phone	address
3	zhangwei	张伟	0000000	2	1994-06-05	(NULL)	18567542321	北京市朝阳区
4	zhanghua	张华	0000000	1	1993-06-15	(NULL)	13544561111	北京市海淀区
9	zhangchen	张晨	0000000	1	1986-03-28	(NULL)	18098765434	北京市朝阳区
13	zhangsan	张三	123456	2	1992-02-29	123@qq.com	13912341234	湖南省长沙市

图 3.1　SQL 语句的执行结果

根据业务需求可知，这才是正确的查询结果，而示例 4 中控制台的输出结果并不正确。由于在进行多条件查询时，用户并不一定完整地输入所有查询条件，因此对于类似情况，示例 4 中的 SQL 语句存在漏洞。那么应该如何修改呢？

> **思考：** 对于上述示例，若查询条件中参数 userName 的值为 null，参数 roleId 的值不为 null，如 roleId=3，则查询结果同样为空，但是若查询条件中参数 userName 的值为""（空字符串），参数 roleId 的值不为 null，如 roleId=3，则查询结果不为空且正确。思考一下，这是什么原因导致的呢？

可以使用动态 SQL 语句中的<if>元素来实现多条件查询。编辑 UserMapper.xml，具体代码如示例 5 所示。

【示例 5】UserMapper.xml

```
<select id="getUserList2" resultType="User">
    select u.*,r.roleName from tb_user u,tb_role r where u.userRole = r.id
    <if test="userRole != null">
        and u.userRole = #{userRole}
    </if>
    <if test="userName != null and userName != ''">
        and u.userName like CONCAT ('%',#{userName},'%')
    </if>
</select>
```

在上述代码中改造了 SQL 语句，利用<if>元素实现简单的条件判断，<if>元素的 test 属性表示进入<if>元素内需要满足的条件。整个 SQL 语句非常简单，若提供参数 userRole（满足条件 userRole !=null），则<where>元素的条件就要满足 u.userRole=#{userRole}。同样，若提供参数 userName（满足条件 userName!=null 且 userName !=' '），则<where>元素的条件就要满足 u.userName like CONCAT('%'，#{userName}，'%')，最终返回满足这些<where>元素的条件的数据。这是一个非常有用的功能，与使用 JDBC 要达到同样的选择效果相比，这里不需要通过 if、else 等语句进行 SQL 语句的拼接。

使用 JUnit 测试包执行测试方法，控制台的输出结果如下。

```
DEBUG [main] (BaseJdbcLogger.java:135) - ==>  Preparing: select u.*,r.roleName from tb_user u,tb_role r where u.userRole = r.id and u.userName like CONCAT ('%',?,'%')
DEBUG [main] (BaseJdbcLogger.java:135) - ==> Parameters: 张(String)
DEBUG [main] (BaseJdbcLogger.java:135) - <==      Total: 3
DEBUG [main] (UserMapperTest.java:51) - User{id=4, userCode='zhanghua', userName='张华', userPassword='0000000', birthday=Tue Jun 15 08:00:00 CST 1993, gender=1, phone='13544561111', email='null', address='北京市海淀区学院路 61 号', userDesc='null', userRole=3, ...}
DEBUG [main] (UserMapperTest.java:51) - User{id=9, userCode='zhangchen', userName='张晨', userPassword='0000000', birthday=Fri Mar 28 08:00:00 CST 1986, gender=1, phone='18098765434', email='null', address='朝阳区管庄路口北柏林爱乐三期 13 号楼', userDesc='null', userRole=3, ...}
...
```

从控制台的输出结果中可以看出，输出的 SQL 语句是根据<if>元素的条件判断重新对 where 子句进行拼接的，日志中的查询结果也是正确的。当然，还可以测试其他情况，在此不再逐一进行演示。

2. <where>元素

根据用户名查询和 id 查询的用户信息，不需要显示角色名称，只需要将 UserMapper.xml 中 getUserList()方法查询结果的返回类型改为 resultType，具体实现步骤如下。

修改 SQL 语句，具体代码如示例 6 所示。

【示例 6】UserMapper.xml

```
<select id="getUserList3" resultType="User">
    select * from tb_user
    where
            <if test="userName != null and userName != ''">
                userName like CONCAT ('%',#{userName},'%')
            </if>
            <if test="userRole != null">
                and userRole = #{userRole}
            </if>
</select>
```

运行测试方法的部分代码如下。

```
String userName = "";
Integer roleId = 3;
userList = sqlSession.getMapper(UserMapper.class).getUserList3(userName,roleId);
```

运行结果如图 3.2 所示。

```
[DEBUG] 2020-01-16 23:18:17,086 cn.dsscm.dao.UserMapper.getUserList3 - ==>  Preparing: select * from tb_user where and userRole = ?
[DEBUG] 2020-01-16 23:18:17,111 cn.dsscm.dao.UserMapper.getUserList3 - ==> Parameters: 3(Integer)
org.apache.ibatis.exceptions.PersistenceException:
### Error querying database.  Cause: com.mysql.jdbc.exceptions.jdbc4.MySQLSyntaxErrorException: You have an error in your SQL syntax;
### The error may exist in cn/dsscm/dao/UserMapper.xml
### The error may involve defaultParameterMap
### The error occurred while setting parameters
### SQL: select * from tb_user     where                    and userRole = ?
### Cause: com.mysql.jdbc.exceptions.jdbc4.MySQLSyntaxErrorException: You have an error in your SQL syntax; check the manual that cor
	at org.apache.ibatis.exceptions.ExceptionFactory.wrapException(ExceptionFactory.java:23)
```

图 3.2 运行结果 1

通过运行结果可以发现，后端报错。具体的错误信息为 SQL 语句错误，即 where 子句后面多了一个 and，那为何之前的示例中没有出现这样的问题呢？这是因为之前的示例在该 SQL 语句的 where 子句中含有一个固定条件，该固定条件紧跟在 where 后面。因此，当参数传入不完整时，不会因为多余的 and 导致发生 SQL 语句错误。

同样对于上述示例，若不输入任何条件，即测试方法中两个参数均传入空值，则正常情况下控制台应该输出所有用户信息，具体代码如示例 7 所示。

【示例 7】UserMapperTest.java

```
String userName = "";
Integer roleId = null;
userList = sqlSession.getMapper(UserMapper.class).getUserList3(userName,roleId);
```

运行结果如图 3.3 所示。

```
[DEBUG] 2020-01-16 23:22:06,459 cn.dsscm.dao.UserMapper.getUserList3 - ==>  Preparing: select * from tb_user where
[DEBUG] 2020-01-16 23:22:06,487 cn.dsscm.dao.UserMapper.getUserList3 - ==> Parameters:
org.apache.ibatis.exceptions.PersistenceException:
### Error querying database.  Cause: com.mysql.jdbc.exceptions.jdbc4.MySQLSyntaxErrorException: You have an error in y
### The error may exist in cn/dsscm/dao/UserMapper.xml
### The error may involve defaultParameterMap
### The error occurred while setting parameters
### SQL: select * from tb_user     where
### Cause: com.mysql.jdbc.exceptions.jdbc4.MySQLSyntaxErrorException: You have an error in your SQL syntax; check the
	at org.apache.ibatis.exceptions.ExceptionFactory.wrapException(ExceptionFactory.java:23)
```

图 3.3 运行结果 2

与之前的运行结果一样，后端 SQL 语句又报错了，不同的是，这里的 SQL 语句虽没有 where 子句，但多了一个 where，造成 SQL 语句错误的原因也和之前分析的一样。

综上可知，若要解决此类问题则需要智能处理 and 和 where，使用动态 SQL 语句中的<where>元素即可满足需求。

<where>元素主要用于简化 SQL 语句中的 where 条件判断，并智能处理 and 和 where，不必担心因多余关键字导致的语法错误。下面编辑 UserMapper.xml，具体代码如示例 8 所示。

【示例 8】UserMapper.xml

```
<select id="getUserList4" resultType="User">
        select * from tb_user
```

```
            <where>
                <if test="userName != null and userName != ''">
                    and userName like CONCAT ('%',#{userName},'%')
                </if>
                <if test="userRole != null">
                    and userRole = #{userRole}
                </if>
            </where>
</select>
```

通过上述代码，<where>元素会自动识别其内是否有返回结果，若有则插入一个 where。下面根据以上两种出错情况分别进行运行测试。

第 1 种情况：参数 userName 传入空字符串或 null，参数 roleId 给定值，具体代码如示例 9 所示。

【示例 9】UserMapperTest.java

```
String userName = "";
Integer roleId = 3;
userList = sqlSession.getMapper(UserMapper.class).getUserList4(userName,roleId);
```

使用 JUnit 测试包执行上述方法后，控制台的输出结果如下。

```
DEBUG [main] (BaseJdbcLogger.java:135) - ==>  Preparing: select * from tb_user WHERE
userName like CONCAT ('%',?,'%')
DEBUG [main] (BaseJdbcLogger.java:135) - ==> Parameters: 张(String)
DEBUG [main] (BaseJdbcLogger.java:135) - <==      Total: 3
DEBUG [main] (UserMapperTest.java:89) - User{id=4, userCode='zhanghua', userName='张华
', userPassword='0000000', birthday=Tue Jun 15 08:00:00 CST 1993, gender=1,
phone='13544561111', email='null', address='北京市海淀区学院路 61 号', userDesc='null',
userRole=3, createdBy=1, imgPath='null', creationDate=Thu Oct 24 21:01:51 CST 2019,
modifyBy=null, modifyDate=null}
DEBUG [main] (UserMapperTest.java:89) - User{id=9, userCode='zhangchen', userName='张晨
', userPassword='0000000', birthday=Fri Mar 28 08:00:00 CST 1986, gender=1,
phone='18098765434', email='null', address='朝阳区管庄路口北柏林爱乐三期 13 号楼',
userDesc='null', userRole=3, createdBy=1, imgPath='null', creationDate=Thu Oct 24
21:01:55 CST 2019, modifyBy=1, modifyDate=Thu Nov 14 22:15:36 CST 2019}
  ...
```

从控制台的输出结果中可以看出，SQL 语句根据传递的参数进行了正确拼接，where 子句中自动删除了 and。

第 2 种情况：两个参数传入的值均为 null，具体代码如示例 10 所示。

【示例 10】UserMapperTest.java

```
String userName = "";
Integer roleId = null;
userList = sqlSession.getMapper(UserMapper.class).getUserList(userName,roleId);
```

使用 JUnit 测试包执行上述方法后，控制台的输出结果如下。

```
DEBUG [main] (BaseJdbcLogger.java:135) - ==>  Preparing: select * from tb_user
DEBUG [main] (BaseJdbcLogger.java:135) - ==> Parameters:
DEBUG [main] (BaseJdbcLogger.java:135) - <==      Total: 14
DEBUG [main] (UserMapperTest.java:89) - User{id=1, userCode='admin', userName='系统管理
员', userPassword='123456', birthday=Tue Oct 22 08:00:00 CST 1991, gender=2,
phone='13688889999', email='null', address='北京市海淀区成府路 207 号', userDesc='',
userRole=1, createdBy=1, imgPath='null', creationDate=Thu Oct 24 21:01:49 CST 2019,
modifyBy=1, modifyDate=Mon Nov 04 00:40:25 CST 2019}
DEBUG [main] (UserMapperTest.java:89) - User{id=2, userCode='liming', userName='李明',
userPassword='0000000', birthday=Fri Dec 10 08:00:00 CST 1993, gender=2,
phone='13688884457', email='null', address='北京市东城区前门东大街 9 号', userDesc='null',
userRole=2, createdBy=1, imgPath='null', creationDate=Thu Oct 24 21:01:50 CST 2019,
modifyBy=null, modifyDate=null}
    ...
```

从控制台的输出结果中可以看出，SQL 语句同样根据传入的参数进行了正确拼接，由于这种情况没有参数，因此智能处理了 where。

3.2.2 技能训练 1

上机练习 1 使用动态 SQL 语句——<if>元素实现 tb_bill 表的查询

⌘ 需求说明

（1）修改 tb_bill 表的查询功能，使用动态 SQL 语句完善此功能。

（2）查询条件如下。

①商品名称。

②供应商 id。

③是否付款。

（3）查询结果列显示：订单 id、订单编码、商品名称、供应商 id、供应商名称、订单金额、是否付款、创建时间。

提示

（1）在 BillMapper.xml 中修改 SQL 语句，使用动态 SQL 语句中的<if>元素。

（2）修改测试方法，并进行多种情况的测试。

上机练习 2 使用动态 SQL 语句——<if>+<where>元素实现 tb_provider 表的查询

⌘ 需求说明

（1）修改 tb_provider 表的查询功能，使用动态 SQL 语句来完善此功能。

（2）查询条件如下。

①供应商编码。

②供应商名称。

（3）查询结果列显示：供应商 id、供应商编码、供应商名称、联系人、电话号码、传真、创建时间。

提示

（1）在 ProviderMapper.xml 中修改 SQL 语句，使用动态 SQL 语句的<if>元素和<where>元素。

（2）修改测试方法，并进行多种情况的测试。

3.2.3 使用<if>+<trim>元素实现多条件查询

在 MyBatis 中除了可以使用<if>元素和<where>元素实现多条件查询，还可以使用<if>元素和<trim>元素实现多条件查询。

<trim>元素也会自动识别是否有返回结果，若有返回结果，则会为包含的内容加上某些前缀，或为包含的内容加上某些后缀，与之对应的属性是 prefix 和 suffix。此外，还可以把包含的首部某些内容覆盖（忽略），或尾部某些内容覆盖，与之对应的属性是 prefixOverrides 和 suffixOverrides。因为<trim>元素有这样强大的功能，所以可以利用它替代<where>元素，并实现与<where>元素相同的效果。

下面编辑 UserMapper.xml，以实现多条件查询，具体代码如示例 11 所示。

【示例 11】UserMapper.xml

```
<select id="getUserList5" resultType="User">
        select * from tb_user
            <trim prefix="where" prefixOverrides="and | or">
                <if test="userName != null and userName != ''">
                    and userName like CONCAT ('%',#{userName},'%')
                </if>
                <if test="userRole != null">
```

```
                    and userRole = #{userRole}
                </if>
            </trim>
</select>
```

基于上述代码，下面介绍<trim>元素的属性。

（1）prefix：前缀。自动识别是否有返回结果后，为<trim>元素包含的内容加上某些前缀，如<where>元素。

（2）suffix：后缀。为<trim>元素包含的内容加上某些后缀。

（3）prefixOverrides：对<trim>元素包含内容的首部进行指定内容（and | or 等）的忽略。

（4）suffixOverrides：对<trim>元素包含内容的尾部进行指定内容的忽略。

运行测试方法，根据传入的不同参数，分别进行 SQL 语句智能拼接，其效果与<where>元素相同，此处不再赘述。

3.2.4　使用<choose>+<when>+<otherwise>元素实现多条件查询

在使用<if>元素时，只要 test 属性中的表达式为 true，就会执行条件语句，但是在实际应用中，有时只需要从多个选项中选择一个执行即可，示例如下。

（1）当用户名不为空时，只根据用户名进行用户筛选。

（2）当用户名为空而用户权限不为空时，只根据用户权限进行用户筛选。

（3）当用户名和用户权限都为空时，查询所有电话号码不为空的用户信息。

在这种情况下使用<if>元素进行处理是非常不合适的。如果使用的是 Java，那么更适合使用 switch...case...default 语句来处理。在 MyBatis 中有没有类似的语句呢？答案是肯定的。针对上面的情况，MyBatis 可以使用<choose>元素、<when>元素、<otherwise>元素进行处理。

对于某些查询需求，虽然有多个查询条件，但是不需要应用所有查询条件，只选择其中一种情况的查询结果即可。同 Java 中的 switch...case...default 语句相似，MyBatis 提供<choose>元素来满足这种需求。

<choose>元素相当于 Java 中的 switch 语句，同 JSTL 中的<choose>元素的作用基本相同，通常都是搭配<when>元素、<otherwise>元素使用。下面通过示例演示其用法。

根据查询条件（用户名、用户角色、用户编码、创建时间）查询 tb_user 表。具体要求：查询条件提供前 3 个（用户名、用户角色、用户编码）中的任意一个即可。如果前 3 个查询条件都不提供，那么默认提供最后 1 个查询条件（创建时间：在指定的年份内）来完成查询操作。

在 UserMapper.java 中添加接口方法，具体代码如示例 12 所示。

【示例 12】UserMapper.java

```
    public List<User> getUserList_choose(@Param("userName")String userName,
                         @Param("userRole")Integer roleId,
                         @Param("userCode")String userCode,
                         @Param("creationDate")Date creationDate);
```

在上述代码中，使用@Param 注解实现多条件入参。编辑 UserMapper.xml，具体代码如示例 13 所示。

【示例 13】UserMapper.xml

```
    <select id="getUserList_choose" resultType="User">
        select * from tb_user where 1=1
            <choose>
                <when test="userName != null and userName != ''">
                    and userName like CONCAT ('%',#{userName},'%')
                </when>
                <when test="userCode != null and userCode != ''">
```

```
                and userCode like CONCAT ('%',#{userCode},'%')
            </when>
            <when test="userRole != null">
                and userRole=#{userRole}
            </when>
            <otherwise>
                <!-- and YEAR(creationDate) = YEAR(NOW()) -->
                and YEAR(creationDate) = YEAR(#{creationDate})
            </otherwise>
        </choose>
    </select>
```

在上述代码中，使用<choose>、<when>、<otherwise>元素来实现需求。一般<choose>元素与<when>元素、<otherwise>元素配套使用。

<when>元素：当满足 test 属性中的条件时，就会输出<when>元素中的内容。其与 Java 的 switch...case...default 语句中的 case 语句一样，都是按照条件的顺序来进行处理的，并且满足一旦<when>元素中有条件时，就会跳出<choose>元素，即所有<when>元素和<otherwise>元素只有一个会输出。

<otherwise>元素：当所有<when>元素中的条件都不满足时，就会自动输出<otherwise>元素中的内容。

上述代码表述的就是当 userName != null and userName !=时，输出 and userName like CONCAT ('%',#{userName},'%')拼接到前面 SQL 语句 select * from tb_user where 1=1 的后面，此时不再判断剩余条件，SQL 语句拼接完成，当不满足第一个<when>元素中的条件时，进入第二个<when>元素中的条件进行判断，当满足 userCode!=null and userCode !=时，输出该元素中的内容，并且不再判断剩余条件，SQL 语句拼接完成。以此类推，若所有<when>元素中的条件都不满足，则进入<otherwise>元素，输出该元素中的 and YEAR(creationDate) = YEAR(#{creationDate})，与需求相呼应。

思考一下，为何 SQL 语句 select * from tb_user 的后面要添加 where 1=1 呢？下面通过运行结果和输出的 SQL 语句加以分析。

添加测试方法，并进行相应的测试，具体代码如示例 14 所示。

【示例 14】UserMapperTest.java

```
String userName = "";
Integer roleId = null;
String userCode = "";
Date creationDate = new SimpleDateFormat("yyyy-MM-dd").parse("2019-10-01");
userList = sqlSession.getMapper(UserMapper.class).
            getUserList_choose(userName,roleId,userCode,creationDate);
```

通过上述代码中入参的情况，执行测试方法，控制台的输出结果如下。

```
DEBUG [main] (BaseJdbcLogger.java:135) - ==>  Preparing: select * from tb_user where 1=1 and YEAR(creationDate) = YEAR(?)
DEBUG [main] (BaseJdbcLogger.java:135) - ==> Parameters: 2019-10-01 00:00:00.0(Timestamp)
DEBUG [main] (BaseJdbcLogger.java:135) - <==      Total: 14
DEBUG [main] (UserMapperTest.java:130) - User{id=1, userCode='admin', userName='系统管理员', userPassword='123456', birthday=Tue Oct 22 08:00:00 CST 1991, gender=2, phone='13688889999', email='null', address='北京市海淀区成府路 207 号', userDesc='', userRole=1, createdBy=1, imgPath='null', creationDate=Thu Oct 24 21:01:49 CST 2019, modifyBy=1, modifyDate=Mon Nov 04 00:40:25 CST 2019}
DEBUG [main] (UserMapperTest.java:130) - User{id=2, userCode='liming', userName='李明', userPassword='0000000', birthday=Fri Dec 10 08:00:00 CST 1993, gender=2, phone='13688884457', email='null', address='北京市东城区前门东大街 9 号', userDesc='null', userRole=2, createdBy=1, imgPath='null', creationDate=Thu Oct 24 21:01:50 CST 2019, modifyBy=null, modifyDate=null}
   ...
```

从控制台的输出结果中可以看出，拼接后的 SQL 语句与之前分析的一样。因此，SQL 语句 select * from tb_user 的后面添加 where 1=1 的原因是，不需要处理多余的 and。其他情况的测试，在此不再赘述。

3.2.5　技能训练 2

上机练习 3　使用动态 SQL 语句—<choose>+<when>+<otherwise>元素实现 tb_provider 表的查询

⌘ 需求说明

（1）按条件查询 tb_provider 表。

（2）查询条件如下。

①供应商编码。

②供应商名称。

③供应商联系人。

④创建时间在本年内。

（3）查询结果列显示：供应商 id、供应商编码、供应商名称、供应商联系人、创建时间。

使用动态 SQL 语句的<choose>元素、<when>元素、<otherwise>元素。

在查询操作中，查询条件提供前 3 个（供应商编码、供应商名称、供应商联系人）中的任意一个即可，若前 3 个查询条件都不提供，则默认提供最后 1 个查询条件（创建时间在本年内）来完成查询操作。

3.3　使用动态 SQL 语句实现更新

在 Hibernate 中，如果想更新某个对象，那么需要将所有字段发送给持久化对象，然而在实际应用中的大多数情况下都是更新的某一个或某几个字段。如果更新的每条数据都要将其所有属性更新一遍，那么其执行效率是非常低的。有没有办法让程序只更新需要更新的字段呢？为了解决上述问题，MyBatis 提供了<set>元素来完成这项工作。<set>元素主要用于更新操作，主要作用是在动态 SQL 语句前输出一个 set 关键字，并删除 SQL 语句中最后一个多余的逗号。

3.2 节中介绍了使用动态 SQL 语句实现多条件查询。对于查询条件多变的情况，都可以使用动态 SQL 语句灵活、智能地进行处理。下面介绍如何使用动态 SQL 语句元素实现更新。

3.3.1　使用<if>+<set>元素实现更新

在更新用户信息时，采用封装 User 入参，根据 id 进行用户信息更新，当操作数据时，每个字段都进行了赋值更新。但是在实际开发中，用户在进行更新用户信息的操作时，并不是所有数据都要进行修改，对于用户没有修改的数据，不需要进行相应的更新操作，即在更新数据时，若某个参数的传入值为 null，则不需要更新该字段。下面测试前面介绍的更新用户信息的示例，观察能否满足正常的业务需求。

在 UserMapper.java 中添加 modify()方法，具体代码如示例 15 所示。

【示例 15】UserMapper.java

```
// 添加modify()方法
public int modify(User user);
```

在 UserMapper.xml 中，更新用户信息，具体代码如示例 16 所示。

【示例 16】UserMapper.xml

```
<!-- 更新用户信息 -->
<update id="modify" parameterType="User">
```

```
    update tb_user
    set userCode=#{userCode},userName=#{userName},userPassword=#{userPassword},
        gender=#{gender},birthday=#{birthday},phone=#{phone}, address=#{address},
        userRole=#{userRole},modifyBy=#{modifyBy},modifyDate=#{modifyDate}
    where id = #{id}
</update>
```

在 UserMapper.java 中，添加 testModifyUser()方法，具体代码如示例 17 所示。

【示例 17】UserMapperTest.java

```
@Test
public void testModifyUser() {
    SqlSession sqlSession = null;
    int count = 0;
    try {
        sqlSession = MyBatisUtil.createSqlSession();
        User user = new User();
        user.setId(15);
        user.setUserCode("test");
        user.setUserName("测试用户修改");
        user.setUserPassword("1234567");
        user.setAddress("测试地址修改");
        user.setModifyBy(1);
        user.setModifyDate(new Date());
        sqlSession = MyBatisUtil.createSqlSession();
        count = sqlSession.getMapper(UserMapper.class).modify(user);
        if(count==1){
            System.out.println("修改用户成功！");
        }else{
            System.out.println("修改用户失败！");
        }
    } catch (Exception e) {
        e.printStackTrace();
    } finally {
        MyBatisUtil.closeSqlSession(sqlSession);
    }
}
```

在上述代码中，对于 modify()方法的 User，只设置了 userName、userCode、userPassword、address、modifyBy、modifyDate 和 id 属性，即数据库只会对 userName、address、modifyBy、modifyDate 字段进行相应的更新操作。注意，id 属性的值为更新的<where>元素的条件。

运行测试之后，查询更新该条数据的信息如下。

```
cn.dsscm.dao.UserMapper.modify - ==>Preparing: update tb_user set userCode=?, userName=?, userPassword =?, gender=?, birthday=?,phone=?, address=?, userRole=?, modifyBy=?, modifyDate=? where id = ?
cn.dsscm.dao.UserMapper.modify - ==>Parameters: test(String), 测试用户修改(String), 1234567(String), null, null, null, 测试地址修改(String), null, 1(Integer), 2020-01-19 21:58:15.519(Timestamp), 15(Integer)
修改用户成功！
```

通过查询结果可以发现，除了设置属性值的字段已被更新，其他字段也均已被更新，并且被更新为 null。通过查看输出 MyBatis 的 SQL 语句和参数，可以很清楚地知道原因。

可以发现，未被设置属性值的字段也进行了更新操作。那么该如何解决呢？这就需要使用动态 SQL 语句中的<set>元素来处理。

<set>元素的主要作用和<where>元素差不多，主要是在包含的语句前输出一个 set 关键字，若包含的语句以逗号结束，则会自动忽略逗号，配合<if>元素即可动态更新需要修改的字段。若不需要修改字段，则可以不再被更新。下面编辑 UserMapper.xml 以实现更新，具体代码如示例 18 所示。

【示例 18】UserMapper.xml

```
<!--更新用户信息-->
<update id="modify2" parameterType="User">
    update tb_user
```

```
            <set>
                <if test="userCode != null">userCode=#{userCode},</if>
                <if test="userName != null">userName=#{userName},</if>
                <if test="userPassword != null">userPassword=#{userPassword},</if>
                <if test="gender != null">gender=#{gender},</if>
                <if test="birthday != null">birthday=#{birthday},</if>
                <if test="phone != null">phone=#{phone},</if>
                <if test="address != null">address=#{address},</if>
                <if test="userRole != null">userRole=#{userRole},</if>
                <if test="modifyBy != null">modifyBy=#{modifyBy},</if>
                <if test="modifyDate != null">modifyDate=#{modifyDate},</if>
            </set>
        where id = #{id}
    </update>
```

在上述代码中，使用<set>元素不仅可以动态配置 set 关键字，而且可以删除追加到条件末尾的任何不相关的逗号（因为在<update>元素中使用<if>元素，所以若后面的<if>元素没有被执行，则会导致在语句末尾残留多余的逗号），具体代码如示例 19 所示。

【示例 19】UserMapperTest.java

```
    @Test
    public void testModifyUser2() {
        SqlSession sqlSession = null;
        int count = 0;
        try {
            sqlSession = MyBatisUtil.createSqlSession();
            User user = new User();
            user.setId(15);
            user.setUserName("测试用户修改 2");
            user.setAddress("测试地址修改");
            user.setModifyBy(1);
            user.setModifyDate(new Date());
            sqlSession = MyBatisUtil.createSqlSession();
            count = sqlSession.getMapper(UserMapper.class).modify2(user);
            if(count==1){
                System.out.println("修改用户成功！");
            }else{
                System.out.println("修改用户失败！");
            }
        } catch (Exception e) {
            e.printStackTrace();
        } finally {
            MyBatisUtil.closeSqlSession(sqlSession);
        }
}
```

使用 JUnit4 测试包执行 testModifyUser2()方法后，控制台的输出结果如下。

```
cn.dsscm.dao.UserMapper.modify2 - ==> Preparing: update tb_user SET userName=?,
address=?, modifyBy=?, modifyDate=? where id = ?
cn.dsscm.dao.UserMapper.modify2 - ==>Parameters: 测试用户修改 2(String), 测试地址修改
(String), 1(Integer), 2020-01-19 22:06:02.843(Timestamp), 15(Integer)
修改用户成功！
```

通过观察控制台输出的 SQL 语句和参数，可以确认最终的运行结果正确。

⌘ 经验 ⌘　通过对 MyBatis 的学习会发现，使用 MyBatis 可以很方便地调试代码。特别是 SQL 语句错误时，或对数据库操作之后的结果跟预期不一致时，都可以在控制台找到输出的 SQL 语句和参数，将其放到数据库中执行，找出问题所在，这样操作直观且方便。

注意

在映射文件中使用<set>元素和<if>元素进行<update>元素动态组装时，如果<set>元素中的内容都为 null，那么会出现 SQL 语句错误。因此，在使用<set>元素进行字段更新时，要确保传入的要更新的字段不能都为 null。

3.3.2 技能训练 1

上机练习 4 使用动态 SQL 语句—<if>+<set>元素实现 tb_provider 表的更新

⌘ 需求说明

修改 tb_provider 表的更新功能，使用动态 SQL 语句完善此功能。

提示

（1）在 ProviderMapper.xml 中修改 SQL 语句，使用动态 SQL 语句中的<if>元素和<set>元素。

（2）修改测试方法，并进行相应的测试。

3.3.3 使用<if>+<trim>元素实现更新

使用<trim>元素代替<set>元素，并实现与<set>元素相同的效果。

下面编辑 UserMapper.xml，以实现更新，具体代码如示例 20 所示。

【示例 20】UserMapper.xml

```
<!--更新用户信息-->
    <update id="modify3" parameterType="User">
        update tb_user
           <trim prefix="set" suffixOverrides="," suffix="where id = #{id}">
               <if test="userCode != null">userCode=#{userCode},</if>
               <if test="userName != null">userName=#{userName},</if>
               <if test="userPassword != null">userPassword=#{userPassword},</if>
               <if test="gender != null">gender=#{gender},</if>
               <if test="birthday != null">birthday=#{birthday},</if>
               <if test="phone != null">phone=#{phone},</if>
               <if test="address != null">address=#{address},</if>
               <if test="userRole != null">userRole=#{userRole},</if>
               <if test="modifyBy != null">modifyBy=#{modifyBy},</if>
               <if test="modifyDate != null">modifyDate=#{modifyDate},</if>
           </trim>
    </update>
```

运行结果正确。

前面已详细介绍过<trim>元素的属性，此处不再赘述。

⌘ 经验 ⌘ 在实际开发中，用户操作的行为多种多样，如用户进入修改页面而不进行任何数据的修改，单击“保存”按钮，就不需要进行字段的更新操作了吗？答案是否定的，这是由于只要用户单击“修改”按钮，进入修改页面，就认为用户有进行更新操作的行为，无论是否进行了字段信息的修改，系统设计都需要进行对全部字段的更新操作。当然，实际上还有一种用户操作，即用户清空了某些字段信息，根据<if>元素的判断，程序不会进行相应的更新操作，这显然也是跟用户的实际需求相悖的。那么该如何操作呢？一般通过设计 DAO 层进行更新操作，<update>元素的<set>元素中不会出现<if>元素，即无论用户是否全部修改，都要更新所有字段信息。注意，由于前端 POST 请求传到后端 User 内的所有属性的值都进行了设置，因此不存在测试类中出现的某些属性的值为 null 的情况。在实际应用中，<if>元素一般都是用在<where>元素中的。本书介绍在<set>元素中设置<if>元素的目的是便于读者进行相应的练习和加深对<if>元素的理解。

3.3.4 技能训练 2

上机练习 5 使用动态 SQL 语句——<if>+<trim>元素实现 tb_provider 表的更新

⌘ 需求说明

修改 tb_provider 表的更新功能，使用动态 SQL 语句完善此功能。

（1）在 ProviderMapper.xml 中修改 SQL 语句，使用动态 SQL 语句中的<if>元素和<trim>元素。

（2）修改测试方法，并进行相应的测试。

3.4 使用<foreach>元素实现复杂查询

在实际开发中，有时会遇到这样的情况：假设在一个用户表中有 1000 条数据，现在需要将 id 属性的值小于 100 的用户信息全部查询出来，要怎么做呢？有人会说，“我可以一条一条地查询出来”，那么在查询 id 属性的值为 200、300 甚至更多时也要一条一条地查询吗？这显然是不可取的。有人会想到，可以在 Java 方法中使用循环语句，将查询方法放到循环语句中，通过条件循环的方式查询所需的数据。这种查询方式虽然可行，但是每执行一次循环语句都需要向数据库发送一条 SQL 语句，其查询效率是非常低的。那么还有其他更好的方法吗？能不能通过 SQL 语句来执行这种查询呢？

其实，MyBatis 中已经提供了一种用于数组和集合循环遍历的方式，那就是使用<foreach>元素。

<foreach>元素通常在编写 in 条件语句时使用。

<foreach>元素中基本属性的具体描述如下。

（1）item：表示集合中每个元素进行迭代时的别名。

（2）index：指定一个名称，用于表示迭代时每次迭代的位置（此处省略，未指定）。

（3）open：表示该语句以什么符号开始。既然是 in 条件语句，必然以“(”开始。

（4）separator：表示每次进行迭代时以什么符号作为分隔符（既然是 in 条件语句，必然以逗号作为分隔符）。

（5）close：表示该语句以什么符号结束。既然是 in 条件语句，必然以“)”结束。

（6）collection：关键且容易出错的属性，需格外注意。该属性必须指定，在不同情况下该属性的值是不一样的，主要有 3 种情况。

① 若入参为单个参数且参数类型是 List，则 collection 属性的值为 list。

② 若入参为单个参数且参数类型是 Array 时，则 collection 属性的值为 array（此处入参为单个参数且参数类型是 Array，故 collection 属性的值为 array）。

③ 若传入参为单个参数，则需要将其封装成 Map 进行处理。

> **注意**
>
> 可以将任何可迭代对象（List、集合等）和任何字典或 Array 传递给<foreach>元素作为集合参数。当使用可迭代对象或 Array 时，index 表示当前迭代的次数，item 表示本次迭代获取的元素。当使用字典（或 Map.Entry 对象的集合）时，index 是键，item 是值。

在前面已经介绍了如何使用动态 SQL 语句中的<if>元素、<where>元素、<trim>元素来处理一些简单的查询操作。对一些 SQL 语句中含有 in 条件语句需要迭代条件集合来生成的情况，就可以使用<foreach>元素来实现。

3.4.1 MyBatis 入参为 Array 类型的<foreach>元素迭代

<foreach>元素主要用在编写 in 条件语句中，可以在 SQL 语句中迭代一个集合。它的属性主要有 item、index、collection、separator、close、open。下面通过根据指定角色列表获取对应的用户信息的示例进行详细介绍。

在 UserMapper.java 中，添加接口方法，即根据传入的角色列表获取对应的用户信息，参数 roleIds 代表角色列表，该参数类型为整型 Array，具体代码如示例 21 所示。

【示例 21】UserMapper.java

```
public List<User> getUserByArray(Integer[] roleIds);
```

根据需求分析，SQL 语句应该为 select * from tb_user where userRole in (角色 1,角色 2,角色 3,...)in 为角色列表。在 UserMapper.xml 中，添加相应的 getUserByArray 映射，具体代码如示例 22 所示。

【示例 22】UserMapper.xml

```
<!-- 根据传入的角色列表，获取该角色列表下的用户信息-foreach_array -->
<select id="getUserByArray" resultType="User">
        select * from tb_user
         where userRole in
        <foreach collection="array" item="roleIds" open="("separator=","close=")">
             #{roleIds}
        </foreach>
</select>
```

对于 SQL 条件循环（in 条件语句），需要使用<foreach>元素。在 UserMapperTest.java 中，添加 testGetUserByArray()方法，具体代码如示例 23 所示。

【示例 23】UserMapperTest.java

```
    @Test
    public void testGetUserByArray() {
        logger.debug("testGetUserByArray !===================");
        SqlSession sqlSession = null;
        List<User> userList = new ArrayList<User>();
        try {
            sqlSession = MyBatisUtil.createSqlSession();
            Integer[] roleIds = {2,3};
        userList = sqlSession.getMapper(UserMapper.class).getUserByArray(roleIds);
            for (User user : userList) {
                logger.debug(user);
            }
        } catch (Exception e) {
            e.printStackTrace();
        } finally {
            MyBatisUtil.closeSqlSession(sqlSession);
        }
    }
```

在上述代码中，把参数 roleId 封装成 Array 入参，并运行测试方法，输出结果正确，具体代码如下。

```
cn.dsscm.dao.UserMapper.getUserByArray - ==>Preparing: select * from tb_user where
userRole in ( ? , ? )
cn.dsscm.dao.UserMapper.getUserByArray - ==>Parameters: 2(Integer), 3(Integer)
cn.dsscm.test.UserMapperTest - User [id=2, userCode=liming, userName=李明,
userPassword=0000000, birthday=Fri Dec 10 00:00:00 CST 1993, gender=2,
phone=13688884457, email=null, address=北京市东城区, userDesc=null, userRole=2,
createdBy=1, imgPath=null, creationDate=Thu Oct 24 13:01:50 CST 2019, modifyBy=null,
modifyDate=null, age=null, userRoleName=null]
cn.dsscm.test.UserMapperTest - User [id=3, userCode=zhangwei, userName=张伟,
userPassword=0000000, birthday=Sun Jun 05 00:00:00 CST 1994, gender=2,
phone=18567542321, email=null, address=北京市朝阳区, userDesc=null, userRole=2,
createdBy=1, imgPath=null, creationDate=Thu Oct 24 13:01:51 CST 2019, modifyBy=null,
modifyDate=null, age=null, userRoleName=null]
  ...
```

注意

观察示例 23 可以发现 UserMapper.xml 的 SQL 语句中并没有指定 parameterType 属性，这样也是没有问题的。因为可以不配置配置文件中的 parameterType 属性，MyBatis 会自动把它封装成 Map 传入，但是需要注意，当入参为集合时，不能直接传入集合，需要先将其转换为 List 或 Array 再传入，具体原因可参看 MyBatis 源码的相关内容。

3.4.2 MyBatis 入参为 List 类型的<foreach>元素迭代

示例 23 实现了通过指定角色列表获取对应的用户信息，其方法参数类型为 Array，现在更改参数类型，通过传入 List 来实现同样的需求。

在 UserMapper.java 中，添加接口方法（根据传入的角色列表获取该角色列表下的用户信息），参数

roleIds 代表角色列表，该参数类型为 List，具体代码如示例 24 所示。

【示例 24】UserMapper.java

```
public List<User> getUserByList(List<Integer> roleList);
```

在 UserMapper.xml 中，添加相应的 getUserByList 映射，具体代码如示例 25 所示。

【示例 25】UserMapper.xml

```
<!-- 根据传入的角色列表，获取该角色列表下的用户信息-foreach_list -->
<select id="getUserByList" resultType="User">
    select * from tb_user where userRole in
        <foreach collection="list" item="roleList" open="("separator=","close=")">
            #{roleList}
        </foreach>
</select>
```

在上述代码中，<foreach>元素的大部分属性设置与示例 22 一致。由于角色列表的入参类型是 List，因此 collection 属性的值为 list。在 UserMapper.java 中添加测试方法，具体代码如示例 26 所示。

【示例 26】UserMapperTest.java

```
    @Test
    public void testGetUserByList() {
        logger.debug("testGetUserByList !===================");
        SqlSession sqlSession = null;
        List<User> userList = new ArrayList<User>();
        try {
            sqlSession = MyBatisUtil.createSqlSession();
            List<Integer> roleList = new ArrayList<Integer>();
            roleList.add(2);
            roleList.add(3);
        userList = sqlSession.getMapper(UserMapper.class).getUserByList(roleList);
            for (User user : userList) {
                logger.debug(user);
            }
        } catch (Exception e) {
            e.printStackTrace();
        } finally {
            MyBatisUtil.closeSqlSession(sqlSession);
        }
    }
```

在上述代码中，把参数 roleIds 封装成 List 入参，并运行测试方法，输出结果正确，具体代码如下。

```
    cn.dsscm.dao.UserMapper.getUserByList - ==> Preparing: select * from tb_user where
userRole in ( ? , ? )
    cn.dsscm.dao.UserMapper.getUserByList - ==>Parameters: 2(Integer), 3(Integer)
    cn.dsscm.test.UserMapperTest - User [id=2, userCode=liming, userName=李明,
userPassword=0000000, birthday=Fri Dec 10 00:00:00 CST 1993, gender=2,
phone=13688884457, email=null, address=北京市东城区, userDesc=null, userRole=2,
createdBy=1, imgPath=null, creationDate=Thu Oct 24 13:01:50 CST 2019, modifyBy=null,
modifyDate=null, age=null, userRoleName=null]
    cn.dsscm.test.UserMapperTest - User [id=3, userCode=zhangwei, userName=张伟,
userPassword=0000000, birthday=Sun Jun 05 00:00:00 CST 1994, gender=2,
phone=18567542321, email=null, address=北京市朝阳区, userDesc=null, userRole=2,
createdBy=1, imgPath=null, creationDate=Thu Oct 24 13:01:51 CST 2019, modifyBy=null,
modifyDate=null, age=null, userRoleName=null]
...
```

注意

<foreach>元素的功能非常强大，允许指定一个集合，并可以指定开始和结束的字符，也可以加入一个分隔符到迭代器中，能够智能处理该分隔符，且不会出现多余的分隔符。

3.4.3 技能训练 1

上机练习 6　使用<foreach>元素实现指定 tb_provider 表中订单信息的获取

⌘ 需求说明

（1）根据指定的 tb_provider 表（1～*n* 个），获取这些 tb_provider 表中的订单信息。

（2）使用<foreach>元素实现，参数类型为 Array。

（3）把参数类型改为 List。

提示

（1）在 BillMapper.java 中添加接口方法，该方法入参为 tb_provider 表，类型为 Array。

（2）在 BillMapper.xml 中添加 SQL 语句，使用动态 SQL 语句中的<foreach>元素，注意 collection 属性的值为 array。

（3）添加测试方法，并进行相应的测试。

（4）测试完成之后，修改入参类型为 List，且修改 SQL 语句相应的 collection 属性的值为 list，添加测试方法，并进行相应的测试。

3.4.4 MyBatis 入参为 Map 类型的<foreach>元素迭代

在本章示例 25 和示例 26 中，MyBatis 均有一个参数入参，若有多个参数入参该如何处理呢？例如，将本章示例 26 中的需求更改为增加一个参数 gender，要求查询指定性别和角色列表下的所有用户信息。

除了可以使用介绍过的@Param 注解，还可以按照介绍 collection 属性时提及的第 3 种情况：若入参为单个参数，则需要将其封装成 Map 进行处理。此处可以采用这种处理方式来解决此需求。

在 UserMapper.java 中，添加接口方法，即根据传入的性别和角色列表获取相应的用户信息，具体代码如示例 27 所示。

【示例 27】UserMapper.java

```
public List<User> getUserByMap(Map<String,Object> conditionMap);
```

在 UserMapper.xml 中，添加相应的 getUserByMap 映射，具体代码如示例 28 所示。

【示例 28】UserMapper.xml

```
<!-- 根据角色列表和性别(多个参数)，获取该角色列表下指定性别的用户信息-foreach_map -->
<select id="getUserByMap" resultType="User">
   select * from tb_user
   where gender = #{gender} and userRole in
     <foreach collection="roleIds" item="roleMap" open="(" separator="," close=")">
            #{roleMap}
     </foreach>
</select>
```

在测试方法中，把参数 roleList 和 gender 封装成 Map 入参即可，具体代码如示例 29 所示。

【示例 29】UserMapperTest.java

```
    @Test
    public void testGetUserByMap() {
        logger.debug("testGetUserByMap !===================");
        SqlSession sqlSession = null;
        List<User> userList = new ArrayList<User>();
        try {
            sqlSession = MyBatisUtil.createSqlSession();
            Map<String, Object> conditionMap = new HashMap<String,Object>();
            List<Integer> roleList = new ArrayList<Integer>();
            roleList.add(2);
            roleList.add(3);
```

```
            conditionMap.put("gender", 1);
            conditionMap.put("roleIds",roleList);
           userList = sqlSession.getMapper(UserMapper.class).getUserByMap
  (conditionMap);
            for (User user : userList) {
                logger.debug(user);
            }
        } catch (Exception e) {
            e.printStackTrace();
        } finally {
            MyBatisUtil.closeSqlSession(sqlSession);
        }
}
```

在上述代码中，由于入参为 Map，因此在 SQL 语句中需根据 key 分别获取相应的 value，如 SQL 语句中#{gender}获取的是 Map 的 key 为参数 gender 的性别条件，而 collection:"roleIds"获取的是 Map 的 key 为参数 roleIds 的集合。

运行测试方法，输出结果正确，具体代码如下。

```
    cn.dsscm.dao.UserMapper.getUserByMap - ==>Preparing: select * from tb_user where
gender = ? and userRole in ( ? , ? )
    cn.dsscm.dao.UserMapper.getUserByMap - ==>Parameters: 1(Integer), 2(Integer),
3(Integer)
    cn.dsscm.test.UserMapperTest - User [id=4, userCode=zhanghua, userName=张华,
userPassword=0000000, birthday=Tue Jun 15 00:00:00 CST 1993, gender=1,
phone=13544561111, email=null, address=北京市海淀区, userDesc=null, userRole=3,
createdBy=1, imgPath=null, creationDate=Thu Oct 24 13:01:51 CST 2019, modifyBy=null,
modifyDate=null, age=null, userRoleName=null]
    cn.dsscm.test.UserMapperTest - User [id=6, userCode=zhaoyan, userName=赵燕,
userPassword=0000000, birthday=Thu Mar 07 00:00:00 CST 1996, gender=1,
phone=18098764545, email=null, address=北京市海淀区, userDesc=null, userRole=3,
createdBy=1, imgPath=null, creationDate=Thu Oct 24 13:01:53 CST 2019, modifyBy=null,
modifyDate=null, age=null, userRoleName=null]
...
```

通过学习<foreach>元素的 collection 属性，读者可以发现不管传入的是单个参数还是多个参数，都可以得到有效解决。在单个参数入参时，是否可以封装成 Map 进行入参呢？答案是肯定的，单个参数也可以封装成 Map 进行入参。实际上，MyBatis 在进行参数入参时，都会把它封装成 Map，而 Map 的 key 是参数名，对应的参数值就是 Map 的 value。在参数为集合时，Map 的 key 会根据传入的是 List 还是 Array 进行指定。下面更改之前的示例，即根据传入的角色列表，获取该角色列表下的用户信息，此处参数不使用 List 或 Array，而直接封装成 Map 来实现。

在 UserMapper.java 中，添加接口方法，具体代码如示例 30 所示。

【示例 30】UserMapper.java

```
public List<User> getUserByRMap(Map<String,Object> roleMap);
```

在 UserMapper.xml 中，添加相应的 getUserByRMap 映射，具体代码如示例 31 所示。

【示例 31】UserMapper.xml

```
<!-- 根据角色列表(单个参数)，获取该角色列表下的用户信息-foreach_map -->
<select id="getUserByRMap" resultType="User">
    select * from tb_user
    where userRole in
   <foreach collection="rKey" item="roleMap" open="(" separator="," close=")">
            #{roleMap}
    </foreach>
</select>
```

在以下代码中，把参数 roleId 封装成 Map 入参。这样做的优点是可以自由指定 Map 的 key，此处指定参数 roleMap 的 key 为 rKey，具体代码如示例 32 所示。

【示例 32】UserMapperTest.java

```
    @Test
    public void testGetUserByRMap() {
```

```
        logger.debug("testGetUserByRMap !===================");
        SqlSession sqlSession = null;
        List<User> userList = new ArrayList<User>();
        try {
            sqlSession = MyBatisUtil.createSqlSession();
            List<Integer> roleList = new ArrayList<Integer>();
            roleList.add(2);
            roleList.add(3);
            Map<String, Object> roleMap = new HashMap<String,Object>();
            roleMap.put("rKey", roleList);
       userList = sqlSession.getMapper(UserMapper.class).getUserByRMap(roleMap);
            for (User user : userList) {
                logger.debug(user);
            }
        } catch (Exception e) {
            e.printStackTrace();
        } finally {
            MyBatisUtil.closeSqlSession(sqlSession);
        }
    }
```

在上述代码中，collection 属性的值不再是 list，而是指定了 roleMap 的 key，即 rKey。运行测试方法，输出结果正确，具体代码如下。

```
   cn.dsscm.dao.UserMapper.getUserByRMap - ==>Preparing: select * from tb_user where userRole in ( ? , ? )
   cn.dsscm.dao.UserMapper.getUserByRMap - ==>Parameters: 2(Integer), 3(Integer)
   cn.dsscm.test.UserMapperTest - User [id=2, userCode=liming, userName=李明, userPassword=0000000, birthday=Fri Dec 10 00:00:00 CST 1993, gender=2, phone=13688884457, email=null, address=北京市东城区, userDesc=null, userRole=2, createdBy=1, imgPath=null, creationDate=Thu Oct 24 13:01:50 CST 2019, modifyBy=null, modifyDate=null, age=null, userRoleName=null]
   cn.dsscm.test.UserMapperTest - User [id=3, userCode=zhangwei, userName=张伟, userPassword=0000000, birthday=Sun Jun 05 00:00:00 CST 1994, gender=2, phone=18567542321, email=null, address=北京市朝阳区, userDesc=null, userRole=2, createdBy=1, imgPath=null, creationDate=Thu Oct 24 13:01:51 CST 2019, modifyBy=null, modifyDate=null, age=null, userRoleName=null]
   ...
```

注意

（1）MyBatis 接收的参数类型：基本数据类型、对象、List、Array、Map。

（2）无论 MyBatis 的入参是哪种参数类型，都会将参数放在一个 Map 中。单个参数入参的情况如下。

①入参为基本数据类型：变量名作为 key，变量值为 value，此时生成的 Map 只有一个。

②入参为对象：对象的属性名作为 key，属性值为 value。

③入参为 List：默认的 list 作为 key，该 List 即 value。

④入参为 Array：默认的 array 作为 key，该 Array 即 value。

⑤入参为 Map：键和值不变。

3.4.5 技能训练 2

上机练习 7　使用<foreach>元素获取单个参数的订单信息

⌘ **需求说明**

根据订单编码和指定的 tb_provider 表（1～*n* 个），获取相应的订单信息。

提示

单个参数：封装成 Map 入参。

在使用<foreach>元素时，十分关键也是非常容易出错的是 collection 属性。该属性是必须指定的，而且在不同情况下，该属性的值是不一样的。主要有以下 3 种情况。

（1）如果入参是单个参数且参数类型是 Array 或 List，那么 collection 属性的值分别为 array 和 list（或 collection）。

（2）如果入参是单个参数，那么需要把它们封装成 Map。当然，单个参数也可以封装成 Map 集合，这时 collection 属性的值就为 Map 的键。

（3）如果入参类型是 POJO，那么 collection 属性的值为 POJO 中需要进行遍历的 Array 或集合的属性名。

因此，在设置 collection 属性的值时，必须按照实际情况进行，否则程序就会出现异常，如当将上述<foreach>元素中 collection 属性的值设置为 array 时，程序执行后将出现异常。

3.5 使用<bind>元素实现 SQL 语句拼接

在进行模糊查询编写 SQL 语句时，如果使用${}进行拼接，那么无法防止 SQL 语句注入问题；如果使用 CONCAT()函数进行拼接，那么只针对 MySQL 数据库有效；如果使用 Oracle 数据库进行拼接，那么要使用连接符号||。这样，映射文件的 SQL 语句就要根据不同的情况提供不同形式的实现，这显然是比较麻烦，且不利于项目移植的。为此，MyBatis 提供了<bind>元素来解决这个问题，完全不必使用数据库语言，只使用 MyBatis 即可与所需参数连接。

MyBatis 的<bind>元素可以通过 OGNL 表达式来创建一个变量，具体代码如示例 33 所示。

【示例 33】UserMapper.xml

```
<!--<bind>元素的使用：根据用户名查询用户信息 -->
<select id="findUserByName" parameterType="User" resultType="User">
    <!--_parameter.getUserName()也可直接写成传入字段的属性名，即 username -->
    <bind name="pattern_username" value="'%'+_parameter.getUserName()+'%'" />
    select * from tb_user
     where username like #{pattern_username}
</select>
```

在上述代码中，使用<bind>元素定义了一个 name 属性的值为 pattern_username 的变量，<bind>元素中 value 属性的值就是拼接的查询字符串，其中_parameter.getUserName()表示传递进来的参数（也可以直接写成对应的变量名）。在 SQL 语句中，直接引用<bind>元素中 name 属性的值即可进行动态组装，具体代码如示例 34 所示。

【示例 34】UserMapper.java

```
public List<User> findUserByName(User user);
```

为了验证上述代码是否能够被正确执行，可以在 UserMapperTest.java 中，添加 testFindUserByName()方法，具体代码如示例 35 所示。

【示例 35】UserMapperTest.java

```
@Test
public void testFindUserByName() {
    logger.debug("testFindUserByName !===================");
    SqlSession sqlSession = null;
    List<User> userList = new ArrayList<User>();
    try {
        sqlSession = MyBatisUtil.createSqlSession();
        User user = new User();
        user.setUserName("张");
        userList = sqlSession.getMapper(UserMapper.class).findUserByName(user);
        for (User u : userList) {
            logger.debug(u);
        }
    } catch (Exception e) {
        e.printStackTrace();
    } finally {
```

```
            MyBatisUtil.closeSqlSession(sqlSession);
        }
    }
```

使用 JUnit 测试包执行 testFindUserByName()方法后，控制台的输出结果如下。

```
DEBUG [main] (BaseJdbcLogger.java:135) - ==>  Preparing: select * from tb_user where
username like ?
DEBUG [main] (BaseJdbcLogger.java:135) - ==> Parameters: %张%(String)
DEBUG [main] (BaseJdbcLogger.java:135) - <==      Total: 3
DEBUG [main] (UserMapperTest.java:291) - User{id=4, userCode='zhanghua', userName='张华
', userPassword='0000000', birthday=Tue Jun 15 08:00:00 CST 1993, gender=1,
phone='13544561111', email='null', address='北京市海淀区学院路 61 号', userDesc='null',
userRole=3, createdBy=1, imgPath='null', creationDate=Thu Oct 24 21:01:51 CST 2019,
modifyBy=null, modifyDate=null}
DEBUG [main] (UserMapperTest.java:291) - User{id=9, userCode='zhangchen', userName='张
晨', userPassword='0000000', birthday=Fri Mar 28 08:00:00 CST 1986, gender=1,
phone='18098765434', email='null', address='朝阳区管庄路口北柏林爱乐三期 13 号楼',
userDesc='null', userRole=3, createdBy=1, imgPath='null', creationDate=Thu Oct 24
21:01:55 CST 2019, modifyBy=1, modifyDate=Thu Nov 14 22:15:36 CST 2019}
DEBUG [main] (UserMapperTest.java:291) - User{id=13, userCode='zhangsan', userName='张
三', userPassword='123456', birthday=Sat Feb 29 08:00:00 CST 1992, gender=2,
phone='13912341234', email='123@qq.com', address='湖南省长沙市', userDesc='',
userRole=7, createdBy=null, imgPath='', creationDate=Sun Nov 03 19:59:17 CST 2019,
modifyBy=1, modifyDate=Fri Nov 08 07:47:52 CST 2019}
...
```

从控制台的输出结果中可以看出，使用 MyBatis 的<bind>元素已经完成了动态组装，并成功查询出了用户信息。

本章总结

- MyBatis 的动态 SQL 语句基于 OGNL 表达式，可以很方便地在 SQL 语句中实现某些逻辑。
- <if>+<set>元素：实现更新。
- <if>+<where>元素：实现多条件查询。
- <if>+<trim>元素：实现多条件查询（替代<where>元素）或更新（替代<set>元素）。
- <choose>+<when>+<otherwise>元素：实现条件查询（若有多个条件，则选择其一）。
- <foreach>：实现复杂查询，主要用于 in 条件语句的迭代集合，其中的关键部分就是 collection 属性，入参类型不同，该属性的值亦不同，主要有 3 种情况。

当入参为 List 时，collection 属性的值为 list。

当入参为 Array 时，collection 属性的值为 array。

当入参为单个参数时，需要把它们封装成 Map。

本章作业

一、选择题

1．以下不属于<foreach>元素中属性的是（　　）。

A．separator　　B．collection　　C．current　　D．item

2．以下关于<foreach>元素中属性的描述错误的是（　　）。

A．item：配置的是循环中的当前元素

B．index：配置的是当前元素在集合的位置下标

C．collection：配置的是传递过来的参数类型，可以是 Array、List（或 Collection）、Map 集

合的键、包装 POJO 中 Array 或集合类型属性名等

D．separator：配置的是各个元素的间隔符

3．以下关于 MyBatis 中<set>元素的说法正确的是（　　）。

A．<set>元素主要用于更新操作，主要作用是在动态包含的 SQL 语句前输出一个 set 关键字，并删除 SQL 语句中最后一个多余的逗号

B．使用 MyBatis 的<set>元素进行更新操作时，前端需要传入所有参数字段，否则未传入字段会默认为空

C．在映射文件中使用<set>元素和<if>元素组合进行<update>元素动态组装时，<set>元素中的内容可以都为空，<if>元素会进行判断处理

D．在映射文件中进行更新操作时，只需要使用<set>元素就可以对 SQL 语句进行动态组装

4．以下有关 MyBatis 的动态 SQL 语句中的主要元素的说法错误的是（　　）。

A．<if>元素用于单条件分支判断

B．<choose>+<when>+<otherwise>元素用于多条件分支判断

C．<foreach>元素常用于 in 条件语句等列举条件中

D．<bind>元素表示从 OGNL 表达式中创建一个变量，并将其绑定到上下文，只用于模糊查询的 SQL 语句中

5．在使用 MyBatis 时，有如下代码。

```
<select id="findActiveBlogWithTitle" parameterType="Blog" resultType="Blog">
    SELECT * FROM BLOG
     WHERE state = 'ACTIVE'
     _______________________________
        AND title like CONCAT ('%',#{MyBatis},'%')
    </if>
</select>
```

若需要判断 title 字段是否为空，则可以在横线处填写的代码是（　　）。

A．<if test="title=null">　　　　B．<if test= "title != null">

C．<if title!= null>　　　　D．<if title = "test != null">

二、简答题

1．简述 MyBatis 的动态 SQL 语句中的主要元素。

2．简述 MyBatis 的动态 SQL 语句中<foreach>元素的 collection 属性的注意事项。

三、操作题

使用动态 SQL 语句实现百货中心供应链管理系统中 tb_role 表的更新和查询，具体要求如下。

（1）使用<if>元素和<set>元素实现根据角色 id 更新查询角色信息。

（2）使用<if>元素和<trim>元素实现根据角色名称查询角色信息。

第 4 章 MyBatis 的关联映射

本章目标

- 了解表之间及对象之间的关联关系
- 熟悉关联关系中的嵌套查询和嵌套结果
- 掌握一对一、一对多和多对多关联映射的使用方法

本章简介

前面已经介绍了 MyBatis 的基本知识，以及如何通过 MyBatis 及面向对象进行数据库操作，但这些操作只是针对单个表实现的。在实际开发中，对数据库的操作常常会涉及多个表，这在面向对象中就涉及了对象与对象的关联关系。针对多个表之间的操作，MyBatis 提供了关联映射，通过关联映射可以很好地处理对象与对象的关联关系。本章将对 MyBatis 的关联映射进行详细介绍。

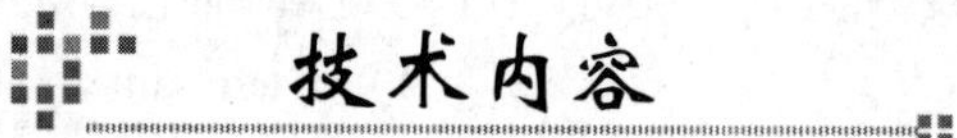

4.1 关联映射

4.1.1 关联关系概述

在关系型数据库中，多个表之间存在着 3 种常见的关联关系，分别为一对一、一对多和多对多，如图 4.1 所示。

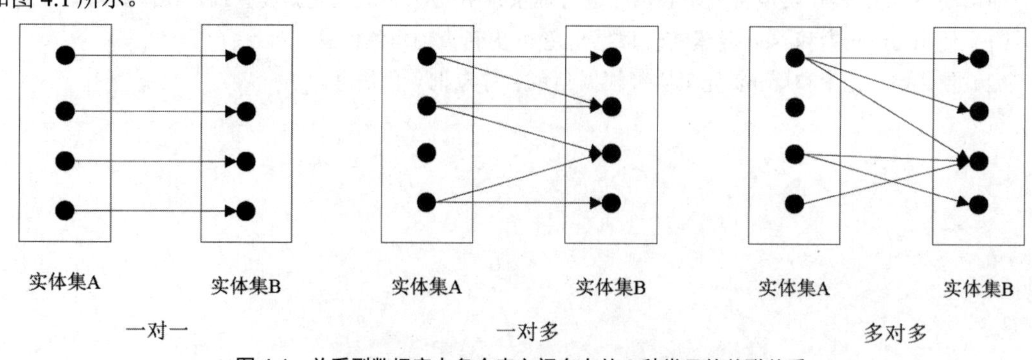

图 4.1　关系型数据库中多个表之间存在的 3 种常见的关联关系

这 3 种关联关系的具体说明如下。

（1）一对一：在任意一方引入对方主键作为外键。

（2）一对多：在“多”的一方添加“一”的一方的主键作为外键。

（3）多对多：产生中间关系表，引入两个表的主键作为外键，两个表的主键成为联合主键或使用新字段作为主键。

通过数据库表可以描述数据之间的关系。同样，在 Java 中通过对象也可以进行关系描述，如图 4.2 所示。

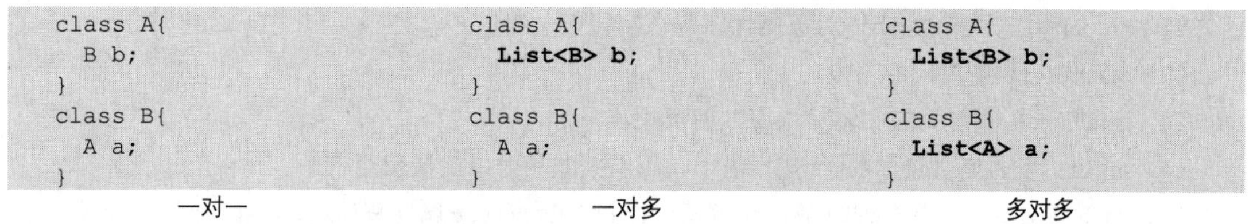

```
class A{
  B b;
}
class B{
  A a;
}
```

一对一

```
class A{
  List<B> b;
}
class B{
  A a;
}
```

一对多

```
class A{
  List<B> b;
}
class B{
  List<A> a;
}
```

多对多

图 4.2　通过 Java 对象进行关系描述

在图 4.2 中，3 种关联关系的说明如下。

（1）一对一：在本类中定义对方类型的对象，如 A 类中定义 B 类类型属性 b，在 B 类中定义 A 类类型属性 a。

（2）一对多：一个 A 类类型对应多个 B 类类型的情况，需要在 A 类中以集合的方式引入 B 类类型属性，在 B 类中定义 A 类类型属性 a。

（3）多对多：在 A 类中定义 B 类类型的集合，在 B 类中定义 A 类类型的集合。

以上就是 Java 对象中，3 种实体类之间的关联关系。那么如何使用 MyBatis 处理 Java 对象中的 3 种关联关系呢？下面将对 MyBatis 的这 3 种关联关系的使用方法进行详细介绍。

4.1.2　<resultMap>元素的基本配置项

在介绍使用<resultMap>元素实现高级结果映射之前，先回顾一下前面介绍过的<resultMap>元素的基本配置项。

1．属性

（1）id：<resultMap>元素的唯一标识。

（2）type：<resultMap>元素的映射结果类型（通常是 Java 实体类）。

2．子元素

（1）id：一般对应数据库中该行的主键 id，设置此项可以提升 MyBatis 的性能。

（2）result：映射到 JavaBean 的某个简单数据类型属性，如基本数据类型、包装类等。

子元素<id>和<result>均可以实现基本的结果映射，将列映射到简单数据类型属性。二者唯一不同的是，在比较对象实例时 id 将作为结果的标识属性。这有助于提高总体性能，特别是在应用缓存和嵌套结果映射时十分明显。要实现高级结果映射，就需要学习<association>元素和<collection>元素。

4.2　一对一

在现实生活中，一对一关联关系是十分常见的，如一个人只有一个身份证，同时一个身份证也只对应一个人。人与身份证的关联关系如图 4.3 所示。

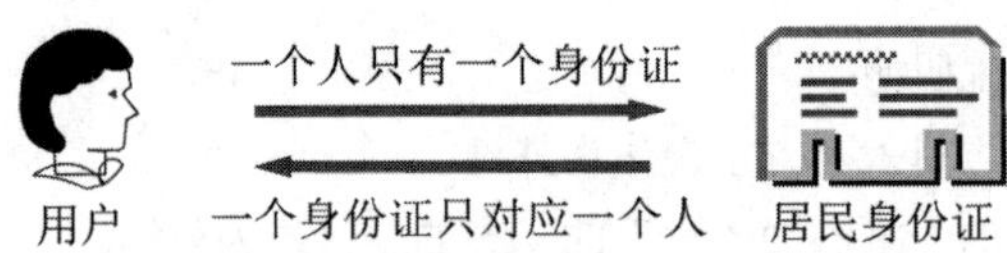

图 4.3　人与身份证的关联关系

那么使用 MyBatis 是如何处理这种一对一关联关系的呢？在前面介绍的<resultMap>元素中，包含了一个<association>元素，MyBatis 就是通过该元素来处理一对一关联关系的。

在<association>元素中，通常可以配置以下属性。

（1）property：映射到的实体对象属性，与表字段一一对应。

（2）column：表中对应的字段。

（3）javaType：映射到的实体对象属性的类型。

（4）select：引入嵌套查询的子 SQL 语句，用于关联映射中的嵌套查询。

（5）fetchType：在关联查询时是否开启延迟加载。fetchType 属性有 lazy 和 eager 两个属性值，默认属性值为 lazy（默认关联映射延迟加载）。

<association>元素的使用非常简单，只需要参考如下两种方式的配置即可。

```
<!-- 方式一：嵌套查询-->
<resultMap type="IdCard" id="IdCardById">
        <id property="id" column="id" />
        <result property="userName" column="userName" />
        <!-- 一对一：<association>元素使用 select 属性引入另一条 SQL 语句 -->
        <association property="user" column="uid" javaType="User"
            select="cn.dsscm.dao.UserMapper.findUserById" />
</resultMap>
<!-- 方式二：嵌套结果 -->
    <resultMap type="IdCard" id="userRoleResult2">
        <id property="id" column="id"/>
        <result property="code" column="code"/>
        <association property="user" javaType="User">
            <id property="id" column="cid"/>
            <result property="userName" column="userName" />
        </association>
    </resultMap>
```

提示

MyBatis 在映射文件中加载关联关系对象主要通过两种方式：嵌套查询和嵌套结果。嵌套查询是指通过执行另一条 SQL 语句来返回预期的简单数据类型；嵌套结果是指使用嵌套结果映射来处理重复的联合结果的子集。开发人员可以使用上述任意一种方式实现对关联关系的加载。

4.2.1　应用案例——身份证号码和个人信息的一对一关联

了解 MyBatis 中处理一对一关联关系的方式后，下面以个人信息和身份证号码的一对一关联关系为例进行详细介绍。

要查询个人及其关联的身份证号码可以先通过查询 tb_person 表中的主键来获取个人信息，然后通过 tb_person 表中的外键来获取证件表中的身份证号码，具体实现步骤如下。

步骤 1　创建表

在 dsscm 数据库中重新创建一个名为 tb_idcard 的表，同时预先插入多条数据。其执行的 SQL 语句如下。

```
USE dsscm;
#创建一个名为tb_idcard 的表
CREATE TABLE 'tb_idcard' (
   'id' INT(11) NOT NULL AUTO_INCREMENT,
```

```
    'uid' INT(11) NOT NULL,
    'CODE' VARCHAR(18) DEFAULT NULL,
    PRIMARY KEY (`id`)
 );
#插入多条数据
INSERT INTO tb_idcard(uid,CODE) VALUES (1,'430101200001011234');
INSERT INTO tb_idcard(uid,CODE) VALUES (2,'430101200001014321');
INSERT INTO tb_idcard(uid,CODE) VALUES (3,'430101200001011235');
INSERT INTO tb_idcard(uid,CODE) VALUES (4,'430101200001014326');
    ...
```

完成上述操作后，tb_idcard 表中的数据如图 4.4 所示。

id	uid	CODE
1	1	430101200001011234
2	2	430101200001014321
3	3	430101200001011235
4	4	430101200001014326
5	5	430101200001014327
6	6	430101200001014666
7	7	430101200001014327
8	8	430101200001014328
9	9	430101200001014329
10	10	430101200001014310
11	11	430101200001014311
12	12	430101200001014312

图 4.4　tb_idcard 表中的数据

步骤 2　创建与配置项目

启动 IntelliJ IDEA，创建 Maven 项目，项目名为 Ch04_01。配置项目的具体代码如第 1 章示例 2～4 所示。

步骤 3　创建 MyBatisUtil.java

在 src/main/resources 目录下创建 cn.dsscm.utils 包，在该包下创建 MyBatisUtil.java，具体代码如第 2 章示例 4 所示。

步骤 4　创建 POJO

在 src/main/java 目录下创建 cn.dsscm.pojo 包，在该包下创建 IdCard.java，该类用于封装 IdCard 的属性，具体代码如示例 1 所示。

【示例 1】IdCard.java

```
public class IdCard {
    private Integer id; // id
    private Integer uid; // uid
    private String code;// 身份证号码

    private User user;// 一对一
    //省略 getter 方法、setter 方法和重写的 toString()方法
}
```

上述代码中分别定义了各自的属性及对应的 getter 方法和 setter 方法，同时为了方便查看输出结果还重写了 toString()方法。

步骤 5　创建 IdCardMapper.xml 与 UserMapper.xml

在 cn.dsscm.mapper 包下创建 IdCardMapper.xml 与 UserMapper.xml，在两个映射文件中编写一对一关联映射查询的配置信息，具体代码如示例 2 与示例 3 所示。

【示例 2】IdCardMapper.xml

```
<?xml version="1.0" encoding="UTF-8"?>
<!DOCTYPE mapper PUBLIC "-//mybatis.org//DTD Mapper 3.0//EN"
"http://mybatis.org/dtd/mybatis-3-mapper.dtd">
<mapper namespace="cn.dsscm.dao.IdCardMapper">
<!-- 嵌套查询：通过执行另一条 SQL 语句来返回预期的简单数据类型 -->
```

```
<select id="findCodeById" parameterType="Integer" resultMap="IdCardById">
      SELECT * FROM tb_idcard WHERE id=#{id}
</select>
<resultMap type="IdCard" id="IdCardById">
        <id property="id" column="id" />
        <result property="userName" column="userName" />
        <!-- 一对一：<association>元素使用 select 属性引入另一条 SQL 语句 -->
        <association property="user" column="uid" javaType="User"
            select="cn.dsscm.dao.UserMapper.findUserById" />
</resultMap>
</mapper>
```

【示例 3】UserMapper.xml

```
<?xml version="1.0" encoding="UTF-8"?>
<!DOCTYPE mapper PUBLIC "-//mybatis.org//DTD Mapper 3.0//EN"
"http://mybatis.org/dtd/mybatis-3-mapper.dtd">
<mapper namespace="cn.dsscm.dao.UserMapper">
<!-- 根据 id 查询用户信息 -->
    <select id="findUserById" parameterType="Integer" resultType="User">
        SELECT * from tb_user where id=#{id}
    </select>
</mapper>
```

上述两个映射文件中使用 MyBatis 中的嵌套查询是进行的个人及其关联的证件信息查询，因为返回的个人对象中除了基本属性还有一个关联的 uid 属性，所以需要手动编写结果映射。从 IdCardMapper.xml 中可以看出，嵌套查询是先执行一条简单的 SQL 语句，然后在进行结果映射时，对关联对象在<association>元素中使用 select 属性执行另一条 SQL 语句（IdCardMapper.xml 中的 SQL 语句）。

步骤 6　创建 IdCardMapper.java

在 src/main/java 目录下创建 cn.dsscm.dao 包，在该包下创建 IdCardMapper.java，添加 findCodeById()方法，具体代码如示例 4 所示。

【示例 4】IdCardMapper.java

```
import cn.dsscm.pojo.IdCard;
import org.apache.ibatis.annotations.Param;

import java.util.List;

public interface IdCardMapper {
    public List<IdCard> findCodeById(@Param("id")Integer id);
}
```

步骤 7　修改 mybatis-config.xml

在 mybatis-config.xml 中，引入映射文件并自定义别名，具体代码如下。

```
    <!-- 将映射文件引入 mybatis-config.xml 中 -->
    <mappers>
        <mapper resource="cn/dsscm/dao/UserMapper.xml" />
        <mapper resource="cn/dsscm/dao/IdCardMapper.xml" />
    </mappers>
```

在上述核心配置文件中，先引入数据库连接的配置文件，然后使用扫描包的形式自定义别名，并进行环境的配置，最后配置映射文件的位置信息。

步骤 8　创建测试方法

创建 UserMapperTest.java，并在 UserMapperTest.java 中创建 getUserListByIdTest()方法，具体代码如示例 5 所示。

【示例 5】UserMapperTest.java

```
    @Test
    public void getUserListByIdTest(){
```

```
        SqlSession sqlSession = null;
        List<IdCard> userList = new ArrayList<IdCard>();
        Integer id = 3;
        try {
            sqlSession = MyBatisUtil.createSqlSession();
            userList = sqlSession.getMapper(IdCardMapper.class).findCodeById(id);
        } catch (Exception e) {
            // TODO: handle exception
            e.printStackTrace();
        }finally{
            MyBatisUtil.closeSqlSession(sqlSession);
        }

        logger.debug("getUserListByRoleIdTest userList.size : " + userList.size());
        for(IdCard user:userList){
            logger.debug(user);
        }
    }
```

在 getUserListByIdTest()方法中，先通过 MyBatisUtil.java 获取 SqlSession，然后通过 SqlSession 的接口方法获取用户信息，并使用输出语句查询结果，程序执行完毕后，关闭 SqlSession。

使用 JUnit 测试包执行 getUserListByIdTest()方法后，控制台的输出结果如下。

```
cn.dsscm.dao.IdCardMapper.findCodeById - ==>Preparing: SELECT * FROM tb_idcard WHERE id=?
cn.dsscm.dao.IdCardMapper.findCodeById - ==>Parameters: 3(Integer)
...
cn.dsscm.dao.UserMapper.findUserById - ==>Preparing: SELECT * from tb_user where id=?
cn.dsscm.dao.UserMapper.findUserById - ==>Parameters: 3(Integer)
...
cn.dsscm.test.UserMapperTest - getUserListByRoleIdTest userList.size : 1
cn.dsscm.test.UserMapperTest - IdCard [id=3, uid=null, code=430101200001011235,
user=User [id=3, userCode=zhangwei, userName=张伟, userPassword=0000000, birthday=Sun
Jun 05 00:00:00 CST 1994, gender=2, phone=18567542321, email=null, address=北京市朝阳区,
userDesc=null, userRole=2, createdBy=1, imgPath=null, creationDate=Thu Oct 24 13:01:51
CST 2019, modifyBy=null, modifyDate=null, age=null, userRoleName=null]]
```

从控制台的输出结果中可以看出，通过嵌套查询可以查询出用户身份证信息及用户信息，这就是 MyBatis 中的一对一关联查询。

修改代码可以通过嵌套结果编写查询用户身份证信息及用户信息的代码。

步骤 9 修改 IdCardMapper.java

修改 IdCardMapper.java 的具体代码如下。

```
    public List<IdCard> findCodeById2(@Param("uid")Integer id);
```

步骤 10 修改 IdCardMapper.xml

在 cn.dsscm.mapper 包下修改 IdCardMapper.xml，在该文件中通过嵌套结果编写一对一关联映射查询的配置信息，具体代码如示例 6 所示。

【示例 6】IdCardMapper.xml

```
    <!-- 根据参数 roleId 获取用户信息-->
    <resultMap type="IdCard" id="userRoleResult2">
        <id property="id" column="id"/>
        <result property="code" column="code"/>
        <association property="user" javaType="User">
            <id property="id" column="cid"/>
            <result property="userName" column="userName" />
        </association>
    </resultMap>
    <select id="findCodeById2" parameterType="Integer" resultMap="userRoleResult2">
        SELECT u.* ,c.id cid ,c.code
          FROM tb_user u, tb_idcard c
```

```
        WHERE u.id=c.uid
              AND c.uid= #{uid}
</select>
```

步骤 11 编辑测试方法

在 UserMapperTest.java 中，编辑 getUserListByIdTest2()方法，具体代码如示例 7 所示。

【示例 7】UserMapperTest.java

```
    @Test
    public void getUserListByIdTest2(){
        SqlSession sqlSession = null;
        List<IdCard> userList = new ArrayList<IdCard>();
        Integer id = 3;
        try {
            sqlSession = MyBatisUtil.createSqlSession();
            userList = sqlSession.getMapper(IdCardMapper.class).findCodeById2(id);
        } catch (Exception e) {
            // TODO: handle exception
            e.printStackTrace();
        }finally{
            MyBatisUtil.closeSqlSession(sqlSession);
        }
        logger.debug("getUserListByRoleIdTest userList.size : " + userList.size());
        for(IdCard user:userList){
            logger.debug(user);
        }
    }
```

使用 JUnit 测试包执行 getUserListByIdTest2()方法后，控制台的输出结果如下。

```
    cn.dsscm.dao.IdCardMapper.findCodeById2 - ==>  Preparing: SELECT u.*, c.id cid, c.code FROM tb_user u, tb_idcard c WHERE u.id=c.uid AND c.uid= ?
    cn.dsscm.dao.IdCardMapper.findCodeById2 - ==> Parameters: 3(Integer)
    ...
    cn.dsscm.test.UserMapperTest - getUserListByRoleIdTest userList.size : 1
    cn.dsscm.test.UserMapperTest - IdCard [id=3, uid=null, code=430101200001011235, user=User [id=3, userCode=null, userName=张伟, userPassword=null, birthday=null, gender=null, phone=null, email=null, address=null, userDesc=null, userRole=null, createdBy=null, imgPath=null, creationDate=null, modifyBy=null, modifyDate=null, age=null, userRoleName=null]]
```

示例 7 中使用身份证类关联用户信息，在改变实体类时使用用户类关联身份证类也可以实现同样的效果，此处不再赘述。

4.2.2 应用案例——用户角色和用户信息的一对一关联

使用<association>元素映射到 JavaBean 的某个简单数据类型属性，如 JavaBean，即 JavaBean 内部嵌套一个 JavaBean 的属性，这种情况就属于简单数据类型的关联。需要注意的是，<association>元素仅处理一对一关联关系。

在实际开发中，绝对的双向一对一关联比较少见，很多是单向一对一关联。例如，用户角色和用户信息，从不同角度看映射关系不一样，这里涉及 tb_user 表和 tb_role 表。从用户信息角度出发，用户角色和用户信息是一对一关联关系；从用户角色角度出发，用户角色和用户信息是一对多关联关系。如果根据用户角色获取该角色用户信息，那么只需要根据 tb_user 表关联 tb_role 表即可，使用<association>元素便可以处理这种情况下的一对一关联关系。对于用户角色和用户信息的一对多关联关系的处理，需要使用<collection>元素来实现，这部分内容将在后面章节中介绍。

步骤 1　创建与配置项目

启动 IntelliJ IDEA，创建 Maven 项目，项目名为 Ch04_02。配置项目的具体代码如第 1 章示例 2~4 所示。

步骤 2　创建 MyBatisUtil.java

在 src/main/resources 目录下创建 cn.dsscm.utils 包，在该包下创建 MyBatisUtil.java，具体代码如第 2 章示例 4 所示。

步骤 3　创建 POJO

在 src/main/java 目录下创建 cn.dsscm.pojo 包，在该包下创建 Role.java，该类用于封装 role 的属性，具体代码如示例 8 所示。

【示例 8】Role.java

```
public class Role {
    private Integer id; // id
    private String roleCode; // 角色编码
    private String roleName; // 角色名称
    private Integer createdBy; // 创建者
    private Date creationDate; // 创建时间
    private Integer modifyBy; // 更新者
    private Date modifyDate;// 更新时间
    //省略 getter 方法和 setter 方法
}
```

修改 User.java，以增加角色属性（Role role），并增加相应的 getter 方法和 setter 方法。注释掉角色名称属性（String userRoleName），及对应的 getter 方法和 setter 方法，具体代码如示例 9 所示。

【示例 9】User.java

```
public class User {
    private Integer id; //id
    private String userCode; //用户编码
    private String userName; //用户名
    private String userPassword; //密码
    private Integer gender;  //性别
    private Date birthday;  //出生日期
    private String phone;   //电话号码
    private String address; //地址
    private Integer userRole;    //用户角色
    private Integer createdBy;   //创建者
    private Date creationDate; //创建时间
    private Integer modifyBy;     //更新者
    private Date modifyDate;    //更新时间

    private Integer age;//年龄
    //private String userRoleName; //角色名称

    //association
    private Role role; //用户角色

    //省略 getter 方法和 setter 方法
}
```

通过以上修改，在 User.java 中嵌套了一个复杂数据类型属性（role）。

步骤 4　创建 UserMapper.java

在 src/main/java 目录下创建 cn.dsscm.dao 包，在该包下创建 UserMapper.java，添加根据角色 id 获取用户信息的方法，具体代码如下。

```
public List<User> getUserListByRoleId(@Param("userRole")Integer roleId);
```

步骤 5 创建 UserMapper.xml

在 UserMapper.xml 中，添加 getUserListByRoleId()方法，该方法的返回结果为<resultMap>元素，并且外部引用的<resultMap>元素的类型为 User。由于 User 内部嵌套了 JavaBean（role），因此需要使用<association>元素来实现结果映射，具体代码如示例 10 所示。

【示例 10】UserMapper.xml

```
<resultMap type="User" id="userRoleResult">
    <id property="id" column="id"/>
    <result property="userCode" column="userCode"/>
    <result property="userName" column="userName"/>
    <result property="userRole" column="userRole"/>
    <association property="role" javaType="Role">
        <id property="id" column="r_id"/>
        <result property="roleCode" column="roleCode"/>
        <result property="roleName" column="roleName"/>
    </association>
</resultMap>
<select id="getUserListByRoleId"
      parameterType="Integer" resultMap="userRoleResult">
    select u.*,r.id as r_id,r.roleCode,r.roleName
     from tb_user u,tb_role r
    where u.userRole = #{userRole} and u.userRole = r.id
</select>
```

基于上述代码，简单分析<association>元素的属性。

（1）javaType：完整的 Java 类型名或别名。若映射到 JavaBean，则 MyBatis 通常会自行检测其类型；若映射到 HashMap，则应该明确指定 Java 类型来确保所需行为。

（2）property：映射数据库列的实体对象属性，此处为 role 属性。

（3）<association>元素的属性如下。

①id：映射数据库表中的主键字段。

②result：映射数据库表字段。

③property：映射数据库列的实体对象属性，此处为 role 属性。

④column：数据库列名或别名。

注意

在进行结果映射的过程中，要确保所有列名唯一且无歧义。id 属性在嵌套结果映射中扮演了非常重要的角色，应该指定一个或多个属性来唯一标识这个结果集。实际上，即便没有指定 id 属性，MyBatis 也会工作，但是会产生大量的性能开销。因此，最好选择尽量少的属性来唯一标识结果集，主键或联合主键均可。

步骤 6 编辑测试方法

在 UserMapperTest.java 中，编辑 getUserListByRoleIdTest()方法，具体代码如示例 11 所示。

【示例 11】UserMapperTest.java

```
@Test
public void getUserListByRoleIdTest(){
    SqlSession sqlSession = null;
    List<User> userList = new ArrayList<User>();
    Integer roleId = 3;
    try {
        sqlSession = MyBatisUtil.createSqlSession();
        userList =
         sqlSession.getMapper(UserMapper.class).getUserListByRoleId(roleId);
    } catch (Exception e) {
        e.printStackTrace();
    }finally{
        MyBatisUtil.closeSqlSession(sqlSession);
    }
    logger.debug("getUserListByRoleIdTest userList.size : " + userList.size());
```

```
        for(User user:userList){
            logger.debug("userList =====> userName: " + user.getUserName()
                    +", <未做映射字段>userPassword: " + user.getUserPassword()
                    + ", Role: " + user.getRole().getId() + " --- "
                    + user.getRole().getRoleCode() +" --- "
                    + user.getRole().getRoleName());
        }
    }
```

调用 getUserListByRoleId()方法获取用户信息，并进行结果输出。其关键是获取映射的用户角色相关信息，控制台的输出结果如下。

```
DEBUG [main] (BaseJdbcLogger.java:135) - ==>  Preparing: select u.*,r.id as
r_id,r.roleCode,r.roleName from tb_user u,tb_role r where u.userRole = ? and
u.userRole = r.id
DEBUG [main] (BaseJdbcLogger.java:135) - ==> Parameters: 3(Integer)
DEBUG [main] (BaseJdbcLogger.java:135) - <==      Total: 7
DEBUG [main] (JdbcTransaction.java:97) - Closing JDBC Connection
[com.mysql.cj.jdbc.ConnectionImpl@7f1302d6]
DEBUG [main] (PooledDataSource.java:409) - Returned connection 2131952342 to pool.
DEBUG [main] (UserMapperTest.java:34) - getUserListByRoleIdTest userList.size : 7
DEBUG [main] (UserMapperTest.java:36) - userList =====> userName: 张华, <未做映射字
段>userPassword: null, Role: 3 --- DSSCM_EMPLOYEE --- 普通员工
DEBUG [main] (UserMapperTest.java:36) - userList =====> userName: 王洋, <未做映射字
段>userPassword: null, Role: 3 --- DSSCM_EMPLOYEE --- 普通员工
...
```

通过以上代码可知，关于<association>元素的基本用法及适用场景。现在思考一个问题：通过 userRoleResult 联合一个<association>元素的结果映射来加载 User，<association>元素的 role 结果映射是否可以重复使用?

答案是肯定的，<association>元素还提供了另一个属性，即 resultMap 属性。通过这个属性可以扩展一个<resultMap>元素来进行联合映射，这样就可以使 role 结果映射重复使用。当然，若不需要重复使用，也可以按照之前的写法，直接嵌套这个联合结果映射，应根据具体业务而定。使用<resultMap>元素实现<association>元素的 role 结果映射的重复使用，具体操作如下。

步骤 7　编辑 UserMapper.xml

添加<resultMap>元素完成 role 结果映射，为<association>元素添加 resultMap 属性来引用外部的 roleResult，具体代码如示例 12 所示。

【示例 12】UserMapper.xml

```
    <!-- 根据参数 roleId 获取用户信息-->
    <resultMap type="User" id="userRoleResult2">
        <id property="id" column="id"/>
        <result property="userCode" column="userCode" />
        <result property="userName" column="userName" />
        <result property="userRole" column="userRole" />
        <association property="role" javaType="Role" resultMap="roleResult"/>
    </resultMap>
    <resultMap type="Role" id="roleResult">
        <id property="id" column="r_id"/>
        <result property="roleCode" column="roleCode"/>
        <result property="roleName" column="roleName"/>
    </resultMap>
    <select id="getUserListByRoleId2" parameterType="Integer"
            resultMap="userRoleResult2">
        select u.*,r.id as r_id,r.roleCode,r.roleName from tb_user u,tb_role r
         where u.userRole = #{userRole} and u.userRole = r.id
    </select>
```

上述代码中把之前的角色结果映射代码抽取出来放到一个<resultMap>元素中，并设置了<association>元素的 resultMap 属性来引用外部的 roleResult。这样做的好处就是可以重复使用，并且整体结构较为清

晰、明了，特别适合<association>元素的结果映射比较多的情况，控制台的输出结果如下。

```
DEBUG [main] (BaseJdbcLogger.java:135) - ==> Preparing: SELECT u.*,r.id as rid,r.roleCode,r.roleName FROM tb_user u,tb_role r WHERE u.userRole = ? AND u.userRole = r.id
DEBUG [main] (BaseJdbcLogger.java:135) - ==> Parameters: 3(Integer)
DEBUG [main] (BaseJdbcLogger.java:135) - <==      Total: 7
DEBUG [main] (JdbcTransaction.java:97) - Closing JDBC Connection [com.mysql.cj.jdbc.ConnectionImpl@5db250b4]
DEBUG [main] (PooledDataSource.java:409) - Returned connection 1571967156 to pool.
DEBUG [main] (UserMapperTest.java:57) - getUserListByRoleIdTest userList.size : 7
DEBUG [main] (UserMapperTest.java:59) - userList =====> userName: 张华, <未做映射字段>userPassword: 0000000, Role: 3 --- DSSCM_EMPLOYEE --- 普通员工
DEBUG [main] (UserMapperTest.java:59) - userList =====> userName: 王洋, <未做映射字段>userPassword: 0000000, Role: 3 --- DSSCM_EMPLOYEE --- 普通员工
DEBUG [main] (UserMapperTest.java:59) - userList =====> userName: 赵燕, <未做映射字段>userPassword: 0000000, Role: 3 --- DSSCM_EMPLOYEE --- 普通员工
   ...
```

从控制台的输出结果中可以看出，通过嵌套查询可以查询出用户信息及其权限信息，这就是 MyBatis 中的一对一关联查询。

虽然使用嵌套查询比较简单，但是从控制台的输出结果中可以看出，使用嵌套查询要执行多条 SQL 语句，这在进行大型数据集合和信息展示时不是很理想。这是因为这样可能会导致成百上千条关联的 SQL 语句被执行，从而极大地消耗数据库性能并且会降低查询效率，这并不是开发人员所期望的。为此，可以使用 MyBatis 提供的嵌套结果。

⌘ **经验** ⌘ 在使用嵌套查询进行关联查询映射时，延迟加载在一定程度上可以降低运行消耗速度并提高查询效率。MyBatis 默认没有配置延迟加载，需要在 mybatis-config.xml 的<settings>元素中进行配置，具体代码如下。

```
<settings>
    <!--打开延迟加载的开关-->
    <setting name="lazyLoadingEnabled" value="true" />
    <!--将积极加载改为消极加载，即按需加载-->
    <setting name="aggressiveLazyLoading" value="false"/>
</settings>
```

在映射文件中，MyBatis 关联映射的<association>元素和<collection>元素都已默认开启了延迟加载，即默认 fetchType="lazy"（立即加载）。在配置文件中开启延迟加载后，无须在映射文件中进行配置。

4.2.3 技能训练

上机练习 1　使用<association>元素实现 tb_bill 表的查询

⌘ **需求说明**

（1）按条件查询 tb_bill 表，查询条件如下。

①商品名称。

②供应商 id。

③是否付款。

（2）查询结果列显示：订单编码、商品名称、供应商编码、供应商名称、供应商联系人、供应商电话号码、订单金额、是否付款。

（3）<resultMap>元素中使用<association>元素完成内部嵌套。

提示

（1）修改 Bill.java，添加简单数据类型属性（Provider provider）。

（2）编写 SQL 语句（连表查询）。

（3）创建<resultMap>元素自定义映射结果，并在<select>元素中引用。

4.3 一对多

与一对一关联关系相比，开发人员接触更多的是一对多（或多对一）关联关系。例如，一个用户可以有多个订单，同时多个订单归一个用户所有。用户和订单的关联关系如图 4.5 所示。那么如何使用 MyBatis 处理这种一对多关联关系呢？<resultMap>元素中包含一个<collection>元素，MyBatis 就是通过该元素来处理一对多关联关系的。<collection>元素的大部分属性与<association>元素相同，但其还包含一个特殊属性，即 ofType 属性。ofType 属性与 javaType 属性对应，ofType 属性用于指定实体对象中集合属性包含的元素类型。

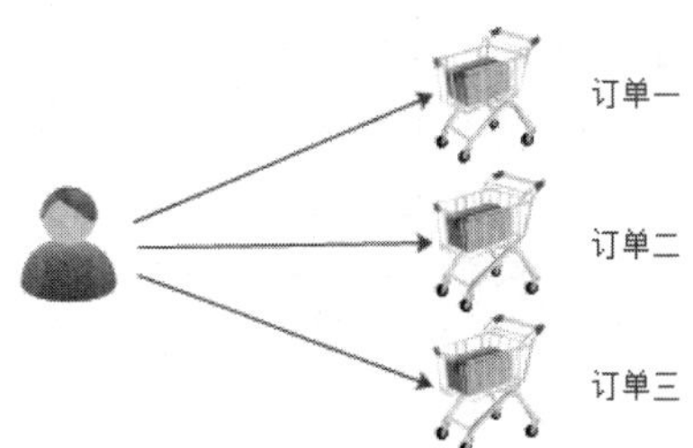

图 4.5　用户和订单的关联关系

<collection>元素的使用非常简单，可以参考如下代码进行配置。

```
<!-- 方式一：嵌套查询-->
<collection property="users" column="id" ofType="User"select=" cn.dsscm.dao.selectUsers"/>
<!-- 方式二：嵌套结果 -->
<collection property="users" ofType="User">
    <id property="id" column="id"/>
    <result property="userCode" column="userCode"/>
    <result property="userName" column="userName"/>
    <result property="userRole" column="userRole"/>
</collection>
```

<collection>元素的作用和<association>元素的作用都是映射到 JavaBean 的某个简单数据类型属性，只不过这个属性是一个集合列表，即 JavaBean 内部嵌套一个复杂数据类型属性。

4.3.1　应用案例——用户角色和用户信息的一对多关联

下面通过一个案例演示<collection>元素的具体应用，要求获取指定用户角色的相关用户信息。可以使用 tb_role 表关联 tb_user 表，具体实现步骤如下。

步骤 1　创建与配置项目

启动 IntelliJ IDEA，创建 Maven 项目，项目名为 Ch04_03。配置项目的具体代码如第 1 章示例 2～4 所示。

步骤 2　创建 MyBatisUtil.java

在 src/main/resources 目录下创建 cn.dsscm.utils 包，在该包下创建 MyBatisUtil.java，具体代码如第 2 章示例 4 所示。

步骤 3　创建 POJO

创建 Role.java，根据 tb_role 表设计相应的属性，并添加 getter 方法和 setter 方法，具体代码如示例 13 所示。

【示例 13】Role.java

```
public class Role {
    private Integer id; // id
    private String roleCode; // 角色编码
    private String roleName; // 角色名称
    private Integer createdBy; // 创建者
    private Date creationDate; // 创建时间
```

```
    private Integer modifyBy; // 更新者
    private Date modifyDate;// 更新时间

    private List<User> users;
    //省略 getter 方法和 setter 方法
}
```

通过以上修改，在 JavaBean:Role 对象内部嵌套了一个复杂数据类型属性（users）。

步骤 4　创建 RoleMapper.java

在 RoleMapper.java 中添加根据 id 获取用户信息及地址的方法，具体代码如示例 14 所示。

【示例 14】RoleMapper.java

```
public interface RoleMapper {
    public List<Role> getRole(@Param("id")Integer id);
}
```

步骤 5　创建 RoleMapper.xml

在 RoleMapper.xml 中，添加 getRole 映射。该 SQL 语句的返回结果为<resultMap>元素，并且引用外部的<resultMap>元素的类型为 role。由于 role 内部嵌套了集合（users），因此需要使用<collection>元素来实现结果映射，具体代码如示例 15 所示。

【示例 15】RoleMapper.xml

```
    <resultMap type="Role" id="rolelist">
        <id property="id" column="rid"/>
        <result property="roleName" column="roleName"/>
        <collection property="users" ofType="User">
            <id property="id" column="id"/>
            <result property="userCode" column="userCode"/>
            <result property="userName" column="userName"/>
            <result property="userRole" column="userRole"/>
        </collection>
    </resultMap>
    <select id="getRole" resultMap="rolelist">
        SELECT r.id rid, r.roleName , r.roleCode ,u.*
          FROM tb_role r,tb_user u
         WHERE r.id=u.userRole
        <if test="id>0">AND r.id = #{id}</if>
    </select>
```

其中，使用<collection>元素嵌套结果的处理与使用<association>元素一样。因此，使用嵌套结果或使用嵌套查询这两种方式类似。在实际开发中以使用嵌套结果为主，嵌套查询的使用方式此处不再赘述。

步骤 6　编辑测试方法

在 UserMapperTest.java 中，编辑 getRoleListTest()方法，具体代码如示例 16 所示。

【示例 16】UserMapperTest.java

```
    @Test
    public void getRoleListTest(){
        SqlSession sqlSession = null;
        List<Role> roleList = new ArrayList<Role>();
        Integer roleId = 3;
        try {
            sqlSession = MyBatisUtil.createSqlSession();
            roleList = sqlSession.getMapper(RoleMapper.class).getRole(null);
        } catch (Exception e) {
            // TODO: handle exception
            e.printStackTrace();
        }finally{
            MyBatisUtil.closeSqlSession(sqlSession);
        }

        logger.debug("getRoleListTest roleList.size : " + roleList.size());
```

```
        for(Role role:roleList){
            logger.debug("roleList =====> Id: " + role.getId()
                        +", RoleName:" + role.getRoleName()
                        +", <未做映射字段>roleCode: " + role.getRoleCode() );
              for (User user : role.getUsers()) {
                  logger.debug("UserCode: " + user.getUserCode()
                          + " -- UserName:"+ user.getUserName());
              }
        }
    }
```

调用 getRoleListTest()方法获取用户信息，并进行结果输出。其关键是映射用户角色相关信息，控制台的输出结果如下。

```
cn.dsscm.dao.RoleMapper.getRole - ==>  Preparing: SELECT r.id rid, r.roleName ,
r.roleCode ,u.* FROM tb_role r,tb_user u WHERE r.id=u.userRole
cn.dsscm.dao.RoleMapper.getRole - ==> Parameters:
...
cn.dsscm.test.RoleMapperTest - getRoleListTest roleList.size : 6
cn.dsscm.test.RoleMapperTest - roleList =====> Id: 1, RoleName:系统管理员, <未做映射字
段>roleCode: null
cn.dsscm.test.RoleMapperTest - UserCode: admin -- UserName:系统管理员
cn.dsscm.test.RoleMapperTest - roleList =====> Id: 2, RoleName:经理, <未做映射字
段>roleCode: null
cn.dsscm.test.RoleMapperTest - UserCode: liming -- UserName:李明
cn.dsscm.test.RoleMapperTest - UserCode: zhangwei -- UserName:张伟
cn.dsscm.test.RoleMapperTest - roleList =====> Id: 3, RoleName:普通员工, <未做映射字
段>roleCode: null
cn.dsscm.test.RoleMapperTest - UserCode: zhanghua -- UserName:张华
cn.dsscm.test.RoleMapperTest - UserCode: wangyang -- UserName:王洋
cn.dsscm.test.RoleMapperTest - UserCode: zhaoyan -- UserName:赵燕
cn.dsscm.test.RoleMapperTest - UserCode: sunlei -- UserName:孙磊
cn.dsscm.test.RoleMapperTest - UserCode: sunxing -- UserName:孙兴
cn.dsscm.test.RoleMapperTest - UserCode: zhangchen -- UserName:张晨
cn.dsscm.test.RoleMapperTest - UserCode: dengchao -- UserName:邓超
cn.dsscm.test.RoleMapperTest - roleList =====> Id: 6, RoleName:物资部员工, <未做映射字
段>roleCode: null
cn.dsscm.test.RoleMapperTest - UserCode: yangguo -- UserName:杨过
cn.dsscm.test.RoleMapperTest - roleList =====> Id: 5, RoleName:采购部员工, <未做映射字
段>roleCode: null
cn.dsscm.test.RoleMapperTest - UserCode: zhaomin -- UserName:赵敏
cn.dsscm.test.RoleMapperTest - roleList =====> Id: 7, RoleName:销售部员工, <未做映射字
段>roleCode: null
cn.dsscm.test.RoleMapperTest - UserCode: zhangsan -- UserName:张三
cn.dsscm.test.RoleMapperTest - UserCode: wangwu -- UserName:王五
```

从控制台的输出结果中可以看出，通过嵌套结果可以查询出用户信息及其权限信息，这就是 MyBatis 中的一对多关联查询。

需要注意的是，上述案例如果从用户角色的角度出发，那么用户角色与用户信息是一对多关联关系，但如果从单个用户信息的角度出发，那么一个用户信息只能属于一个用户角色，即用户角色和用户信息的一对一关联关系。读者可根据已学内容实现单个用户信息与用户角色之间的一对一关联关系。

4.3.2　应用案例——商品类型和商品信息的一对多关联

下面通过一个案例演示<collection>元素的具体应用，要求获取指定商品类型的相关商品信息，具体实现步骤如下。

步骤 1　创建与配置项目

启动 IntelliJ IDEA，创建 Maven 项目，项目名为 Ch04_04。配置项目的具体代码如第 1 章示例 2～4 所示。

步骤 2 创建 MyBatisUtil.java

在 src/main/resources 目录下创建 cn.dsscm.utils 包，在该包下创建 MyBatisUtil.java，具体代码如第 2 章示例 4 所示。

步骤 3 创建 POJO

创建 ProductCategory.java，根据 tb_product_category 表设计相应的属性，并添加 getter 方法和 setter 方法，具体代码如示例 17 所示。

【示例 17】ProductCategory.java

```
public class ProductCategory implements Serializable {
    private Long id;// id
    private String name;// 名称
    private Long parentId;// 父级 id
    private int type;// 级别(1:一级 2: 二级 3: 三级)',
    private String iconClass;// 图标

    private List<Product> products;
    //省略 getter 方法和 setter 方法
}
```

通过以上修改，在 JavaBean:ProductCategory 对象内部嵌套了一个复杂数据类型属性（products）。

步骤 4 创建 ProductMapper.java

在 ProductMapper.java 中添加根据 id 获取用户信息及地址的方法，具体代码如示例 18 所示。

【示例 18】ProductMapper.java

```
public List<ProductCategory> getProduct(@Param("id")Integer id);
```

步骤 5 创建 ProductMapper.xml

在 ProductMapper.xml 中，添加 getProduct 映射。该 SQL 语句的返回结果为<resultMap>元素，并且外部引用的<resultMap>元素的类型为 ProductCategory。由于 ProductCategory 内部嵌套了集合（products），因此需要使用<collection>元素来实现结果映射，具体代码如示例 19 所示。

【示例 19】ProductMapper.xml

```
    <resultMap type="ProductCategory" id="productlist">
        <id property="id" column="cid"/>
        <result property="name" column="cname"/>
        <collection property="products" ofType="Product">
            <id property="id" column="id"/>
            <result property="name" column="name"/>
            <result property="price" column="price"/>
            <result property="stock" column="stock"/>
        </collection>
    </resultMap>
    <select id="getProduct" resultMap="productlist">
        SELECT c.id cid, c.name cname,p.*
          FROM tb_product_category c,tb_product p
         WHERE c.id=p.categoryLevel1Id
        <if test="id>0"> AND c.id = #{id} </if>
            ORDER BY c.id
    </select>
```

基于上述代码，简单分析<collection>元素的属性。

（1）ofType：完整 Java 类型名或别名，即集合包含的类型，此处为 Product。

（2）property：映射数据库列的实体对象属性，此处为在 ProductCategory 中定义的 products。

具体代码如下：

```
<collection property="products" ofType="Product">
    ...
</collection>
```

表示一个名为 products，且类型为 ProductCategory 的 ArrayList。

<collection>元素与<association>元素的功能基本相同，此处不再赘述。

步骤 6　编写测试方法

在 ProductMapperTest.java 中，添加 getProductListTest()方法，具体代码如示例 20 所示。

【示例 20】ProductMapperTest.java

```
    @Test
    public void getProductListTest(){
        SqlSession sqlSession = null;
        List<ProductCategory> pList = new ArrayList<ProductCategory>();
        try {
            sqlSession = MyBatisUtil.createSqlSession();
            pList = sqlSession.getMapper(ProductMapper.class).getProduct(null);
        } catch (Exception e) {
            // TODO: handle exception
            e.printStackTrace();
        }finally{
            MyBatisUtil.closeSqlSession(sqlSession);
        }

        logger.debug("getProductListTest pList.size : " + pList.size());
        for (ProductCategory productCategory : pList) {
            logger.debug("商品类别 id:"+productCategory.getId()
                    + "  商品类别名称 :"+productCategory.getName());
            for (Product product : productCategory.getProducts()) {
                logger.debug(" -- 商品名称: "+product.getName()
                        +"  商品价格:  "+product.getPrice()
                        +"  商品库存: "+product.getStock());
            }
        }
    }
```

调用 getProductListTest()方法获取商品信息，并进行结果输出。其关键是映射商品相关信息，需要进一步循环调用 productCategory.getProducts()方法，控制台的输出结果如下。

```
cn.dsscm.dao.ProductMapper.getProduct - ==>  Preparing: SELECT c.id cid, c.name cname,p.*
FROM tb_product_category c,tb_product p WHERE c.id=p.categoryLevel1Id ORDER BY c.id
cn.dsscm.dao.ProductMapper.getProduct - ==> Parameters:
...
cn.dsscm.test.ProductMapperTest - getProductListTest pList.size:6
cn.dsscm.test.ProductMapperTest - 商品类别 id:1  商品类别名称:食品
cn.dsscm.test.ProductMapperTest -  -- 商品名称: 苹果 商品价格: 5.00  商品库存: 100.00
cn.dsscm.test.ProductMapperTest -  -- 商品名称: 西瓜 商品价格: 2.50  商品库存: 500.00
cn.dsscm.test.ProductMapperTest -  -- 商品名称: 德芙巧克力 商品价格: 5.00  商品库存: 100.00
cn.dsscm.test.ProductMapperTest - 商品类别 id:2  商品类别名称:饮料烟酒
cn.dsscm.test.ProductMapperTest -   -- 商品名称: 可口可乐 500ml  商品价格: 3.00  商品库存:
200.00
cn.dsscm.test.ProductMapperTest -   -- 商品名称: 百事可乐 500ml  商品价格: 3.00  商品库存:
2000.00
cn.dsscm.test.ProductMapperTest -  -- 商品名称: 七喜 350ml  商品价格: 2.50  商品库存: 51.00
cn.dsscm.test.ProductMapperTest - 商品类别 id:6  商品类别名称:日配类
cn.dsscm.test.ProductMapperTest -   -- 商品名称: 蒙牛 250ml 牛奶  商品价格: 3.00  商品库存:
200.00
cn.dsscm.test.ProductMapperTest - 商品类别 id:8  商品类别名称:文体办公
cn.dsscm.test.ProductMapperTest -  -- 商品名称: 晨光中性笔  商品价格: 3.00  商品库存: 50.00
cn.dsscm.test.ProductMapperTest -  -- 商品名称: 得力中性笔  商品价格: 3.00  商品库存: 50.00
cn.dsscm.test.ProductMapperTest - 商品类别 id:9  商品类别名称 :五金家电
cn.dsscm.test.ProductMapperTest -  -- 商品名称: 联想笔记本  商品价格: 5000.00  商品库存: 20.00
cn.dsscm.test.ProductMapperTest - 商品类别 id:11  商品类别名称 :洗涤日化
```

```
cn.dsscm.test.ProductMapperTest -  -- 商品名称：威猛先生洁厕剂 500ml  商品价格：8.00  商品库存：
20.00
```

从控制台的输出结果中不难发现，<collection>元素与<association>元素的 resultMap 属性的用法基本是一样的，此处不再赘述。

4.3.3 技能训练

上机练习 2　使用<collection>元素实现供应商及其采购订单信息的查询

⌘ 需求说明

（1）在上机练习 1 的基础上，根据指定的供应商 id 查询其相关信息，以及其中所有订单信息。

（2）查询结果列显示：供应商 id、供应商编码、供应商名称、供应商联系人、供应商电话号码、订单信息（订单编码、商品名称、订单金额、是否付款）。

（3）在<resultMap>元素中使用<collection>元素完成内部嵌套。

提示

（1）修改 Provider.java，添加集合类型属性（List<Bill>billList）。

（2）编写 SQL 语句（连表查询）。

（3）创建<resultMap>元素自定义映射结果，并在<select>元素中引用。

4.4 多对多

在实际开发中，多对多关联关系也是很常见的。以订单和商品为例，一个订单可以包含多种商品，而一种商品又可以属于多个订单，订单和商品就是多对多关联关系，如图 4.6 所示。

在数据库中，多对多关联关系通常使用一个中间表来维护，中间表中的订单 id 作为外键参照 tb_order 表的 id，商品 id 作为外键参照 tb_product 表的 id。这 3 个表的关系如图 4.7 所示。

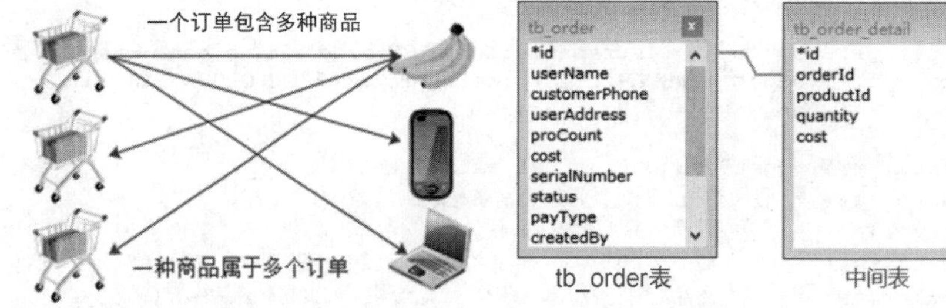

图 4.6　订单和商品的关联关系　　　图 4.7　数据库中 tb_order 表、中间表与 tb_product 表的关联关系

了解数据库中 tb_order 表与 tb_product 表的多对多关联关系后，下面介绍如何使用 MyBatis 来处理这种多对多关联关系。

4.4.1 应用案例——销售订单和订购商品信息的多对多关联

下面通过一个案例演示<collection>元素的具体应用，要求获取销售订单的相关订购商品信息，具体实现步骤如下。

步骤 1　创建与配置项目

启动 IntelliJ IDEA，创建 Maven 项目，项目名为 Ch04_05。配置项目的具体代码如第 1 章示例 2～4 所示。

步骤 2　创建 MyBatisUtil.java

在 src/main/resources 目录下创建 cn.dsscm.utils 包，在该包下创建 MyBatisUtil.java，具体代码如第 2 章示例 4 所示。

步骤 3　创建 POJO

在 cn.dsscm.pojo 包下创建 Product.java，在该类中定义相关属性和方法，具体代码如示例 21 所示。

【示例 21】Product.java

```
public class Product implements Serializable {
    private Long id;// id
    private String name;// 商品名称
    private String description;// 描述
    private BigDecimal price;// 单价
    private String placement;// 摆放位置
    private BigDecimal stock;// 数量
    private Long categoryLevel1Id;// 一级分类
    private Long categoryLevel2Id;// 二级分类
    private Long categoryLevel3Id;// 三级分类
    private String fileName;// 图片名称
    private int isDelete; // 是否删除(1:删除，0:未删除)
    private Integer createdBy; // 创建者
    private Date creationDate; // 创建时间
    private Integer modifyBy; // 更新者
    private Date modifyDate;// 更新时间
    //省略 getter 方法、setter 方法和重写的 toString()方法
}
```

在 cn.dsscm.pojo 包下创建 Order.java，在该类中定义相关属性和方法，具体代码如示例 22 所示。

【示例 22】Order.java

```
public class Order implements Serializable {
    private Long id;// id
    private String userName;// 真实姓名
    private String customerPhone; // 顾客电话号码
    private String userAddress;// 收货地址
    private int proCount;// 商品数量
    private Float cost;// 订单总计价格
    private String serialNumber;// 订单编号
    private int status;// 订单状态
    private int payType;// 付款方式
    private Integer createdBy; // 创建者
    private Date creationDate; // 创建时间
    private Integer modifyBy; // 更新者
    private Date modifyDate;// 更新时间
    ...
}
```

除了需要在 Product.java 中添加订单的集合属性，还需要在 Orders.java 中添加商品的集合属性及其对应的 getter 方法和 setter 方法，同时为了方便查看输出结果，还应重写 toString()方法，具体代码如下。

```
//商品的集合属性
private List<Product> products;
//省略 getter 方法、setter 方法和重写的 toString()方法
```

步骤 4　创建映射文件与接口文件

在 cn.dsscm.mapper 包下，创建 ProductMapper.java 和 ProductMapper.xml，具体代码如示例 23 和示例 24 所示。

【示例 23】ProductMapper.java

```
public List<Product> getProduct(@Param("id")Integer id);
```

【示例 24】ProductMapper.xml

```
<?xml version="1.0" encoding="UTF-8"?>
<!DOCTYPE mapper PUBLIC "-//mybatis.org//DTD Mapper 3.0//EN"
"http://mybatis.org/dtd/mybatis-3-mapper.dtd">
<mapper namespace="cn.dsscm.dao.ProductMapper">
    <select id="getProduct" resultType="Product" parameterType="Integer">
        SELECT * FROM tb_product
         WHERE id IN (SELECT productId FROM tb_order_detail WHERE orderId=#{id})
    </select>
</mapper>
```

上述代码中定义了一个 id 属性的值为 getProduct 的 SQL 语句，该 SQL 语句会根据订单 id 查询与该销售订单关联的订购商品信息。由于销售订单和订购商品信息是多对多关联关系，因此需要通过中间表来查询订购商品信息。

在 cn.dsscm.mapper 包下，创建 OrdersMapper.java 和 OrdersMapper.xml，具体代码如示例 25 和示例 26 所示。

【示例 25】OrdersMapper.java

```
public List<Order> getOrder1(@Param("id")Integer id);
```

【示例 26】OrdersMapper.xml

```
<!-- 多对多嵌套查询：通过执行另一条 SQL 语句来返回预期的简单数据类型 -->
<resultMap type="Order" id="orderlist1">
    <id property="id" column="id"/>
    <result property="userName" column="userName"/>
    <result property="customerPhone" column="customerPhone"/>
    <result property="userAddress" column="userAddress"/>
    <collection property="products" ofType="Product"  column="id"
            select="cn.dsscm.dao.ProductMapper.getProduct" />
</resultMap>
<select id="getOrder1" resultMap="orderlist1">
        SELECT *
          FROM tb_order
        <if test="id>0"> WHERE AND id = #{id} </if>
            ORDER BY id
</select>
```

上述代码中使用嵌套查询定义了一个 id 属性的值为 getOrder1 的 SQL 语句来查询销售订单及其关联的订购商品信息。在<resultMap>元素中使用了<collection>元素来映射多对多关联关系，其中，property 属性表示订单持久化类中的商品属性，ofType 属性表示集合中的数据类型，而 column 属性的值会作为参数执行 ProductMapper 中定义的 id 属性的值为 getProduct 的 SQL 语句来查询销售订单中的订购商品信息。

步骤 5　编辑测试方法

在 OrderMapperTest.java 中，编辑 getOrderListTest1()方法，具体代码如示例 27 所示。

【示例 27】OrderMapperTest.java

```
    @Test
    public void getOrderListTest1(){
        SqlSession sqlSession = null;
        List<Order> oList = new ArrayList<Order>();
        try {
            sqlSession = MyBatisUtil.createSqlSession();
            oList = sqlSession.getMapper(OrderMapper.class).getOrder1(null);
        } catch (Exception e) {
            // TODO: handle exception
            e.printStackTrace();
        }finally{
            MyBatisUtil.closeSqlSession(sqlSession);
        }
```

```

        logger.debug("getOrderListTest oList.size : " + oList.size());
        for (Order order : oList) {
            logger.debug("订单编号:"+order.getId()
                    + "  收货人:  "+order.getUserName()
                    + "  收货地址 :"+order.getUserAddress());
            for (Product product : order.getProducts()) {
                logger.debug(" -- 商品名称: "+product.getName()
                        +"  商品价格:  "+product.getPrice());
            }
        }
    }
```

使用 JUnit 测试包执行 getOrderListTest1()方法后，控制台的输出结果如下。

```
cn.dsscm.dao.OrderMapper.getOrder1 - ==>  Preparing: SELECT * FROM tb_order ORDER BY
id
cn.dsscm.dao.OrderMapper.getOrder1 - ==> Parameters:
...
cn.dsscm.dao.ProductMapper.getProduct - ==>  Preparing: SELECT * FROM tb_product WHERE
id IN (SELECT productId FROM tb_order_detail WHERE orderId=?)
cn.dsscm.dao.ProductMapper.getProduct - ==> Parameters: 1(Integer)
cn.dsscm.dao.ProductMapper.getProduct - ==>  Preparing: SELECT * FROM tb_product WHERE
id IN (SELECT productId FROM tb_order_detail WHERE orderId=?)
cn.dsscm.dao.ProductMapper.getProduct - ==> Parameters: 2(Integer)
cn.dsscm.dao.ProductMapper.getProduct - ==>  Preparing: SELECT * FROM tb_product WHERE
id IN (SELECT productId FROM tb_order_detail WHERE orderId=?)
cn.dsscm.dao.ProductMapper.getProduct - ==> Parameters: 3(Integer)
...
cn.dsscm.test.OrderMapperTest - getOrderListTest oList.size:6
cn.dsscm.test.OrderMapperTest - 订单编号:1  收货人: 张三  收货地址: 北京市花园路小区
cn.dsscm.test.OrderMapperTest -  -- 商品名称: 苹果  商品价格: 5.00
cn.dsscm.test.OrderMapperTest -  -- 商品名称: 西瓜  商品价格: 2.50
cn.dsscm.test.OrderMapperTest -  -- 商品名称: 德芙巧克力  商品价格: 5.00
cn.dsscm.test.OrderMapperTest -  -- 商品名称: 蒙牛 250ml 牛奶  商品价格: 3.00
cn.dsscm.test.OrderMapperTest - 订单编号:2  收货人: 张三  收货地址: 北京市海淀区成府路
cn.dsscm.test.OrderMapperTest -  -- 商品名称: 西瓜  商品价格: 2.50
cn.dsscm.test.OrderMapperTest - 订单编号:3  收货人: 李四  收货地址: 北京市海淀区大有庄
cn.dsscm.test.OrderMapperTest -  -- 商品名称: 德芙巧克力  商品价格: 5.00
cn.dsscm.test.OrderMapperTest -  -- 商品名称: 西瓜  商品价格: 2.50
cn.dsscm.test.OrderMapperTest -  -- 商品名称: 蒙牛 250ml 牛奶  商品价格: 3.00
```

从控制台的输出结果中可以看出，使用嵌套查询执行了多条 SQL 语句，先查询 tb_order 表信息，再在该表中数据的基础上查询每笔销售订单关联的订购商品信息，这就是多对多关联查询。

步骤 6　案例优化

如果对多个表关联查询的 SQL 语句掌握得比较好，那么可以在 OrdersMapper.xml 中使用嵌套结果查询，具体代码如示例 28 和示例 29 所示。

【示例 28】OrdersMapper.java

```
public List<Order>getOrder2(@Param("id")Integer id);
```

【示例 29】OrdersMapper.xml

```
<!-- 多对多嵌套结果查询: 查询某笔订单及其关联的商品信息 -->
<resultMap type="Order" id="orderlist2">
    <id property="id" column="oid"/>
    <result property="userName" column="userName"/>
    <result property="customerPhone" column="customerPhone"/>
    <result property="userAddress" column="userAddress"/>
    <collection property="products" ofType="Product">
        <id property="id" column="pid"/>
        <result property="name" column="name"/>
        <result property="price" column="price"/>
        <result property="stock" column="stock"/>
```

```
        </collection>
</resultMap>

<select id="getOrder2" resultMap="orderlist2">
        SELECT o.id oid, p.id pid ,o.*, od.* ,p.*
          FROM tb_order o, tb_order_detail od, tb_product p
         WHERE o.id=od.orderId AND od.productId=p.id
        <if test="id>0"> AND o.id = #{id} </if>
            ORDER BY o.id
</select>
```

在 OrderMapperTest.java 中，添加 getOrderListTest2()方法，具体代码如示例 27 所示。使用 JUnit 测试包执行 getOrderListTest2()方法后，控制台的输出结果如下。

```
cn.dsscm.dao.OrderMapper.getOrder - ==>  Preparing: SELECT o.id oid, p.id pid ,o.*, od.* ,p.* FROM tb_order o, tb_order_detail od, tb_product p WHERE o.id=od.orderId AND od.productId=p.id ORDER BY o.id
cn.dsscm.dao.OrderMapper.getOrder - ==> Parameters:
...
cn.dsscm.test.OrderMapperTest - getOrderListTest oList.size:6
cn.dsscm.test.OrderMapperTest - 订单编号:1  收货人：张三  收货地址：北京市花园路小区
cn.dsscm.test.OrderMapperTest -  -- 商品名称：苹果  商品价格：5.00
cn.dsscm.test.OrderMapperTest -  -- 商品名称：西瓜  商品价格：2.50
cn.dsscm.test.OrderMapperTest -  -- 商品名称：德芙巧克力  商品价格：5.00
cn.dsscm.test.OrderMapperTest -  -- 商品名称：蒙牛 250ml 牛奶  商品价格：3.00
cn.dsscm.test.OrderMapperTest - 订单编号:2  收货人：张三  收货地址：北京市海淀区成府路
cn.dsscm.test.OrderMapperTest -  -- 商品名称：西瓜  商品价格：2.50
cn.dsscm.test.OrderMapperTest - 订单编号:3  收货人：李四  收货地址:北京市海淀区大有庄
cn.dsscm.test.OrderMapperTest -  -- 商品名称：德芙巧克力  商品价格：5.00
cn.dsscm.test.OrderMapperTest -  -- 商品名称：西瓜  商品价格：2.50
cn.dsscm.test.OrderMapperTest -  -- 商品名称：蒙牛 250ml 牛奶  商品价格：3.00
cn.dsscm.test.OrderMapperTest - 订单编号:4  收货人：王五  收货地址:湖南省长沙市
cn.dsscm.test.OrderMapperTest -  -- 商品名称：联想笔记本  商品价格：5000.00
cn.dsscm.test.OrderMapperTest - 订单编号:5  收货人：王五  收货地址:湖南省长沙市
cn.dsscm.test.OrderMapperTest -  -- 商品名称：西瓜  商品价格：2.50
cn.dsscm.test.OrderMapperTest - 订单编号:6  收货人：王五  收货地址:湖南省长沙市
cn.dsscm.test.OrderMapperTest -  -- 商品名称：西瓜  商品价格：2.50
```

从控制台的输出结果中可以看出，使用嵌套查询执行了一条 SQL 语句，并查询出了销售订单及其关联的订购商品信息，这就是多对多关联查询。

综合比较上述完成多对多关联查询的案例可以发现，其与一对多关联查询的区别不大。因为不管怎么进行关联都只能从一个角度看，所以在实际应用中只需要使用一对一关联查询与一对多关联查询两种方式即可。推荐使用嵌套结果对查询结果进行处理，该方式操作更加方便。

4.4.2 技能训练

上机练习 3　使用<collection>元素实现销售订单及其商品信息的多对多关联查询

⌘ 需求说明

在上机练习 2 的基础上，结合嵌套查询与嵌套结果两种方式，完成销售订单及其商品信息的多对多关联查询。

4.5 <resultMap>元素自动映射级别

本节将继续深入介绍使用 MyBatis 设置<resultMap>元素自动映射级别的问题。

从本章示例 29 的输出结果中可以发现，如果没有对数据库表的 column 属性与 POJO 的 property

属性之间的值进行映射那么将无法获取关联值。当没有设置 autoMappingBehavior 属性的值时，也就是当取默认值 PARTIAL 时，若是普通数据类型属性，则会自动匹配所有，但若有内部嵌套（<association>元素或<collection>元素），则会输出 null。也就是说，autoMappingBehavior 属性不会自动匹配，除非手工设置 value 属性的值为 FULL（自动匹配所有）。修改 mybatis-config.xml 的具体代码如下。

```
<settings>
    <!-- 设置<resultMap>元素的 value 属性的值为 FULL（自动匹配所有）-->
    <setting name="autoMappingBehavior" value="FULL" />
</settings>
```

修改完成之后运行测试方法，观察输出结果可以发现，设置 value 属性的值为 FULL（自动匹配所有）之后，未做映射的 userPassword 字段和 userId 字段均有值输出。综上可以深刻认识到 MyBatis 对<resultMap>元素做自动映射的 3 个匹配级别。

（1）NONE：禁止自动匹配。

（2）PARTIAL（默认值）：自动匹配所有，有内部嵌套（<association>元素或<collection>元素）的除外。

（3）FULL：自动匹配所有。

本章总结

- 子元素<id>和<result>均可实现基本的结果映射，将列映射到简单数据类型属性。
- <resultMap>元素的<association>元素和<collection>元素可以实现高级结果映射。
- MyBatis 是通过<association>元素来处理一对一关联关系的。在<association>元素中，property 属性表示映射到的实体对象属性，与表字段一一对应。column 属性表示表中对应的字段。javaType 属性表示映射到实体对象属性的类型。
- MyBatis 是通过<collection>元素来处理一对多关联关系的。<collection>元素的属性大部分与<association>元素相同，但其还包含一个特殊属性，即 ofType 属性。
- ofType 属性与 javaType 属性对应，ofType 属性用于指定实体对象中集合属性包含的元素类型。
- 当 autoMappingBehavior 属性取默认值 PARTIAL 时，若是普通数据类型属性，则会自动匹配所有，但若有内部嵌套（<association>元素或<collection>元素），则会输出 null。也就是说，autoMappingBehavior 属性不会自动匹配，除非手工设置 value 属性的值为 FULL（自动匹配所有）。

本章作业

一、选择题

1. 在 MyBatis 的映射文件中，需要使用大量的动态 SQL 语句。以下关于动态 SQL 语句的说法错误的是（　　）。

   A. <where>元素用于简化 SQL 语句中的 where 条件判断

   B. <set>元素在更新的 SQL 语句中使用

   C. <if>元素用于单条件分支判断

D．<choose>元素相当于 Java 的 switch...case...default 语句，通常与<if>元素和<else>元素搭配使用

2．以下关于 MyBatis 的映射文件中<association>元素属性的说明错误的是（　　）。

A．property：映射到的实体对象属性，与表字段一一对应

B．column：表中对应的字段

C．javaType：映射到的实体对象属性的类型

D．fetchType：在关联查询时是否开启延迟加载。fetchType 属性有 lazy 和 eager 两个属性值，默认属性值为 eager（默认关联映射延迟加载）

3．以下关于数据库中多表之间关联关系的说法中错误的是（　　）。

A．一对一关联关系可以在任意一方引入对方主键作为外键

B．一对多关联关系在“一”的一方添加“多”的一方主键作为外键

C．多对多关联关系会产生中间表，引入两个表的主键作为外键

D．多对多关联关系的两个表的主键可以成为联合主键或使用新字段作为主键

4．以下关于 Java 对象之间的关联关系的描述正确的是（　　）。

A．一对一关联关系就是在本类和对方类中定义同类型的对象

B．一对多关联关系就是一个 A 类类型对应多个 B 类类型的情况

C．多对多关联关系只需要在一方类中定义另一方类类型的集合

D．多对多关联关系需要在本类中定义本类类型的集合

5．以下关于<collection>元素的描述正确的是（　　）。

A．MyBatis 就是通过<collection>元素来处理一对多关联关系的

B．<collection>元素的属性与<association>元素的属性完全相同

C．ofType 属性与 javaType 属性对应，用于指定实体对象中所有属性包含的元素类型

D．<collection >元素只能使用嵌套查询

二、简答题

1．简述 MyBatis 关联查询映射的两种处理方式。

2．简述不同对象之间的 3 种关联关系。

三、操作题

1．个人信息和身份证号码的一对一关联关系。

查询个人信息及其关联的身份证号码是先通过查询 tb_person 表中的主键来获取个人信息，然后通过 tb_person 表中的外键获取 tb_idcard 表中的身份证号码的。tb_idcard 表和 tb_person 表中的数据如图 4.8 所示。

	id	CODE
□	1	430101200001011234
□	2	430101200001014321
*	(NULL)	(NULL)

	id	name	age	sex	card_id
□	1	Rose	29	女	1
□	2	tom	27	男	2
*	(NULL)	(NULL)	(NULL)	(NULL)	(NULL)

图 4.8　tb_idcard 表和 tb_person 表中的数据

2．通过关联映射实现百货中心供应链管理系统中 tb_product 表与 tb_product_ category 表的查询，具体要求如下。

（1）根据 tb_product_category 表查看一、二、三级分类信息。

（2）根据 tb_product 表关联 tb_product_category 表，查看一、二、三级分类信息。

（3）在<resultMap>元素中使用<collection>元素完成内部嵌套。

第 5 章 深入使用 MyBatis

本章目标

◎ 掌握如何使用 MyBatis 插件实现分页

◎ 熟悉 MyBatis 的缓存机制

◎ 掌握 MyBatis 的常用注解及其使用方法

本章简介

通过学习前面介绍的 MyBatis 的基本用法、关联映射和动态 SQL 语句等重要知识，读者可以了解到使用 MyBatis 可以很方便地通过面向对象进行数据库访问，本章将介绍一些 Web 应用程序中的分页方式，以及合理地利用缓存来加快数据库的查询速度，进而有效地提升数据库性能的方法。前面章节中介绍的 MyBatis 的所有配置都是使用 XML 文件完成的，由于大量 XML 文件的编写工作非常烦琐，因此可以使用 MyBatis 提供的更加简便的注解配置。本章将介绍 MyBatis 的深入使用，内容包括 MyBatis 插件的应用——实现分页、MyBatis 的缓存机制，以及 MyBatis 的常用注解。

技术内容

5.1 MyBatis 插件的应用——实现分页

在 Web 应用程序开发过程中涉及表时，如果数量太多那么就会产生分页的需求，通常将分页方式分为两种：前端分页和后端分页。

（1）前端分页指一次性请求表中的所有记录，在前端缓存并且计算数量和分页逻辑，一般前端组件（dataTable 等）会提供分页动作。其特点是简单，很适合小规模的 Web 平台，但当数据量大时会产生性能问题，查询和网络传输的时间会很长。

（2）后端分页指在 AJAX（Asynchronus JavaScript And XML，异步 JavaScript 和 XML）请求中指定页码（pageNum）和页面容量（pageSize），后端查询出当页的数据并返回，前端只负责渲染。其特点是比较复杂，在 MySQL 数据库中产生的性能问题可以通过调优解决。一般来说，Web 应用程序开发使用这种方式。

下面介绍如何进行后端分页。

5.1.1 使用 SQL 语句实现分页

当希望能直接在数据库语言中只检索符合条件的记录，不通过程序对其进行处理时，可以使用 SQL 语句分页。只需要改变 SQL 语句，即在 SQL 语句后面添加 limit 分页语句即可实现分页。

简单来说，MySQL 数据库对分页的支持是通过 limit 分页语句实现的。

limit 关键字的用法如下。

```
LIMIT [offset,] rows
```

其中，参数 offset 指相对于首行的偏移量（首行是 0），参数 rows 指返回条数。

```
# 每页 10 条记录，取第 1 页，返回的是前 10 条记录
select * from tableA limit 0,10;
# 每页 10 条记录，取第 2 页，返回的是第 11～20 条记录
select * from tableA limit 10,10;
```

MySQL 数据库的分页是基于内存的分页，即先查找所有记录，再按起始位置和页面容量取出结果。下面给用户管理模块的查询用户信息功能增加分页，要求其结果列按照创建时间降序排列。在 src/main/java 目录下创建 com.dsscm.pojo 包，在该包下创建 User.java，在该类中声明相关属性，及其对应的 getter 方法和 setter 方法，具体实现步骤如下。

步骤 1　创建与配置项目

启动 IntelliJ IDEA，创建 Maven 项目，项目名为 Ch05_01_Pagination。

在 pom.xml 中引入 MySQL 数据库驱动包、JUnit 测试包、MyBatis 核心包等相关依赖，pom.xml 的具体代码如第 1 章示例 1 所示。

在 src/main/resources 目录下创建数据库连接信息配置文件，这里将其命名为 db.properties，在该文件中配置数据库连接的参数。db.properties 文件的具体代码如第 1 章示例 2 所示。

在 src/main/resources 目录下创建 log4j.properties。log4j.properties 的具体代码如第 1 章示例 3 所示。

在 src/main/resources 目录下创建 MyBatis 的核心配置文件，这里将其命名为 mybatis-config.xml。mybatis-config.xml 的具体代码如第 1 章示例 4 所示。

在 src/main/java 目录下创建 cn.dsscm.utils 包，在该包下创建 MyBatisUtil.java，具体代码如第 2 章示例 4 所示。

步骤 2　创建 POJO

在 src/main/java 目录下创建 cn.dsscm.pojo 包，在该包下创建 User.java，该类用于封装 User 的属性，具体代码如第 1 章示例 7 所示。

步骤 3　创建 UserMapper.java

在 src/main/java 目录下创建 cn.dsscm.dao 包，在该包下创建 UserMapper.java，使用 count()函数获取总记录数，使用 limit 分页语句实现分页。在 UserMapper.java 中，添加分页方法，具体代码如示例 1 所示。

【示例 1】UserMapper.java

```
package cn.dsscm.dao;

import java.util.List;
import org.apache.ibatis.annotations.Param;
import cn.dsscm.pojo.User;

public interface UserMapper {
    // 查询 tb_user 表的记录数
    public int count();
    // 查询用户信息(分页显示)
     public List<User> getUserList(@Param("userName") String userName,
```

```
                                        @Param("userRole") Integer roleId,
                                        @Param("from") Integer currentPageNo,
                                        @Param("pageSize") Integer pageSize);
}
```

上述代码中的 getUserList()方法与原 getUserList()方法相比，增加了两个参数：from 和 pageSize，用于实现分页。

步骤 4 编辑 UserMapper.xml

编辑 UserMapper.xml 的 getUserList 映射 SQL 语句，添加 limit 分页语句，具体代码如示例 2 所示。

【示例 2】UserMapper.xml

```
    <!-- 查询用户信息(分页显示) -->
    <select id="getUserList" resultMap="userList">
        SELECT u.*,r.roleName userRoleName
          FROM tb_user u,dsscm_role r
         WHERE u.userRole = r.id
            <if test="userRole != null">
                and u.userRole = #{userRole}
            </if>
            <if test="userName != null and userName != ''">
                and u.userName like CONCAT ('%',#{userName},'%')
            </if>
            order by creationDate DESC limit #{from},#{pageSize}
    </select>
```

在上述代码中，limit 关键字后为参数：from 和 pageSize。

步骤 5 编辑测试方法

在 UserMapperTest.java 中编辑 testGetUserList()方法进行分页测试，具体代码如示例 3 所示。

【示例 3】UserMapperTest.java

```
    @Test
    public void testGetUserList(){
        SqlSession sqlSession = null;
        List<User> userList = new ArrayList<User>();
        try {
            sqlSession = MyBatisUtil.createSqlSession();
            String userName = "";
            Integer roleId = null;
            Integer pageSize = 5;
            Integer currentPageNo = 0;
            userList = sqlSession.getMapper(UserMapper.class)
                        .getUserList(userName,roleId,currentPageNo,pageSize);
            logger.debug("userlist.size ----> " + userList.size());
            for (User user : userList) {
                logger.debug(user);
            }
        } catch (Exception e) {
            e.printStackTrace();
        }finally{
            MyBatisUtil.closeSqlSession(sqlSession);
        }

    }
```

使用 JUnit4 测试包执行 testGetUserList()方法后，控制台的输出结果如下。

```
DEBUG [main] (BaseJdbcLogger.java:135) - ==>  Preparing: SELECT u.*,r.roleName
userRoleName FROM tb_user u,tb_role r WHERE u.userRole = r.id order by creationDate
DESC limit ?,?
DEBUG [main] (BaseJdbcLogger.java:135) - ==> Parameters: 0(Integer), 5(Integer)
DEBUG [main] (BaseJdbcLogger.java:135) - <==      Total: 5
DEBUG [main] (UserMapperTest.java:30) - userlist.size ----> 5
DEBUG [main] (UserMapperTest.java:32) - User [id=14, userCode=wangwu, userName=王五]
DEBUG [main] (UserMapperTest.java:32) - User [id=13, userCode=zhangsan, userName=张三]
DEBUG [main] (UserMapperTest.java:32) - User [id=12, userCode=zhaomin, userName=赵敏]
```

```
DEBUG [main] (UserMapperTest.java:32) - User [id=11, userCode=yangguo, userName=杨过]
DEBUG [main] (UserMapperTest.java:32) - User [id=9, userCode=zhangchen, userName=张晨]
```

在上述代码中，根据传入的起始位置（currentPageNo=0）和页面容量（pageSize=5）进行相应分页，并查看第 1 页的数据。

注意

使用 MyBatis 插件实现分页属于 DAO 层操作，由于 DAO 层不涉及任何业务实现，因此实现分页的方法中第 1 个参数为 limit 分页语句的起始位置（从 0 开始），而不是用户输入的真正页码（从 1 开始），之前已经介绍过如何将页码转换成 limit 分页语句的起始位置，即起始位置=（页码-1）× 页面容量，这个转换操作并不能在 DAO 层实现，而需要在 Service 层（业务层）实现。因此，在测试类中的入参为下标，而不是页码。

这里需要注意的是，MySQL 数据库在处理分页的过程是这样的：limit 1000,10 会过滤出 1010 条数据，丢弃前 1000 条数据，保留后 10 条数据。当偏移量增加时，性能会有所下降。limit 100000,10 会过滤出 100 000+10 条数据，丢弃前 100 000 条数据。如果在分页中发现了性能问题，那么可以根据这个思路调优。

5.1.2 使用 RowBounds 实现分页

MyBatis 不仅支持分页，而且内置了一个专门处理分页的参数 RowBounds。只需要在 DAO 层的接口要实现分页的方法中加入 RowBounds，在 Service 层通过参数 offset（从第几行开始读取数据，默认值为 0）和参数 limit（要显示的记录数，默认值为 Java 允许的最大整数 2 147 483 647）创建 RowBounds，在调用 DAO 层的接口方法时，将构建的 RowBounds 传进去就能轻松实现分页。

通过 RowBounds 实现分页与通过 Array 实现分页的原理类似，都是先一次获取所有符合条件的数据，再在内存中对获取的数据进行操作。只是通过 Array 分页需要自己去实现分页逻辑，而通过 RowBounds 分页更加简化而已。

注意

RowBounds 存在的问题：一次性从数据库获取的数据可能很多，对内存的消耗很大，可能导致性能变差，甚至引发内存溢出。在查询大量数据时，RowBounds 的性能并不佳，此时可以通过分页进行处理。

适用场景：在数据量很大的情况下，应使用拦截器实现分页。只建议在数据量相对较小的情况下使用 RowBounds。

在 mapper.java 的方法中传入 RowBounds，具体实现步骤如下。

步骤 1　编辑 UserMapper.java

在 UserMapper.java 中，添加分页方法，具体代码如示例 4 所示。

【示例 4】UserMapper.java

```
// 查询用户信息(分页显示—RowBounds)
public List<User> getUserList2(@Param("userName")String userName,
            @Param("userRole")Integer roleId, RowBounds rowBounds);
```

上述代码中的 getUserList2()方法与原 getUserList()方法的功能相同，均用于实现分页。

步骤 2　编辑 UserMapper.xml

在 UserMapper.xml 中编辑 getUserList()方法，不需要添加 limit 分页语句，在 UserMapper.xml 中正常配置即可，不需要对 RowBounds 进行任何操作。MyBatis 的拦截器将自动操作 RowBounds 进行分页，具体代码如示例 5 所示。

【示例 5】UserMapper.xml

```
<!-- 查询用户信息(分页显示—RowBounds)-->
<select id="getUserList2" resultType="User">
    SELECT u.*,r.roleName userRoleName
     FROM tb_user u,tb_role r
    WHERE u.userRole = r.id
       <if test="userRole != null">
          and u.userRole = #{userRole}
       </if>
```

```
            <if test="userName != null and userName != ''">
                and u.userName like CONCAT ('%',#{userName},'%')
            </if>
            order by creationDate DESC
    </select>
```

步骤 3 编辑测试方法

在 testGetUserList2()方法中，创建 RowBounds，调用 DAO 层的接口方法，具体代码如示例 6 所示。

【示例 6】UserMapperTest.java

```
@Test
    public void testGetUserList2(){
        SqlSession sqlSession = null;
        List<User> userList = new ArrayList<User>();
        try {
            sqlSession = MyBatisUtil.createSqlSession();
            String userName = "";
            Integer roleId = null;
            Integer start=0;
            Integer limit =5;
            RowBounds rb = new RowBounds(start, limit);
            userList = sqlSession.getMapper(UserMapper.class).
                        getUserList2(userName,roleId, rb);
            logger.debug("userlist.size ----> " + userList.size());
            for (User user : userList) {
                logger.debug(user);
            }
        } catch (Exception e) {
            e.printStackTrace();
        }finally{
            MyBatisUtil.closeSqlSession(sqlSession);
        }

    }
```

使用 JUnit4 测试包执行 testGetUserList2()方法后控制台的输出结果如下。

```
cn.dsscm.dao.UserMapper.getUserList2 - ==>Preparing: SELECT u.*,r.roleName
userRoleName FROM tb_user u,tb_role r WHERE u.userRole = r.id order by creationDate
DESC
cn.dsscm.dao.UserMapper.getUserList2 - ==>Parameters:
cn.dsscm.test.UserTest - userlist.size ----> 5
cn.dsscm.test.UserTest - User [id=14, userCode=wangwu, userName=王五,
userPassword=1234567, birthday=Fri Nov 01 00:00:00 CST 2019, gender=2,
phone=13912341234, email=123@qq.com, address=湖南省长沙市, userDesc=, userRole=7,
createdBy=1, imgPath=null, creationDate=Fri Nov 08 16:39:27 CST 2019, modifyBy=1,
modifyDate=Mon Nov 11 14:22:58 CST 2019, age=null, userRoleName=销售部员工]
...
```

RowBounds 就是一个封装了参数 offset 和参数 limit 的简单类，只需要封装参数 offset 和参数 limit 的操作就能轻松实现分页效果了，是不是很神奇？那么其内部是如何实现的呢？可以使用 RowBounds 分页的简单原理实现。

5.1.3 使用 PageHelper 实现分页

在使用 Java Spring 开发时，MyBatis 可以说是对数据库操作的利器了。不过在实现分页时，MyBatis 并没有什么特别的方法，一般都需要自行编写 limit 分页语句，成本较高。

插件是 MyBatis 提供的一种重要功能，是实现扩展的重要途径，通过插件可以实现很多想要的功能。比较常用的插件有逆向工程插件和分页插件。在使用插件时需要注意，如果不是很了解 MyBatis 插件的原理，那么最好不要贸然使用 MyBatis 插件。MyBatis 插件 PageHelper 的配置代码如下。

```
<!-- com.github.pagehelper 为 PageHelper 类所在的包名 -->
<plugin interceptor="com.github.pagehelper.PageHelper">
    <property name="dialect" value="mysql" />
```

```
    <!-- 该参数的默认值为 false -->
    <!-- 设置为 true 时，会将 RowBounds 的第一个参数 offset 当成页码使用 -->
    <!-- 和 startPage 中的页码效果一样 -->
    <property name="offsetAsPageNum" value="false" />
    <!-- 该参数的默认值为 false -->
    <!-- 设置为 true 时，使用 RowBounds 分页会进行 count 查询 -->
    <property name="rowBoundsWithCount" value="true" />

    <!-- 设置为 true 时，如果 pageSize=0 或 RowBounds.limit = 0 那么返回全部结果 -->
    <!-- （相当于没有执行分页查询，但是返回结果仍然是 Page 类型）<property name="pageSizeZero"
value="true"/> -->

    <!-- PageHelper-3.3.0 可用 - 分页参数合理化，默认值 false 表示禁用 -->
    <!-- 启用合理化时，pageNum<1 会查询第一页，pageNum>pages 会查询最后一页 -->
    <!-- 禁用合理化时，pageNum<1 或 pageNum>pages 会返回空数据 -->
    <property name="reasonable" value="true" />
    <!-- PageHelper-3.3.0 可用 - 为了支持 startPage(Object params)方法 -->
    <!-- 增加了一个参数 params 来配置参数映射，用于从 Map 或 ServletRequest 中取值 -->
    <!-- 可以配置 pageNum、pageSize、count、pageSizeZero、reasonable，不配置映射的用默认值 -->
    <!-- 在不理解该含义的前提下，不要随便复制配置<property name="params" value="pageNum=start;
pageSize=limit;"/> -->
</plugin>
```

上面是 PageHelper 官方提供的配置和注释，描述得很清楚，相关属性说明如下。

（1）dialect：标识哪种数据库（设计上必须）。

（2）offsetAsPageNum：将 RowBounds 的第一个参数 offset 当成页码使用，即“一参两用”。

（3）rowBoundsWithCount：设置为 true 时，使用 RowBounds 分页会进行 count 查询。笔者认为，没必要设置。这是因为在实际开发中，每个分页都配备一个 count 查询。

（4）reasonable：设置为 true 时，pageNum<1 会查询第 1 页，pageNum>pages 会查询最后 1 页。笔者认为，参数校验在进入 MyBatis 业务体系之前就应该完成了，不应到达 MyBatis 业务体系内的参数还带有不合规的值。

综上可知，只需要记住 dialect = mysql 即可。实际上，还有下面几个相关参数可以配置。

（1）autoDialect：是否自动检测参数 dialect。

（2）autoRuntimeDialect：多数据源时，是否自动检测参数 dialect。

（3）closeConn：检测完参数 dialect 后，是否关闭连接。

上面这 3 个配置参数，非必要不应该在系统中使用。在一般情况下，只需要设置 dialect = mysql 或 dialect = oracle 就足够了。如果需要在系统中使用，那么应核实是否非用不可。

使用 PageHelper 的具体实现步骤如下。

步骤 1 引入相关依赖

PageHelper 的使用需要用到对应的 JAR 文件，这里使用 pagehelper-4.1.4.jar 与 jsqlparser-1.1.jar，具体代码如下。

```
        <dependency>
            <groupId>com.github.pagehelper</groupId>
            <artifactId>pagehelper</artifactId>
            <version>5.1.4</version>
            <scope>test</scope>
        </dependency>
        <dependency>
            <groupId>com.github.jsqlparser</groupId>
            <artifactId>jsqlparser</artifactId>
            <version>1.1</version>
        </dependency>
```

PageHelper 除了本身的 JAR 包，还依赖于一个叫作 jsqlparser 的 JAR 包。

步骤 2　编辑 mybatis-config.xml

在编辑 mybatis-config.xml 时，需要注意<plugins>元素的位置，<plugins>元素应放在<typeAliases>元素之后，<environments>元素之前，具体代码如示例 7 所示。

【示例 7】mybatis-config.xml

```
<?xml version="1.0" encoding="UTF-8" ?>
<!DOCTYPE configuration
PUBLIC "-//mybatis.org//DTD Config 3.0//EN"
"http://mybatis.org/dtd/mybatis-3-config.dtd">

<!-- 通过这个配置文件完成 MyBatis 与数据库的连接 -->
<configuration>
    ...<typeAliases>...</typeAliases>
    <!-- 分页助手 -->
    <plugins>
        <plugin interceptor="com.github.pagehelper.PageInterceptor"></plugin>
    </plugins>
    <environments default="development">...</environments>
    ...
</configuration>
```

步骤 3　编辑 UserMapper.java

在 UserMapper.java 中，添加对应的方法，具体代码如下。

```
// 查询用户信息(分页显示)
public List<User>getUserList3(@Param("userName")String userName,
        @Param("userRole")Integer roleId);
```

步骤 4　编辑 UserMapper.xml

编辑 UserMapper.xml 的具体代码如示例 8 所示。

【示例 8】UserMapper.xml

```
    <!-- 查询用户信息(分页显示) -->
    <select id="getUserList3" resultType="User">
        SELECT u.*,r.roleName userRoleName
          FROM tb_user u, tb_role r
         WHERE u.userRole = r.id
            <if test="userRole != null">
                and u.userRole = #{userRole}
            </if>
            <if test="userName != null and userName != ''">
                and u.userName like CONCAT ('%',#{userName},'%')
            </if>
            order by creationDate DESC
    </select>
```

步骤 5　编辑测试方法

在 testGetUserList3()方法中，创建 PageHelper、PageInfo 等对象，调用 DAO 层的接口方法，具体代码如示例 9 所示。

【示例 9】UserMapperTest.java

```
@Test
public void testGetUserList3(){
    SqlSession sqlSession = null;
    List<User> userList = new ArrayList<User>();
    try {
         sqlSession = MyBatisUtil.createSqlSession();
         String userName = "";
         Integer roleId = null;
         Integer pageNum=1;
         Integer pageSize =5;
         //开启分页功能
         PageHelper.startPage(pageNum,pageSize);
```

```
        userList=sqlSession.getMapper(UserMapper.class).getUserList3(userName,roleId);
            //封装 PageInfo 对象并返回
            PageInfo<User> pageInfo=new PageInfo<User>(userList);
            for (User user : pageInfo.getList()) {
                logger.debug(user);
            }
            logger.debug("当前页数："+ pageInfo.getPageNum());
            logger.debug("每页记录数："+ pageInfo.getPageSize());
            logger.debug("总页数："+ pageInfo.getPages());
            logger.debug("总记录数："+ pageInfo.getTotal());
        } catch (Exception e) {
            e.printStackTrace();
        }finally{
            MyBatisUtil.closeSqlSession(sqlSession);
        }
}
```

控制台的输出结果如下。

```
cn.dsscm.dao.UserMapper.getUserList3_COUNT - ==>  Preparing: SELECT count(0) FROM tb_user u, tb_role r WHERE u.userRole = r.id
cn.dsscm.dao.UserMapper.getUserList3_COUNT - ==> Parameters:
...
cn.dsscm.dao.UserMapper.getUserList3_COUNT - ==>Preparing: SELECT u.*,r.roleName userRoleName FROM tb_user u, tb_role r WHERE u.userRole = r.id order by creationDate DESC limit ?,?
cn.dsscm.dao.UserMapper.getUserList3 - ==> Parameters: 0(Integer), 5(Integer)
cn.dsscm.test.UserTest - User [id=14, userCode=wangwu, userName=王五, userPassword=1234567, birthday=Fri Nov 01 00:00:00 CST 2019, gender=2, phone=13912341234, email=123@qq.com, address=湖南省长沙市, userDesc=, userRole=7, createdBy=1, imgPath=null, creationDate=Fri Nov 08 16:39:27 CST 2019, modifyBy=1, modifyDate=Mon Nov 11 14:22:58 CST 2019, age=null, userRoleName=销售部员工]
...
cn.dsscm.test.UserTest - 当前页数：1
cn.dsscm.test.UserTest - 每页记录数：5
cn.dsscm.test.UserTest - 总页数：3
cn.dsscm.test.UserTest - 总记录数：14
```

从上述案例中可以发现 PageHelper 的优点。其分页和映射文件完全解耦，是以插件形式对 MyBatis 执行的流程进行强化的，添加了 count 和 limit 分页语句，属于物理分页。

PageHelper 中 Page 的 API 如下。

```
Page page = PageHelper.startPage(pageNum, pageSize, true);
```

其中，true 表示需要统计的总数，这样可多进行一次请求 select count(0)，省略 true 只返回分页数据。

针对统计总数，可以将 SQL 语句变为 select count(0) from xxx，复杂 SQL 语句需要自行编写，具体代码如下。

```
Page<?> page = PageHelper.startPage(1,-1);
long count = page.getTotal();
```

在分页参数中，pageNum 表示第 N 页，pageSize 表示每页 M 条记录数。

（1）只分页不统计（每次只执行分页语句），具体代码如下。

```
PageHelper.startPage([pageNum],[pageSize]);
List<?> pagelist = queryForList( xxx.class, "queryAll" , param);
//pagelist 就是分页之后的结果
```

（2）分页并统计（每次执行两条语句，其中一条为 select count 语句，另一条为分页语句）适用于查询分页时，数据变动需要将实时变动信息反映到分页结果上的情况，具体代码如下。

```
Page<?> page = PageHelper.startPage([pageNum],[pageSize],[iscount]);
List<?> pagelist = queryForList( xxx.class , "queryAll" , param);
long count = page.getTotal();
//也可以 List<?> pagelist = page.getList();  获取分页后的结果
```

使用 PageHelper 查询全部数据（不分页），具体代码如下。

```
PageHelper.startPage(1,0);
List<?> alllist = queryForList( xxx.class , "queryAll" , param);
```

PageHelper 常用的其他 API 如下。

```
String orderBy = PageHelper.getOrderBy();      //获取 orderBy 语句
Page<?> page = PageHelper.startPage(Object params);
Page<?> page = PageHelper.startPage(int pageNum, int pageSize);
Page<?> page = PageHelper.startPage(int pageNum, int pageSize, boolean isCount);
Page<?> page = PageHelper.startPage(pageNum, pageSize, orderBy);
Page<?> page = PageHelper.startPage(pageNum, pageSize, isCount, isReasonable);
//isReasonable 分页合理化
Page<?> page = PageHelper.startPage(pageNum, pageSize, isCount, isReasonable,
isPageSizeZero);
//isPageSizeZero 是否支持 pageSize=0，当设置为 true 时，如果 pageSize=0 那么返回全部结果；当设置为
//false 时，使用默认配置
```

PageHelper 的默认值如下。

```
//将第一个参数 offset 当成页码使用（默认不使用）
private boolean offsetAsPageNum = false;
//RowBounds 是否进行 count 查询（默认不查询）
private boolean rowBoundsWithCount = false;
//默认值为 false，设置为 true 时，如果 pageSize=0 或 RowBounds.limit=0，那么返回全部结果
private boolean pageSizeZero = false;
//分页合理化
private boolean reasonable = false;
//是否支持接口参数传递分页参数，默认值为 false
private boolean supportMethodsArguments = false;
```

5.1.4　技能训练

上机练习 1　实现供应商信息列表和订单信息的分页显示

⌘ 需求说明

（1）为供应商管理模块的查询供应商信息功能增加分页实现。

（2）为订单管理模块的查询订单信息功能增加分页实现。

（3）结果均按照创建时间降序排列。

提示

（1）为 DAO 层增加查询总记录数的方法。

（2）查询方法可以增加两个参数：from 和 pagesize。

（3）修改 limit 分页语句或使用分页插件实现。

5.2　MyBatis 的缓存机制

在实际开发中，通常对数据库查询的性能要求很高，正如大多数持久层框架一样，MyBatis 为一级缓存和二级缓存提供了支持。MyBatis 提供了通过查询缓存来缓存数据，从而达到提高查询性能的目的。MyBatis 支持声明式数据缓存（Declarative Data Caching）。当一条 SQL 语句被标记为“可缓存”后，首次执行它时从数据库获取的所有数据都会被存储到一段高速缓存中，以后执行这条 SQL 语句时就会从高速缓存中读取结果。MyBatis 提供了默认基于 HashMap 的缓存实现，以及用于与

OSCache、EhCache、Hazelcast 和 MemCache 连接的默认连接器。此外，MyBatis 还提供给 API 其他缓存实现使用。

MyBatis 执行一条 SQL 语句后，这条 SQL 语句就会被缓存，以后执行这条 SQL 语句时，可以直接从缓存中读取结果，而不需要再次执行这条 SQL。这也就是常说的 MyBatis 的一级缓存。一级缓存的作用域是 SqlSession。此外，MyBatis 还提供了一种全局缓存，即二级缓存。MyBatis 的一级缓存和二级缓存的结构如图 5.1 所示。

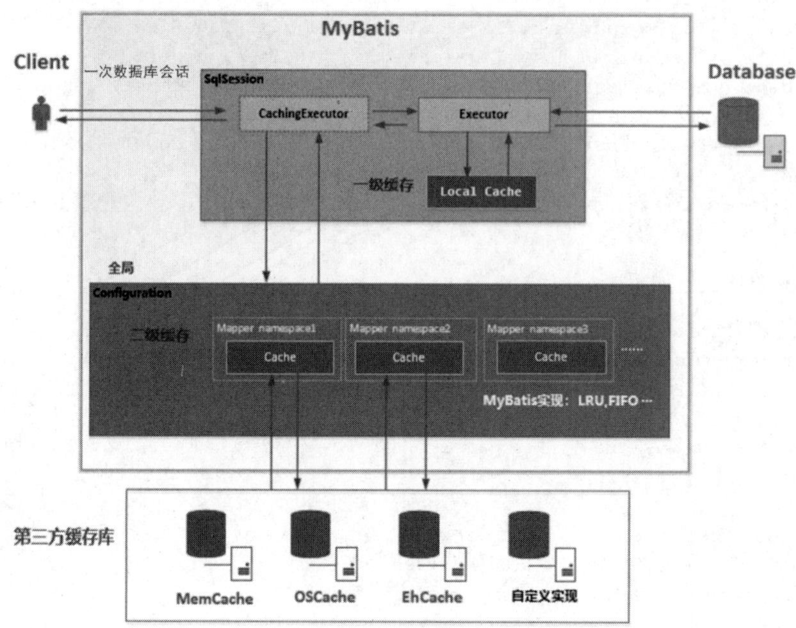

图 5.1　MyBatis 的一级缓存和二级缓存的结构

1．一级缓存

一级缓存是会话级别的缓存，位于表示一次数据库会话的 SqlSession 中，又称本地缓存。一级缓存是 MyBatis 内部实现的一个特性，是默认情况下自动支持的缓存，用户不能配置（不过这也不是绝对的，可以通过开发插件进行修改）。一级缓存是基于 PerpetualCache（MyBatis 自带）中 HashMap 的本地缓存，作用域是 Session，当清空或关闭 Session 之后，该 Session 中的所有<cache>元素会被清空。

2．二级缓存

二级缓存是应用级别的缓存，生命周期很长，与 Application 的生命周期一样，也就是说，二级缓存的作用域是整个 Application，又称全局缓存。超出 Session 的二级缓存外，可以被所有 SqlSession 共享。要开启二级缓存，只需要在 mybatis-config.xml 的<settings>元素中设置即可。

MyBatis 通过缓存机制减轻数据压力，提高数据库的性能。

5.2.1　一级缓存

在操作数据库时需要创建 SqlSession，在 SqlSession 中有一个 HashMap 用于存储缓存数据。不同的 SqlSession 之间的缓存数据区域是互相不影响的。

当在同一个 SqlSession 中执行两次相同的 SQL 语句时，第一次执行完成后会将数据库中查询到的数据写到缓存（内存）中，第二次查询时会从缓存中获取数据，不用再去底层数据库查询，从而提高了查询效率。需要注意的是，如果 SqlSession 执行了更新、删除等操作，并提交到了数据库中，那么 MyBatis 会清空 SqlSession 中的一级缓存，这样做的目的是保证缓存中存储的是最新信息。

当关闭 SqlSession 后，其中的一级缓存也就不存在了。MyBatis 默认开启一级缓存，不需要进行任何配置。

注意

MyBatis 是基于 id 进行缓存的，也就是说，MyBatis 在使用 HashMap 缓存数据时，是使用对象的 id 作为 key，使用对象作为 value 保存的。

下面测试 MyBatis 的一级缓存，具体实现步骤如下。

步骤 1　创建与配置项目

启动 IntelliJ IDEA，创建 Maven 项目，项目名为 Ch05_02_Cache1。

MyBatisUtil.java、mybatis-config.xml 和 log4j.properties 等文件的配置代码具体参考前面项目，此处不再赘述。

步骤 2　创建 DAO 层功能

创建根据 id 查询用户信息、查询所有用户信息、根据 id 删除用户信息等功能，具体代码如示例 10 和示例 11 所示。

【示例 10】UserMapper.java

```
public interface UserMapper {
    //根据 id 查询用户信息
    public User findUserById(@Param("id") Integer id );
    //查询所有用户信息
    public User findAllUser();
    //根据 id 删除用户信息
    public int deleteUserById(@Param("id") Integer id );
}
```

【示例 11】UserMapper.xml

```
    <!-- 根据 id 查询用户信息 -->
    <select id="findUserById" resultType="User">
        SELECT *
          FROM tb_user u
         WHERE u.id = #{id}
    </select>
    <!-- 查询所有用户信息 -->
    <select id="findAllUser" resultType="User">
        SELECT *
          FROM tb_user u
    </select>
    <!-- 根据 id 删除用户信息 -->
    <delete id="deleteUserById">
       DELETE FROM tb_user
        WHERE id = #{id}
    </delete>
```

步骤 3　编辑测试方法

在 TestCache.java 中，编辑 testCache1()方法，具体代码如示例 12 所示。

【示例 12】TestCache.java

```
    @Test
    public void testCache1(){
        SqlSession sqlSession = null;
        try {
            sqlSession = MyBatisUtil.createSqlSession();
            //查询 id 属性的值为 1 的用户信息
            User user1= sqlSession.getMapper(UserMapper.class).findUserById(1);
            logger.debug(user1);
```

```
            //再次查询 id 属性的值为 1 的用户信息
            User user2= sqlSession.getMapper(UserMapper.class).findUserById(1);
            logger.debug(user2);
        } catch (Exception e) {
            e.printStackTrace();
        }finally{
            MyBatisUtil.closeSqlSession(sqlSession);
        }
    }
```

运行 TestCache.java 的 testCache1()方法，控制台的输出结果如下。

```
cn.dsscm.dao.UserMapper.findUserById - ==>  Preparing: SELECT * FROM tb_user u WHERE
u.id = ?
cn.dsscm.dao.UserMapper.findUserById - ==> Parameters: 1(Integer)
cn.dsscm.test.UserTest - User [id=1, userCode=admin, userName=系统管理员, userPassword=
123456, birthday=Tue Oct 22 00:00:00 CST 1991, gender=2, phone=13688889999, email=
null, address=北京市海淀区, userDesc="", userRole=1, createdBy=1, imgPath=null,
creationDate=Thu Oct 24 13:01:49 CST 2019, modifyBy=1, modifyDate=Sun Nov 03 16:40:25
CST 2019, age=null, userRoleName=null]
cn.dsscm.test.UserTest - User [id=1, userCode=admin, userName=系统管理员, userPassword=
123456, birthday=Tue Oct 22 00:00:00 CST 1991, gender=2, phone=13688889999, email=
null, address=北京市海淀区, userDesc="", userRole=1, createdBy=1, imgPath=null,
creationDate=Thu Oct 24 13:01:49 CST 2019, modifyBy=1, modifyDate=Sun Nov 03 16:40:25
CST 2019, age=null, userRoleName=null]
```

从控制台的输出结果中可以发现，在第一次查询 id 属性的值为 1 的用户信息时，执行了一条 SQL 语句，但是在第二次查询 id 属性的值为 1 的用户信息时，并没有执行 SQL 语句。因为此时一级缓存中已经缓存了 id 属性的值为 1 的用户信息，MyBatis 直接从缓存中将对象读取出来，并没有再次去数据库查询，所以在第二次查询时就没有再次执行 SQL 语句。

测试一级缓存执行更新、删除等语句并提交。

在 TestCache.java 中，编辑 testCache2()方法，具体代码如示例 13 所示。

【示例 13】TestCache.java

```
    @Test
    public void testCache2(){
        SqlSession sqlSession = null;
        try {
            sqlSession = MyBatisUtil.createSqlSession();
            //查询 id 属性的值为 1 的用户信息
            User user1= sqlSession.getMapper(UserMapper.class).findUserById(1);
            logger.debug(user1);
            //删除 id 属性的值为 15 的用户信息
            sqlSession.getMapper(UserMapper.class).deleteUserById(15);
            sqlSession.commit();
//再次查询 id 属性的值为 1 的用户信息，因为更新、删除等操作会清空 SqlSession 中的一级缓存，所以会
//再次执行 SQL 语句
            User user2= sqlSession.getMapper(UserMapper.class).findUserById(1);
            logger.debug(user2);
        } catch (Exception e) {
            e.printStackTrace();
        }finally{
            MyBatisUtil.closeSqlSession(sqlSession);
        }
    }
```

运行 TestCache.java 的 testCache2()方法，控制台的输出结果如下。

```
cn.dsscm.dao.UserMapper.findUserById - ==>  Preparing: SELECT * FROM tb_user u WHERE
u.id = ?
cn.dsscm.dao.UserMapper.findUserById - ==> Parameters: 1(Integer)
cn.dsscm.test.UserTest - User [id=1, userCode=admin, userName=系统管理员, userPassword=
123456, birthday=Tue Oct 22 00:00:00 CST 1991, gender=2, phone=13688889999, email=
null, address=北京市海淀区, userDesc=" ", userRole=1, createdBy=1, imgPath=null,
```

```
creationDate=Thu Oct 24 13:01:49 CST 2019, modifyBy=1, modifyDate=Sun Nov 03 16:40:25
CST 2019, age=null, userRoleName=null]
...
cn.dsscm.dao.UserMapper.deleteUserById - ==>  Preparing: DELETE FROM tb_user WHERE id
= ?
cn.dsscm.dao.UserMapper.deleteUserById - ==> Parameters: 15(Integer)
...
cn.dsscm.dao.UserMapper.findUserById - ==>  Preparing: SELECT * FROM tb_user u WHERE
u.id = ?
cn.dsscm.dao.UserMapper.findUserById - ==> Parameters: 1(Integer)
cn.dsscm.test.UserTest - User [id=1, userCode=admin, userName=系统管理员,
userPassword=123456, birthday=Tue Oct 22 00:00:00 CST 1991, gender=2,
phone=13688889999, email=null, address=北京市海淀区, userDesc=" ", userRole=1,
createdBy=1, imgPath=null, creationDate=Thu Oct 24 13:01:49 CST 2019, modifyBy=1,
modifyDate=Sun Nov 03 16:40:25 CST 2019, age=null, userRoleName=null]
```

从控制台的输出结果中可以发现，在第一次查询 id 属性的值为 1 的用户信息时执行了一条 SQL 语句，并执行了一个删除操作，MyBatis 为了保证缓存中存储的是最新信息，会清空一级缓存。当第二次获取 id 属性的值为 1 的用户信息时，因为一级缓存是一个新对象，其中并没有缓存任何对象，所以会再次执行 SQL 语句查询 id 属性的值为 1 的用户信息。

如果注释掉 session.commit();这行代码，由于并没有将操作提交到数据库，因此此时 MyBatis 不会清空 SqlSession 中的一级缓存，当再次查询 id 属性的值为 1 的用户信息时就不会再次执行 SQL 语句，具体代码如示例 14 所示。

【示例 14】TestCache.java

```
    @Test
    public void testCache3(){
        SqlSession sqlSession = null;
        try {
            sqlSession = MyBatisUtil.createSqlSession();
            //查询 id 属性的值为 1 的用户信息
            User user1= sqlSession.getMapper(UserMapper.class).findUserById(1);
            logger.debug(user1);
            //清空一级缓存
            sqlSession.clearCache();
            //再次查询 id 属性的值为 1 的用户信息
            User user2= sqlSession.getMapper(UserMapper.class).findUserById(1);
            logger.debug(user2);
        } catch (Exception e) {
            e.printStackTrace();
        }finally{
            MyBatisUtil.closeSqlSession(sqlSession);
        }
    }
```

运行 TestCache.java 的 testCache3()方法，控制台的输出结果如下。

```
cn.dsscm.dao.UserMapper.findUserById - ==>  Preparing: SELECT * FROM tb_user u WHERE
u.id = ?
cn.dsscm.dao.UserMapper.findUserById - ==> Parameters: 1(Integer)
cn.dsscm.test.UserTest - User [id=1, userCode=admin, userName=系统管理员, userPassword=
123456, birthday=Tue Oct 22 00:00:00 CST 1991, gender=2, phone=13688889999, email=
null, address=北京市海淀区, userDesc="", userRole=1, createdBy=1, imgPath=null,
creationDate=Thu Oct 24 13:01:49 CST 2019, modifyBy=1, modifyDate=Sun Nov 03 16:40:25
CST 2019, age=null, userRoleName=null]
...
cn.dsscm.dao.UserMapper.findUserById - ==>  Preparing: SELECT * FROM tb_user u WHERE
u.id = ?
cn.dsscm.dao.UserMapper.findUserById - ==> Parameters: 1(Integer)
cn.dsscm.test.UserTest - User [id=1, userCode=admin, userName=系统管理员, userPassword=
123456, birthday=Tue Oct 22 00:00:00 CST 1991, gender=2, phone=13688889999, email=
null, address=北京市海淀区, userDesc="", userRole=1, createdBy=1, imgPath=null,
creationDate=Thu Oct 24 13:01:49 CST 2019, modifyBy=1, modifyDate=Sun Nov 03 16:40:25
CST 2019, age=null, userRoleName=null]
```

从控制台的输出结果中可以发现，在第一次查询 id 属性的值为 1 的用户信息时执行了一条 SQL 语句，并调用了 SqlSession 的 clearCache()方法，该方法会关闭 SqlSession 中的一级缓存。当第二次查询 id 属性的值为 1 的用户信息时因为一级缓存是一个新对象，其中并没有缓存任何对象，所以会再次执行 SQL 语句查询 id 属性的值为 1 的用户信息，具体代码如示例 15 所示。

【示例 15】TestCache.java

```
    // 测试一级缓存
    public void testCache4 (){
        // 使用工厂类获取 SqlSession
        SqlSession sqlSession = FKSqlSessionFactory.getSqlSession();
        // 获取 UserMapping 对象
        UserMapper um = sqlSession.getMapper(UserMapper.class);
        // 查询 id 属性的值为 1 的用户信息，会执行 SQL 语句
        User user = um.selectUserById(1);
        System.out.println(user);
        // 关闭一级缓存
        sqlSession.close();
        // 再次访问，先重新获取一级缓存，然后才能查找数据，否则会抛出异常
        SqlSession sqlSession2 = FKSqlSessionFactory.getSqlSession();
        // 再次获取 UserMapping 对象
        um = sqlSession2.getMapper(UserMapper.class);
        // 再次访问，因为现在使用的是一个新对象，所以会再次执行 SQL 语句
        User user2 = um.selectUserById(1);
        System.out.println(user2);
        // 关闭 SqlSession
        sqlSession2.close();
    }
```

使用 JUnit4 测试包执行 testCache4()方法后，控制台的输出结果如下。

```
cn.dsscm.dao.UserMapper.findUserById - ==>  Preparing: SELECT * FROM tb_user u WHERE
u.id = ?
cn.dsscm.dao.UserMapper.findUserById - ==> Parameters: 1(Integer)
cn.dsscm.test.UserTest - User [id=1, userCode=admin, userName=系统管理员, userPassword=
123456, birthday=Tue Oct 22 00:00:00 CST 1991, gender=2, phone=13688889999, email=
null, address=北京市海淀区, userDesc="", userRole=1, createdBy=1, imgPath=null,
creationDate=Thu Oct 24 13:01:49 CST 2019, modifyBy=1, modifyDate=Sun Nov 03 16:40:25
CST 2019, age=null, userRoleName=null]
...
cn.dsscm.dao.UserMapper.findUserById - ==>  Preparing: SELECT * FROM tb_user u WHERE
u.id = ?
cn.dsscm.dao.UserMapper.findUserById - ==> Parameters: 1(Integer)
User [id=1, userCode=admin, userName=系统管理员, userPassword=123456, birthday=Tue Oct
22 00:00:00 CST 1991, gender=2, phone=13688889999, email=null, address=北京市海淀区,
userDesc="", userRole=1, createdBy=1, imgPath=null, creationDate=Thu Oct 24 13:01:49
CST 2019, modifyBy=1, modifyDate=Sun Nov 03 16:40:25 CST 2019, age=null,
userRoleName=null]
```

从控制台的输出结果中可以发现，在第一次查询 id 属性的值为 1 的用户信息时执行了一条 SQL 语句，并调用了 SqlSession 的 close()方法，该方法会关闭 SqlSession 中的一级缓存。当第二次获取 id 属性的值为 1 的用户信息时因为一级缓存是一个新对象，其中并没有缓存任何对象，所以会再次执行 SQL 语句查询 id 属性的值为 1 的用户信息。

5.2.2 二级缓存

在使用二级缓存时，有多个 SqlSession 使用同一个 mapper 的 SQL 语句去操作数据库，得到的数据会存储到二级缓存中，二级缓存同样使用 HashMap 进行数据存储。相比一级缓存，二级缓存的作用域更大。二级缓存是跨 SqlSession 的。

二级缓存是由多个 SqlSession 共享的，其作用域是 mapper 的同一个 namespace 属性。不同的 SqlSession 两次执行相同的命名空间中的 SQL 语句，且向 SQL 语句中传递的参数也相同。若最终执

行相同的 SQL 语句，则第一次执行完成后会将数据库中查询到的数据写到缓存中，第二次查询时会从缓存中获取数据，不用再去底层数据库查询，从而提高了查询效率。

MyBatis 默认不开启二级缓存，需要在<settings>元素中配置，以开启二级缓存。配置二级缓存的方式如下。

（1）MyBatis 的全局<cache>元素的配置，需要在 mybatis-config.xml 的<settings>元素中进行，具体代码如下。

```
<settings>
    <setting name="cacheEnabled" value="true"/>
</settings>
```

（2）在映射文件（UserMapper.xml）中设置缓存，默认情况下是没有开启缓存的。需要注意的是，二级缓存的作用域是针对映射文件的 namespace 属性而言的，即只有在 namespace 属性（cn.dsscm.dao.user.UserMapper）中的查询才能共享这个<cache>元素，具体代码如下。

```
<mapper namespace="cn.dsscm.dao.user.UserMapper">
    <!-- <cache>元素的配置-->
    <cacheeviction="FIFO" flushInterval="60000" size="512" readOnly="true"/>
    ...
</mapper>
```

（3）在映射文件中配置<cache>元素后，如果需要对个别查询进行调整，那么可以单独设置<cache>元素，具体代码如下。

```
<select id="getUserList" resultType="User" useCache="true">
    ...
</select>
```

对于 MyBatis 缓存的内容仅做了解即可，因为面对一定规模的数据量，内置的<cache>元素就派不上用场了，并且缓存查询结果集并不是 MyBatis 擅长的，MyBatis 擅长的是 SQL 语句。因此，采用 OSCache、MemCache 等专门的缓存服务器来做更为合理。

下面测试 MyBatis 的二级缓存，所有代码与测试一级缓存的代码完全一样，具体实现步骤如下。

步骤 1　创建与配置项目

启动 IntelliJ IDEA，创建 Maven 项目，项目名为 Ch05_03_Cache2。

MyBatisUtil.java、mybatis-config.xml 和 log4j.properties 等文件的配置代码具体参考前面项目，此处不再赘述。

步骤 2　编辑 mybatis-config.xml

在 mybatis-config.xml 中开启二级缓存，具体代码如示例 16 所示。

【示例 16】mybatis-config.xml

```
<settings>
    <!-- 配置 MyBatis 的日志实现为 log4j -->
    <setting name="logImpl" value="log4j" />
    <!-- 开启二级缓存 -->
    <setting name="cacheEnabled" value="true"/>
</settings>
```

在上述代码中，cacheEnabled 的 value 属性的值为 true 时，表示在此配置文件中开启二级缓存，该属性的默认值为 false。

MyBatis 的二级缓存是同命名空间绑定的，即二级缓存需要配置在 Mapper.xml 或 mapper 中。在 Mapper.xml 中，命名空间就是 XML 文件中根元素的 namespace 属性；在 mapper 中，命名空间就是接口的全限定名。

开启默认的二级缓存的具体代码如下。

```
<cache/>
```

默认的二级缓存的作用如下。

（1）映射语句中的所有 SQL 语句会被缓存。

（2）映射语句中的所有插入、更新、删除语句会刷新缓存。

（3）缓存会使用 Least Recently Used（LRU，最近最少使用）策略来回收。

（4）根据时间表（No Flush Interval，没有刷新间隔），缓存不会以任何时间顺序来刷新。

（5）无论查询方法返回什么类型的值缓存均会存储 1024 个引用对象。

（6）缓存会被视为读/写，这意味着对象检索不是共享的，并且可以安全地被调用者修改，而不会干扰其他调用者或线程进行的潜在修改。

步骤 3　编辑 UserMapper.xml

<cache>元素中的所有行为都可以通过属性来修改，具体代码如示例 17 所示。

【示例 17】UserMapper.xml

```
<?xml version="1.0" encoding="UTF-8" ?>
<!DOCTYPE mapper
  PUBLIC "-//mybatis.org//DTD Mapper 3.0//EN"
  "http://mybatis.org/dtd/mybatis-3-mapper.dtd">
<mapper namespace="cn.dsscm.dao.UserMapper">
    <!-- 开启二级缓存，回收策略为先进先出，自动刷新时间为 60s，最多存储 512 个引用对象，只读-->
    <cache  eviction="LRU"  flushInterval="60000" size="512"  readOnly="true"/>
    <!-- 查询用户信息 -->
    <select id="findUserById" resultType="User">
        SELECT *
          FROM tb_user u
         WHERE u.id = #{id}
    </select>
    ...
</mapper>
```

以上配置创建了一个 LRU 缓存，其每隔 60s 刷新，最多存储 512 个引用对象，且返回的对象被认为是只读的。

<cache>元素用来开启当前 mapper 中的 namespace 属性中的二级缓存。该元素的属性设置如下。

（1）flushInterval：刷新间隔。它可以被设置为任意正整数，且代表一个合理的毫秒形式的时间段。在默认情况下是不设置该属性的，也就是没有刷新间隔，缓存仅仅在调用语句时刷新。

（2）size：缓存数目。它可以被设置为任意正整数，要记住缓存的对象数目和运行环境的可用内存资源数目，默认值为 1024。

（3）readonly：只读。它可以被设置为 true 或 false。由于该属性的缓存会给所有调用者返回缓存对象的相同实例，因此这些对象不能被修改，这就提供了很重要的性能优势。可读/写的缓存会返回拷贝的（通过序列化）缓存对象。虽然会慢一些，但是很安全，默认值为 false。

（4）eviction：回收策略。它的默认值为 LRU。有如下几种。

①LRU：最近最少使用，移除最长时间不被使用的对象。

②FIFO：先进先出，按对象进入缓存的顺序移除。

③SOFT：软引用，移除基于垃圾回收器状态和软引用规则的对象。

④WEAK：弱引用，移除基于垃圾回收器状态和弱引用规则的对象。

提示

在使用二级缓存时，与查询结果映射的 Java 对象必须实现 java.io.Serializable 接口的序列化和反序列化操作。如果存在父类，那么其成员需要实现序列化接口。实现序列化接口是为了对缓存数据进行序列化和反序列化操作，这是因为二级缓存数据存储介质多种多样，不一定是内存卡，也有可能是硬盘或远程服务器。

步骤 4　编辑测试方法

二级缓存测试的具体代码如示例 18 所示。

【示例 18】TestCache2.java

```
    @Test
    public void testCache(){
        try {
            //使用工厂类获取 SqlSession
            SqlSession sqlSession1 = MyBatisUtil.createSqlSession();
            // 查询 id 属性的值 1 的用户信息，会执行 SQL 语句
            User user1= sqlSession1.getMapper(UserMapper.class).findUserById(1);
            logger.debug(user1);
            // 关闭一级缓存
            sqlSession1.close();

           // 再次访问，先重新获取一级缓存，然后才能查找数据，否则会抛出异常，再次获取
          //UserMapping 对象
            SqlSession sqlSession2  = MyBatisUtil.createSqlSession();
            // 再次访问，因为现在使用的是一个新对象，所以会再次执行 SQL 语句
            User user2 = sqlSession2.getMapper(UserMapper.class).findUserById(1);
            System.out.println(user2);
            // 关闭 SqlSession
            sqlSession2.close();
        } catch (Exception e) {
            e.printStackTrace();
        }
    }
```

使用 JUnit4 测试包执行 testCache()方法后，控制台的输出结果如下。

```
DEBUG [main] (BaseJdbcLogger.java:135) - ==>  Preparing: SELECT * FROM tb_user u WHERE
u.id = ?
DEBUG [main] (BaseJdbcLogger.java:135) - ==> Parameters: 1(Integer)
DEBUG [main] (BaseJdbcLogger.java:135) - <==      Total: 1
DEBUG [main] (UserTest.java:20) - User [id=1, userCode=admin, userName=系统管理员,
userPassword=123456, birthday=Tue Oct 22 08:00:00 CST 1991, gender=2, phone=13688889999,
email=null, address=北京市海淀区成府路 207 号]
DEBUG [main] (JdbcTransaction.java:130) - Resetting autocommit to true on JDBC Connection
[com.mysql.cj.jdbc.ConnectionImpl@5db250b4]
DEBUG [main] (JdbcTransaction.java:97) - Closing JDBC Connection [com.mysql.cj.jdbc.
ConnectionImpl@5db250b4]
DEBUG [main] (PooledDataSource.java:409) - Returned connection 1571967156 to pool.
DEBUG [main] (LoggingCache.java:60) - Cache Hit Ratio [cn.dsscm.dao.UserMapper]: 0.5
User [id=1, userCode=admin, userName=系统管理员, userPassword=123456, birthday=Tue Oct 22
08:00:00 CST 1991, gender=2, phone=13688889999, email=null, address=北京市海淀区成府路 207
号]
```

从控制台的输出结果中可以发现，在第一次查询 id 属性的值为 1 的用户信息时执行了一条 SQL 语句，并执行了一个删除操作，MyBatis 为了保证缓存中存储的是最新信息，会清空一级缓存。当第二次查询 id 属性的值为 1 的用户信息时因为一级缓存是一个新对象，其中并没有缓存任何对象，又因为开启了二级缓存，刚才查询到的数据会被保存到二级缓存中，当 MyBatis 在一级缓存中没有找到 id 属性的值为 1 的用户信息时，会去二级缓存中查找，所以不会再次执行 SQL 语句。

5.2.3　技能训练

上机练习 2　实现 MyBatis 缓存机制的测试

⌘ 需求说明

基于上述实现 MyBatis 的缓存机制演示示例，实现一级缓存与二级缓存的测试。

5.3 MyBatis 的常用注解

MyBatis 的常用注解位于 org.apache.ibatis.annotations 包下，具体如下。

（1）@Select：映射查询的 SQL 语句。

（2）@SelectProvider：查询语句的动态 SQL 语句映射。允许指定一个类和一个方法在执行时返回运行的查询语句。它有两个属性：type 和 method。其中，type 属性表示类的完全限定名，method 属性表示类中的方法名。

（3）@Insert：映射插入的 SQL 语句。

（4）@InsertProvider：插入语句的动态 SQL 语句映射。允许指定一个类和一个方法在执行时返回运行的插入语句。它有两个属性：type 和 method。其中，type 属性表示类的完全限定名，method 属性表示类中的方法名。

（5）@Update：映射更新的 SQL 语句。

（6）@UpdateProvider：更新语句的动态 SQL 语句映射。允许指定一个类和一个方法在执行时返回运行的更新语句。它有两个属性：type 和 method。其中，type 属性表示类的完全限定名，method 属性表示类中的方法名。

（7）@Delete：映射删除的 SQL 语句。

（8）@DeleteProvider：删除语句的动态 SQL 语句映射。允许指定一个类和一个方法在执行时返回运行的删除语句。它有两个属性：type 和 method。其中，type 属性表示类的完全限定名，method 属性表示类中的方法名。

（9）@Result：在列和属性之间的单独结果映射。它的属性包括 id、column、property、javaType、jdbcType、typeHandler、one、many。其中，id 属性的值是 Boolean 类型的，表示是否被用于主键映射；one 属性表示一个关联关系，与 XML 文件中的<association>元素相似；而 many 属性是对集合而言的，与 XML 文件中的<collection>元素相似。

（10）@Results：多个结果映射。

（11）@Options：提供配置选项的附加值，通常在映射语句上作为附加功能配置出现。

（12）@One：简单数据类型的单独属性映射。它必须指定 select 属性，表示已映射的 SQL 语句的完全限定名。

（13）@Many：简单数据类型的集合属性映射。它必须指定 select 属性，表示已映射的 SQL 语句的完全限定名。

（14）@Param：当映射器方法需要单个参数时，这个注解可以被应用于映射器方法参数来给每个参数取一个名，否则，单个参数将会以其顺序位置和 SQL 语句中的表达式进行映射，这是默认的。在使用@Param("id")时，SQL 语句中的参数应该被命名为#{id}。

配置文件和接口注释是不能配合使用的，只能通过全注解的方式或 XML 文件的方式使用。

5.3.1 增删改查注解的使用

@Insert 注解、@Delete 注解、@Update 注解、@Select 注解用于完成常见的增删改查（添加、删除、更新、查询）SQL 语句映射。

使用注解简化 MyBatis，对 tb_user 表进行增删改查，具体实现步骤如下。

步骤 1 创建与配置项目

启动 IntelliJ IDEA，创建 Maven 项目，项目名为 Ch05_04_Annotation。

MyBatisUtil.java、mybatis-config.xml 和 log4j.properties 等文件的配置具体参考前面项目，此处不再赘述。

在 UserMapper.java 中定义 saveUser()、removeUser()、modifyUser()、selectUserById()和 selectAllUser() 5 个方法，分别用于添加、删除、更新、根据 id 查询用户信息和查询全部用户信息，并使用注解代替了之前的 XML 文件，Annotation 文件中的 SQL 语句与 XML 文件中的 SQL 语句用法一致，此处不再赘述。

步骤 2 查询用户信息

在 cn.dsscm.dao 包下，创建 UserMapper.java，在该类中定义相关注解，具体代码如示例 19 所示。

【示例 19】UserMapper.java

```
public interface UserMapper {
    //查询全部用户信息
    @Select("select * from tb_user u")
    public List<User> findAllUser();
    //根据 id 查询用户信息
    @Select("select * from tb_user u where u.id =#{id}")
    public User findUserById(@Param("id") Integer id );
}
```

编辑 mybatis-config.xml，具体代码如示例 20 所示。

【示例 20】mybatis-config.xml

```
    <!-- <mappers>元素告诉了 MyBatis 如何找到 SQL 语句映射文件 -->
    <mappers>
        <mapper class="cn.dsscm.dao.UserMapper"/>
    </mappers>
```

在 UserMapperTest.java 中，添加 test1()方法，具体代码如示例 21 所示。

【示例 21】UserMapperTest.java

```
    @Test
    public void test1(){
        SqlSession sqlSession = null;
        try {
            sqlSession = MyBatisUtil.createSqlSession();
            //查询全部用户信息
            List<User> list= sqlSession.getMapper(UserMapper.class).findAllUser();
            for (User user : list) {
                logger.debug(user);
            }
        } catch (Exception e) {
            e.printStackTrace();
        }finally{
            MyBatisUtil.closeSqlSession(sqlSession);
        }
    }
```

在 UserMapperTest.java 中，添加 test2()方法，具体代码如示例 22 所示。

【示例 22】UserMapperTest.java

```
    @Test
    public void test2(){
        SqlSession sqlSession = null;
        try {
            sqlSession = MyBatisUtil.createSqlSession();
            //再次查询 id 属性的值为 1 的用户信息
            User user= sqlSession.getMapper(UserMapper.class).findUserById(1);
            logger.debug(user);
        } catch (Exception e) {
```

```
            e.printStackTrace();
        }finally{
            MyBatisUtil.closeSqlSession(sqlSession);
        }
    }
```

调用 test2()方法会执行@Select 注解中的 SQL 语句。@Result 注解用于列和属性之间的结果映射，如果列名和属性名相同，那么可以省略@Result 注解，MyBatis 会自动进行映射。

步骤 3 添加用户信息

在 cn.dsscm.dao 包下，创建 UserMapper.java，在该类中定义添加用户信息的注解，具体代码如示例 23 所示。

【示例 23】UserMapper.java

```
    //添加用户信息
    @Insert("insert into tb_user (userCode,userName,userPassword,gender,birthday,
phone, email, address,userDesc,userRole,createdBy,creationDate,imgPath) values
(#{userCode}, #{userName}, #{userPassword}, #{gender},#{birthday},#{phone},
#{email}, #{address}, #{userDesc}, #{userRole}, #{createdBy}, #{creationDate},
#{imgPath})")
    public int add(User user);
```

调用 saveUser()方法会执行@Insert 注解中的 SQL 语句。需要注意的是，saveUser()方法还使用了@Options 注解，useGeneratedKeys=true 表示使用数据库自动增加的主键，该操作需要底层数据库的支持。keyProperty="id"表示将添加数据生成的主键设置到 User 的 id 属性中。

在 UserMapper.java 中，添加 addUserTest()方法，具体代码如示例 24 所示。

【示例 24】UserMapper.java

```
@Test
    public void addUserTest() {
        SqlSession sqlSession = null;
        try {
            sqlSession = MyBatisUtil.createSqlSession();
            int count = 0;
            // SqlSession 执行添加操作
            // 创建 User，并向 User 中添加数据
            User user = new User();
            user.setUserCode("test001");
            user.setUserName("测试用户 001");
            user.setUserPassword("1234567");
            user.setAddress("测试地址");
            user.setGender(1);
            user.setPhone("13688783697");
            user.setUserRole(1);
            user.setCreatedBy(1);
            // 执行 SqlSession 的添加方法，返回 SQL 语句影响的行数
            count = sqlSession.getMapper(UserMapper.class).add(user);
            // 通过返回结果判断添加操作是否执行成功
            if(count > 0){
                System.out.println("您成功添加了"+count+"条数据！");
            }else{
                System.out.println("执行添加操作失败!!! ");
            }
        } catch (Exception e) {
            e.printStackTrace();
            // 模拟异常，进行回滚
            sqlSession.rollback();
        } finally {
            // 关闭 SqlSession
            sqlSession.close();
        }
    }
```

运行测试方法，控制台的输出结果和前面相同。

步骤 4　更新用户信息

在 cn.dsscm.dao 包下，创建 UserMapper.java，在该类中定义更新用户信息的注解，具体代码如示例 25 所示。

【示例 25】UserMapper.java

```
    //更新用户信息
    @Update("update tb_user set userCode=#{userCode}, userName=#{userName},
userPassword= #{userPassword}, gender=#{gender}, birthday=#{birthday},
phone=#{phone}, email=#{email}, address=#{address}, userDesc=#{userDesc},
userRole=#{userRole}, modifyBy=#{modifyBy}, modifyDate=#{modifyDate},
imgPath=#{imgPath}  where id = #{id}")
    public int modify(User user);
```

在 UserMapperTest.java 中，添加 updateUserTest()方法，具体代码如示例 26 所示。

【示例 26】UserMapperTest.java

```
    @Test
    public void updateUserTest() {
        SqlSession sqlSession = null;
        int count = 0;
        try {
            sqlSession = MyBatisUtil.createSqlSession();
            // SqlSession 执行更新操作
            // 创建 User，并向 User 中更新数据
            User user = new User();
            user.setId(19);
            user.setUserCode("test002");
            user.setUserName("测试用户 002");
            user.setUserPassword("8888888");
            user.setAddress("测试地址");
            user.setGender(1);
            user.setPhone("13612341234");
            user.setUserRole(1);
            user.setModifyBy(1);
            // 执行 SqlSession 的更新方法，返回 SQL 语句影响的行数
            count = sqlSession.getMapper(UserMapper.class).modify(user);
            // 通过返回结果判断更新操作是否执行成功
            if(count > 0){
                System.out.println("您成功更新了"+count+"条数据！");
            }else{
                System.out.println("执行更新操作失败!!! ");
            }
        } catch (Exception e) {
            e.printStackTrace();
            // 模拟异常，进行回滚
            sqlSession.rollback();
        } finally {
            // 关闭 SqlSession
            sqlSession.close();
        }
    }
```

运行测试方法，控制台的输出结果和前面相同。

步骤 5　删除用户信息

在 cn.dsscm.dao 包下，创建 UserMapper.java，在该类中定义删除用户信息的注解，具体代码如示例 27 所示。

【示例 27】UserMapper.java

```
    //删除用户信息
    @Delete("delete from tb_user where id =#{id}")
    public int deleteUserById(@Param("id") Integer id );
```

在 UserMapperTest.java 中，添加 deleteUserTest()方法，具体代码如示例 28 所示。

【示例 28】UserMapperTest.java

```
    @Test
    public void deleteUserTest() {
        SqlSession sqlSession = null;
        int count = 0;
        try {
            sqlSession = MyBatisUtil.createSqlSession();
            // SqlSession 执行删除操作
            // 执行 SqlSession 的删除方法，返回 SQL 语句影响的行数
            count = sqlSession.getMapper(UserMapper.class).deleteUserById(19);
            // 通过返回结果判断删除操作是否执行成功
            if(count > 0){
                System.out.println("您成功删除了"+count+"条数据！");
            }else{
                System.out.println("执行删除操作失败!!! ");
            }
        } catch (Exception e) {
            e.printStackTrace();
            // 模拟异常，进行回滚
            sqlSession.rollback();
        } finally {
            // 关闭 SqlSession
            sqlSession.close();
        }
    }
```

调用 deleteUserById()方法，会执行@Delete 注解中的 SQL 语句。@Param("id")注解表示给该注解后面的变量取一个参数名，对应@Delete 注解中的#{id}。如果没有使用@Param 注解，那么参数会以其顺序和 SQL 语句的表达式进行映射。运行测试方法，控制台的输出结果和前面相同。

5.3.2 技能训练 1

上机练习 3　使用注解实现商品信息的添加、更新、删除和查询

⌘ 需求说明

（1）添加商品信息。

（2）根据 id 更新商品信息。

（3）根据 id 删除商品信息。

（4）分别查询全部商品信息、根据 id 查询商品信息。

5.3.3 关联注解的使用

对于表之间的一对一、一对多与多对多关联查询都可以通过关联注解实现，在实际开发中以使用一对一与一对多关联查询为主。

1. 一对一关联查询

针对用户信息和用户角色的关系，从用户信息角度关联用户角色是一对一的，具体实现步骤如下。

步骤 1　创建与配置项目

启动 IntelliJ IDEA，创建 Maven 项目，项目名为 Ch05_05_Annotation2。

MyBatisUtil.java、mybatis-config.xml 和 log4j.properties 等文件的配置代码具体参考前面项目，此处不

再赘述。

步骤 2 创建 UserMapper.java

在 cn.dsscm.dao 包下，创建 UserMapper.java，在该类中定义相关注解，具体代码如示例 29 所示。

【示例 29】UserMapper.java

```
    @Select("SELECT * FROM tb_user WHERE id=#{id}")
    @Results({
        @Result(id=true,column="id",property="id"),
        @Result(column="userCode",property="userCode"),
        @Result(column="userName",property="userName"),
        @Result(column="userPassword",property="userPassword"),
        @Result(column="userRole",property="role",
        one=@One(select="cn.dsscm.dao.UserMapper.getRoleById"))
    })
    public User getUserById(@Param("id")Integer id);


    @Select("SELECT * FROM tb_role WHERE id=#{id}")
    public Role getRoleById(@Param("id")Integer id);
```

getRoleById()方法使用了@Select 注解，其根据 id 查询对应的用户信息。因为需要将用户信息对应的用户角色也查询出来，所以 User 的 role 属性使用了一个@Result 注解结果映射，column="userRole", property="role"表示 User 的 role 属性对应 tb_user 表的 userRole 列，其中 one 属性表示一个一对一关联关系，@One 注解的 select 属性表示需要关联执行的 SQL 语句。此外，可以添加 fetchType 属性，表示查询类型是立即加载（eager）还是懒加载（lazy）。

步骤 3 编辑测试方法

在 UserMapperTest.java 中，编辑 getUserListTest()方法，具体代码如示例 30 所示。

【示例 30】UserMapperTest.java

```
    @Test
    public void getUserListTest(){
        SqlSession sqlSession = null;
        User user = null;
        try {
            sqlSession = MyBatisUtil.createSqlSession();
            user = sqlSession.getMapper(UserMapper.class).getUserById(3);
        } catch (Exception e) {
            // TODO: handle exception
            e.printStackTrace();
        }finally{
            MyBatisUtil.closeSqlSession(sqlSession);
        }
        logger.debug(user);
    }
```

调用 getUserListTest()方法，通过 SqlSession 的 getMapper(Class<T> type)方法获取 Mapper 的代理对象 UserMapper。在调用 getUserById()方法时会执行该方法的注解。需要注意的是，Person 的一对一关联查询使用@one 注解的 select 属性，要执行的 SQL 语句在 UserMapper.java 的 getRoleById()方法的注解中，控制台的输出结果如下。

```
    cn.dsscm.dao.UserMapper.getUserById - ==>  Preparing: SELECT * FROM tb_user WHERE
id=?
    cn.dsscm.dao.UserMapper.getUserById - ==> Parameters: 3(Integer)
...
    cn.dsscm.dao.UserMapper.getRoleById - ==>  Preparing: SELECT * FROM tb_role WHERE
id=?
    cn.dsscm.dao.UserMapper.getRoleById - ==> Parameters: 2(Integer)
...
    cn.dsscm.test.UserMapperTest - getUserListTest userList.size : 1
```

```
    cn.dsscm.test.UserMapperTest - userList =====> userName: 张伟,
userPassword:0000000, Role: 2 --- DSSCM_MANAGER --- 经理
```

从控制台的输出结果中可以看出，在查询用户信息时用户信息对应的用户角色也被查询出来了。

2. 一对多关联查询

修改前面的案例，获取指定商品类型的相关商品信息，具体实现步骤如下。

步骤 1　创建与配置项目

启动 IntelliJ IDEA，创建 Maven 项目，项目名为 Ch05_06_Annotation3。

MyBatisUtil.java、mybatis-config.xml 和 log4j.properties 等文件的配置代码具体参考前面项目，此处不再赘述。

步骤 2　创建映射接口

在 cn.dsscm.dao 包下，创建 ProductMapper.java，在该类中定义相关注解，具体代码如示例 31 所示。

【示例 31】ProductMapper.java

```
public interface ProductMapper {
    @Select("SELECT * FROM tb_product WHERE categoryLevel1Id = #{l1id}")
    public List<Product> getProduct(@Param("l1id")Integer l1id);
}
```

在 cn.dsscm.dao 包下，创建 ProductCategoryMapper.java，在该类中定义相关注解，具体代码如示例 32 所示。

【示例 32】ProductCategoryMapper.java

```
public interface ProductCategoryMapper {
    // 根据 id 查询商品类别
    @Select("SELECT * FROM tb_product_category  WHERE ID = #{id} ORDER BY id")
    @Results({
        @Result(id=true,column="id",property="id"),
        @Result(column="name",property="name"),
        @Result(column="id",property="products",
        many=@Many(select="cn.dsscm.dao.ProductMapper.getProduct" ))
    })
    public List<ProductCategory> selectById(@Param("id")Integer id);
}
```

selectById()方法使用了@Select 注解，其根据 id 查询对应的商品类别。因为需要将商品类别关联的所有商品信息都查询出来，所以 ProductCategory 的 product 属性使用了一个@Result 注解结果映射，其中 column="id"表示使用 id 作为查询条件，property="products"表示 ProductCategory 的 products 属性，many 属性表示一个一对多关联关系，@Many 注解的 select 属性表示需要关联执行的 SQL 语句。此外，可以添加 fetchType 属性，表示查询类型是立即加载（eager）还是懒加载（lazy）。

步骤 3　编辑测试方法

在 ProductMapperTest.java 中，编辑 getProductListTest()方法，具体代码如示例 33 所示。

【示例 33】ProductMapperTest.java

```
    @Test
    public void getProductListTest(){
        SqlSession sqlSession = null;
        List<ProductCategory> pList = new ArrayList<ProductCategory>();
        try {
            sqlSession = MyBatisUtil.createSqlSession();
          pList = sqlSession.getMapper(ProductCategoryMapper.class).selectById(1);
        } catch (Exception e) {
            e.printStackTrace();
        }finally{
            MyBatisUtil.closeSqlSession(sqlSession);
        }

```

```
        logger.debug("getProductListTest pList.size : " + pList.size());
        for (ProductCategory productCategory : pList) {
            logger.debug("商品类别 id:"+productCategory.getId()
                    + "  商品类别名称 :"+productCategory.getName());
            for (Product product : productCategory.getProducts()) {
                logger.debug(" -- 商品名称: "+product.getName()
                        +"  商品价格:  "+product.getPrice()
                        +"  商品库存: "+product.getStock());
            }
        }
    }
```

调用 ProductMapperTest.java 的 getProductListTest()方法。getProductListTest()方法通过 SqlSession 的 getMapper (Class<T> type)方法获取 Mapper 的代理对象 ProductCategoryMapper。在调用 selectById()方法时会执行该方法的注解。需要注意的是，ProductCategory 的一对多关联查询使用@Many 注解的 select 属性，要执行的 SQL 语句在 ProductMapper.java 的 getProduct()方法的注解中，只有用到关联的对象时才会执行 SQL 语句，控制台的输出结果如下。

```
    cn.dsscm.dao.ProductCategoryMapper.selectById - ==>  Preparing: SELECT * FROM
tb_product_category WHERE ID = ? ORDER BY id
    cn.dsscm.dao.ProductCategoryMapper.selectById - ==> Parameters: 1(Integer)
...
    cn.dsscm.dao.ProductMapper.getProduct - ==>  Preparing: SELECT * FROM tb_product
WHERE categoryLevel1Id = ?
    cn.dsscm.dao.ProductMapper.getProduct - ==> Parameters: 1(Integer)
...
    cn.dsscm.test.ProductMapperTest - getProductListTest pList.size : 1
    cn.dsscm.test.ProductMapperTest - 商品类别 id:1  商品  类别名称:食品
    cn.dsscm.test.ProductMapperTest -  -- 商品名称: 苹果  商品价格: 5.00  商品库存: 100.00
    cn.dsscm.test.ProductMapperTest -  -- 商品名称: 西瓜  商品价格: 2.50  商品库存: 500.00
    cn.dsscm.test.ProductMapperTest -  -- 商品名称: 德芙巧克力  商品价格: 5.00  商品库存:
100.00
```

从控制台的输出结果中可以看出，先查询 id 属性的值 1 的商品类别，只有使用商品类别关联的商品信息时，才可以执行根据一级商品类别 id 查询商品的 SQL 语句。

5.3.4 技能训练 2

上机练习 4　使用注解实现供应商及其采购订单信息的查询

⌘ **需求说明**

（1）在上机练习 3 的基础上，使用采购订单信息关联供应商信息（一对一）。

（2）根据指定的供应商 id 查询其相关信息，以及其中所有订单信息（一对多）。

（3）查询结果列显示：供应商 id、供应商编码、供应商名称、供应商联系人、供应商电话号码、订单信息（订单编码、商品名称、订单金额、是否付款）。

5.3.5 使用注解实现动态 SQL 语句

MyBatis 的注解支持动态 SQL 语句。MyBatis 提供了各种注解来帮助创建动态 SQL 语句，如@InsertProvider、@UpdateProvider、@DeleteProvider 和@SelectProvider。可以使用 MyBatis 执行这些 SQL 语句。上述 4 个 Provider 注解都有 type 属性，该属性指定了一个类。其中，method 属性指定该类的方法，可以用来提供需要执行的 SQL 语句。动态 SQL 语句的 Provider 注解可以接收以下参数。

（1）无参数。

（2）Java 对象。

（3）java.util.Map。

注意

只有一个参数时，可以直接使用。如果在方法中使用了@Param 注解，那么相应的方法必须接收 Map<String, Object>为参数。超过一个参数时，@SelectProvider 注解必须接收 Map<String,Object>为参数。如果参数使用了@Param 注解，那么在 Map 中应把@Param 注解的值作为 key，如下面示例 34 中的 userName。如果参数没有使用@Param 注解，那么在 Map 中应把参数的顺序作为 key。

1．查询用户信息——使用字符串拼接

根据参数 userName 与参数 roleId 查询用户信息，具体实现步骤如下。

步骤 1　创建与配置项目

启动 IntelliJ IDEA，创建 Maven 项目，项目名为 Ch05_07_Annotation4。

MyBatisUtil.java、mybatis-config.xml 和 log4j.properties 等文件的配置代码具体参考前面项目，此处不再赘述。

步骤 2　创建映射接口

在 cn.dsscm.dao 包下，创建 UserMapper.java，在该类中定义相关注解，具体代码如示例 34 所示。

【示例 34】UserMapper.java

```
public interface UserMapper {
    @SelectProvider(type=UserDynaSqlProvider.class, method="getUserList")
    public List<User> getUserList(@Param("userName")String userName,
                                  @Param("userRole") Integer roleId);
}
```

在 cn.dsscm.dao 包下，创建 SQL 语句拼接的 UserDynaSqlProvider.java，处理动态 SQL 语句，具体代码如示例 35 所示。

【示例 35】UserDynaSqlProvider.java

```
public class UserDynaSqlProvider {
    public String getUserList(Map<String, Object> para) {
        String sql = "SELECT * FROM tb_user WHERE 1=1 ";
        if(null!=para.get("userName") && !"".equals(para.get("userName"))){
            sql += " AND userName like CONCAT ('%',#{userName},'%') ";
        }
        if(null!=para.get("userRole")){
            sql += " AND userRole = #{userRole} ";
        }
        return sql;
    }
```

步骤 3　编辑测试方法

在 UserMapperTest.java 中，编辑根据参数 userName 与参数 roleId 动态查询的 testGetUserList()方法，具体代码如示例 36 所示。

【示例 36】UserMapperTest.java

```
    @Test
    public void testGetUserList() {
        SqlSession sqlSession = null;
        List<User> userList = new ArrayList<User>();
        try {
            sqlSession = MyBatisUtil.createSqlSession();
            String userName = "张";
            Integer roleId =null;
     userList=sqlSession.getMapper(UserMapper.class).getUserList(userName, roleId);
            for (User user : userList) {
                logger.debug(user);
            }
        } catch (Exception e) {
```

```
            e.printStackTrace();
        } finally {
            MyBatisUtil.closeSqlSession(sqlSession);
        }
    }
```

调用 testGetUserList()方法，会执行@Select 注解中的 SQL 语句。运行测试方法，控制台的输出结果如下。

```
cn.dsscm.dao.UserMapper.getUserList - ==> Preparing: SELECT * FROM tb_user WHERE 1=1 AND
userName like CONCAT ('%',?,'%')
cn.dsscm.dao.UserMapper.getUserList - ==>Parameters: 张(String)
cn.dsscm.test.UserMapperTest - User [id=3, userCode=zhangwei, userName=张伟,
userPassword=0000000, birthday=Sun Jun 05 00:00:00 CST 1994, gender=2,
phone=18567542321, email=null, address=北京市朝阳区, userDesc=null, userRole=2,
createdBy=1, imgPath=null, creationDate=Thu Oct 24 13:01:51 CST 2019, modifyBy=null,
modifyDate=null, age=null, userRoleName=null]
cn.dsscm.test.UserMapperTest - User [id=4, userCode=zhanghua, userName=张华,
userPassword=0000000, birthday=Tue Jun 15 00:00:00 CST 1993, gender=1,
phone=13544561111, email=null, address=北京市海淀区, userDesc=null, userRole=3,
createdBy=1, imgPath=null, creationDate=Thu Oct 24 13:01:51 CST 2019, modifyBy=null,
modifyDate=null, age=null, userRoleName=null]
   ...
```

从控制台的输出结果中可以看出，由于在测试方法中只传入了用户名，而没有传入其他值，因此只拼接了用户名的查询参数，没有拼接其他参数。

2．查询用户信息——使用注解动态 SQL 语句类

使用字符串拼接的方法创建 SQL 语句是非常困难的，并且容易出错。MyBatis 提供了一个类 org.apache.ibatis.jdbc.SQL，该类不使用字符串拼接的方式，并且以合适的空格前缀和后缀来编写 SQL 语句。注解动态 SQL 语句类的常用方法如表 5.1 所示。

表 5.1　注解动态 SQL 语句类的常用方法

方　法	说　明
T SELECT(String columns)	开始或追加新 SELECT 子句元素，参数通常是一个逗号分隔的列
T FROM(String table)	启动或追加新 FROM 子句元素，可以调用超过一次，参数通常是一个表名
T JOIN(String join)	向 JOIN 子句中添加新查询条件，参数通常是一个表，也可以包括一个标准连接返回的结果集
T INNER_JOIN(String join)	同 JOIN 子句，连接方式是内连接（INNER_JOIN）
T LEFT_OUTER_JOIN(String join)	同 JOIN 子句，连接方式是左外连接（LEFT_OUTER_JOIN）
T RIGHT_OUTER_JOIN(String join)	同 JOIN 子句，连接方式是右外连接（RIGHT_OUTER_JOIN）
T WHERE(String conditions)	追加新 WHERE 子句条件，可以多次调用
T OR()	使用 OR 拆分当前 WHERE 子句条件，可以不止一次调用
T AND()	使用 AND 拆分当前 WHERE 子句条件，可以不止一次调用
T GROUP_BY(String columns)	追加新 GROUP_BY 子句元素
T HAVING(String conditions)	追加新 HAVING 子句条件
T ORDER_BY(String columns)	追加新 ORDER_BY 子句元素
T INSERT_INTO(String tableName)	启动插入语句插入到指定表，应遵循由一个或多个 VALUES()方法调用
T VALUES(String columns,String values)	追加插入语句，第一个参数表示要插入的列，第二个参数表示插入的值
T DELETE_FROM(String table)	启动删除语句，并指定表删除
T UPDATE(String table)	启动更新语句，并指定表更新
T SET(String sets)	追加更新语句 SET 列表

使用注解动态 SQL 语句类生成 SQL 语句，具体实现步骤如下。

步骤 1 创建映射接口

在 cn.dsscm.dao 包下，创建 UserMapper.java，在该类中定义相关注解，具体代码如示例 37 所示。

【示例 37】UserMapper.java

```
@SelectProvider(type=UserDynaSqlProvider.class, method="getUserList2")
public List<User> getUserList2(@Param("userName")String userName,@Param("userRole")
Integer roleId);
```

在 cn.dsscm.dao 包下，创建 SQL 语句拼接的 UserDynaSqlProvider.java，处理动态 SQL 语句，具体代码如示例 38 所示。

【示例 38】UserDynaSqlProvider.java

```
    public String getUserList2(final Map<String, Object> para) {
        return new SQL(){
            {
                SELECT("*");
                FROM("tb_user");
              if(null!=para.get("userName") && !"".equals(para.get("userName"))){
                    WHERE(" userName like CONCAT ('%',#{userName},'%') ");
                }
                if(null!=para.get("userRole")){
                    WHERE(" userRole = #{userRole} ");
                }
            }
        }.toString();
    }
```

步骤 2 编辑测试方法

在 UserMapperTest.java 中，编辑根据参数 userName 与参数 roleId 动态查询的 testGetUserList2()方法，具体代码如示例 39 所示。

【示例 39】UserMapperTest.java

```
@Test
public void testGetUserList2() {
     logger.debug("testGetUserList !===================");
     SqlSession sqlSession = null;
     List<User> userList = new ArrayList<User>();
     try {
         sqlSession = MyBatisUtil.createSqlSession();
         String userName = "张";
         Integer roleId =3;
   userLis =sqlSession.getMapper(UserMapper.class).getUserList2(userName, roleId);
         for (User user : userList) {
          logger.debug(user);
         }
     } catch (Exception e) {
         e.printStackTrace();
     } finally {
        MyBatisUtil.closeSqlSession(sqlSession);
     }
}
```

调用 testGetUserList2()方法，会执行@Select 注解中的 SQL 语句。运行测试方法，控制台的输出结果如下。

```
cn.dsscm.dao.UserMapper.getUserList2 - ==>Preparing: SELECT * FROM tb_user WHERE
( userName like CONCAT ('%',?,'%') AND userRole = ? )
cn.dsscm.dao.UserMapper.getUserList2 - ==>Parameters: 张(String), 3(Integer)
cn.dsscm.test.UserMapperTest - User [id=4, userCode=zhanghua, userName=张华,
userPassword=0000000, birthday=Tue Jun 15 00:00:00 CST 1993, gender=1,
phone=13544561111, email=null, address=北京市海淀区, userDesc=null, userRole=3,
createdBy=1, imgPath=null, creationDate=Thu Oct 24 13:01:51 CST 2019, modifyBy=null,
modifyDate=null, age=null, userRoleName=null]
cn.dsscm.test.UserMapperTest - User [id=9, userCode=zhangchen, userName=张晨,
userPassword=0000000, birthday=Fri Mar 28 00:00:00 CST 1986, gender=1,
```

```
phone=18098765434, email=null, address=北京市朝阳区, userDesc=null, userRole=3,
createdBy=1, imgPath=null, creationDate=Thu Oct 24 13:01:55 CST 2019, modifyBy=1,
modifyDate=Thu Nov 14 14:15:36 CST 2019, age=null, userRoleName=null]
```

查看 MyBatis 执行的 SQL 语句，因为 Map 中只设置了参数 userName 和参数 userRole，因此执行的 SQL 语句是 WHERE(userName like CONCAT ('%',?,'%') AND userRole = ?)。通过使用多种不同的参数组合测试方法，观察控制台中的 SQL 语句，以便更好地理解动态 SQL 语句。

3. 更新用户信息

修改前面的案例，根据 id 更新用户信息，具体实现步骤如下。

步骤 1　创建映射接口

在 cn.dsscm.dao 包下，创建 UserMapper.java，在该类中定义相关注解，具体代码如示例 40 所示。

【示例 40】UserMapper.java

```
@UpdateProvider(type=UserDynaSqlProvider.class, method="modify")
public int modify(User user);
```

在 cn.dsscm.dao 包下，创建 SQL 语句拼接的 UserDynaSqlProvider.java，处理动态 SQL 语句，具体代码如示例 41 所示。

【示例 41】UserDynaSqlProvider.java

```
    public String modify(User user){
        return new SQL(){
            {
                UPDATE("tb_user");
                if(user.getUserCode() != null){
                    SET("userCode = #{userCode}");
                }
                if(user.getUserName() != null){
                    SET("userName = #{userName}");
                }
                if(user.getUserPassword() != null){
                    SET("userPassword = #{userPassword}");
                }
                if(user.getBirthday() != null){
                    SET("birthday = #{birthday}");
                }
                if(user.getGender() != null){
                    SET("gender = #{gender}");
                }
                if(user.getPhone() != null){
                    SET("phone = #{phone}");
                }
                if(user.getEmail() != null){
                    SET("email = #{email}");
                }
                if(user.getAddress() != null){
                    SET("address = #{address}");
                }
                if(user.getUserRole() != null){
                    SET("userRole = #{userRole}");
                }
                WHERE(" id = #{id} ");
            }
        }.toString();
    }
}
```

步骤 2　编辑测试方法

在 UserMapperTest.java 中，编辑根据 id 更新用户信息的 testUpdateUserList()方法，具体代码如示例 42 所示。

【示例 42】UserMapperTest.java

```
    @Test
    public void testUpdateUserList() {
        logger.debug("testModifyUser !===================");
        SqlSession sqlSession = null;
        int count = 0;
        try {
            sqlSession = MyBatisUtil.createSqlSession();
            User user = new User();
            user.setId(15);
            user.setUserCode("test");
            user.setUserName("测试用户修改");
            user.setUserPassword("1234567");
            user.setAddress("测试地址修改");
            user.setModifyBy(1);
            user.setModifyDate(new Date());
            sqlSession = MyBatisUtil.createSqlSession();
            count = sqlSession.getMapper(UserMapper.class).modify(user);
            if(count==1){
                System.out.println("修改用户成功! ");
            }else{
                System.out.println("修改用户失败! ");
            }
        } catch (Exception e) {
            e.printStackTrace();
        } finally {
            MyBatisUtil.closeSqlSession(sqlSession);
        }
    }
```

调用 testUpdateUserList()方法会执行@UpdateProvider 注解中的 SQL 语句。运行测试方法，控制台的输出结果如下。

```
cn.dsscm.dao.UserMapper.modify - ==>Preparing: UPDATE tb_user SET userCode = ?, userName = ?, userPassword = ?, address = ? WHERE ( id = ? )
cn.dsscm.dao.UserMapper.modify - ==>Parameters: test(String), 测试用户修改(String), 1234567(String), 测试地址修改(String), 15(Integer)
修改用户成功!
```

查看 MyBatis 执行的 SQL 语句，执行的 SQL 语句是 SET userCode = ?, userName = ?, userPassword = ?, address = ? WHERE (id = ?)。通过使用多种不同的参数组合测试方法，观察控制台中的 SQL 语句，以便更好地理解动态 SQL 语句。

5.3.6 技能训练 3

上机练习 5 使用注解实现 tb_bill 表的添加、更新和删除

⌘ 需求说明

（1）添加采购订单信息。

（2）根据供应商 id 更新采购订单信息。

（3）根据供应商 id 删除采购订单信息。

注意

createdBy、creationDate、modifyDate、modifyBy 这 4 个字段应根据方法进行添加或更新操作。

5.3.7 使用注解实现二级缓存

修改前面的案例，根据 id 使用二级缓存查询删除和更新用户信息，具体实现步骤如下。

步骤 1　创建与配置项目

启动 IntelliJ IDEA，创建 Maven 项目，项目名为 Ch05_08_Annotation5。

MyBatisUtil.java、mybatis-config.xml 和 log4j.properties 等文件的配置代码具体参考前面项目，此处不再赘述。

步骤 2　创建映射接口

在 cn.dsscm.dao 包下，创建 UserMapper.java，在该类中定义相关注解，具体代码如示例 43 所示。

【示例 43】UserMapper.java

```
import org.apache.ibatis.annotations.CacheNamespace;
import org.apache.ibatis.annotations.Delete;
import org.apache.ibatis.annotations.Options;
import org.apache.ibatis.annotations.Select;
import org.apache.ibatis.cache.decorators.LruCache;

@CacheNamespace(eviction=LruCache.class,
                flushInterval=60000,size=512,readWrite=true)
public interface UserMapper {

    // 根据 id 查询用户信息
    @Select("SELECT * FROM tb_user WHERE id = #{id}")
    @Options(useCache=true)
    User selectUserById(Integer id);

    // 根据 id 删除用户信息
    @Delete("DELETE FROM TB_USER WHERE id = #{id}")
    void deleteUserById(Integer id);
}
```

在 UserMapper.java 中将 XML 文件的信息改写成注解。在配置@CacheNamespace (eviction=LruCache.class,flushInterval=60000,size=512,readWrite=true)中，eviction=LruCache.class 表示使用回收策略的类，所有回收策略的类都位于 org.apache.ibatis.cache.decorators 包下，flushInterval=60000 表示刷新间隔，size=512 表示刷新数目，readWrite=true 表示只读。其与前面配置基本相同。

步骤 3　编辑测试方法

在 UserMapperTest.java 中，编辑根据 id 更新用户信息的 test()方法，具体代码如示例 44 所示。

【示例 44】UserMapperTest.java

```
    @Test
    public void test() {
        try {
            // 使用工厂类获得 SqlSession
            SqlSession sqlSession1 = MyBatisUtil.createSqlSession();
            // 获取 UserMapping 对象
            UserMapper um = sqlSession1.getMapper(UserMapper.class);
            // 查询 id 属性的值 1 的用户信息，会执行 SQL 语句
            User user = um.selectUserById(3);
            System.out.println(user);
            // 关闭一级缓存
            sqlSession1.close();
            // 重新获取一级缓存
            SqlSession sqlSession2 = MyBatisUtil.createSqlSession();
            // 再次获取 UserMapping 对象
            um = sqlSession2.getMapper(UserMapper.class);
           // 再次查询 id 属性的值 1 的用户信息，虽然现在使用的是一个新 SqlSession，但因为
           // 二级缓存中缓存了数据，所以不会再次执行 SQL 语句
            User user2 = um.selectUserById(3);
```

```
            System.out.println(user2);
            // 关闭 SqlSession
            sqlSession2.close();
        } catch (Exception e) {
            e.printStackTrace();
        }
    }
```

运行测试方法，控制台的输出结果如下。

```
    cn.dsscm.dao.UserMapper.selectUserById - ==>  Preparing: SELECT * FROM tb_user WHERE
id = ?
    cn.dsscm.dao.UserMapper.selectUserById - ==> Parameters: 3(Integer)
    User [id=3, userCode=zhangwei, userName=张伟, userPassword=0000000, birthday=Sun Jun
05 00:00:00 CST 1994, gender=2, phone=18567542321, email=null, address=北京市朝阳区,
userDesc=null, userRole=2, createdBy=1, imgPath=null, creationDate=Thu Oct 24 13:01:51
CST 2019, modifyBy=null, modifyDate=null, age=null, userRoleName=null]
    org.apache.ibatis.transaction.jdbc.JdbcTransaction - Closing JDBC Connection
[com.mysql.jdbc.JDBC4Connection@2e1551b0]
    org.apache.ibatis.datasource.pooled.PooledDataSource - Returned connection
773149104 to pool.
    org.apache.ibatis.cache.decorators.LoggingCache - Cache Hit Ratio
[cn.dsscm.dao.UserMapper]: 0.5
    User [id=3, userCode=zhangwei, userName=张伟, userPassword=0000000, birthday=Sun Jun
05 00:00:00 CST 1994, gender=2, phone=18567542321, email=null, address=北京市朝阳区,
userDesc=null, userRole=2, createdBy=1, imgPath=null, creationDate=Thu Oct 24 13:01:51
CST 2019, modifyBy=null, modifyDate=null, age=null, userRoleName=null]
```

从控制台的输出结果中可以发现，在第一次查询 id 属性的值为 3 的用户信息时执行了一条 SQL 语句，并执行了一个关闭操作，MyBatis 为了保证缓存中存储的信息，会清空缓存。当第二次查询 id 属性的值为 3 的用户信息时，因为开启了二级缓存，刚才查询的数据会被保存到二级缓存中，所以不会再次执行 SQL 语句。

本章总结

- MySQL 数据库对分页的支持是通过 limit 分页语句实现的。MySQL 数据库的分页是基于内存的分页，即先查找所有记录，再按起始位置和页面容量取出结果。
- 通过 RowBounds 实现分页与通过 Array 实现分页的原理类似，都是先一次获取所有符合条件的数据，再在内存中对获取的数据进行操作。
- MyBatis 将数据缓存设计成两级结构，即一级缓存和二级缓存。一级缓存是会话级别的缓存，作用域是 SqlSession。二级缓存是应用级别的缓存，作用域是整个 Application。
- 一级缓存用于缓存 SQL 语句，二级缓存用于缓存结果对象。
- MyBatis 的注解位于 org.apache.ibatis.annotations 包下。

本章作业

一、选择题

1．下列关于分页的描述错误的是（　　）。

A．在 Web 应用程序开发过程中涉及表时，如果数量太多那么就会产生分页的需求，该需求只能通过后端分页方式实现

B．通过 SQL 语句实现分页只需要改变查询语句

C．通过 SQL 语句实现分页是基于内存的分页，即先查找所有记录，再按起始位置和页面容量取出结果

D．MyBatis 不仅支持分页，而且内置了一个专门处理分页的类，即 RowBounds

2．下列关于使用 PageHelper 实现分页的描述错误的是（　　）。

A．需要使用 pagehelper.jar 与 jsqlparser.jar

B．在配置 PageHelper 的属性中，参数 dialect 标识哪种数据库，必须标明该属性不能省略

C．在编辑 mybatis-config.xml 时，需要注意<plugins>元素的位置，<plugins>元素应放在<typeAliases>元素之后，<environments>元素之前

D．在使用 PageHelper 实现分页时，需要自行编写 limit 分页语句

3．下列关于 MyBatis 的注解描述错误的是（　　）。

A．MyBatis 的注解位于 org.apache.ibatis.annotations 包下

B．@Insert 注解、@Delete 注解、@Select 注解、@Update 注解用于完成常见的增删改查 SQL 语句映射

C．注解只能实现一对一与一对多关联查询

D．MyBatis 中提供了@InsertProvider 注解、@UpdateProvider 注解、@DeleteProvider 注解和@SelectProvider 注解等来帮助创建动态 SQL 语句

4．下列关于 MyBatis 事务管理的说法错误的是（　　）。

A．事务具备 4 个特性：原子性（Atomicity）、一致性（Consistency）、隔离性（Isolation）和持续性（Durability）

B．对数据库的事务而言，只需要具有创建、提交、回滚这 3 个动作

C．MyBatis 事务设计的重点是 org.apache.ibatis.transaction.Transaction 接口，该接口有两个实现类，分别是 org.apache.ibatis.transaction.jdbc.JdbcTransaction 和 org.apache. ibatis.transaction. managed.ManagedTransaction

D．MyBatis 设计了 org.apache.ibatis.transaction.TransactionFactory 接口和两个实现类，即 org. apache.ibatis. transaction.jdbc.JdbcTransactionFactory 和 org.apache.ibatis.transaction.managed. ManagedTransactionFactory 用来获取事务的实例对象

5．下列关于 MyBatis 的缓存机制的说法错误的是（　　）。

A．MyBatis 提供了默认基于 HashMap 的缓存实现，以及与 OSCache、EhCache、Hazelcast 和 MemCache 连接的默认连接器

B．一级缓存是会话级别的缓存，位于表示一次数据库会话的 SqlSession 中，又称本地缓存

C．二级缓存是应用级别的缓存，生命周期很长，作用域是整个 Application

D．一级缓存用于缓存结果对象，二级缓存用于缓存 SQL 语句

二、简答题

1．简述事务的特性。

2．简述 MyBatis 的数据缓存。

三、操作题

1．使用 MyBatis 实现百货中心供应链管理系统中 tb_product 表的分页查询。

2．使用 MyBatis 的注解实现百货中心供应链管理系统中 tb_news 表（新闻表）的增删改查。

第 6 章 初识 Spring

本章目标

◎ 了解 Spring 的基本概念和优点

◎ 理解 Spring 中的 DI 与 IoC 的相关概念

◎ 掌握 ApplicationContext 的使用方法

◎ 掌握属性 setter 方法注入的实现方法

本章简介

前面已经介绍了 MyBatis 和 Java 持久层框架的基本知识。本章介绍一个非常著名的轻量级的企业级开源框架，即 Spring，使用它不仅能建立规范、优秀的应用程序，而且能简化烦琐的代码编写过程。目前，Spring 已经发展成为一个功能丰富且易用的集成框架，其核心是一个完整的基于 IoC 的轻量级容器，用户可以使用它建立自己的应用程序。Spring 提供了大量实用的服务，将很多高质量的开源项目集成到统一的框架中。本章将带领大家初步接触 Spring 的两个核心概念，即 IoC 和 AOP，感受 Spring 的神奇魅力。

技术内容

6.1 Spring 概述

6.1.1 企业级应用

在学习 Spring 前，读者应先了解一下企业级应用。企业级应用是指那些为商业组织、大型企业创建并部署的解决方案及应用。企业级应用的结构复杂，涉及的外部资源众多，事务密集，数据规模大，用户数量多，有较强的安全性考虑和较高的性能要求。当代的企业级应用并不是一个个独立的系统，一般都会部署多个进行交互的应用，同时这些应用又都有可能与其他企业的相关应用连接，从而构成一个结构复杂且跨越互联网的分布式应用的集群。

作为企业级应用，不但要有强大的功能，而且要能够满足未来业务需求的变化，正在人们苦苦寻找易于扩展和维护的解决办法时，Spring 出现在广大 Java 开发人员面前。说到 Spring，就不得不提及 Rod Johnson。2002 年他出版了 *expert one-on-one J2EE Design and Development* 一书，在该书中，他对传统的 Java EE 轻量级框架日益臃肿和低效提出了质疑，他认为应该有更便捷的技术，于是提出了 Interface 21，也就是 Spring 的雏形。他提出了技术以实用为准的主张，引发了人们对“正统”Java EE 轻量级框架的反思。2003 年 2 月，Spring 正式成为一个开源项目，并发布于 SourceForge 中。

Spring 是由 Rod Johnson 组织和开发的一个分层的 Java SE/EE full-stack（一站式）轻量级开源框架，以 IoC 和 AOP 为核心，使用基本的 JavaBean 来完成以前只可能由 EJB 完成的工作，取代了 EJB 臃肿、低效的开发模式。

Spring 致力于 Java EE 轻量级框架应用的各种解决方案，而不仅仅专注于某一层的方案。Spring 贯穿表现层、Service 层和 DAO 层。在表现层提供了 Spring MVC 及 Struts2 的整合功能；在 Service 层可以管理事务、记录日志等；在 DAO 层可以整合 MyBatis、Hibernates 等。可以说，Spring 是企业应用开发很好的“一站式”选择。虽然 Spring 贯穿于表现层、Service 层和 DAO 层，但它并不想取代已有的框架，而是以高度的开放性与其进行无缝整合。

Spring 确实给人一种格外清新、爽朗的感觉，仿佛小雨后的绿草丛，既讨人喜欢又蕴藏着勃勃生机。Spring 是一个轻量级框架，大大简化了 Java 企业级开发，提供了强大、稳定的功能，不会给用户带来额外的负担，让用户在使用它时有得体和优雅的感觉。Spring 有以下两个主要目标。

（1）让现有技术更易于使用。

（2）促进良好的编程习惯（最佳实践）。

虽然 Spring 是一个全面的解决方案，但它始终坚持一个原则：不重新发明轮子。即在已经有较好解决方案的领域，Spring 绝不做重复性的实现，如对象持久化和 ORM。Spring 只是对现有的 JDBC、MyBatis、Hibernate 等技术提供支持，使之更易用而不是重新做一个实现。

6.1.2　Spring 的体系结构

Spring 采用分层架构，包括 18 个模块，这些模块有 Core Container（核心容器）层模块、Data Access/ Integration（数据访问/集成）层模块、Web 层模块、AOP 模块、Aspects 模块、Instrumentation 模块、Messaging 模块和 Test 模块，如图 6.1 所示。

Core 模块是 Spring 的基础模块，提供了 IoC 特性。Context 模块为企业级开发提供了便利和集成的工具。AOP 模块是基于 Spring Core 符合规范的 AOP 的实现。JDBC 模块提供了抽象层，简化了编码，同时使代码更健壮。ORM 模块对市面上流行的 ORM 框架提供了支持。Web 模块为 Spring 在 Web 应用程序中的使用提供了支持。

图 6.1 中列出了 Spring 的所有模块，本书仅涉及其主要模块。下面分别对 Spring 的体系结构中的模块进行简单介绍。

1．Core Container 层

Core Container 层模块是其他模块建立的基础，主要由 Beans 模块、Core 模块、Context 模块和 SpEL（Spring Expression Language）模块组成，具体介绍如下。

（1）Beans 模块：提供了 BeanFactory，是工厂模式的经典实现。Spring 将管理对象称为 Bean。

（2）Core 模块：提供了 Spring 的基本组成部分，包括 IoC 和 DI 功能。

（3）Context 模块：建立在 Core 模块和 Beans 模块的基础之上。它是访问定义和配置任何对象的媒介，其中 ApplicationContext 是 Context 模块的焦点。

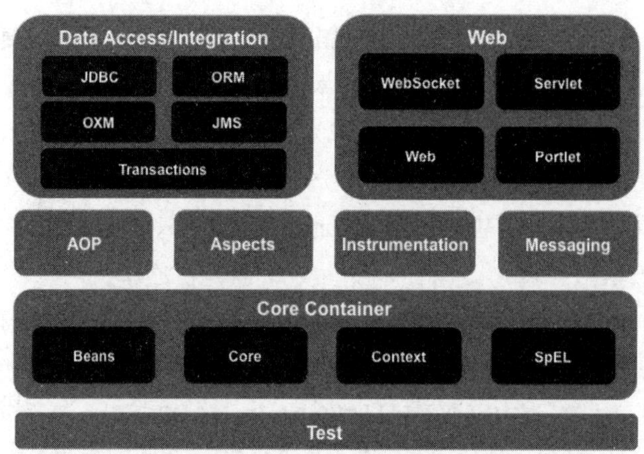

图 6.1　Spring 的所有模板

（4）SpEL 模块：是 Spring 3.0 后新增的模块，提供了 SpEL 支持，是运行时查询和操作对象图的强大表达式语言。

2. Data Access/Integration 层

Data Access/Integration 层包括 JDBC 模块、ORM 模块、OXM 模块、JMS 模块和 Transactions 模块，具体介绍如下。

（1）JDBC 模块：提供了一个 JDBC 的抽象层，大幅度地减少了开发过程中对数据库操作的编码量。

（2）ORM 模块：对流行的 ORMAPI，包括 JPA、JDO 和 Hibernate，提供了对集成层的支持。

（3）OXM 模块：提供了一个支持对象/XML 文件映射的抽象层实现，如 JAXB、Castor、XMLBeans、JiBX 和 XStream。

（4）JMS 模块：提供了 Java 消息传递服务，包含使用和产生信息的特性，自 Spring 4.1 后支持与 Spring-message 模块的集成。

（5）Transactions 模块：提供了对实现特殊接口，以及所有 POJO 的编程和声明式的事务管理的支持。

3. Web 层

Web 层包括 WebSocket 模块、Servlet 模块、Web 模块和 Portlet 模块，具体介绍如下。

（1）WebSocket 模块：Spring 4.0 后新增的模块，提供了 WebSocket 和 SockJS 的实现，以及对 STOMP 的支持。

（2）Servlet 模块：也称 Spring-webmvc 模块，包含 Spring MVC 和 REST Web Services 实现的 Web 应用程序。

（3）Web 模块：提供了基本的 Web 应用程序开发集成特性，如多文件上传功能、使用 Servlet 监听器初始化 IoC，以及 Web 应用程序上下文。

（4）Portlet 模块：在 Portlet 环境中提供了 MVC 模式的实现，类似 Servlet 模块的功能。

4. 其他模块

Spring 的其他模块还有 AOP 模块、Aspects 模块、Instrumentation 模块、Messaging 模块和 Test 模块，具体介绍如下。

（1）AOP 模块：提供了 AOP 的实现，允许定义方法拦截器和切入点，将代码按照功能进行分离，以降低耦合度。

（2）Aspects 模块：提供了与 AspectJ 的集成功能。AspectJ 是一个功能强大且成熟的 AOP 框架。

（3）Instrumentation 模块：提供了类工具的支持和类加载器的实现，可以在特定的应用服务器中使用。

（4）Messaging 模块：Spring 4.0 后新增的模块，提供了对消息传递体系结构和协议的支持。

（5）Test 模块：提供了对单元测试和集成测试的支持。

6.1.3　Spring 的下载及目录结构

Spring 1.0 是在 2004 年发布的，经过多年的发展，Spring 的版本也在不断升级优化。本书在编写时，Spring 6.0.7 为最新版本，用户可以通过官网下载。这里以 Spring 5.3.26 为例进行介绍。Spring 开发所需的 JAR 包分为两个部分，具体如下。

1．Spring 包

Spring 5.3.26 的框架压缩包的名为 spring-5.3.26-dist.zip，此压缩包可以在 Spring 官网下载。下载完成后，将压缩包解压到自定义的文件夹中，解压后的文件目录如图 6.2 所示。

spring-5.3.26-dist.zip\spring-framework-5.3.26 - 解包大小为 289.3 MB

名称	压缩前	压缩后	类型	修改日期
..(上级目录)			文件夹	
docs			文件夹	2023-03-20 10:05
libs			文件夹	2023-03-20 10:05
schema			文件夹	2023-03-20 10:05
license.txt	15.0 KB	5.4 KB	文本文档	2023-03-20 09:52
notice.txt	1 KB	1 KB	文本文档	2023-03-20 09:52
readme.txt	1 KB	1 KB	文本文档	2023-03-20 09:52

图 6.2　解压后的文件目录

schema 文件中定义了 Spring 相关配置文件的约束信息。

（1）docs：包含 Spring 的相关文档，包括 API 文档、开发手册等。

（2）libs：存放 Spring 各个模块的 JAR 文件，每个模块均提供 3 项内容，即开发所需的 JAR 文件、以-javadoc 为后缀表示的 API 和以-sources 为后缀表示的源文件。

（3）schema：包含在配置 Spring 的某些功能时需要用到的 schema 文件，对于已经集成了 Spring 的 IDE 环境（IntelliJ IDEA 等），这些文件并不需要专门导入。

> ⌘ 经验 ⌘　Spring 作为开源框架，提供了相关的源文件。在学习和开发过程中，可以通过阅读源文件，了解 Spring 的底层实现。这不仅有利于正确理解和运用 Spring，而且有助于拓宽思路，提升自身的编程水平。

打开 libs 目录可以看到 66 个 JAR 文件，如图 6.3 所示。

spring-5.3.26-dist.zip\spring-framework-5.3.26\libs - 解包大小为 289.3 MB

名称	压缩前	压缩后	类型	修改日期
..(上级目录)			文件夹	
spring-aop-5.3.26.jar	374.4 KB	330.4 KB	Executable Jar File	2023-03-20 09:54
spring-aop-5.3.26-javadoc.jar	1.2 MB	1.1 MB	Executable Jar File	2023-03-20 09:54
spring-aop-5.3.26-sources.jar	354.5 KB	321.8 KB	Executable Jar File	2023-03-20 09:54
spring-aspects-5.3.26.jar	46.1 KB	39.4 KB	Executable Jar File	2023-03-20 09:55
spring-aspects-5.3.26-javadoc.jar	76.1 KB	66.5 KB	Executable Jar File	2023-03-20 09:55
spring-aspects-5.3.26-sources.jar	30.3 KB	25.0 KB	Executable Jar File	2023-03-20 09:55
spring-beans-5.3.26.jar	686.9 KB	624.8 KB	Executable Jar File	2023-03-20 09:54
spring-beans-5.3.26-javadoc.jar	2.0 MB	1.9 MB	Executable Jar File	2023-03-20 09:55
spring-beans-5.3.26-sources.jar	642.9 KB	597.4 KB	Executable Jar File	2023-03-20 09:55
spring-context-5.3.26.jar	1.2 MB	1.1 MB	Executable Jar File	2023-03-20 09:55
spring-context-5.3.26-javadoc.jar	3.5 MB	3.2 MB	Executable Jar File	2023-03-20 09:56
spring-context-5.3.26-sources.jar	1.0 MB	969.9 KB	Executable Jar File	2023-03-20 09:56
spring-context-indexer-5.3.26.jar	26.4 KB	23.6 KB	Executable Jar File	2023-03-20 09:53
spring-context-indexer-5.3.26-javadoc.jar	23.5 KB	21.1 KB	Executable Jar File	2023-03-20 09:53
spring-context-indexer-5.3.26-sources.jar	16.0 KB	13.2 KB	Executable Jar File	2023-03-20 09:53

图 6.3　libs 目录

可以发现，libs 目录下的 JAR 包分为 3 种，其中以.jar 结尾的是 Spring 的 class 文件的 JAR 包；以-javadoc.jar 结尾的是 Spring 的 API 文档的压缩包；以-sources.jar 结尾的是 Spring 源文件的压缩包。整个 Spring 由 18 个模块组成，每个模块都提供了这 3 种压缩包。

libs 目录下有 4 个 Spring 的基础包，分别对应 Core Container 层的 4 个模块，具体介绍如下。

（1）spring-core-5.3.26.jar：包含 Spring 的基本核心工具类，Spring 的其他组件都要用到这个包下的类，这个包是其他组件的核心。

（2）spring-beans-5.3.26.jar：所有应用都要用到的 JAR 包，包含访问配置文件、创建和管理 Bean，以及进行 IoC 或 DI 操作相关的所有类。

（3）spring-context-5.3.26.jar：Spring 提供了在基础 IoC 功能上的扩展服务，还提供了许多企业级服务，如邮件服务、任务调度、EJB 集成、远程访问、缓存及各种视图层框架的封装等。

（4）spring-expression-5.3.26.jar：定义了 Spring 的表达式语言。

2．第三方依赖包

在使用 Spring 开发时，除了使用自带的 JAR 包，其核心容器还需要依赖 commons.logging 的 JAR 包。

本书使用 Maven 管理依赖，上述内容读者只需了解即可。

6.1.4 Spring 的优点

Spring 具有简单、可测试和松耦合等特点。从这个角度出发，它不仅可以用于服务器的开发，而且可以用于任何 Java 应用的开发。关于 Spring 的优点，具体介绍如下。

（1）非侵入式设计：Spring 是一种非侵入式框架，可以使应用程序对框架的依赖最小化。

（2）方便解耦且简化开发：Spring 就是一个“大工厂”，可以将所有对象的创建和依赖关系的维护工作都交给其容器管理，大大地降低了组件之间的耦合度。

（3）支持 App：Spring 提供了对 AOP 的支持，允许将一些通用任务，如安全、事务、日志等进行集中式处理，从而提高了程序的重复使用性。

（4）支持声明式事务管理：Spring 只需要通过配置就可以完成对事务的管理，无须手动编程。

（5）方便程序的测试：Spring 提供了对 JUnit 测试包的支持，可以通过注解很方便地测试程序。

（6）方便集成各种优秀框架：Spring 不排斥各种优秀的开源框架，其内部提供了对各种优秀框架（Hibernate、MyBatis、Quartz 等）的直接支持。

（7）降低 Java EE 轻量级框架的 API 的使用难度：Spring 对 Java EE 轻量级框架的开发中非常难用的一些 API（JDBC、JavaMail 等）都提供了封装，使这些 API 的应用难度大大降低。

6.2 Spring 的核心容器

由于 Spring 的主要功能是通过核心容器来实现的，因此在正式学习 Spring 的使用之前，读者有必要先对其核心容器有一定的了解。Spring 提供了两种核心容器，分别为 BeanFactory 和 ApplicationContext。下面将对这两种核心容器进行简单的介绍。

6.2.1 BeanFactory

BeanFactory 由 org.springframework.beans.factory.BeanFactory 定义，是基础类型的 IoC（关于 IoC

的具体含义将在 6.4 节中介绍，这里只需知道其表示控制反转即可）。它提供了完整的 IoC 服务支持。简单来说，BeanFactory 就是一个管理 Bean 的工厂，主要负责初始化各种 Bean，并调用它们的生命周期方法。

BeanFactory 提供了几个实现类，其中常用的有 org.springframework.beans.factory.xml.XmlBeanFactory，该类可以根据 XML 文件中的定义来配置 Bean。

在实例化 BeanFactory 时，需要提供 Spring 所管理容器的详细配置信息，这些配置信息通常采用 XML 文件的形式来管理。加载配置信息的语法如下。

```
    BeanFactory beanFactory = new XmlBeanFactory(new FileSystemResources
("F:/applicationContext.xml"));
```

这种加载方式在实际开发中并不常用，了解即可。

6.2.2 ApplicationContext

ApplicationContext 是 BeanFactory 的子接口，也被称为应用上下文，是另一种常用的核心容器。它由 org.springframework.context.ApplicationContext 定义，不仅包含了 BeanFactory 的所有功能，而且添加了对国际化、资源访问、事件传播等方面的支持。

创建 ApplicationContext 实例，通常采用两种方法，具体如下。

1. 通过 ClassPathXmlApplicationContext 创建

ClassPathXmlApplicationContext 会从类目录下寻找指定的 XML 文件，找到并装载，完成 ApplicationContext 的实例化工作。其使用语法如下。

```
    ApplicationContext applicationContext =new ClassPathXmlApplicationContext(String
configLocation);
```

在上述代码中，configLocation 用于指定 Spring 配置文件的名称和位置。如果其值为 applicationContext.xml，那么可以从类目录下查找名为 applicationContext.xml 的配置文件。

2. 通过 FileSystemXmlApplicationContext 创建

FileSystemXmlApplicationContext 会从指定的文件系统目录（绝对目录）下寻找指定的 XML 文件，找到并装载，完成 ApplicationContext 的实例化工作。其使用语法如下。

```
    ApplicationContext applicationContext =new FileSystemXmlApplicationContext(String
configLocation);
```

与 ClassPathXmlApplicationContext 有所不同的是，在读取 Spring 配置文件时，FileSystemXmlApplicationContext 不再从类目录下读取配置文件，而通过参数指定配置文件的位置，如 D:/workspaces/applicationContext.xml。如果在参数中写的不是绝对目录，那么在调用方法时就会默认使用绝对目录查找。这种使用绝对目录查找的方式会导致程序的灵活性变差，不推荐使用。

在使用 Spring 时，可以通过实例化其中任何一个类来创建 ApplicationContext。通常在 Java 项目中，通过 ClassPathXmlApplicationContext 实例化 ApplicationContext，而在 Web 应用程序开发中，ApplicationContext 的实例化工作会交由 Web 服务器来完成。在使用 Web 服务器实例化 ApplicationContext 时，通常会使用基于 ContextLoaderListener 的方式，这种方式只需要在 web.xml 中添加如下代码即可。

```
<!-指定 Spring 配置文件的位置，在有多个配置文件时，以逗号分隔-->
<context-param>
    <param-name>contextConfigLocation</param-name>
    <!-- Spring 将加载 Spring 目录下的 applicationContext.xml-->
```

```
    <param-value>classpath:spring/applicationContext.xml</param-value>
</context-param>
<!--指定基于 ContextLoaderListener 的方式启动 Spring 的容器-->
<listener>
    <listener-class>org.springframework.web.context.ContextLoaderListener</listener-class>
</listener>
```

在后面介绍三大框架整合时，将使用基于 ContextLoaderListener 的方式由 Web 服务器实例化 ApplicationContext。

创建 Spring 的容器后就可以获取其中的 Bean 了，通常采用以下两种方法。

（1）Object getBean(String name)：根据容器中 Bean 的 id 或 name 属性来获取指定的 Bean，在获取之后需要进行强制类型转换。

（2）<T> T getBean(Class<T> requiredType)：根据类的类型来获取 Bean。由于此方法为泛型方法，因此在获取 Bean 之后并不需要进行强制类型转换。

BeanFactory 和 ApplicationContext 都是通过 XML 文件加载 Bean 的。二者的主要区别在于，如果 Bean 的某个属性没有注入，那么使用 BeanFactory 加载后，在第一次调用 getBean()方法时会抛出异常，而 ApplicationContext 则在初始化时自检，这样有利于检查所依赖的属性是否注入。因此，在实际开发中，通常都优先选择使用 ApplicationContext，而只有在系统资源较少时，才考虑使用 BeanFactory。

6.3 Spring 的入门程序

通过对前面内容的学习，读者对 Spring 的核心容器有了初步了解。下面通过一个简单的入门程序演示 Spring 的使用，以帮助读者快速地学习 Spring。开发第一个 Spring 项目，输出“Hello,Spring!”，具体要求如下。

（1）编写 HelloSpring.java，输出 Hello,Spring!。

（2）将 Spring 字符串通过 Spring 赋值到 HelloSpring.java 中。

1. 实现思路及关键代码

（1）下载 Spring 并将其添加到项目中。

（2）编写 Spring 配置文件。

（3）编写代码，通过 Spring 的容器获取 helloSpring。

2. 实现步骤

步骤 1　创建项目

在 IntelliJ IDEA 中，创建一个名为 Ch06_01 的 Maven 项目，在 pom.xml 中加载需要使用的 Spring 的 4 个基础包，即 spring-core-5.3.26.jar、spring-beans-5.3.26.jar、spring-context-5.3.26.jar 和 spring-expression-5.3.26.jar。除此之外，还需要将 Spring 的依赖包 commons-logging-1.2.jar 加载到项目中。pom.xml 的具体代码如示例 1 所示。

【示例 1】pom.xml

```
<?xml version="1.0" encoding="UTF-8"?>
<project xmlns="http://maven.apache.org/POM/4.0.0"
         xmlns:xsi="http://www.w3.org/2001/XMLSchema-instance"
         xsi:schemaLocation="http://maven.apache.org/POM/4.0.0
                  http://maven.apache.org/xsd/maven-4.0.0.xsd">
    <modelVersion>4.0.0</modelVersion>

    <groupId>org.example</groupId>
    <artifactId>Ch06_01</artifactId>
    <version>1.0-SNAPSHOT</version>
```

```
    <dependencies>
        <dependency>
            <groupId>junit</groupId>
            <artifactId>junit</artifactId>
            <version>4.13</version>
            <scope>test</scope>
        </dependency>
        <!--Spring 的基础包 spring-core-->
        <dependency>
            <groupId>org.springframework</groupId>
            <artifactId>spring-core</artifactId>
            <version>5.3.26</version>
        </dependency>
        <!--Spring 的基础包 spring-beans-->
        <dependency>
            <groupId>org.springframework</groupId>
            <artifactId>spring-beans</artifactId>
            <version>5.3.26</version>
        </dependency>
        <!--Spring 的基础包 spring-context-->
        <dependency>
            <groupId>org.springframework</groupId>
            <artifactId>spring-context</artifactId>
            <version>5.3.26</version>
        </dependency>
        <!--Spring 的基础包 spring-expressinon-->
        <dependency>
            <groupId>org.springframework</groupId>
            <artifactId>spring-expression</artifactId>
            <version>5.3.26</version>
        </dependency>
        <!--Spring 的依赖包 commons-logging-->
        <dependency>
            <groupId>commons-logging</groupId>
            <artifactId>commons-logging</artifactId>
            <version>1.2</version>
        </dependency>
    </dependencies>

</project>
```

步骤 2　创建 HelloSpring.java

在 src/main/java 目录下创建 cn.springdemo 包，在该包下创建 HelloSpring.java，在该类中定义 print()方法。HelloSpring.java 的具体代码如示例 2 所示。

【示例 2】HelloSpring.java

```
public class HelloSpring {
    // 定义 who 属性，该属性的值将通过 Spring 设置
    private String who = null;
    /**
     * 定义打印方法，输出一句完整的问候
     */
    public void print() {
        System.out.println("Hello," + this.getWho() + "!");
    }
    public String getWho() {
        return who;
    }
    public void setWho(String who) {
        this.who = who;
    }
}
```

步骤 3　创建 log4j.properties

在 src/main/resources 目录下创建 log4j.properties，用来控制日志输出。log4j.properties 的具体代码如示

例 3 所示。

【示例 3】log4j.properties

```
# rootLogger 是所有日志的根日志，修改该日志属性将对所有日志起作用
# 下面的属性配置中，所有日志的输出级别均是 info，输出源均是 con
log4j.rootLogger=info,con
# 定义输出源的输出位置是控制台
log4j.appender.con=org.apache.log4j.ConsoleAppender
# 定义输出日志布局采用的类
log4j.appender.con.layout=org.apache.log4j.PatternLayout
# 定义输出布局
log4j.appender.con.layout.ConversionPattern=%d{MM-dd HH:mm:ss}[%p]%c%n -%m%n
```

步骤 4 创建 applicationContext.xml

在 src/main/resources 目录下创建 Spring 配置文件。在类目录下创建 applicationContext.xml（为便于管理配置文件，可以在项目中创建专门的源文件夹，并将 Spring 配置文件创建到其根目录下）。在 Spring 配置文件中创建 id 属性的值为 helloSpring 且 Bean 为 HelloSpring.java 的实例，并为 who 属性注入值，具体代码如示例 4 所示。

【示例 4】applicationContext.xml

```
1.  <?xml version="1.0" encoding="UTF-8"?>
2.  <beans xmlns="http://www.springframework.org/schema/beans"
3.      xmlns:xsi="http://www.w3.org/2001/XMLSchema-instance"
4.      xsi:schemaLocation="http://www.springframework.org/schema/beans
5.      http://www.springframework.org/schema/beans/spring-beans.xsd">
6.      <!-- 通过 Bean 声明需要 Spring 创建的实例。该实例的类型通过 class 属性指定，并通过 id 属性为
    该实例指定一个名称，以便在程序中使用 -->
7.
8.      <bean id="helloSpring" class="cn.springdemo.HelloSpring">
9.          <!--<property>元素用来为实例的属性赋值 -->
10.         <property name="who">
11.             <!-- 此处将 Spring 字符串赋予 who 属性 -->
12.             <value>Spring</value>
13.         </property>
14.     </bean>
15. </beans>
```

在上述代码中，第 2～5 行代码是 Spring 的约束信息。该信息不需要手写，可以在帮助文档中找到。在 Spring 配置文件中，使用<bean>元素来定义 Bean。这个元素有两个常用属性，一个是 id 属性，用于定义 Bean 的名称；另一个是 class 属性，用于定义 Bean 的类型。第 8 行代码表示在 Spring 的容器中创建一个 id 属性的值为 helloSpring 的 Bean，其中 class 属性用于指定需要实例化 Bean 的类型。

⌘ 经验 ⌘ （1）在使用<bean>元素定义 Bean 时，通常需要使用 id 属性为其指定一个用来访问的唯一名称。如果想为 Bean 指定更多的别名，那么可以通过 name 属性指定，名称之间使用逗号、分号或空格分隔。

（2）在示例 4 中，Spring 为 Bean 的属性赋值是通过调用属性的 setter 方法实现的，这种方法被称为“属性 setter 方法注入”，而非直接为属性赋值。若属性名为 who，而 setter 方法名为 setSomebody()，则 Spring 配置文件中应写成 name="somebody"而非"anyone"。因此，在为属性和 setter 访问器命名时，一定要注意遵循 JavaBean 的命名规范。

注意

Spring 配置文件名可以自定义，在实际开发中通常会将配置文件命名为 applicationContext.xml（有时也会命名为 beans.xml）。

步骤 5 创建 HelloTest.java

在 cn.test 包下创建 HelloTest.java，在该类中定义 test1()方法，具体代码如示例 5 所示。

【示例 5】HelloTest.java

```
    @Test
```

```
    public void test1(){
        HelloSpring helloSpring = new HelloSpring();
        helloSpring.setWho("Spring");
        helloSpring.print();
    }
```

上述代码中没有使用 Spring，而直接使用构造方法创建 helloSpring。通过 helloSpring 调用 print()方法，执行程序后，控制台的输出结果如图 6.4 所示。

```
✔ Tests passed: 1 of 1 test – 1 ms
"C:\Program Files\Java\jdk1.8.0_281\bin\java.exe" ...
Hello,Spring!

Process finished with exit code 0
```

图 6.4 控制台的输出结果

在 cn.test 包下修改 HelloTest.java。先在 test2()方法中初始化 Spring 的容器，并加载配置文件，再通过 Spring 的容器获取 helloSpring，最后通过 helloSpring 调用 print()方法，具体代码如示例 6 所示。

【示例 6】HelloTest.java

```
import org.junit.Test;
import org.springframework.context.ApplicationContext;
import org.springframework.context.support.ClassPathXmlApplicationContext;

import cn.springdemo.HelloSpring;

public class HelloTest {
    @Test
    public void test2() {
        // 通过 ClassPathXmlApplicationContext 实例化 Spring 上下文
        ApplicationContext context = new
                ClassPathXmlApplicationContext ("applicationContext.xml");
        // 基于 ApplicationContext 的 getBean()方法，根据 id 获取 Bean
        HelloSpring helloSpring = (HelloSpring) context.getBean("helloSpring");
        // 执行 print()方法
        helloSpring.print();
    }
}
```

执行程序后，控制台的输出结果如图 6.4 所示。

可以看出，控制台已成功输出了 HelloSpring.java 的输出语句。在示例 6 的 test2()方法中，并没有通过 new 关键字创建 HelloSpring.java 的对象，而是通过 Spring 的容器获取 HelloSpring.java 的对象，这就是 IoC 的工作机制。在示例 6 中，ApplicationContext 是一个接口，负责读取 Spring 配置文件，管理对象的加载、生成，以及维护 Bean 之间的依赖关系，负责 Bean 的生命周期等。ClassPathXmlApplicationContext 是 ApplicationContext 的实现类，用于从类目录下读取 Spring 配置文件。

注意

（1）除了 ClassPathXmlApplicationContext、ApplicationContext，还有其他实现类，如 FileSystemXmlApplicationContext 也可以用于加载 Spring 配置文件，有兴趣的读者可以查阅相关资料，对其使用方法进行了解。

（2）除了 ApplicationContext 及其实现类，还可以通过 BeanFactory 及其实现类对 Bean 实施管理。ApplicationContext 是 BeanFactory 的子接口，可以对企业级开发提供更全面的支持。有兴趣的读者可以自行查阅相关资料，对 BeanFactory 与 ApplicationContext 的区别与联系进行更多的了解。

可以发现，Spring 会自动接管配置文件中 Bean 的创建和为属性赋值的工作。Spring 在创建 Bean 后，会调用相应的 setter 方法为 Bean 设置属性值。Bean 的属性值将不再由程序中的代码主动创建和管理，而改为被动接收 Spring 的注入，使得组件之间可以配置文件而不是用硬编码的方式组织在一起。

6.4 DI 与 IoC

6.4.1 相关概念

DI（Dependency Injection，依赖注入）与 IoC（Inversion of Control，控制反转）的含义相同，只不过是从两个角度描述的同一个概念。对于一个 Spring 的初学者来说，这两种称呼都很难理解，下面通过简单的语言来描述这两个概念。

当某个 Java 对象（调用者）需要调用另一个 Java 对象（被调用者，即被依赖对象）时，在传统模式下，调用者通常会采用“new 被调用者”的代码格式来创建对象，如图 6.5 所示。这种格式会导致调用者与被调用者之间的耦合度提高，不利于后期项目的升级和维护。

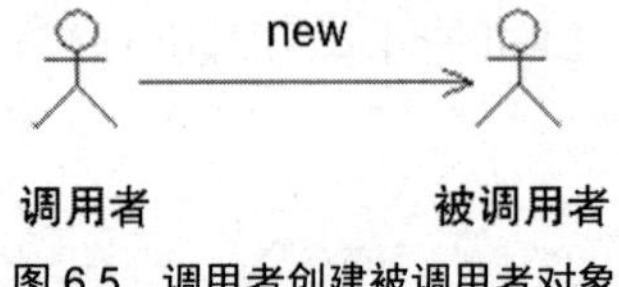

图 6.5 调用者创建被调用者对象

在使用 Spring 之后，Java 对象不再由调用者来创建，而由 Spring 的容器来创建，它会负责控制程序之间的关系，不由调用者的程序代码直接控制。这样，控制权就由程序代码转移到了 Spring 的容器，控制权发生了反转，这就是 Spring 的 IoC。

从 Spring 的容器的角度来看，它负责将被调用者赋值给调用者的成员变量，相当于为调用者注入了依赖实例，这就是 Spring 的 DI，如图 6.6 所示。

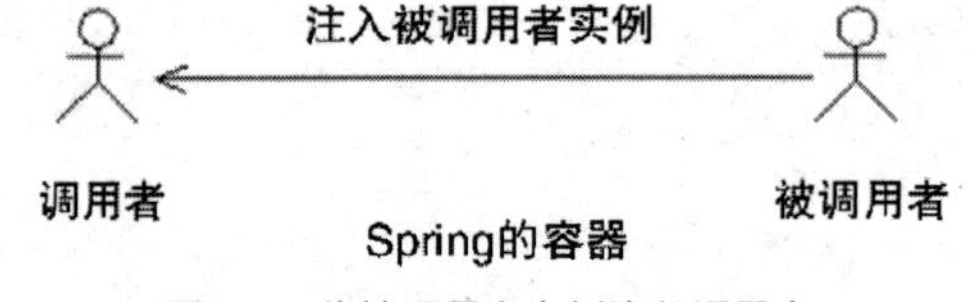

图 6.6 将被调用者实例注入调用者

> 提示
>
> 相对于 IoC，DI 的说法也许更容易理解一些，即由容器负责把组件所“依赖”的具体对象“注入”组件，从而避免组件之间以硬编码的方式组织在一起。

6.4.2 DI 的实现方法

DI 的作用就是在使用 Spring 创建对象时，动态地将其依赖的对象注入 Bean，其实现方法通常有两种，一种是属性 setter 方法注入，另一种是构造方法注入，具体介绍如下。

（1）属性 setter 方法注入：IoC 使用 setter 方法注入被依赖的实例。通过无参构造方式或静态工厂方式实例化 Bean，调用该 Bean 的 setter 方法，即可实现基于 setter 方法的 DI。

（2）构造方法注入：IoC 使用构造方法注入被依赖的实例。基于构造方法的 DI 通过有参构造方法来实现，每个参数代表一个依赖。

了解了两种注入方式后可知，6.3 节中的案例使用的是属性 setter 方法注入，修改上述案例，通过构造方法注入在 Spring 的容器中实现 DI。

步骤 1 创建项目

在 IntelliJ IDEA 中，创建一个名为 Ch06_02 的 Maven 项目，在 pom.xml 中加载需要使用的 Spring 的 4

个基础包，即 spring-core-5.3.26.jar、spring-beans-5.3.26.jar、spring-context-5.3.26.jar 和 spring-expression-5.3.26.jar。除此之外，还需要将 Spring 的依赖包，即 commons-logging-1.2.RELEASE.jar 加载到项目中。pom.xml 的具体代码如本章示例 1 所示。

步骤 2　创建 HelloSpring.java

在 src/main/java 目录下创建 cn.springdemo 包，在该包下创建 HelloSpring.java，为其添加无参构造方法和有参构造方法，并在该类中定义 print()方法，具体代码如示例 7 所示。

【示例 7】HelloSpring.java

```
public class HelloSpring {
    // 定义 who 属性，该属性的值将通过 Spring 设置
    private String who = null;

    // 定义打印方法，输出一句完整的问候
    public void print() {
        System.out.println("Hello," + who + "!");
    }

    public HelloSpring() {
        super();
    }

    public HelloSpring(String who) {
        super();
        this.who = who;
    }
}
```

步骤 3　创建 applicationContext.xml

在 src/main/resources 目录下创建 applicationContext.xml，在该文件中修改 id 属性的值为 helloSpring 且 Bean 为 HelloSpring.java 的实例，并使用构造方法为 who 属性注入值。applicationContext.xml 的具体代码如示例 8 所示。

【示例 8】applicationContext.xml

```
<?xml version="1.0" encoding="UTF-8"?>
<beans xmlns="http://www.springframework.org/schema/beans"
    xmlns:xsi="http://www.w3.org/2001/XMLSchema-instance"
    xsi:schemaLocation="http://www.springframework.org/schema/beans
    http://www.springframework.org/schema/beans/spring-beans.xsd">
    <bean id="helloSpring" class="cn.springdemo.HelloSpring">
        <!-- 通过定义的单参构造为 helloSpring 的 who 属性赋值 -->
        <constructor-arg index="0" value="Spring" />
    </bean>
</beans>
```

步骤 4　创建 HelloTest.java

在 cn.test 包下创建 HelloTest.java，在该类中定义 test()方法，具体代码如示例 9 所示。

【示例 9】HelloTest.java

```
    @Test
    public void test() {
        // 通过 ClassPathXmlApplicationContext 实例化 Spring 上下文
        ApplicationContext context = new
               ClassPathXmlApplicationContext ("applicationContext.xml");
        // 基于 ApplicationContext 的 getBean()方法，根据 id 获取 Bean
        HelloSpring helloSpring = (HelloSpring) context.getBean("helloSpring");
        // 执行 print()方法
        helloSpring.print();
    }
```

执行程序后，控制台的输出结果与 6.3 节中的案例的输出结果一致。注意两个 HelloSpring.java 的差

异，只有为属性提供 setter 方法才能使用 setter 方法注入值，同理，只有为类提供对应属性的构造方法才能实现属性值的注入。

6.4.3 理解 IoC

IoC 也称 DI，是面向对象编程（Object Oriented Programming，OOP）中的一种设计理念，用来降低代码之间的耦合度，在 MVC 设计模式中经常使用。什么是依赖？依赖在代码中一般指通过局部变量、方法参数、返回结果等建立的对其他对象的调用关系。例如，在 A 类的方法中实例化了 B 类并调用其方法以完成特定的功能，即 A 类依赖于 B 类。

几乎所有应用都是由两个或更多的类，通过彼此合作来实现完整功能的。类与类之间的依赖关系增加了程序开发的复杂程度，在开发一个类时，要考虑对正在使用该类的其他类的影响。例如，常见的 Service 层调用 DAO 层实现持久化操作的步骤如下。

（1）获取 Spring 开发包并为项目添加 Spring 的支持。

（2）为 Service 层和 DAO 层的设计接口声明所需要的方法。

（3）编写 DAO 层的 UserDao 实现类，完成具体的持久化操作。

（4）在业务实现类中声明 UserDao 类的属性，并定义适当的构造方法为属性赋值。

（5）在 Spring 的配置文件中，将 UserDao 以构造方法注入业务实例的 UserDao 类的属性。

（6）在代码中获取 Spring 配置文件配置好的 Service 层的 Service 对象，实现程序功能。

其具体实现步骤如下。

步骤 1 创建项目

在 IntelliJ IDEA 中，创建一个名为 Ch06_03 的 Maven 项目，在 pom.xml 中加载需要使用的 Spring 的 4 个基础包，即 spring-core-5.3.26.jar、spring-beans-5.3.26.jar、spring-context-5.3.26.jar 和 spring-expression-5.3.26.jar。除此之外，还需要将 Spring 的依赖包 commons-logging-1.2.jar 加载到项目中。pom.xml 的具体代码如本章示例 1 所示。

步骤 2 创建 Service 层与 DAO 层

Service 层调用 DAO 层实现持久化操作，具体代码如示例 10～13 所示。

【示例 10】UserDao.java

```
public interface UserDao {
    public void save(User user);
}
```

【示例 11】UserDaoImpl.java

```
// 增加 UserDao 类，负责 User 类的持久化操作
public class UserDaoImpl implements UserDao {
    public void save(User user) {
        // 这里并未实现完整的数据库操作，仅为说明问题
        System.out.println("保存用户信息到数据库");
    }
}
```

【示例 12】UserService.java

```
// 增加用户 Service 层的接口，定义所需的业务方法
public interface UserService {
    public void addNewUser(User user);
}
```

【示例 13】UserServiceImpl.java

```
// 增加用户业务类，实现对 User 类的业务管理
public class UserServiceImpl implements UserService {
    // 声明接口类型的引用和具体实现类解耦合
    private UserDao userDao;

    // UserDao 类的属性的 setter 访问器会被 Spring 调用，实现属性 setter 方法注入
    public UserDao getUserDao() {
        return userDao;
    }
    public void setUserDao(UserDao userDao) {
        this.userDao = userDao;
    }
    public void addNewUser(User user) {
        // 调用方法保存用户信息
        userDao.save(user);
    }
}
```

在上述代码中，UserServiceImpl.java 与 UserDaoImpl.java 存在依赖关系。这样的代码很常见，存在一个严重的问题，即 UserServiceImpl.java 和 UserDaoImpl.java 高度耦合，如果因为需求变化需要替换 UserDao 类，那么将导致 UserServiceImpl.java 中的代码随之发生修改。此时，程序将不具备优良的可扩展性和可维护性，甚至在开发中难以测试。

步骤 3　创建 applicationContext.xml

这里将使用 Spring 的 IoC 实现，在 src/main/resources 目录下创建 applicationContext.xml，在该文件中创建一个 id 属性的值为 userService 的 Bean，Bean 用于实例化 UserServiceImpl.java 的信息，并将 id 属性的值为 userDao 的 Bean 注入 userService 实例，具体代码如示例 14 所示。

【示例 14】applicationContext.xml

```
<?xml version="1.0" encoding="UTF-8"?>
<beans xmlns="http://www.springframework.org/schema/beans"
    xmlns:xsi="http://www.w3.org/2001/XMLSchema-instance"
    xsi:schemaLocation="http://www.springframework.org/schema/beans
    http://www.springframework.org/schema/beans/spring-beans.xsd">
    <!--添加一个 id 属性的值为 userDao 的 Bean -->
    <bean id="userDao" class="cn.dsscm.dao.UserDaoImpl" />
    <!--添加一个 id 属性的值为 userDao 的 Bean -->
    <bean id="userService" class="cn.dsscm.service.UserServiceImpl">
    <!-- 将 id 属性的值为 userDao 的 Bean 注入 userService 实例 -->
        <property name="userDao" ref="userDao" />
    </bean>
</beans>
```

在上述代码中，<property>元素是<bean>元素的子元素，用于调用 Bean 中的 setUserDao()方法完成属性赋值，从而实现 DI。其中，name 属性用于指定 Bean 中的相应属性名，ref 属性用于指定前面定义的<bean>元素的 id 属性的值。

步骤 4　创建 IoCTest.java

在 cn.dsscm.test 包下创建 IoCTest.java，用于对程序进行测试，具体代码如示例 15 所示。

【示例 15】IoCTest.java

```
import org.junit.Test;
import org.springframework.context.ApplicationContext;
import org.springframework.context.support.ClassPathXmlApplicationContext;

import cn.dsscm.pojo.User;
import cn.dsscm.service.UserService;

public class IoCTest {
    @Test
    public void test() {
```

```
        // 通过 ClassPathXmlApplicationContext 实例化 Spring 上下文
       ApplicationContext context = new
            ClassPathXmlApplicationContext ("applicationContext.xml");
        // 基于 ApplicationContext 的 getBean()方法，根据 id 获取 Bean
        UserService userService =  (UserService) context.getBean("userService");
        // 执行 print()方法
        userService.addNewUser(new User());
    }
}
```

执行程序后，控制台的输出结果如图 6.7 所示。

```
✔ Tests passed: 1 of 1 test – 245 ms
"C:\Program Files\Java\jdk1.8.0_281\bin\java.exe" ...
保存用户信息到数据库

Process finished with exit code 0
```

图 6.7 控制台的输出结果

可以看出，使用 Spring 的容器通过 UserService 实现类的 addNewUser()方法，调用 UserDao 实现类的 addNewUser()方法，并输出结果。这就是 Spring 的容器属性 setter 方法注入，也是实际开发中十分常用的一种方式。

使用 IoC 利用简单工厂和工厂方法模式的思路分析此类问题，具体代码如示例 16 所示。

【示例 16】简单工厂和工厂方法模式

```
//增加 UserDao 工厂类，负责 UserDao 实例的创建工作
public class UserDaoFactory {
    //负责创建 UserDao 实例的方法
    public static UserDao getInstance() {
        //具体实现过程略
    }
}

// 增加用户业务类，实现对 User 类的业务管理
public class UserServiceImpl implements UserService {
    private UserDao dao = UserDaoFactory.getInstance();
    public void addNewUser(User user) {
        // 调用方法保存用户信息
        dao.save(user);
    }
}
```

这里的 UserDaoFactory.java 体现了 IoC 的思想：UserServiceImpl.java 不再依靠自身的代码去获取所依赖的具体 DAO，而是把这个工作转交给了“第三方”，从而避免和具体 UserDao 实现类之间的耦合。由此可见，在如何获取所依赖的对象这件事上，控制权发生了转移，从 UserServiceImpl.java 转移到了 UserDaoFactory.java。

问题虽然得到了解决，但是大量的工厂类会被引入开发过程，这样明显增加了开发的工作量。而 Spring 能够分担这些额外的工作，提供完整的 IoC 实现，让开发人员得以专注于业务实现类和 DAO 类的设计。

6.4.4 技能训练 1

上机练习 1　实现使用 IoC 在控制台输出

⌘ 需求说明

使用 Spring 实现 DI。

（1）输出。

张三说：“Spring 的初衷是使 Java EE 轻量级框架开发更加简单。”

李四说：“Spring 的 IoC，也称 DI，是 OOP 中的一种设计理念，用来降低代码之间的耦合度。”

（2）将说话人和说话内容都通过 Spring 注入。

提示

（1）将 Spring 添加到项目中。

（2）编写代码和配置文件（同时配置张三和李四两个 Bean）。

（3）获取 Bean，调用功能方法。

6.4.5　深入使用 DI

通过对上述章节内容的学习，读者可以了解 Spring 的配置及 Spring 的 DI，下面开发一个网络游戏模拟程序，以便读者更深入地理解 Spring 的 DI。

那么如何开发一个符合以下条件的网络游戏模拟程序呢？

（1）可以灵活配置玩家的信息。

（2）可以灵活配置装备的信息。

程序中包括装备和玩家两种组件。玩家依赖装备实现速度增效、攻击增效与防御增效。使用 Spring DI 配置一个拥有如表 6.1 所示装备的玩家。

表 6.1　玩家的装备

装　备	战神头盔	振奋铠甲	速度之靴	多兰之戒
速度增效	2	6	8	8
攻击增效	4	4	2	12
防御增效	6	15	3	2

其具体实现步骤如下。

步骤 1　创建项目

在 IntelliJ IDEA 中，创建一个名为 Ch06_04 的 Maven 项目，在 pom.xml 中加载需要使用的 Spring 的 4 个基础包，即 spring-core-5.3.26.jar、spring-beans-5.3.26.jar、spring-context-5.3.26.jar 和 spring-expression-5.3.26.jar。除此之外，还需要将 Spring 的依赖包 commons-logging-1.2.jar 加载到项目中。pom.xml 的具体代码如本章示例 1 所示。

步骤 2　创建 Equip.java

在 cn.games.pojo 包下，创建 Equip.java，具体代码如示例 17 所示。

【示例 17】Equip.java

```
public class Equip {
    private String name;// 装备名称
    private String type;// 装备类型（头盔、铠甲等）
    private Long speedPlus;// 速度增效
    private Long attackPlus;// 攻击增效
    private Long defencePlus;// 防御增效
    public String toString() {
        return this.name + "[" + this.type + ": 速度+" + this.speedPlus + ",攻击+"
                + this.attackPlus + ",防御+" + this.defencePlus + "]";
    }
    //省略 getter 方法和 setter 方法
}
```

在 cn.games.pojo 包下，创建 Player.java，具体代码如示例 18 所示。

【示例 18】Player.java

```
public class Player {
```

```
    private Equip armet;// 头盔
    private Equip loricae;// 铠甲
    private Equip boot;// 靴子
    private Equip ring;// 指环
    //省略 getter 方法和 setter 方法

    // 升级装备
        public void updateEquip(Equip equip) {
        if ("头盔".equals(equip.getType())) {
            System.out.println("头盔升级为" + equip.getName());
            this.armet = equip;
        }
    //省略其他装备判断
}
```

步骤 3 创建 applicationContext.xml

在 src/main/resources 目录下创建 applicationContext.xml，在该文件中注入玩家与装备的属性值，具体代码如示例 19 所示。

【示例 19】applicationContext.xml

```
<?xml version="1.0" encoding="UTF-8"?>
<beans xmlns="http://www.springframework.org/schema/beans"
    xmlns:xsi="http://www.w3.org/2001/XMLSchema-instance"
    xsi:schemaLocation="http://www.springframework.org/schema/beans
    http://www.springframework.org/schema/beans/spring-beans.xsd">
    <bean id="zhanShenArmet" class="cn.games.pojo.Equip">
        <property name="name" value="战神头盔" />
        <property name="type" value="头盔" />
        <property name="speedPlus" value="2" />
        <property name="attackPlus" value="4" />
        <property name="defencePlus" value="6" />
    </bean>
    <bean id="zhenfenLoricae" class="cn.games.pojo.Equip">
        <property name="name" value="振奋铠甲" />
        <property name="type" value="铠甲" />
        <property name="speedPlus" value="6" />
        <property name="attackPlus" value="4" />
        <property name="defencePlus" value="15" />
    </bean>
    <bean id="suduBoot" class="cn.games.pojo.Equip">
        <property name="name" value="速度之靴" />
        <property name="type" value="靴子" />
        <property name="speedPlus" value="8" />
        <property name="attackPlus" value="2" />
        <property name="defencePlus" value="3" />
    </bean>
    <bean id="duolanRing" class="cn.games.pojo.Equip">
        <property name="name" value="多兰之戒" />
        <property name="type" value="指环" />
        <property name="speedPlus" value="8" />
        <property name="attackPlus" value="12" />
        <property name="defencePlus" value="2" />
    </bean>
    <bean id="zhangsan" class="cn.games.pojo.Player">
        <property name="armet" ref="zhanShenArmet" />
        <property name="loricae" ref="zhenfenLoricae" />
        <property name="boot" ref="suduBoot" />
        <property name="ring" ref="duolanRing" />
    </bean>
</beans>
```

步骤 4 创建 GameTest.java

在 cn.games.test 包下，创建 GameTest.java，用于对玩家与装备信息进行测试，具体代码如示例 20 所示。

【示例 20】GameTest.java

```java
    @Test
    public void test() {
        // 通过 ClassPathXmlApplicationContext 实例化 Spring 上下文
        ApplicationContext context =
                new ClassPathXmlApplicationContext ("applicationContext.xml");
        // 基于 ApplicationContext 的 getBean()方法，根据 id 获取 Bean
        Player p = (Player) context.getBean("zhangsan");
        Equip armet = p.getArmet();
        Equip loricae = p.getLoricae();
        Equip boot = p.getBoot();
        Equip ring = p.getRing();
        System.out.println("用户: "+p);
        System.out.println("头盔: "+armet);
        System.out.println("铠甲: "+loricae);
        System.out.println("靴子: "+boot);
        System.out.println("指环: "+ring);
    }
```

执行程序后，控制台的输出结果如图 6.8 所示。

```
✔ Tests passed: 1 of 1 test – 345 ms
"C:\Program Files\Java\jdk1.8.0_281\bin\java.exe" ...
用户: Player [armet=战神头盔[头盔: 速度+2,攻击+4,防御+6], loricae=振奋铠甲[铠甲: 速度+6,攻击+4,防御+15],
头盔: 多兰之戒[指环: 速度+8,攻击+12,防御+2]
铠甲: 振奋铠甲[铠甲: 速度+6,攻击+4,防御+15]
靴子: 速度之靴[靴子: 速度+8,攻击+2,防御+3]
指环: 多兰之戒[指环: 速度+8,攻击+12,防御+2]
```

图 6.8　控制台的输出结果

至此，网络游戏模拟程序的基础模块全部组装完成，并已可以正常使用。综上可知，和 Spring 有关的只有组装和运行两部分代码，仅这两部分代码就具有 Spring DI 的“魔力”。

从配置文件中可以看到，Spring 管理 Bean 的灵活性。Bean 与 Bean 的依赖关系放在配置文件中，而不是写在代码中。通过对配置文件的指定，Spring 能够精确地为每个 Bean 注入属性。每个 Bean 的 id 属性的值是该 Bean 的唯一标识。程序通过 id 属性访问 Bean，Bean 与 Bean 的依赖关系也通过 id 属性完成。通过 Spring 的强大组装能力，在开发每个程序组件时，只需要明确关联组件的接口定义，并不需要关心具体实现，这就是面向接口编程。

6.4.6　技能训练 2

上机练习 2　实现打印机模拟程序

⌘ 需求说明

开发一个打印机模拟程序，使其符合以下条件。

（1）可以灵活配置是使用彩色墨盒还是使用灰色墨盒。

（2）可以灵活配置打印页面的大小。

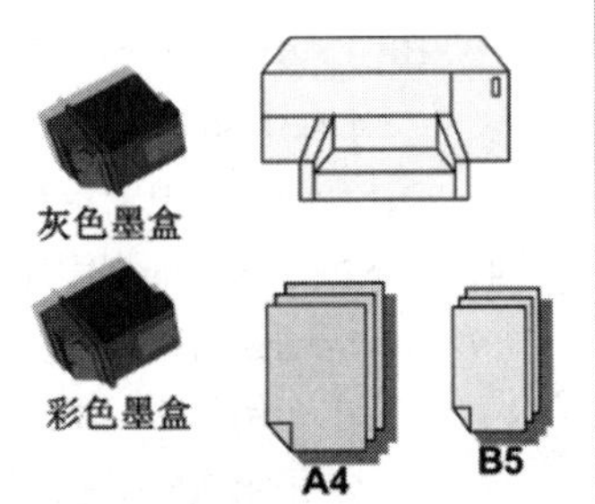

图 6.9　程序中包括的组件

提示

程序中包括打印机（Printer）、墨盒（Ink）和纸张（Paper）3 种组件，如图 6.9 所示。打印机依赖墨盒和纸张。

（1）定义 Ink 接口和 Paper 接口。

（2）使用 Ink 接口和 Paper 接口开发 Printer 程序，但在开发 Printer 程序时并不依赖 Ink 接口和 Paper 接口具体的实现类。

（3）开发 Ink 接口和 Paper 接口的实现类有 ColorInk、GrayInk 和 TextPaper。

（4）组装打印机，并进行运行调试。

本章总结

➢ Spring 是一个轻量级的企业级开源框架，提供了 IoC、AOP 实现、DAO 层支持、ORM 模板支持、Web 模板集成等功能，目的是使现有的 Java EE 轻量级框架更易用，并促使用户养成良好的编程习惯。

➢ DI 让组件之间以配置文件的方式组织在一起，而不是以硬编码的方式组织在一起。

➢ Spring 配置文件是完成组装的主要场所，常用元素包括<bean>元素及<property>元素。

➢ Spring 提供了属性 setter 方法注入、构造方法注入等 DI 的实现方法。

本章作业

一、选择题

1．以下关于 Spring 的说法错误的是（　　）。

A．Spring 是一个轻量级框架

B．Spring 颠覆了已经有较好解决方案的领域，如 MyBatis

C．Spring 可以实现与多种框架的无缝集成

D．Spring 的核心机制是 DI

2．以下关于 DI 的说法正确的是（　　）。

A．DI 的目标是在代码之外管理程序组件之间的依赖关系

B．DI 即面向接口编程

C．DI 是面向对象技术的替代品

D．DI 的使用会扩大程序的规模

3．若 Spring 配置文件中有如下代码，则以下说法正确的是（　　）。

```
<bean id="userInfo" class="cn.user.UserInfo">
    <property name="userName" value="john" />
    <property name="userAge" value="26" />
</bean>
```

A．UserInfo 中一定声明了属性：private String userName;

B．UserInfo 中一定声明了属性：private Integer userAge;

C．UserInfo 中一定有 public void setUserName(String userName)方法

D．UserInfo 中一定有 public void setUserAge(Integer userAge)方法

4．以下关于 Spring 的核心容器的说法错误的是（　　）。

A．Spring 的所有功能都是通过核心容器来实现的

B．在实例化 BeanFactory 时，需要提供 Spring 所管理容器的详细配置信息，这些配置信息通常采用 XML 文件的形式来管理

C．ApplicationContext 不仅包含了 BeanFactory 的所有功能，而且添加了对国际化、资源访问、事件传播等方面的支持

D．通常在 Java 项目中，通过 ClassPathXmlApplicationContext 实例化 ApplicationContext，而在 Web 应用程序开发中，ApplicationContext 的实例化工作会交由 Web 服务器来完成

5．以下关于 Spring 的 4 个基础包的说法正确的是（　　）。

A．Spring 的 4 个基础包分别对应 Spring 的 Web 层的 4 个模块

B．Spring 的 4 个基础包有 spring-core-5.3.26.jar、spring-beans-5.3.26.jar、spring-context-5.3.26.jar 和 spring-aop-5.3.26.jar

C．spring-context-5.3.26.jar 是所有应用都要用到的 JAR 包，包含访问配置文件及进行 IoC 或 DI 操作相关的所有类

D．spring-core-5.3.26.jar 包含 Spring 的基本核心工具类，Spring 的其他组件都要用到这个包下的类，这个包是其他组件的核心

二、简答题

1．简述 Spring 的优点。

2．简述 Spring 的 IoC 和 DI。

三、操作题

在控制台上使用 IoC 输出，并使用 Spring 实现 DI，输出内容如下。

张三说：“好好学习，天天向上！”

TOM 说：“study hard,improve every day!”

第 7 章

Spring Bean

本章目标

◎ 了解<bean>元素的常用属性及子元素

◎ 掌握实例化 Bean 的 3 种方式

◎ 熟悉 Bean 的生命周期

◎ 了解常用作用域 singleton 和 prototype

◎ 掌握 Bean 的 3 种配置方式

本章简介

第 6 章介绍了 Spring 的 IoC 的思想及原理，并通过案例演示了 Spring 的基本使用方法，介绍了 DI 与 IoC 的概念及使用方法。本章将针对 Spring 的容器中 Bean 的相关知识进行详细介绍。

技术内容

7.1 Bean 的配置

Spring 可以被看作一个大型工厂，这个工厂的作用就是生产和管理 Spring 的容器中的 Bean。如果想要在项目中使用这个工厂，那么就需要开发人员对 Spring 配置文件进行配置。

Spring 的容器支持 XML 和 Properties 两种格式的配置文件，在实际开发中，经常使用的是基于 XML 的配置方式。这种配置方式通过 XML 文件来注册并管理 Bean 与 Bean 的依赖关系。下面将使用 XML 文件对 Bean 的属性和定义进行详细介绍。

在 Spring 中，XML 文件的根元素是<beans>元素，<beans>元素中包含多个<bean>元素，每个<bean>元素中定义了一个 Bean，并描述了 Bean 如何被配置到 Spring 的容器中。

<bean>元素中包含多个属性及子元素。其常用属性及子元素如表 7.1 所示。

表 7.1　<bean>元素的常用属性及子元素

常用属性或子元素	说　明
id	Bean 的唯一标识，Spring 的容器通过此属性对 Bean 进行配置和管理
name	Spring 的容器同样可以通过此属性对 Bean 进行配置和管理，name 属性中可以为 Bean 指定多个名称，每个名称之间用逗号或分号隔开
class	指定了 Bean 的具体实现类，必须是一个完整的类名，即使用类的全限定名

续表

常用属性或子元素	说　明
scope	用于设定 Bean 的作用域。其属性值有 singleton、prototype、request、session、globalsession、application 和 websocket，默认值为 singleton
<constructor-arg>	<bean>元素的子元素，可以使用此元素传入构造参数进行实例化。此元素的 index 属性用于指定构造参数的序号（从 0 开始），type 属性用于指定构造参数的类型，参数值可以通过 ref 属性或 value 属性直接指定，也可以通过<ref>元素或<value>元素指定
<property>	<bean>元素的子元素，用于调用 Bean 中的 setter 方法完成为属性赋值，从而实现 DI。此元素的 name 属性用于指定 Bean 中的相应属性名，ref 属性或 value 属性用于指定参数值
ref	<property>、<constructor-arg>等元素的属性或子元素，用于指定对 Bean 工厂中某个 Bean 的引用
value	<property>、<constructor-arg>等元素的属性或子元素，用于直接指定一个常量值
<list>	用于封装 List 或 Array 类型属性的 DI
<set>	用于封装 Set 类型属性的 DI
<map>	用于封装 Map 类型属性的 DI
<entry>	<map>元素的子元素，用于设置一个键-值对。此元素的 key 用于指定 String 类型的键-值。可以使用<ref>元素或<value>元素用于指定其值，也可以通过 value-ref 属性或 value 属性指定其值

表 7.1 中只介绍了<bean>元素的常用属性及子元素，实际上<bean>元素还有很多属性及子元素，读者可自行查阅相关资料进行获取。

在配置文件中，通常一个普通的 Bean 只需要定义 id 和 class 两个属性即可，定义 Bean 的具体代码如下。

```
<?xml version="1.0" encoding="UTF-8"?>
<beans xmlns="http://www.springframework.org/schema/beans"
    xmlns:xsi="http://www.w3.org/2001/XMLSchema-instance"
    xsi:schemaLocation="http://www.springframework.org/schema/beans
    http://www.springframework.org/schema/beans/spring-beans.xsd">
    <!--使用 id 属性定义 Bean1，其对应的实现类为 com.test.Bean1 -->
    <bean id="bean1" class="com.test.Bean1" />
    <!--使用 id 属性定义 Bean2，其对应的实现类为 com.test.Bean2 -->
    <bean id="bean2" class="com.test.Bean2" />
</beans>
```

上述代码中分别使用 id 属性和 name 属性定义了两个 Bean，并使用 class 属性指定了其对应的实现类。

如果 Bean 中未指定 id 属性和 name 属性，那么 Spring 会将 class 属性当作 id 属性使用。

7.2 Bean 的实例化

在面向对象的程序中，要想使用某个对象就需要实例化这个对象。同样，在 Spring 中，要想使用容器中的 Bean 就需要实例化 Bean。实例化 Bean 有 3 种方式，分别为构造器实例化、静态工厂方式实例化和实例工厂方式实例化（其中最常用的是构造器实例化）。下面将分别对这 3 种实例化 Bean 的方式进行详细介绍。

7.2.1 构造器实例化

构造器实例化是指 Spring 的容器通过 Bean 对应类中默认的无参构造方法来实例化 Bean。下面通过一个案例演示 Spring 的容器如何通过构造器实例化。

步骤 1 创建项目

在 IntelliJ IDEA 中，创建一个名为 Ch07_01 的 Maven 项目，在 pom.xml 中加载需要使用的 Spring 的 4 个基础包，即 spring-core-5.3.26.jar、spring-beans-5.3.26.jar、spring-context-5.3.26.jar 和 spring-expression-5.3.26.jar。除此之外，还需要将 Spring 的依赖包 commons-logging-1.2.jar 加载到项目中。pom.xml 的具体代码如第 6 章示例 1 所示。

步骤 2 创建 Bean1.java

在 src/main/java 目录下创建 com.test.instance.constructor 包，在该包下创建 Bean1.java，具体代码如示例 1 所示。

【示例 1】Bean1.java

```
package com.test.instance.constructor;
public class Bean1 {
}
```

步骤 3 创建 applicationContext.xml

在 src/main/resources 目录下创建 applicationContext.xml，在该文件中创建 id 属性的值为 beanl 的 Bean，并通过 class 属性指定其 Bean1.java，具体代码如示例 2 所示。

【示例 2】applicationContext.xml

```
<?xml version="1.0" encoding="UTF-8"?>
<beans xmlns="http://www.springframework.org/schema/beans"
    xmlns:xsi="http://www.w3.org/2001/XMLSchema-instance"
    xsi:schemaLocation="http://www.springframework.org/schema/beans
    http://www.springframework.org/schema/beans/spring-beans.xsd">
    <bean id="bean1" class="com.test.instance.constructor.Bean1" />
</beans>
```

步骤 4 创建 InstanceTest1.java

在 cn.dsscm.instance.constructor 包下创建 InstanceTest1.java，用于测试构造器能否实例化 Bean，具体代码如示例 3 所示。

【示例 3】InstanceTest1.java

```
import org.junit.Test;
import org.springframework.context.ApplicationContext;
import org.springframework.context.support.ClassPathXmlApplicationContext;
public class InstanceTest1 {
    @Test
    public void testBean1() {
        // 定义配置文件目录
        String xmlPath = "applicationContext.xml";
        // ApplicationContext 在加载配置文件时，对 Bean 进行实例化
        ApplicationContext applicationContext = new
                        ClassPathXmlApplicationContext (xmlPath);
        Bean1 bean = (Bean1) applicationContext.getBean("bean1");
        System.out.println(bean);
    }
}
```

上述代码中首先定义了配置文件目录，其次 ApplicationContext 会加载配置文件。ApplicationContext 在加载配置文件时会通过 id 属性的值为 bean1 的 Bean1.java 中默认的无参构造方法，对 Bean 进行实例化。执行程序后，控制台的输出结果如图 7.1 所示。

```
✔ Tests passed: 1 of 1 test – 319 ms
"C:\Program Files\Java\jdk1.8.0_281\bin\java.exe" ...
com.test.instance.constructor.Bean1@74a10858

Process finished with exit code 0
```

图 7.1 控制台的输出结果

从控制台的输出结果中可以看出，ApplicationContext 已经成功实例化了 Bean1.java，并输出了结果。为方便学习，本章中的所有配置文件和类文件都放置在同一个包下。在实际开发中，为了方便管理和维护，建议将这些文件根据类别分别放置在不同目录下。

7.2.2 静态工厂方式实例化

静态工厂方式是实例化 Bean 的另一种方式。该方式要求开发人员使用静态工厂来创建 Bean，Bean 配置中的 class 属性指定的不再是 Bean 的实现类，而是静态工厂类，同时还需要使用 factory-method 属性来指定创建的静态工厂方式。下面通过一个案例演示如何使用静态工厂实例化 Bean。

步骤 1 创建 Bean1.java

在 src/main/java 目录下创建 com.test.instance.static_factory 包，在该包下创建 Bean2.java，该类与 Bean1.java 一样，不需要添加任何方法。

步骤 2 创建 MyBean2Factory.java

在 com.test.instance.static_factory 包下创建 MyBean2Factory.java，在该类中定义 createBean()方法，用于返回 Bean2，具体代码如示例 4 所示。

【示例 4】MyBean2Factory.java

```java
package com.test.instance.static_factory;
public class MyBean2Factory {
    //使用自己的工厂类创建 Bean2
    public static Bean2 createBean(){
        return new Bean2();
    }
}
```

步骤 3 编辑 applicationContext.xml

在 src/main/resources 目录下，编辑 applicationContext.xml，具体代码如示例 5 所示。

【示例 5】applicationContext.xml

```xml
<?xml version="1.0" encoding="UTF-8"?>
<beans xmlns="http://www.springframework.org/schema/beans"
    xmlns:xsi="http://www.w3.org/2001/XMLSchema-instance"
    xsi:schemaLocation="http://www.springframework.org/schema/beans
    http://www.springframework.org/schema/beans/spring-beans.xsd">
    <bean id="bean1" class="com.test.instance.constructor.Bean1" />
    <bean id="bean2" class="com.test.instance.static_factory.MyBean2Factory"
        factory-method="createBean" />
</beans>
```

上述代码中通过设置<bean>元素的 id 属性的值为 bean2 定义 Bean，因为使用的是静态工厂，所以需要通过 class 属性指定其对应的工厂实现类为 MyBean2Factory.java。因为使用这种方式配置 Bean 后，Spring 的容器不知道哪个是所需要的工厂方法，所以增加了 factory-method 属性用以告诉 Spring 的容器，其方法名为 createBean。

步骤 4 创建 InstanceTest2.java

在 com.dsscm.instance.static_factory 包下创建 InstanceTest2.java，用于测试使用静态工厂能否实例化 Bean，具体代码如示例 6 所示。

【示例 6】InstanceTest2.java

```
public class InstanceTest2 {
    @Test
    public void testBean2() {
        // 定义配置文件目录
        String xmlPath = "applicationContext.xml";
        // ApplicationContext 在加载配置文件时，对 Bean 进行实例化
        ApplicationContext applicationContext = new
                ClassPathXmlApplicationContext(xmlPath);
        Bean2 bean = (Bean2) applicationContext.getBean("bean2");
        System.out.println(bean);
    }
}
```

执行程序后，控制台的输出结果如图 7.2 所示。

```
✔ Tests passed: 1 of 1 test – 238 ms
"C:\Program Files\Java\jdk1.8.0_281\bin\java.exe" ...
com.test.instance.static_factory.Bean2@74a10858

Process finished with exit code 0
```

图 7.2 控制台的输出结果

从控制台的输出结果中可以看出，使用静态工厂成功实例化了 Bean2。

7.2.3 实例工厂方式实例化

还有一种实例化 Bean 的方式就是实例工厂方式。在这种方式的工厂类中，不再使用静态工厂实例化 Bean，而使用实例工厂实例化 Bean。同时，在配置文件中，需要实例化的 Bean 也不是通过 class 属性直接指向的实例化类，而是通过 factory-bean 属性指向配置的实例工厂，并通过 factory-method 属性确定使用实例工厂中的哪个方法。下面通过一个案例演示如何使用实例工厂实例化 Bean。

步骤 1 创建 Bean3.java

在 src/main/java 目录下创建 com.test.instance.factory 包，在该包下创建 Bean3.java，该类与 Bean1.java 一样，不需要添加任何方法。

步骤 2 创建 MyBean3Factory.java

在 com.test.instance.factory 包下创建 MyBean3Factory.java，在该类中使用默认无参构造方法输出"Bean3 工厂实例化的地址信息"语句，并使用 createBean()方法创建 Bean3，具体代码如示例 7 所示。

【示例 7】MyBean3Factory.java

```
public class MyBean3Factory {
    //使用自己的工厂创建 Bean3
    public Bean3 createBean(){
        return new Bean3();
    }
}
```

步骤 3 编辑 applicationContext.xml

在 src/main/resources 目录下，编辑 applicationContext.xml，具体代码如示例 8 所示。

【示例 8】applicationContext.xml

```
<?xml version="1.0" encoding="UTF-8"?>
<beans xmlns="http://www.springframework.org/schema/beans"
    xmlns:xsi="http://www.w3.org/2001/XMLSchema-instance"
    xsi:schemaLocation="http://www.springframework.org/schema/beans
    http://www.springframework.org/schema/beans/spring-beans.xsd">
```

```
    <bean id="bean1" class="com.test.instance.constructor.Bean1" />
    <bean id="bean2" class="com.test.instance.static_factory.MyBean2Factory"
        factory-method="createBean" />
    <!-- 配置 Bean -->
    <bean id="myBean3Factory" class="com.test.instance.factory.MyBean3Factory" />
   <!-- 通过 factory-bean 属性指向配置的实例工厂，并通过 factory-method 属性确定使用实例工厂中的哪个方法-->

    <bean id="bean3" factory-bean="myBean3Factory" factory-method="createBean" />
</beans>
```

上述代码中首先配置了一个 Bean，其次配置了需要实例化的 Bean。在 id 属性的值为 bean3 的 Bean 中，通过 factory-bean 属性指向配置的实例工厂，该属性的值就是 Bean 的 id 属性的值。使用 factory-method 属性确定使用实例工厂中的 createBean()方法。

步骤 4 创建 InstanceTest3.java

在 cn.dsscm.instance.factory 包下创建 InstanceTest3.java，用于测试使用实例工厂能否实例化 Bean，具体代码如示例 9 所示。

【示例 9】InstanceTest3.java

```
import org.junit.Test;
import org.springframework.context.ApplicationContext;
import org.springframework.context.support.ClassPathXmlApplicationContext;

public class InstanceTest3 {
    @Test
    public void testBean3() {
        // 定义配置文件目录
        String xmlPath = "applicationContext.xml";
        // ApplicationContext 在加载配置文件时，对 Bean 进行实例化
        ApplicationContext applicationContext = new
                ClassPathXmlApplicationContext(xmlPath);
        System.out.println(applicationContext.getBean("bean3"));
    }
}
```

执行程序后，控制台的输出结果如图 7.3 所示。

```
✓ Tests passed: 1 of 1 test – 228 ms
"C:\Program Files\Java\jdk1.8.0_281\bin\java.exe" ...
com.test.instance.factory.Bean3@74a10858

Process finished with exit code 0
```

图 7.3 控制台的输出结果

从控制台的输出中可以看出，使用实例工厂成功实例化了 Bean3。

7.2.4 技能训练

上机练习 1　使用不同方式实现 Bean 的实例化

⌘ 需求说明

修改第 6 章的案例，开发第一个 Spring 项目，输出“Hello,Spring!”，具体要求如下。

（1）编写 HelloSpring.java，输出“Hello,Spring!”。

（2）将 Spring 字符串通过 Spring 赋值到 HelloSpring.java 中。

（3）分别使用构造器实例化 Bean、静态工厂实例化 Bean 和实例工厂实例化 Bean。

7.3 Bean 配置方式——基于 XML 的配置

Bean 的配置可以理解为依赖关系注入，Bean 配置方式即 Bean DI 方式。Spring 的容器支持多种形式的 Bean 配置方式，本章主要介绍基于 XML 的配置、基于注解的配置和自动配置，其中最常用的是基于注解的配置。下面介绍基于 XML 的配置实现 DI 的方式。

7.3.1 常用 DI 的方式

在第 6 章中，使用 Spring 的两种常用 DI 的方式，并通过 setter 访问器可以实现对属性的赋值，这种做法被称为属性 setter 方法注入，较常使用。除此之外，Spring 还支持通过构造方法赋值，这种做法被称为构造方法注入。

Spring 提供了两种基于 XML 的配置方式，即属性 setter 方法注入和构造方法注入。下面介绍如何在 XML 文件中使用这两种注入方式实现基于 XML 的配置。

在 Spring 实例化 Bean 的过程中，首先会调用 Bean 的默认构造方法来实例化 Bean，然后通过反射的方式调用 setter 方法来注入属性值。因此，属性 setter 方法注入要求一个 Bean 必须满足以下两点要求。

（1）提供一个默认的无参构造方法。

（2）为需要注入的属性提供对应的 setter 方法。

使用属性 setter 方法注入时，在 Spring 配置文件中需要使用<property>元素来为每个属性注入值；而使用构造方法注入时，在 Spring 配置文件中需要使用<constructor-arg>元素定义构造方法的参数，可以使用其 value 属性来设置该参数的值。

下面通过一个案例演示基于 XML 的配置。

步骤 1 创建项目

在 IntelliJ IDEA 中，创建一个名为 Ch07_02 的 Maven 项目，在 pom.xml 中加载需要使用的 Spring 的 4 个基础包，即 spring-core-5.3.26.jar、spring-beans-5.3.26.jar、spring-context-5.3.26.jar 和 spring-expression-5.3.26.jar。除此之外，还需要将 Spring 的依赖包 commons-logging-1.2.jar 加载到项目中。pom.xml 的具体代码如第 6 章示例 1 所示。

步骤 2 创建 User.java

在 src/main/java 目录下创建 cn.dsscm.pojo 包，在该包下创建 User.java，在该类中定义 username、password 和 list 三个集合属性及其对应的 setter 方法，具体代码如示例 10 所示。

【示例 10】User.java

```
import java.util.List;

public class User {
    private String username;
    private Integer password;
    private List<String> list;
    /**
     * 使用构造方法注入
     * 提供带所有参数的有参构造方法
     */
    public User(String username, Integer password, List<String> list) {
        super();
        this.username = username;
        this.password = password;
        this.list = list;
    }
```

```
    /**
     * 使用属性 setter 方法注入
     * 提供默认空参构造方法
     * 为所有属性提供 setter 方法
     */
    public User() {
        super();
    }
    public void setUsername(String username) {
        this.username = username;
    }
    public void setPassword(Integer password) {
        this.password = password;
    }
    public void setList(List<String> list) {
        this.list = list;
    }
    @Override
    public String toString() {
        return "User [username="+username+", password="+password
                +", list="+list+"]";
    }
}
```

在上述代码中，由于要使用构造方法注入，因此需要使用其有参和无参的构造方法。同时，为了方便查看输出结果还重写了 toString()方法。

步骤 3　创建 applicationContext.xml

在 src/main/resources 目录下，创建 applicationContext.xml，在该文件中通过构造方法注入和属性 setter 方法注入配置 User.java 的实例，具体代码如示例 11 所示。

【示例 11】applicationContext.xml

```
<?xml version="1.0" encoding="UTF-8"?>
<beans xmlns="http://www.springframework.org/schema/beans"
    xmlns:xsi="http://www.w3.org/2001/XMLSchema-instance"
    xsi:schemaLocation="http://www.springframework.org/schema/beans
    http://www.springframework.org/schema/beans/spring-beans.xsd">
    <!--使用构造方法注入配置 User.java 的实例 -->
    <bean id="user1" class="cn.dsscm.pojo.User">
        <constructor-arg index="0" value="张三" />
        <constructor-arg index="1" value="123456" />
        <constructor-arg index="2">
            <list>
                <value>"constructorvalue1"</value>
                <value>"constructorvalue2"</value>
            </list>
        </constructor-arg>
    </bean>
    <!--使用属性 setter 方法注入配置 User.java 的实例 -->
    <bean id="user2" class="cn.dsscm.pojo.User">
        <property name="username" value="李四"></property>
        <property name="password" value="654321"></property>
        <!-- 注入 List 集合属性 -->
        <property name="list">
            <list>
                <value>"setlistvalue1"</value>
                <value>"setlistvalue2"</value>
            </list>
        </property>
    </bean>
</beans>
```

在上述代码中，<constructor-arg>元素用于定义构造方法注入的参数，其 index 属性表示索引（从 0 开始），value 属性用于设置注入值，<list>元素用来为 User.java 中对应的 List 集合属性注入值。此外，在上述代码中使用了属性 setter 方法注入配置 User.java 的实例，其中<property>元素用于调用 Bean 中的 setter 方法完成为属性赋值，从而实现 DI，而<list>元素同样用来为 User.java 中对应的 List 集合属性注入值。

步骤 4　创建测试方法

在 cn.dsscm.test 包下创建 XmlBeanTest.java，在该类中分别获取并输出配置文件中的 user1 和 user2 两个实例，具体代码如示例 12 所示。

【示例 12】XmlBeanTest.java

```
package com.test.assemble;
import org.springframework.context.ApplicationContext;
import org.springframework.context.support.ClassPathXmlApplicationContext;
public class XmlBeanAssembleTest {
    public static void main(String[] args) {
        // 定义配置文件目录
        String xmlPath = "com/test/assemble/beans5.xml";
        // 加载配置文件
        ApplicationContext applicationContext =new
                ClassPathXmlApplicationContext (xmlPath);
        // 构造方法注入的输出结果
        System.out.println(applicationContext.getBean("user1"));
        // 属性 setter 方法注入的输出结果
        System.out.println(applicationContext.getBean("user2"));
    }
}
```

执行程序后，控制台的输出结果如图 7.4 所示。

```
✔ Tests passed: 1 of 1 test – 295 ms
"C:\Program Files\Java\jdk1.8.0_281\bin\java.exe" ...
User [username=张三, password=123456, list=["constructorvalue1", "constructorvalue2"]]
User [username=李四, password=654321, list=["setlistvalue1", "setlistvalue2"]]

Process finished with exit code 0
```

图 7.4　控制台的输出结果

从控制台的输出结果中可以看出，已经成功地使用基于 XML 配置的构造方法注入和属性 setter 方法注入配置了 User.java 的实例。

将第 6 章中介绍常见的 Service 层调用 DAO 层实现持久化操作，改为通过构造方法注入为业务类注入所依赖的 DAO 层的 DAO 对象，实现保存用户信息的功能，具体实现步骤如下。

步骤 1　创建项目

在 IntelliJ IDEA 中，创建一个名为 Ch07_03 的 Maven 项目，在 pom.xml 中加载需要使用的 Spring 的 4 个基础包，即 spring-core-5.3.26.jar、spring-beans-5.3.26.jar、spring-context-5.3.26.jar 和 spring-expression-5.3.26.jar。除此之外，还需要将 Spring 的依赖包 commons-logging-1.2.jar 加载到项目中。pom.xml 的具体代码如第 6 章示例 1 所示。

步骤 2　创建 UserServiceImpl.java

创建 UserServiceImpl.java，在该类中声明 UserDao 类的属性，并添加构造方法，具体代码如示例 13 所示。

【示例 13】UserServiceImpl.java

```
package com.test.assemble;
import org.springframework.context.ApplicationContext;
import org.springframework.context.support.ClassPathXmlApplicationContext;
public class XmlBeanAssembleTest {
    public static void main(String[] args) {
        // 定义配置文件目录
        String xmlPath = "com/test/assemble/beans5.xml";
        // 加载配置文件
        ApplicationContext applicationContext =new
                  ClassPathXmlApplicationContext (xmlPath);
```

```
        // 构造方法注入的输出结果
        System.out.println(applicationContext.getBean("user1"));
        // 属性 setter 方法注入的输出结果
        System.out.println(applicationContext.getBean("user2"));
    }
}
```

⌘ 经验 ⌘ 使用属性 setter 方法注入时，Spring 通过 JavaBean 的无参构造方法实例化对象。编写有参构造方法后，Java 虚拟机不会提供默认的无参构造方法。为了保证使用的灵活性，建议自行添加一个无参构造方法。

步骤 3 创建 applicationContext.xml

创建 applicationContext.xml，在该文件中将 DAO 层的 DAO 对象通过构造方法注入赋给 Service 层的 Service 对象的相关属性，具体代码如示例 14 所示。

【示例 14】applicationContext.xml

```
<?xml version="1.0" encoding="UTF-8"?>
<beans xmlns="http://www.springframework.org/schema/beans"
    xmlns:xsi="http://www.w3.org/2001/XMLSchema-instance"
    xsi:schemaLocation="http://www.springframework.org/schema/beans
    http://www.springframework.org/schema/beans/spring-beans.xsd">
    <!--添加一个 id 属性的值为 userDao 的实例 -->
    <bean id="userDao" class="cn.dsscm.dao.UserDaoImpl" />
    <!--添加一个 id 属性的值为 userService 的实例 -->
    <bean id="userService" class="cn.dsscm.service.UserServiceImpl">
        <constructor-arg>

            <ref bean="userDao" />
        </constructor-arg>
    </bean>
</beans>
```

注意

（1）一个<constructor-arg>元素表示构造方法注入的一个参数，且使用时不用区分顺序。当构造方法注入的参数出现混淆无法区分时，可以通过<constructor-arg>元素的 index 属性指定该参数的位置索引，位置从 0 开始。<constructor-arg>元素还提供了 type 属性，用来指定参数的类型，避免字符串和基本数据类型混淆。

（2）构造方法注入的时效性好，在对象实例化时就得到了所依赖的对象，便于在对象的初始化方法中使用依赖对象；但受限于方法重载的形式，使用灵活性不足。属性 setter 方法注入使用灵活，但时效性不足，并且大量的 setter 访问器增加了类的复杂性。Spring 并不倾向于某种注入方式，用户应该根据实际情况进行合理选择。

当然，Spring 提供的注入方式不只这两种，只是这两种方式用得比较普遍，有兴趣的读者可以通过开发手册了解其他注入方式。

7.3.2 技能训练 1

上机练习 2 **使用构造方法注入实现为属性赋值**

⌘ 需求说明

（1）修改第 6 章的案例，输出内容如下。

张三说：“Spring 的初衷是使 Java EE 轻量级框架开发更加简单。”

李四说：“Spring 的 IoC，也称 DI，是 OOP 中的一种设计理念，用来降低代码之间的耦合度。”

（2）将说话人和说话内容都通过构造方法注入。

提示

由于说话人和说话内容均为字符串，因此应使用 index 属性指定参数下标。

7.3.3 使用 p 命名空间实现属性 setter 方法注入

从 Spring 2.0 的配置文件开始采用 schema 形式，可以使用不同的命名空间管理不同类型的配置，使配置文件更具扩展性。例如，曾经使用 AOP 命名空间的元素可以实现置入切面的功能，在本章及之后章节内容的学习中读者还会接触更多其他命名空间的配置。此外，Spring 基于 schema 形式的配置为许多领域的问题提供了简化的配置方法，大大简化了配置。下面将体验使用 p 命名空间实现属性 setter 方法注入。

p 命名空间的特点是使用属性而不是元素配置 Bean 的属性，从而简化了 Bean 的配置。使用传统的<property>元素配置的具体代码如示例 15 所示。

【示例 15】applicationContext.xml

```
<bean id="user" class="cn.dsscm.pojo.User">
    <property name="username">
        <value>张三</value>
    </property>
    <property name="age">
        <value>23</value>
    </property>
    <property name="email">
        <value>zhangsan@163.com</value>
    </property>
</bean>

<bean id="userDao" class="cn.dsscm.dao.impl.UserDaoImpl" />
<bean id="userService" class="cn.dsscm.service.impl.UserServiceImpl">
    <property name="dao">
        <ref bean="userDao"/>
    </property>
</bean>
```

使用 p 命名空间改进配置，注意使用前要先添加 p 命名空间的声明，具体代码如示例 16 所示。

【示例 16】applicationContext.xml

```
<?xml version="1.0" encoding="UTF-8"?>
<beans xmlns="http://www.springframework.org/schema/beans"
    xmlns:xsi="http://www.w3.org/2001/XMLSchema-instance"
    xmlns:p="http://www.springframework.org/schema/p"
    xsi:schemaLocation="http://www.springframework.org/schema/beans
    http://www.springframework.org/schema/beans/spring-beans.xsd">
    <!-- 使用 p 命名空间注入属性值 -->
    <bean id="user" class="cn.dsscm.pojo.User" p:username="张三" p:age="23"
        p:email="zhangsan@163.com" />
    <bean id="userDao" class="cn.dsscm.dao.impl.UserDaoImpl" />
    <bean id="userService" class="cn.dsscm.service.impl.UserServiceImpl"
         p:dao-ref="userDao" />
</beans>
```

通过对比可以看出，使用 p 命名空间简化配置的效果很明显。

对于直接量（基本数据类型、string 类型）的属性，使用方式总结如下。

语法

```
p:属性名="属性值"
```

对于引用 Bean 的属性，使用方式总结如下。

语法

```
p:属性名-ref="Bean 的 id"
```

7.3.4　技能训练 2

上机练习 3　使用 p 命名空间实现直接量的注入

⌘ 需求说明

（1）修改本章上机练习 2 的实现代码，对说话人和说话内容使用 p 命名空间通过属性 setter 方法注入。

（2）输出内容如下。

张三说：“Spring 的初衷是使 Java EE 轻量级框架开发更加简单。”

李四说：“Spring 的 IoC，也称 DI，是 OOP 中的一种设计理念，用来降低代码之间的耦合度。”

7.3.5　注入不同数据类型

Spring 提供不同的元素来实现各种不同类型参数的注入，这些元素对于属性 setter 方法注入和构造方法注入都适用。下面将基于属性 setter 方法注入进行介绍，对于构造方法注入只需将介绍的元素添加到<constructor-arg>元素中即可。

1．注入直接量（基本数据类型、string 类型）

对于基本数据类型、string 类型，除了可以使用 value 属性，还可以通过<value>元素进行注入，具体代码如示例 17 所示。

【示例 17】applicationContext.xml

```
<bean id="user" class="entity.User">
    <property name="username">
        <value>张三</value>
    </property>
    <property name="age">
        <value>23</value>
    </property>
    <property name="email">
        <value>zhangsan@xxx.com</value>
    </property>
</bean>
```

如果属性值中包含 XML 文件中的特殊字符（&、<、>、"、'），那么注入时需要进行处理。通常可以采用两种办法：使用<![CDATA[]]>标记和把特殊字符替换为实体引用，具体代码如示例 18 所示。

【示例 18】applicationContext.xml

```
<!--使用<![CDATA[]]>标记处理 XML 特殊字符-->
<bean id="product" class="entity.Product">
    <property name="productName">
        <value>高露洁牙膏</value>
    </property>
    <property name="brand">
        <value><![CDATA[P&G]]></value>
    </property>
</bean>
<!--把 XML 文件中的特殊字符替换为实体引用-->
<bean id="product" class="entity.Product">
    <property name="productName">
        <value>高露洁牙膏</value>
    </property>
    <property name="brand">
        <value>P&amp;G</value>
    </property>
</bean>
```

XML 文件中预定义的实体引用如表 7.2 所示。

表 7.2 XML 文件中预定义的实体引用

符　号	实体引用	符　号	实体引用
<	<.	'	'
>	>	"	"
&	&		

严格来讲，XML 文件中的符号“<”和“&”是不合规的，其他 3 个符号是合规的，把它们都替换为实体引用是一个好习惯。

2. 引用其他 Bean

Spring 中定义的 Bean 可以相互引用，从而建立依赖关系。除了使用 ref 属性，还可以通过<ref>元素实现，具体代码如示例 19 所示。

【示例 19】applicationContext.xml

```
<!--定义 UserDaoImpl 对象，并指定 id 属性的值为 userDao -->
<bean id="userDao" class="dao.impl.UserDaoImpl" />

<!--定义 UserServiceImpl 对象，并指定 id 属性的值为 userService -->
<bean id="userService" class="service.impl.UserServiceImpl">
    <!--为 name 属性赋值-->
    <property name="dao">

        <ref bean="userDao" />
    </property>
</bean>
```

<ref>元素中的 bean 属性用来指定要引用的 Bean 的 id 属性的值。除了 bean 属性，还有 local 属性，具体代码如示例 20 所示。

【示例 20】applicationContext.xml

```
<!--定义 UserDaoImpl 对象，并指定 id 属性的值为 userDao -->
<bean id="userDao" class="dao.impl.UserDaoImpl" />

<!--定义 UserServiceImpl 对象，并指定 id 属性的值为 userService -->
<bean id="userService" class="service.impl.UserServiceImpl">
    <!--为 name 属性赋值-->
    <property name="dao">

        <ref local="userDao" />
    </property>
</bean>
```

从以上代码中可以看出，local 属性和 bean 属性的用法类似，都是用来指定要引用的 Bean 的 id。区别在于，Spring 配置文件是可以拆分成多个的（将在后续章节中介绍），使用 local 属性只能在同一个配置文件中检索 Bean 的 id 属性的值，而使用 bean 属性则可以在其他配置文件中检索 Bean 的 id 属性的值。

3. 引用内部 Bean

如果一个 Bean 仅在一处需要使用，那么可以把它定义为内部 Bean，具体代码如示例 21 所示。

【示例 21】applicationContext.xml

```
<!--定义 UserServiceImpl 对象，并指定 id 属性的值为 userService -->
<bean id="userService" class="service.impl.UserServiceImpl">
    <!--为 name 属性赋值-->
    <property name="dao">
        <!--定义 UserDaoImpl 对象-->
        <bean class="dao.impl.UserDaoImpl" />
```

```
    </property>
</bean>
```

这样，这个 UserDaoImpl.java 的 Bean 只能被 userService 引用，无法被其他 Bean 引用。

4．注入集合类型属性

对于 List 或 Array 类型属性，可以使用<list>元素注入，具体代码如示例 22 所示。

【示例 22】applicationContext.xml

```
<!-- 注入 List 类型属性-->
<bean id="user" class="entity.User">
    <property name="hobbies">
        <list>
            <!-- 定义 List 中的元素 -->
            <value>足球</value>
            <value>篮球</value>
        </list>
    </property>
</bean>
```

<list>元素中可以使用<value>、<ref>等元素注入，也可以使用另一个<list>元素注入。

Set 类型属性可以使用<set>元素注入，具体代码如示例 23 所示。

【示例 23】applicationContext.xml

```
<bean id="user" class="entity.User">
    <property name="hobbies">
        <!-- 注入 set 类型属性 -->
            <set>
                <!-- 定义 set 或 Array 中的元素 -->
                <value>足球</value>
                <value>篮球</value>
            </set>
    </property>
</bean>
```

<set>元素中也可以使用<value>、<ref>等元素注入。

对于 Map 类型属性，可以使用示例 24 的方式注入。

【示例 24】applicationContext.xml

```
    <!-- 注入 Map 类型属性 -->
    <property name="map">
        <map>
            <!-- 定义 Map 中的键-值对 -->
            <entry>
                <key>
                    <value>football</value>
                </key>
                <value>足球</value>
            </entry>
            <entry>
                <key>
                    <value>basketball</value>
                </key>
                <value>篮球</value>
            </entry>
        </map>
    </property>
```

如果 Map 中的键或值是 Bean，那么可以把上述代码中的<value>元素换成<ref>元素。

对于 Properties 类型属性，可以使用示例 25 的方式注入。

【示例 25】applicationContext.xml

```
<!-- 注入 Properties 类型属性 -->
        <property name="props">
            <props>
                <!-- 定义 Properties 中的键-值对 -->
                <prop key="football">足球</prop>
                <prop key="basketball">篮球</prop>
            </props>
        </property>
```

Properties 中的键和值通常都是字符串。

5. 注入空字符串和 null

可以使用<value>元素注入空字符串，以及使用<null/>元素注入 null，具体代码如示例 26 所示。

【示例 26】applicationContext.xml

```
    <!-- 注入空字符串 -->
    <property name="emptyValue">
        <value></value>
    </property>
    <!-- 注入 null -->
    <property name="nullValue">
        <null/>
    </property>
```

7.4 Bean 配置方式——基于注解的配置

前面已经介绍了多种和 Spring IoC 有关的配置技巧，这些技巧都是基于 XML 文件进行的。在 Spring 中，尽管使用 XML 文件可以实现 Bean 的配置工作，但如果应用中有很多 Bean，那么会导致 XML 文件过于臃肿，给后续的维护和升级工作带来一定的困难。为此，从 Spring 2.0 开始引入基于注解的配置方式，将 Bean 的配置和 Bean 实现类结合在一起，以进一步减少配置文件的代码量。

下面修改前面的案例，通过注解来配置 Bean，为业务类注入所依赖的 DAO 层的 DAO 对象，以实现保存用户信息的功能。

7.4.1 使用注解定义 Bean

Spring 中定义了一系列的注解，常用定义 Bean 的注解。Spring 中常用定义 Bean 的注解如表 7.3 所示。

表 7.3 Spring 中常用定义 Bean 的注解

注 解	说 明
@Component	用于描述 Bean，是一个泛化的概念，仅仅表示一个 Bean，可以作用在任何层次。在使用时，只需将该注解标注在相应类上即可
@Repository	用于将 DAO 层的类标识为 Bean，功能与@Component 注解的功能相同
@Service	通常作用在 Service 层，用于将 Service 层的类标识为 Bean，功能与@Component 注解的功能相同
@Controller	通常作用在表现层，用于将表现层的类标识为 Bean，功能与@Component 注解的功能相同

在上面 4 个注解中，虽然@Repository 注解、@Service 注解、@Controller 注解的功能与@Component 注解的功能相同，但为了使标注类本身用途更加清晰，建议在实际开发中分别使用@Repository 注解、@Service 注解与@Controller 注解对实现类进行标注。

在 JavaBean 中通过注解实现 Bean 的定义，具体代码如示例 27 所示。

【示例 27】UserDaoImpl.java

```
import org.springframework.stereotype.Repository;

// 增加 UserDao 类，负责 User 类的持久化操作
@Repository("userDao")
public class UserDaoImpl implements UserDao {
    public void save(User user) {
        // 这里并未实现完整的数据库操作，仅为说明问题
        System.out.println("保存用户信息到数据库");
    }
}
```

以上代码通过注解定义了一个名为 userDao 的 Bean。

首先使用@Repository 注解将 UserDaoImpl.java 标识为 Bean，其写法相当于配置文件中的<bean id="userDao" class="cn.dsscm.dao.UserDaoImpl"/>，其次在 save()方法中输出一句话，用于验证是否成功调用了该方法。

7.4.2　使用注解实现 Bean 的配置

Spring 中除了定义了一系列 Bean 的注解，还提供了一些注入 Bean 配置的注解。Spring 中常用注入 Bean 配置的注解如表 7.4 所示。

表 7.4　Spring 中常用注入 Bean 配置的注解

注　解	说　明
@Autowired	用于对 Bean 的属性变量、属性 setter 方法及构造方法进行标注，以配合对应的注解处理器完成 Bean 的自动配置工作，默认按照 Bean 的类型匹配
@Resource	用于对 Bean 的属性变量、属性 setter 方法及构造方法进行标注，以配合对应的注解处理器完成 Bean 的自动配置工作，默认按照 Bean 的名称匹配
@Qualifier	与@Autowired 注解配合使用，将默认的按照 Bean 的类型进行的配置修改为按照 Bean 的名称进行的配置，Bean 的名称由@Qualifier 注解的参数指定

@Autowired 注解与@Resource 注解都是用于对 Bean 的属性值进行配置的，区别在于@Autowired 注解默认按照 Bean 的类型匹配，而@Resource 注解默认按照 Bean 的名称匹配。@Resource 注解中有两个重要属性，即 name 和 type。Spring 将 name 属性解析为 Bean 的名称，将 type 属性解析为 Bean 的类型。如果指定 name 属性，那么按照 Bean 的名称匹配；如果指定 type 属性，那么按照 Bean 的类型匹配。如果不指定属性，那么先按照 Bean 的名称匹配，若不能匹配，则再按照 Bean 的类型匹配，如果都无法匹配，则抛出 NoSuchBeanDefinitionException 异常。

Spring 提供了@Autowired 注解实现 Bean 的配置，具体代码如示例 28 所示。

【示例 28】UserServiceImpl.java

```
import org.springframework.beans.factory.annotation.Autowired;
import org.springframework.stereotype.Service;

// 增加用户业务类，实现对 User 类的业务管理
@Service("userService")
public class UserServiceImpl implements UserService {

    @Autowired  // 默认按照 Bean 的类型匹配
    private UserDao userDao;

    // 使用@Autowired 注解直接为属性注入，可以省略 setter 方法
    /*public void setUserDao(UserDao userDao) {
        this.userDao= userDao;
    }*/
    //省略其他业务方法
}
```

以上代码通过@Service 注解标注了一个 Bean，首先使用@Service 注解将 UserServiceImpl.java 标识为 Bean，相当于配置文件中<bean id="userService" class="cn.dsscm.service.UserServiceImpl"/>，其次将@Resource 注解标注在 userDao 属性上，相当于配置文件中的<property name="userDao" ref="userDao"/>。

使用@Autowired 注解为 dao 属性注入所依赖的对象，Spring 将直接对 dao 属性进行赋值，此时类中可以省略属性 setter 方法。@Autowired 注解采用按照 Bean 的类型匹配的方式为属性自动配置合适的依赖对象，即容器会查找和属性类型匹配的 Bean，并自动注入属性。有关 Spring 自动配置的详细内容将在后续相关章节中介绍。当容器中有一个以上类型匹配 Bean 时，可以使用@Qualifier 注解指定所需 Bean 的名称，具体代码如示例 29 所示。

【示例 29】UserServiceImpl.java

```
import org.springframework.beans.factory.annotation.Autowired;
import org.springframework.beans.factory.annotation.Qualifier;
import org.springframework.stereotype.Service;
// 增加用户业务类，实现对 User 类的业务管理
@Service("userService")
public class UserServiceImpl implements UserService {
//注入名为 userDao 的 Bean
    @Autowired  // 默认按照 Bean 的类型匹配
    @Qualifier("userDao") // 按照指定的 Bean 的名称匹配
    private UserDao userDao;
    // 省略其他业务方法
}
```

7.4.3 加载注解定义的 Bean

与基于 XML 的配置不同的是，这里不再需要配置<property>元素。上述 Spring 配置文件中的注解方式虽然较大程度地简化了 Bean 的配置，但仍需要在 Spring 配置文件中配置相应的 Bean，为此 Spring 注解提供了另外一种高效的注解配置方式（对包目录下的所有 Bean 文件进行扫描），具体代码如下。

```
<context: component-scan base-package="Bean 所在的包目录"/>
```

可以将之前的代码进行如下替换（推荐）。

```
<!--使用 context 命名空间，通知 Spring 扫描指定包下的所有 Bean，进行注解解析-->
<context:component-scan base-package=" cn.dsscm.service,cn.dsscm.dao" />
```

使用注解定义完 Bean 后，就可以使用注解的配置信息启动 Spring 的容器了，具体代码如示例 30 所示。

【示例 30】applicationContext.xml

```
<?xml version="1.0" encoding="UTF-8"?>
<beans xmlns="http://www.springframework.org/schema/beans"
    xmlns:xsi="http://www.w3.org/2001/XMLSchema-instance"
    xmlns:context="http://www.springframework.org/schema/context"
    xsi:schemaLocation="http://www.springframework.org/schema/beans
    http://www.springframework.org/schema/beans/spring-beans.xsd
    http://www.springframework.org/schema/context
    http://www.springframework.org/schema/context/spring-context-3.2.xsd">
    <!-- 扫描包下注解标注的类 -->
    <context:component-scan base-package="cn.dsscm.service,cn.dsscm.dao" />
</beans>
```

在以上代码中，首先在 Spring 配置文件中添加了对 context 命名空间的声明，其次使用<context: component-scan>元素扫描了注解标注的类。base-package 属性指定了需要扫描的基准包（多个包名可用逗号隔开）。Spring 会扫描这些包下的所有类，以获取 Bean 的定义信息。

7.4.4　技能训练 1

上机练习 4　使用注解实现 Bean 的定义和配置

⌘ 需求说明

参照本章示例 27～30，使用注解实现 Bean 的定义和配置。

提示

（1）编写 DAO 层的接口及其实现类，使用恰当的注解将实现类标注为 Bean。

（2）编写 Service 层的接口及其实现类，使用恰当的注解将实现类标注为 Bean。

（3）使用注解为业务 Bean 注入所依赖的 DAO 层组件。

（4）编写 Spring 配置文件，使用注解配置信息启动 Spring 的容器。

（5）编写测试代码，运行以检验效果。

知识拓展

（1）@Autowired 注解可以对方法的入参进行标注，具体代码如下。

```
@Service("userService")
public class UserServiceImpl implements UserService {
    private UserDao dao;
    // 定义 dao 属性的 setter 访问器
    @Autowired
    public void setUserDao(@Qualifier("userDao") UserDao dao) {
        this.dao = dao;
    }
    //省略其他业务方法
}
```

@Autowired 注解可以用于构造方法，实现构造方法注入，具体代码如下。

```
@Service("userService")
public class UserServiceImpl implements UserService {
    private UserDao dao;
    public UserServiceImpl{ }
    @Autowired
    public UserServiceImpl (@Qualifier ("userDao") UserDao dao) {
        this.dao = dao;
    }
    //省略其他业务方法
}
```

（2）在使用@Autowired 注解进行配置时，如果找不到匹配的 Bean，那么 Spring 的容器会抛出异常。此时，如果依赖不是必需的，为避免抛出异常，可以将 required 属性的值设置为 false，具体代码如下。

```
@Service("userService")
public class UserServiceImpl implements UserService {
    @Autowired(required = false)
    private UserDao dao;
    //省略其他业务方法
}
```

当 required 属性的值为 true 时，必须找到匹配的 Bean 完成配置，否则会抛出异常。

（3）如果对类中集合类型的成员变量或方法入参使用@Autowired 注解，那么 Spring 会将容器中所有与集合类型元素匹配的 Bean 都注入。如下列实现任务队列的代码所示，Spring 会将 Job 类型的 Bean 都注入 toDoList 属性。

```
@Component
public class TaskQueue {
    @Autowired(required = false)
```

```
    private List<Job> toDoList;
    //省略其他业务方法
}
```

这样就可以轻松、灵活地实现任务组件的识别和注入工作了。

7.4.5 使用 Java 标准注解完成 Bean 的配置

除了提供@Autowired 注解，Spring 还支持使用 JSR-250 中定义的@Resource 注解完成 Bean 的配置，该 Java 标准注解也能对类的成员变量或方法入参提供注入功能。

注意

JSR（Java Specification Requests）即 Java 规范提案。由于 Java 的版本和功能在不断更新和扩展，因此需要通过 JSR 来规范这些功能和接口的标准。目前，JSR 已经成为 Java 业界的一个重要标准。

@Resource 注解有一个 name 属性，在默认情况下，Spring 将这个属性的值解释为要注入的 Bean 的名称，具体代码如示例 31 所示。

【示例 31】UserServiceImpl.java

```
import javax.annotation.Resource;
import org.springframework.stereotype.Service;
// 增加用户业务类，实现对 User 类的业务管理
@Service("userService")
public class UserServiceImpl implements UserService {
    //注入名为 userDao 的 Bean
    @Resource(name = "userDao")
    private UserDao dao;
    //省略其他业务方法
}
```

如果没有显式地指定 Bean 的名称，那么@Resource 注解将根据字段名或 setter 方法名产生默认的名称。如果注解被应用于字段，那么将使用字段名作为 Bean 的名称；如果注解被应用于 setter 方法，那么 Bean 的名称就是通过 setter 方法得到的属性名，具体代码如示例 32 和示例 33 所示。

【示例 32】UserServiceImpl.java

```
import javax.annotation.Resource;
import org.springframework.stereotype.Service;
// 增加用户业务类，实现对 User 类的业务管理
@Service("userService")
public class UserServiceImpl implements UserService {
    //注入名为 userDao 的 Bean
    @Resource
    private UserDao dao;
    //省略其他业务方法
}
```

【示例 33】UserServiceImpl.java

```
@Service("userService")
public class UserServiceImpl implements UserService {
    private UserDao dao;
    //查找名为 userDao 的 Bean，并注入 setter 方法
    @Resource
    public void setUserDao(UserDao userDao){
      this.dao = userDao;
    }
    //省略其他业务方法
}
```

如果没有显式地指定 Bean 的名称，且无法找到与默认的 Bean 的名称匹配的 Bean，那么@Resource 注解会由按名称查找的方式自动变为按类型匹配的方式进行配置。例如，示例 32 中没有

显式指定要查找的 Bean 的名称，如果不存在名为 userDao 的 Bean，那么@Resource 注解就会转而查找和属性类型匹配的 Bean 并注入。

7.4.6 技能训练 2

上机练习 5 使用 Java 标准注解实现 Bean 的配置

⌘ **需求说明**

修改上机练习 4 的代码，使用 Java 标准注解完成 Bean 的配置。

7.5 Bean 配置方式——自动配置

在介绍通过@Autowired 注解或@Resource 注解实现 DI 时，曾经提到 Spring 的自动配置。在没有显式地指定所依赖的 Bean 的 id 的情况下，通过自动配置，可以将与属性类型相符的（对于@Resource 注解而言，还会尝试 id 和属性名相符）Bean 自动注入属性，从而简化配置。不仅在通过注解实现 DI 时可以使用自动配置，基于 XML 的配置中也同样可以使用自动配置以简化配置。采用传统的 XML 配置 Bean 的具体代码如下。

```
<!--省略<dataSource>元素和 SqlSessionFactoryBean 的配置-->
<!--配置 DAO ->
<bean id="userMapper" class="cn.dsscm.dao.UserDaoImpl">
    <property name="SqlSessionFactory" ref="SqlSessionFactory" />
</bean>
<!--配置 Bean 并注入 DAO 实例-->
<bean id="userService" class="cn.dsscm.service.UserServiceImpl">
    <property name="userMapper" ref="userMapper" />
</bean>
```

通过<property>元素为 Bean 的属性注入所需的值，当需要维护的 Bean 及需要注入的属性增加时，势必会增加配置的工作量。同时，虽然使用注解配置 Bean 在一定程度上减少了配置文件中的代码量，但也有企业项目是没有使用注解开发的，那么有没有一种方法既能够减少代码量，又能够实现 Bean 的配置呢？

答案是肯定的，Spring 的<bean>元素中包含一个 autowire 属性，可以通过设置 autowire 属性的值来自动配置 Bean。自动配置就是将一个 Bean 自动注入其他 Bean 的<property>元素。

<bean>元素的 autowire 属性的值如表 7.5 所示。

表 7.5 <bean>元素的 autowire 属性的值

autowire 属性的值	说　明
default	默认值由<bean>元素的上级元素，即<beans>元素的 default-autowire 属性的值确定。若<beans default-autowire= "byName">，则该<bean>元素中的 autowire 属性的值就为 byName
byName	根据属性名自动配置。BeanFactory 查找容器中的全部 Bean，找出 id 属性与 setter 方法匹配的 Bean。找到即自动注入，否则什么都不做
byType	根据属性类型自动配置。BeanFactory 查找容器中的全部 Bean，如果正好有一个与依赖属性类型相同的 Bean，那么就自动配置这个属性；如果有多个这样的 Bean，Spring 无法决定注入哪个 Bean，那么抛出一个致命异常；如果没有匹配的 Bean，那么什么都不会发生，即属性不会被配置
constructor	与 byType 类似，不同之处在于它应用于构造参数。如果在容器中没有找到与构造参数类型一致的 Bean，那么会抛出异常
no	在默认情况下，不使用自动配置，Bean 依赖必须通过 ref 属性定义

下面通过修改 7.4.5 节的案例演示自动配置的过程。

（1）修改 UserServiceImpl.java，增加 setter 方法。

（2）修改 applicationContext.xml，将配置文件的形式修改成自动配置，具体代码如示例 34 所示。

【示例 34】applicationContext.xml

```
<?xml version="1.0" encoding="UTF-8"?>
<beans xmlns="http://www.springframework.org/schema/beans"
    xmlns:xsi="http://www.w3.org/2001/XMLSchema-instance"
    xmlns:context="http://www.springframework.org/schema/context"
    xsi:schemaLocation="http://www.springframework.org/schema/beans
    http://www.springframework.org/schema/beans/spring-beans.xsd
    http://www.springframework.org/schema/context
    http://www.springframework.org/schema/context/spring-context-3.2.xsd">
    <!-- 使用<bean>元素的 autowire 属性完成自动配置 -->
    <bean id="userDao" class="cn.dsscm.dao.UserDaoImpl" />
    <bean id="userService" class="cn.dsscm.service.UserServiceImpl" autowire="byName" />
</beans>
```

上述代码的用于配置 userService 和 userDao 的<bean>元素中除了 id 属性和 class 属性，还增加了 autowire 属性，并将其值设置为 byName。在默认情况下，配置文件需要通过 ref 属性来配置 Bean，但设置了 autowire="byName"后，Spring 会自动寻找 userService Bean 的属性，并将其名称与配置文件中定义的 Bean 进行匹配。由于定义了 UserDao 类的属性及其 setter 方法，这与配置文件中 id 属性的值为 userDao 的 Bean 相匹配，因此 Spring 会自动将 id 属性的值为 userDao 的 Bean 配置到 id 属性的值为 userService 的 Bean 中。

执行程序后，控制台的输出结果与之前相同，通过自动配置同样完成了 DI。

在 Spring 配置文件中，虽然通过<bean>元素的 autowire 属性可以实现自动配置。但如果要配置的 Bean 很多，那么为每个 Bean 都配置 autowire 属性也会很烦琐，能否统一设置自动注入而不必配置每个 Bean 呢？

<beans>元素提供了 default-autowire 属性，使用表 7.5 中的属性的值设置 default-autowire 属性，可以影响全局，且减少维护单个 Bean 的注入方式。

修改 Spring 配置文件，设置全局自动配置，具体代码如示例 35 所示。

【示例 35】applicationContext.xml

```
<?xml version="1.0" encoding="UTF-8"?>
<beans xmlns="http://www.springframework.org/schema/beans"
    xmlns:xsi="http://www.w3.org/2001/XMLSchema-instance"
    xmlns:p="http://www.springframework.org/schema/p"
    xmlns:context="http://www.springframework.org/schema/context"
    xmlns:aop="http://www.springframework.org/schema/aop"
    xmlns:tx="http://www.springframework.org/schema/tx"
    xsi:schemaLocation="http://www.springframework.org/schema/beans
    http://www.springframework.org/schema/beans/spring-beans.xsd
    http://www.springframework.org/schema/context
    http://www.springframework.org/schema/context/spring-context-3.2.xsd
    http://www.springframework.org/schema/tx
    http://www.springframework.org/schema/tx/spring-tx-3.2.xsd
    http://www.springframework.org/schema/aop
    http://www.springframework.org/schema/aop/spring-aop-3.2.xsd"
  default-autowire="byName">
<!--省略其他代码-->
</beans>
```

在<beans>元素中设置 default-autowire 属性时，依然可以在<bean>元素中设置 autowire 属性。这时<bean>元素中的自动配置将覆盖全局，成为 Bean 的自动配置策略。

> ⌘ **经验** ⌘ 对于大型的互联网应用项目，并不鼓励使用自动配置。使用自动配置虽然可以减少配置的工作量，但是大大降低了依赖关系的清晰性和透明性。依赖关系的配置仅依赖于源文件的属性名或类型，这将导致 Bean 与 Bean 之间的耦合度降低到代码层次，不利于高层次解耦合。

7.6 Bean 的作用域

在通过 Spring 的容器创建 Bean 时，不仅可以完成 Bean 的实例化，而且可以为 Bean 指定特定的作用域。下面将围绕 Bean 的作用域进行介绍。

7.6.1　作用域的种类

在通过 Spring 的容器创建 Bean 时，除了可以实例化 Bean 并注入 Bean 的属性的值，而且可以为所定义的 Bean 指定一个作用域。这个作用域的取值决定了 Spring 创建该组件实例的策略，进而影响程序的运行效率和数据安全。在 Spring 中为 Bean 定义了 7 种作用域。Bean 的作用域如表 7.6 所示。

表 7.6　Bean 的作用域

作　用　域	说　明
singleton	使用 singleton 定义的 Bean 在 Spring 的容器中只有一个实例，也就是说，无论有多少个 Bean 引用它，将始终指向同一个对象，这也是 Spring 的容器默认采用的作用域
prototype	每次通过 Spring 的容器获取 prototype 定义的 Bean 时，都将创建一个 Bean
request	在一次 HTTP 请求中，容器会返回该 Bean 的同一个实例。不同的 HTTP 请求，会产生一个新 Bean。该 Bean 仅在当前 HTTP 请求有效
session	在一次 HTTP session 中，容器会返回该 Bean 的同一个实例。不同的 HTTP 请求会产生一个新 Bean。该 Bean 仅在当前 HTTP session 中有效
globalsession	在一个全局的 HTTP session 中，容器会返回该 Bean 的同一个实例。该 Bean 仅在使用 Portlet 上下文时有效
application	为每个 ServletContext 对象创建一个实例。该 Bean 仅在 Web 相关的 ApplicationContext 中有效
websocket	为每个 websocket 对象创建一个实例。该 Bean 仅在 Web 相关的 ApplicationContext 中有效

在以上 7 种作用域中，singleton 和 prototype 是两种常用的作用域。下面对这两种常用的作用域进行详细介绍。

7.6.2　singleton

singleton 是默认采用的作用域，即在默认情况下 Spring 的容器只会存在一个共享的 Bean，并且所有对 Bean 的请求，只要 id 属性的值与该 Bean 的 id 属性的值相匹配，就会返回同一个 Bean。singleton 对于无会话状态的 Bean（DAO 层组件、Service 层组件等）来说，是十分理想的选择。对于不存在线程安全问题的组件，采用这种方式可以大大减少创建对象的开销，提高运行效率。

在 Spring 配置文件中，Bean 的作用域是通过<bean>元素的 scope 属性来指定的，该属性的值可以为 singleton、prototype、request、session、globalsession、application 和 websocket，分别表示 7 种作用域。如要将作用域定义成 singleton，那么只需将 scope 属性的值设置为 singleton 即可，具体代码如下。

```
<bean id="scope" class="com.test.scope.Scope" scope="singleton"/>
```

首先在 Ch07_06 项目中创建 cn. test.scope 包，在该包下创建 Scope 类，该类不需要编写任何方法；其次在该包下创建 applicationContext.xml，将上述代码写入配置文件中；最后在该包下创建 ScopeTest.java 以测试 singleton 的作用域，具体代码如示例 36 所示。

【示例 36】ScopeTest.java

```
@Test
    public void ScopeTest() {
        // 定义配置文件目录
```

```
        String xmlPath = "applicationContext.xml";
        // ApplicationContext 在加载配置文件时，对 Bean 进行实例化
        ApplicationContext applicationContext = new
              ClassPathXmlApplicationContext(xmlPath);
        System.out.println(applicationContext.getBean("scope"));
        System.out.println(applicationContext.getBean("scope"));
}
```

执行程序后，控制台的输出结果如图 7.5 所示。

```
✓ Tests passed: 1 of 1 test – 380 ms
"C:\Program Files\Java\jdk1.8.0_281\bin\java.exe" ...
com.test.scope.Scope@462d5aee
com.test.scope.Scope@462d5aee

Process finished with exit code 0
```

图 7.5 控制台的输出结果

可以看出，两次输出的结果相同，说明 Spring 的容器只创建了一个 Scope 类实例。需要注意的是，如果不设置 scope="singleton"，那么输出结果也是一个实例，因为 Spring 的容器默认的作用域就是 singleton。

7.6.3 prototype

对于存在线程安全问题的组件，不能使用 singleton。那些需要保持会话状态的 Bean（Struts 2 的 Action 类等）应该使用 prototype。在使用 prototype 时，Spring 的容器会为每个请求该 Bean 的对象都创建一个新实例。可以设置 scope 属性的值为 prototype，具体代码如下。

```
<bean id="scope" class="com.test.scope.Scope" scope="prototype"/>
```

这样，Spring 在每次获取该组件时都会创建一个新实例，避免了因共用同一个实例而产生的线程安全问题。将本章示例 36 中的配置文件更改成上述代码形式后，再次运行 ScopeTest.java，控制台的输出结果如图 7.6 所示。

可以看到，两次输出的 Bean 并不相同，这说明在 prototype 下，创建了两个不同的 Scope 类实例。

```
✓ Tests passed: 1 of 1 test – 291 ms
"C:\Program Files\Java\jdk1.8.0_281\bin\java.exe" ...
com.test.scope.Scope@612fc6eb
com.test.scope.Scope@1060b431

Process finished with exit code 0
```

图 7.6 控制台的输出结果

7.6.4 使用注解指定 Bean 的作用域

可以使用@Scope 注解声明 Bean，如指定其作用域，具体代码如示例 37 所示。

【示例 37】UserServiceImpl.java

```
import org.springframework.context.annotation.Scope;
import org.springframework.stereotype.Service;

//增加用户业务类，实现对 User 类的业务管理
@Scope("prototype")
@Service("userService")
public class UserServiceImpl implements UserService {
    //省略其他代码
}
```

对于 Web 环境下使用的 request、session、global session，其配置细节会在后续章节中详细介绍，这里简单了解即可。

7.7 Bean 的生命周期

Spring 的容器可以管理 singleton 中 Bean 的生命周期。在 singleton 下，Spring 能够精确地知道 Bean 何时被创建、何时初始化完成，以及何时被销毁。对于 prototype 的 Bean，Spring 只负责创建，当 Spring 的容器创建 Bean 后，Bean 就交给客户端代码来管理，Spring 的容器将不再跟踪其生命周期。每次客户端请求 prototype 的 Bean 时，Spring 的容器都会创建一个新实例，并且不会管那些被配置成 prototype 中 Bean 的生命周期。

了解 Bean 的生命周期的意义就在于，可以在某个 Bean 的生命周期的某些指定时刻完成一些相关操作。这种时刻有很多，在一般情况下，常会在 Bean 的 postinitiation（初始化后）和 predestruction（销毁前）执行一些相关操作。

在 Spring 中，Bean 的生命周期的执行过程是一个很复杂的过程，可以利用 Spring 提供的方法来编写 Bean 的创建过程代码。当一个 Bean 被加载到 Spring 的容器中时，它就具有了生命，而 Spring 中容器在保证一个 Bean 能够使用之前，会做很多工作。在 Spring 的容器中，Bean 的生命周期流程如图 7.7 所示。

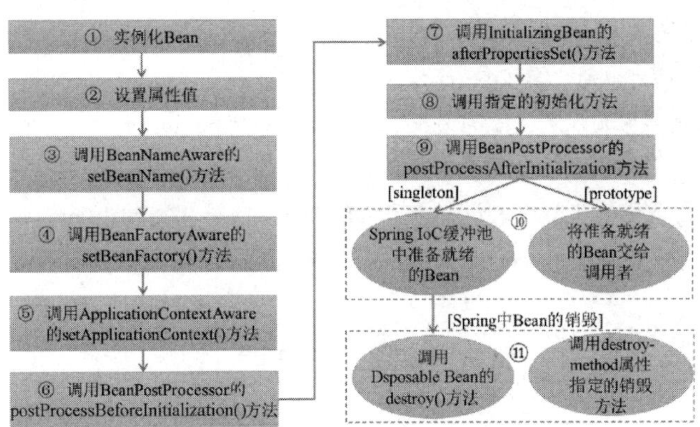

图 7.7　Bean 的生命周期流程

Bean 的生命周期流程描述如下。

（1）根据配置情况调用 Bean 的构造方法或工厂方法实例化 Bean。

（2）利用 DI 完成 Bean 中所有属性值的配置注入。

（3）如果 Bean 实现了 BeanNameAware，那么 Spring 调用 setBeanName()方法传入当前 Bean 的 id 属性。

（4）如果 Bean 实现了 BeanFactoryAware，那么 Spring 调用 setBeanFactory()方法传入当前工厂实例的引用。

（5）如果 Bean 实现了 ApplicationContextAware，那么 Spring 调用 setApplicationContext()方法传入当前 ApplicationContext 实例的引用。

（6）如果 BeanPostProcessor 和 Bean 关联，那么 Spring 调用该 postProcessBeforeInitialization()方法对 Bean 进行加工操作，这个非常重要，Spring AOP 就是用它实现的。

（7）如果 Bean 实现了 InitializingBean，那么 Spring 调用 afterPropertiesSet()方法。

（8）如果在配置文件中通过 init-method 属性指定了初始化方法，那么调用指定的初始化方法。

（9）如果 BeanPostProcessor 和 Bean 关联，那么 Spring 调用 post ProcessAfterInitialization()方法。此时，Bean 已经可以被应用系统使用了。

（10）如果<bean>元素中指定了 Bean 的作用域是 scope="singleton"，那么将 Bean 放入 Spring IoC 缓存池，将触发 Spring 对 Bean 的生命周期进行管理；如果<bean>元素中指定了 Bean 的作用域是 scope="prototype"，那么将准备就绪的 Bean 交给调用者，由调用者管理 Bean 的生命周期，而 Spring 不再管理 Bean。

（11）如果 Bean 实现了 Disposable Bean，那么 Spring 调用 destroy()方法将 Bean 销毁；如果配置文件中通过 destroy-method 属性指定了 Bean 的销毁方法，那么 Spring 调用该方法进行销毁。

Spring 为 Bean 提供了细致、全面的生命周期流程，通过实现特定的接口或通过<bean>元素的属性设置，都可以对 Bean 的生命周期过程产生影响。虽然可以随意配置<bean>元素的属性，但是建议不要过多地使用 Bean 实现接口，这是因为这样会使代码和 Spring 的聚合比较紧密。

本章总结

- 在 Spring 中配置 Bean 时，可以指定 singleton、prototype、request、session、globalsession、application、websocket 7 种不同的作用域，其中 singleton 是默认采用的作用域。
- Spring 提供了自动配置功能，常用的 autowire 属性的值包括 byName 和 byType。
- Spring 提供了属性 setter 方法注入、构造方法注入等 DI 的实现方式。
- 使用 p 命名空间可以简化属性 setter 方法注入的配置。
- 用来定义 Bean 的常用注解包括@Component 注解、@Repository 注解、@Service 注解和@Controller 注解。
- Bean 的配置可以通过@Autowired 注解、@Resource 注解及@Qualifier 注解实现。
- 在 Spring 配置文件中使用<context:component-scan>元素扫描包含注解的类，可以完成初始化。

本章作业

一、选择题

1. Spring 的<bean>元素中的 autowire 属性取值不包括（　　）。

   A．default　　B．byName　　C．byType　　D．byId

2．以下有关 Bean 的配置方式的说法正确的是（　　）。

   A．Spring 的容器支持多种形式 Bean 的配置方式，在基于 XML 的配置、基于注解的配置和自动配置中最常用的是基于 XML 的配置

   B．Spring 提供了 3 种基于 XML 的配置方式：属性 setter 方法注入、构造方法注入和属性注入

   C．在 Spring 实例化 Bean 的过程中，Spring 首先会调用 Bean 的默认构造方法来实例化 Bean，然后通过反射的方式调用 setter 方法来注入属性值

   D．属性 setter 方法注入要求一个 Bean 必须提供一个有参构造方法，并且为需要注入的属性提供对应的 setter 方法

3．Spring 的容器支持多种形式的 Bean 的配置方式，不包括（　　）。

   A．基于 XML 的配置

   B．基于 Properties 的配置

C．基于注解的配置

D．自动配置

4．Spring 中定义了一系列的注解，以下有关常用注解的说法错误的是（　　）。

A．@Autowired 注解用于对 Bean 的属性变量、属性 setter 方法及构造方法进行标注，以配合对应的注解处理器完成 Bean 的自动配置工作，默认按照 Bean 的名称匹配

B．@Repository 注解用于将 DAO 层的类标识为 Bean

C．@Service 注解通常作用在 Service 层，用于将 Service 层的类标识为 Bean

D．@Controller 注解通常作用在表现层，用于将表现层的类标识为 Bean

5．以下关于 Spring 对 Bean 生命周期管理的说法错误的是（　　）。

A．Spring 的容器可以管理 singleton 中 Bean 的生命周期。Spring 能够精确地知道 Bean 何时被创建、何时初始化完成，以及何时被销毁

B．对于 prototype 的 Bean，Spring 只负责创建，当 Spring 的容器创建 Bean 后，Bean 就交给客户端代码来管理，Spring 的容器将不再跟踪其生命周期

C．每次客户端请求 singleton 的 Bean 时，Spring 的容器都会创建一个新实例，并且不会管那些被配置成 singleton 中 Bean 的生命周期

D．了解 Bean 的生命周期的意义在于，可以在某个 Bean 的生命周期的某些指定时刻完成一些相关操作

二、简答题

1．简述 Bean 的生命周期。

2．简述 Bean 的 7 种配置方式的基本用法。

三、操作题

在控制台使用不同的方式实现 Bean 配置的输出，并使用 Spring 实现 DI，输出内容如下。

张三说：“好好学习，天天向上！”

TOM 说：“study hard,improve every day!”

第 8 章 Spring AOP

本章目标

◎ 了解 AOP 的概念和作用

◎ 理解 AOP 术语

◎ 熟悉 Spring 中两种动态代理方式的区别

◎ 掌握基于代理类的 AOP 实现

◎ 掌握基于 XML 的声明式 AspectJ 和基于注解的声明式 AspectJ

本章简介

Spring AOP 模块是 Spring 体系结构中十分重要的内容，该模块提供了 AOP 的实现。本章将对 AOP 的相关知识进行详细介绍。

技术内容

8.1 Spring AOP 概述

8.1.1 AOP 简介

AOP 是软件编程思想发展到一定阶段的产物，是对 OOP 的有益补充，目前已成为一种比较成熟的编程方式。AOP 适用于具有横切逻辑的场合，如访问控制、事务管理、性能监测等。

在传统的业务方法中，通常都会进行事务管理、日志记录等操作。虽然使用 OOP 可以通过组合或继承的方式来达到代码的重用，但要实现某个功能（日志记录等），代码仍然会分散到各个方法中。这样，如果想要关闭某个功能，或对某个功能进行修改，那么必须修改所有相关方法。这不但增加了开发人员的工作量，而且提高了代码的出错率。

为了解决这个问题，AOP 随之产生。AOP 采取横向抽取机制，将分散在各个方法中的重复代码提取出来，并在程序编译或运行时，将这些提取出来的代码应用到需要执行的地方。这种采用横向抽取机制的方式，是传统的 OOP 无法办到的，因为 OOP 只能实现父子关系的纵向重用。虽然 AOP 是一种新编程思想，但是 AOP 不是 OOP 的替代品，只是 OOP 的延伸和补充。

什么是横切逻辑呢？

在下面的代码中，UserService 的 addNewUser()方法根据需求增加了日志记录和事务控制功能。

```
public class UserServiceImpl implements UserService {
    private static final Logger log = Logger.getLogger(UserServiceImpl.class);
    public boolean addNewUser(User user) {
        log.info("添加用户" + user.getUsername());//日志记录
        SqlSession sqlSession = null;
        boolean flag = false;
        //异常处理
        try {
            sqlSession = MyBatisUtil.createSqlSession();
            if (sqlSession.getMapper(UserMapper.class).add(user) > 0)
                flag = true;
            sqlSession.commit(); //事务控制
        } catch (Exception e) {
            log.error("添加用户 " + user.getUsername() + "失败", e); //日志记录
            sqlSession.rollback(); //事务控制
            flag = false;
        } finally {
            MyBatisUtil.closeSqlSession(sqlSession);
        }
        return flag;
    }
}
```

这是一个非常典型的业务方法。事务控制、日志记录、权限检查和异常处理等都是一个健壮的业务系统所必需的。为了保证系统健壮可用，就要在众多的业务方法中反复编写类似的代码，使原本就很复杂的业务代码变得更加复杂。此外，开发人员还要关注这些“额外”代码是否处理正确，是否有遗漏的地方。如果需要修改日志信息的格式、安全验证的规则，以及增加新辅助功能，那么会导致业务代码进行频繁且大量的修改。

在业务系统中，总有一些散落、渗透到系统各处且不得不处理的事情，这些穿插在既定业务中的操作就是横切逻辑，也称切面。那么怎样才能不受这些附加事情的干扰，专心于真正的业务逻辑呢？将这些重复的代码抽取出来，放在专门的类和方法中，更便于管理和维护。即便如此，依然无法实现既定业务和横切逻辑的彻底解耦合，这是因为业务代码中还要保留这些方法的调用代码，当需要增加或减少横切逻辑时，就需要修改调用业务方法的代码实现。开发人员都希望无须编写显式调用，在需要时系统能够“自动”调用所需功能，这正是 AOP 要解决的主要问题。

在 AOP 中，类与切面的关系如图 8.1 所示。

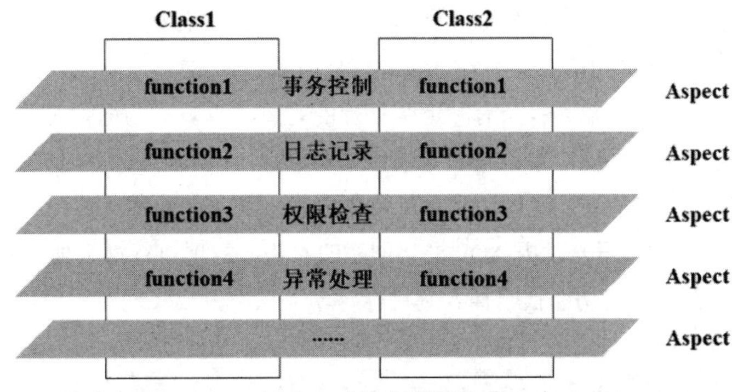

图 8.1　类与切面的关系

可以看出，通过切面分别在 Class1 和 Class2 的方法中加入了事务控制、日志记录、权限检查和异常处理等功能。

AOP 的使用让开发人员在编写业务代码时可以专心于核心业务的实现，而不用过多地关注其他

业务的实现，这不但提高了开发效率，而且增强了代码的可维护性。

目前，流行的 AOP 框架有两个，分别为 Spring AOP 和 AspectJ。Spring AOP 使用纯 Java 实现，不需要专门的编译过程和类加载器，在运行期间通过代理方式向目标类织入增强的代码。AspectJ 是一个基于 Java 的 AOP 框架，从 Spring 2.0 开始，Spring AOP 引入了对 AspectJ 的支持，AspectJ 扩展了 Java，提供了一个专门的编译器，在编译时提供横向代码的织入。

8.1.2　AOP 术语

在学习使用 AOP 之前，应了解 AOP 术语。AOP 术语包括 Aspect、JoinPoint、Pointcut、Advice、Target Object、Proxy、AOP Proxy 和 Weaving，其解释具体如下。

（1）Aspect（切面）：封装的用于横向插入系统功能（事务控制、日志记录、权限检查和异常处理等）的类。该类要被 Spring 的容器识别为切面，需要在配置文件中通过<bean>元素指定。

（2）JoinPoint（连接点）：在程序执行过程中的某个阶段点，实际上是对象的一个操作，如方法的调用或异常抛出。在 Spring AOP 中，连接点就是指方法的调用。

（3）Pointcut（切入点）：切面与程序流程的交叉点，即那些需要处理的连接点通常在程序中，切入点指的是类或方法名，如果某个增强处理要应用到所有以 add 开头的方法中，那么所有满足这个规则的方法都是切入点。切面、连接点和切入点如图 8.2 所示。

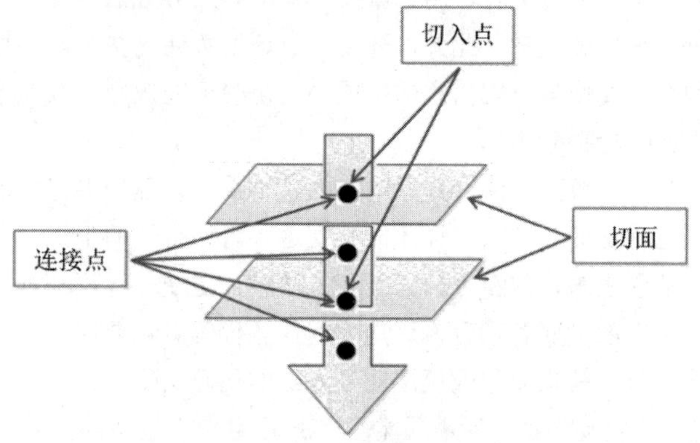

图 8.2　切面、连接点和切入点

（4）Advice（增强处理）：AOP 框架在特定切入点执行的增强处理，即在定义好的切入点处所要执行的程序，可以将其理解为切面类中的方法。它是切面的具体实现。

（5）Target Object（目标对象）：所有被增强处理的对象，也被称为增强对象。如果 AOP 框架采用的是动态的 AOP 实现，那么该对象就是一个被代理对象。

（6）Proxy（代理）：将增强处理应用到目标对象之后被动态创建的对象。

（7）AOP Proxy（AOP 代理）：由 AOP 框架创建的对象，实现执行增强处理方法等功能。

（8）Weaving（织入）：将切面代码插入到目标对象上从而生成代理对象的过程。

注意

切面可以理解为由增强处理和切入点组成，既包含横切逻辑的定义，又包含连接点的定义。AOP 主要关心两个问题，即在什么位置和执行什么功能。Spring AOP 是负责实施切面的框架，即由 Spring AOP 完成织入工作。

Advice 直译为“通知”，但这种叫法并不确切，在此处翻译成“增强处理”更便于大家理解。

8.2 动态代理

通过对前面内容的学习，读者可以知道 AOP 中的代理就是由 AOP 框架动态生成的对象，该对象可以作为目标对象使用。简单地说，AOP 就是在不改变源代码的基础上为代码段增加新功能，对代码段进行增强处理。它的设计思想来源于代理设计模式，在通常情况下，直接调用对象的方法如图 8.3 所示。

在代理模式中可以为该对象设置代理对象，代理对象为 fun()方法提供了一个代理方法，当通过代理对象的 fun()方法调用原对象的 fun()方法时，就可以在代理方法中添加新功能，即增强处理。增强处理既可以插入到原对象的 fun()方法前面，又可以插到原对象的 fun()方法后面。通过代理对象调用的方法如图 8.4 所示。

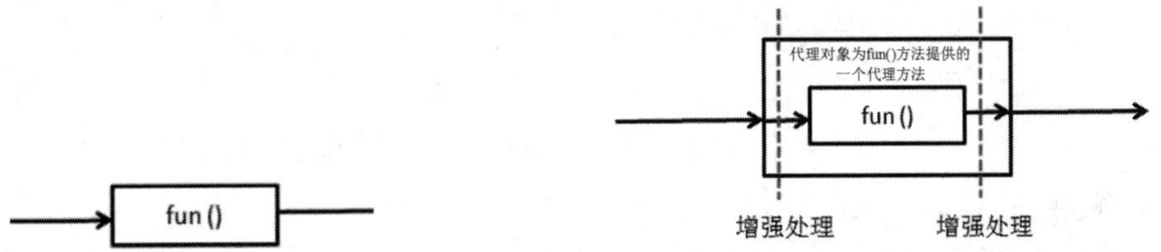

图 8.3 直接调用对象的方法

图 8.4 通过代理对象调用的方法

在这种模式下，给开发人员的感觉是在源代码乃至原业务流程都不修改的情况下，直接在业务流程中加入新代码，增加新功能，这就是 AOP。Spring AOP 的动态代理，既可以是 JDK 动态代理，又可以是 CGLIB（Code Generation Library）动态代理。下面将结合相关案例演示这两种动态代理的使用。

8.2.1 JDK 动态代理

JDK 动态代理是通过 java.lang.reflect.Proxy 类来实现的，可以调用 java.lang.reflect.Proxy 类的 newProxyInstance()方法来创建代理对象。对于使用 Service 层的接口的类，Spring 会默认使用 JDK 动态代理来实现 AOP。

下面通过一个案例演示 JDK 动态代理的过程，具体实现步骤如下。

步骤 1 创建项目

在 IntelliJ IDEA 中，创建一个名为 Ch08_01 的 Maven 项目，在 pom.xml 中加载需要使用的 Spring 的 4 个基础包，即 spring-core-5.3.26.jar、spring-beans-5.3.26.jar、spring-context-5.3.26.jar 和 spring-expression-5.3.26.jar。除此之外，还需要将 Spring 的依赖包 commons-logging-1.2.jar 加载到项目中。pom.xml 的具体代码如第 6 章示例 1 所示。

步骤 2 创建 UserDao.java

在 src/main/java 目录下创建 cn.test.dao 包，在该包下创建 UserDao.java，在该类中定义用于添加和删除的方法，具体代码如示例 1 所示。

【示例 1】UserDao.java

```
package cn.test.dao;

public interface UserDao {
    public void addUser();
    public void deleteUser();
}
```

步骤 3　创建 UserDaoImpl.java

在 cn.test.dao 包下创建 UserDaoImpl.java，用于实现接口的方法，并在每个方法中添加一条输出语句，具体代码如示例 2 所示。

【示例 2】UserDaoImpl.java

```
package cn.test.dao;

import org.springframework.stereotype.Repository;

// 定义目标类
@Repository("userDao")
public class UserDaoImpl implements UserDao {
    public void addUser() {
//      int i = 10/0;
        System.out.println("添加用户");
    }
    public void deleteUser() {
        System.out.println("删除用户");
    }
}
```

需要注意的是，本案例中会将 UserDaoImpl.java 作为目标类，对其中的方法进行增强处理。

步骤 4　创建 MyAspect.java

在 src/main/java 目录下创建 cn.test.aspect 包，在该包下创建 MyAspect.java，在该类中定义一个模拟权限检查的方法和一个模拟日志记录的方法，这两个方法就表示切面中的增强处理，具体代码如示例 3 所示。

【示例 3】MyAspect.java

```
package cn.test.aspect;

//定义切面类：可以存在多个增强处理的方法
public class MyAspect {
    public void check_Permissions(){
        System.out.println("模拟权限检查...");
    }
    public void log(){
        System.out.println("模拟日志记录...");
    }
}
```

步骤 5　创建 JdkProxy.java

在 cn.test.jdk 包下创建 JdkProxy.java，该类需要实现 InvocationHandler 接口，并实现该接口的代理方法。在代理方法中，通过 java.lang.reflect.Proxy 类实现动态代理，具体代码如示例 4 所示。

【示例 4】JdkProxy.java

```
package cn.test.jdk;

import java.lang.reflect.InvocationHandler;
import java.lang.reflect.Method;
import java.lang.reflect.Proxy;

import cn.test.aspect.MyAspect;
import cn.test.dao.UserDao;

// 定义代理类
public class JdkProxy implements InvocationHandler{
    // 声明目标类接口
    private UserDao userDao;
    // 创建代理方法
    public  Object createProxy(UserDao userDao) {
        this.userDao = userDao;
        // 定义类加载器
```

```
        ClassLoader classLoader = JdkProxy.class.getClassLoader();
        // 定义被代理对象实现的所有接口
        Class[] clazz = userDao.getClass().getInterfaces();
        // 使用代理类进行增强，返回的是代理后的对象
        return  Proxy.newProxyInstance(classLoader,clazz,this);
    }
    /*
     * 所有动态代理类的方法调用都会交由 invoke()方法处理
     * proxy：被代理后的对象
     * method：将要被执行的方法（反射）
     * args：执行方法时需要的参数
     */
    @Override
    public Object invoke(Object proxy, Method method,
                         Object[] args) throws Throwable {
        // 声明切面
        MyAspect myAspect = new MyAspect();
        // 前增强
        myAspect.check_Permissions();
        // 在目标类上调用方法并入参
        Object obj = method.invoke(userDao, args);
        // 后增强
        myAspect.log();
        return obj;
    }
}
```

在上述代码中，JdkProxy.java 实现了 InvocationHandler 接口，以及该接口的 invoke()方法，所有动态代理类调用的方法都会交由该方法处理。在创建的 createProxy()方法中，使用了 java.lang.reflect.Proxy 类的 newProxyInstance()方法来创建代理对象。newProxyInstance()方法中包含 3 个参数，第 1 个参数表示的是当前类的类加载器，第 2 个参数表示的是被代理对象实现的所有接口，第 3 个参数表示的是代理类本身。在 invoke()方法中，目标类方法执行前后会分别执行切面类中的 check_Permissions()方法和 log()方法。

步骤 6 创建测试方法

在 cn.test.jdk 包下创建 JdkTest.java，在该类的 test()方法中先创建代理对象和目标对象，再从代理对象中获取增强后的目标对象，最后调用目标对象中用于添加和删除的方法，具体代码如示例 5 所示。

【示例 5】JdkTest.java

```
    @Test
    public void test() {
        // 创建代理对象
        JdkProxy jdkProxy = new JdkProxy();
        // 创建目标对象
        UserDao userDao= new UserDaoImpl();
        // 从代理对象中获取增强后的目标对象
        UserDao userDao1 = (UserDao) jdkProxy.createProxy(userDao);
        // 调用方法
        userDao1.addUser();
        userDao1.deleteUser();
    }
```

执行程序后，控制台的输出结果如图 8.5 所示。

```
✔ Tests passed: 1 of 1 test – 5 ms
"C:\Program Files\Java\jdk1.8.0_281\bin\java.exe" ...
模拟权限检查...
添加用户
模拟日志记录...
模拟权限检查...
删除用户
模拟日志记录...

Process finished with exit code 0
```

图 8.5 控制台的输出结果

可以看出，userDao 实例中添加用户和删除用户的方法已被成功调用，并且在调用前后分别增加了权限检查和日志记录功能。这种实现了接口的代理方式，就是 Spring 中的 JDK 动态代理。

8.2.2 CGLIB 动态代理

虽然 JDK 动态代理的使用非常简单，但是它的使用具有一定的局限性，即使用 JDK 动态代理的对象必须实现一个或多个接口。如果要对没有实现接口的类进行代理，那么可以使用 CGLIB 动态代理。

CGLIB 是一种高性能开源的代码生成包，采用底层的字节码技术，对指定的目标类生成一个子类，并对子类进行增强。因为 Spring 的核心包下已经集成了 CGLIB 动态代理所需要的包，所以开发中不需要另外导入 JAR 包。

下面通过修改 8.2.1 节的案例演示 CGLIB 动态代理的过程，具体实现步骤如下。

步骤 1　创建 UserDao.java

在 src/main/java 目录下创建 cn.test.cglib 包，在该包下创建 UserDao.java，UserDao.java 不需要实现任何接口，只需要定义一个用于添加的方法和一个用于删除的方法即可，具体代码如示例 6 所示。

【示例 6】UserDao.java

```
//定义目标类
public class UserDao {
    public void addUser() {
        System.out.println("添加用户");
    }
    public void deleteUser() {
        System.out.println("删除用户");
    }
}
```

步骤 2　创建 CglibProxy.java

在 cn.test.cglib 包下创建 CglibProxy.java，该代理类需要实现 MethodInterceptor 接口，并实现该接口的 intercept()方法，具体代码如示例 7 所示。

【示例 7】CglibProxy.java

```
package cn.test.cglib;
import java.lang.reflect.Method;
import org.springframework.cglib.proxy.Enhancer;
import org.springframework.cglib.proxy.MethodInterceptor;
import org.springframework.cglib.proxy.MethodProxy;
import cn.test.aspect.MyAspect;
// 定义代理类
public class CglibProxy implements MethodInterceptor{
    // 创建代理方法
    public  Object createProxy(Object target) {
        // 创建动态类对象
        Enhancer enhancer = new Enhancer();
        // 确定需要增强的类，设置其父类
        enhancer.setSuperclass(target.getClass());
        // 添加回调函数
        enhancer.setCallback(this);
        // 返回创建的代理类
        return enhancer.create();
    }
    /**
     * proxy CGlib：根据指定父类生成的代理对象
     * method：拦截的方法
     * args：拦截方法的参数 Array
     * methodProxy：方法的代理对象，用于执行父类的方法
     */
    @Override
```

```
    public Object intercept(Object proxy, Method method, Object[] args,
            MethodProxy methodProxy) throws Throwable {
        MyAspect myAspect = new MyAspect();// 创建切面类对象
        myAspect.check_Permissions();// 前增强
        Object obj = methodProxy.invokeSuper(proxy, args); // 执行目标方法
        myAspect.log();    // 后增强
        return obj;
    }
}
```

在上述代码的代理方法中，首先创建动态类对象 Enhancer，它是 CGLIB 动态代理的核心类，并调用 setSuperclass()方法来确定目标对象；其次调用 setCallback()方法添加回调函数，其中的 this代表的就是代理类本身；最后通过 return 语句将创建的代理类返回。intercept()方法会在程序执行目标方法时被调用，该方法被调用时将执行切面类中的增强方法。

步骤 3 创建测试方法

在 cn.test.cglib 包下创建 CglibTest.java，在该类的 main()方法中先创建代理对象和目标对象，再从代理对象中获取增强后的目标对象，最后调用目标对象中用于添加和删除的方法，具体代码如示例 8 所示。

【示例 8】CglibTest.java

```
package cn.test.cglib;
// 测试类
public class CglibTest {
    public static void main(String[] args) {
        CglibProxy cglibProxy = new CglibProxy();// 创建代理对象
        UserDao userDao = new UserDao();// 创建目标对象
        // 从代理对象中获取增强后的目标对象
        UserDao userDao1 = (UserDao)cglibProxy.createProxy(userDao);
        // 调用方法
        userDao1.addUser();
        userDao1.deleteUser();
    }
}
```

执行程序后，控制台的输出结果如图 8.6 所示。

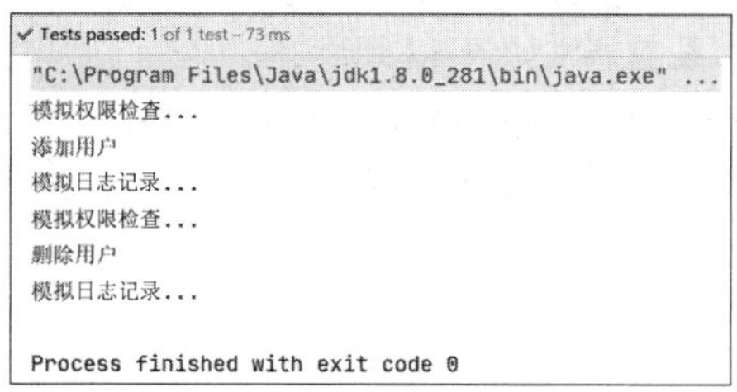

图 8.6 控制台的输出结果

可以看出，userDao 实例中的方法被成功调用并增强了。这种没有实现接口的代理方式就是 CGLIB 动态代理。

8.2.3 技能训练

上机练习 1 实现 JDK 动态代理与 CGLIB 动态代理的使用

⌘ 需求说明

使用 JDK 动态代理与 CGLIB 动态代理，对业务方法的执行过程进行模拟权限检查、日志记录。

关键代码参考本章示例 1～8。

8.3 基于代理类的 AOP 实现

通过对前面内容的学习，读者可以初步了解 Spring 中的两种代理方式。实际上，Spring 中的 AOP 代理默认使用 JDK 动态代理来实现。下面将对 Spring 中基于代理类的 AOP 实现的相关知识进行详细介绍。

8.3.1 Spring 的增强处理类型

在介绍具体的代理类之前，需要了解 Spring 的增强处理类型。Spring 的增强处理类型按照在目标类方法的连接点位置，可以分为以下 5 种。

（1）org.aopalliance.intercept.MethodInterceptor（环绕增强处理）。在目标方法执行前后实施增强，可以应用于日志记录、事务管理等中。

（2）org.springframework.aop.MethodBeforeAdvice（前置增强处理）。在目标方法执行前实施增强，可以应用于权限检查等中。

（3）org.springframework.aop.AfterReturningAdvice（后置增强处理）。在目标方法执行后实施增强，可以应用于关闭流、上传文件、删除临时文件等中。

（4）org.springframework.aop.ThrowsAdvice（异常增强处理）。在目标方法抛出异常后实施增强，可以应用于异常处理等中。

（5）org.springframework.aop.IntroductionInterceptor（引介增强处理）。在目标类中添加一些新方法和属性，可以应用于修改老版本程序（增强类）中。

8.3.2 ProxyFactoryBean

ProxyFactoryBean 是 FactoryBean 的实现类，FactoryBean 负责实例化一个 Bean，而 ProxyFactoryBean 负责为其他 Bean 创建代理实例。在 Spring 中，使用 ProxyFactoryBean 是创建 AOP 代理的基本方式。

ProxyFactoryBean 的常用可配置属性如表 8.1 所示。

表 8.1 ProxyFactoryBean 的常用可配置属性

属　性	说　明
target	代理的目标对象
proxyInterfaces	代理实现的接口，如果是多个接口，那么可以使用以下格式赋值：<list>、<value>、</value>…</list>
proxyTargetClass	是否对类代理而不是接口，当设置为 true 时，使用 CGLIB 动态代理
interceptorNames	需要织入目标类的增强处理
singleton	返回的代理是否为单实例，默认值为 true（返回单实例）
optimize	当设置为 true 时，强制使用 CGLIB 动态代理

对 ProxyFactoryBean 有了初步了解后，下面通过一个典型的环绕增强处理案例，演示使用 ProxyFactoryBean 创建 AOP 代理的过程，具体实现步骤如下。

步骤 1 修改 pom.xml

基于 Ch08_01 的 Maven 项目，在 pom.xml 中添加 spring-aop-5.3.26.jar 的相关依赖，具体代码如下。

```
<dependency>
    <groupId>org.springframework</groupId>
    <artifactId>spring-aop</artifactId>
```

```
        <version>5.3.26</version>
    </dependency>
```

步骤 2　创建 MyAspect.java

在 src/main/java 目录下创建 cn.test.factorybean 包，在该包下创建 MyAspect.java。由于实现环绕增强处理需要实现 org.aopalliance.intercept.MethodInterceptor，因此 MyAspect.java 需要实现该接口，并实现该接口的 invoke()方法来执行目标方法，具体代码如示例 9 所示。

【示例 9】MyAspect.java

```
package cn.test.factorybean;

import org.aopalliance.intercept.MethodInterceptor;
import org.aopalliance.intercept.MethodInvocation;
// 定义切面类
public class MyAspect implements MethodInterceptor {
    @Override
    public Object invoke(MethodInvocation mi) throws Throwable {
        check_Permissions();
        // 执行目标方法
        Object obj = mi.proceed();
        log();
        return obj;
    }
    public void check_Permissions(){
        System.out.println("模拟权限检查...");
    }
    public void log(){
        System.out.println("模拟日志记录...");
    }
}
```

这里为了演示效果，在目标方法前后分别执行了权限检查和日志记录的方法，这两个方法就是增强处理方法。

步骤 3　创建 applicationContext.xml

在 src/main/resources 目录下创建 applicationContext.xml，并指定代理对象，具体代码如示例 10 所示。

【示例 10】applicationContext.xml

```
<?xml version="1.0" encoding="UTF-8"?>
<beans xmlns="http://www.springframework.org/schema/beans"
    xmlns:xsi="http://www.w3.org/2001/XMLSchema-instance"
    xsi:schemaLocation="http://www.springframework.org/schema/beans
    http://www.springframework.org/schema/beans/spring-beans.xsd">
    <!-- 定义目标类 -->
    <bean id="userDao" class="cn.test.dao.UserDaoImpl" />
    <!-- 定义切面类 -->
    <bean id="myAspect" class="cn.test.factorybean.MyAspect" />
    <!-- 使用 Spring 代理工厂定义一个名为 userDaoProxy 的代理对象 -->
    <bean id="userDaoProxy"
            class="org.springframework.aop.framework.ProxyFactoryBean">
        <!-- 指定代理实现的接口-->
        <property name="proxyInterfaces"
                    value="cn.test.dao.UserDao" />
        <!-- 指定代理的目标对象 -->
        <property name="target" ref="userDao" />
        <!-- 指定切面，织入环绕增强处理 -->
        <property name="interceptorNames" value="myAspect" />
        <!-- 指定代理方式，true：使用 CGLIB 动态代理；false(默认值)：使用 JDK 动态代理 -->
        <property name="proxyTargetClass" value="true" />
```

```
    </bean>
</beans>
```

在上述代码中，先通过<bean>元素定义目标类和切面，然后使用 ProxyFactoryBean 定义代理对象。在定义的代理对象中，分别通过<property>元素指定代理实现的接口、代理的目标对象、需要织入目标类的环绕增强处理，以及代理方式。

步骤 4　创建 ProxyFactoryBeanTest.java

在 cn.test.factorybean 包下，创建 ProxyFactoryBeanTest.java，在该类中通过 Spring 的容器获取代理对象的实例，并执行目标方法，具体代码如示例 11 所示。

【示例 11】ProxyFactoryBeanTest.java

```
    @Test
    public void test() {
        String xmlPath = "applicationContext.xml";
        ApplicationContext applicationContext = new
                              ClassPathXmlApplicationContext(xmlPath);
        // 从 Spring 的容器中获取内容
        UserDao userDao = (UserDao) applicationContext.getBean("userDaoProxy");
        // 执行目标方法
        userDao.addUser();
        userDao.deleteUser();
    }
```

执行程序后，控制台的输出结果如图 8.7 所示。

```
✔ Tests passed: 1 of 1 test – 335 ms
"C:\Program Files\Java\jdk1.8.0_281\bin\java.exe" ...
模拟权限检查...
添加用户
模拟日志记录...
模拟权限检查...
删除用户
模拟日志记录...

Process finished with exit code 0
```

图 8.7　控制台的输出结果

8.3.3　技能训练

上机练习 2　使用基于代理类的 AOP 实现模拟权限检查、日志记录功能

⌘ 需求说明

使用基于代理类的 AOP 对业务方法的执行过程进行模拟权限检查、日志记录。

关键代码参考本章示例 9～11。

8.4　基于 XML 的声明式 AspectJ

AspectJ 是一个基于 Java 的 AOP 框架，提供了强大的 AOP 功能。自 Spring 2.0 后，Spring AOP 引入了对 AspectJ 的支持，并允许直接使用 AspectJ 进行编程，而 Spring 自身的 AOP API 也尽量与 AspectJ 保持一致。在 Spring 3.0 以后的版本中也建议使用 AspectJ 来开发 AOP。使用 AspectJ 实现 AOP 有两种方式：一种是基于 XML 的声明式 AspectJ；另一种是基于注解的声明式 AspectJ。本节介绍基于 XML 的声明式 AspectJ 的使用。

8.4.1　<aop:config>元素及其子元素

基于 XML 的声明式 AspectJ 是指通过 XML 文件来定义切面、切入点及增强处理，所有切面、切入点及增强处理都必须定义在<aop:config>元素内。<aop:config>元素及其属性、子元素如图 8.8 所示。

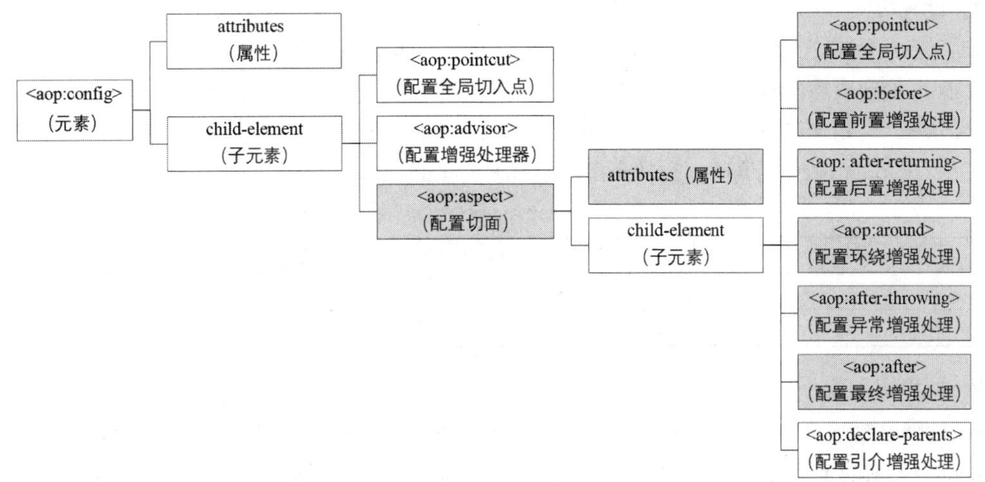

图 8.8　<aop:config>元素及其属性、子元素

Spring 配置文件中的<beans>元素包含多个<aop:config>元素，<aop:config>元素又包含一个属性和多个子元素，子元素有<aop:pointcut>、<aop:advisor>和<aop:aspect>。在配置时，这 3 个子元素必须按照顺序来定义。<aop:aspect>元素同样包含一个属性和多个子元素，通过使用<aop:aspect>元素及其子元素可以在 XML 文件中配置切面、切入点及增强处理，图 8.8 中灰色部分标注的即常用属性和子元素。

8.4.2　常用<aop:config>元素的使用

常用元素的具体配置代码如下。

```
<!--定义切面 -->
<bean id="myAspect" class="com.test.aspectj.xml.MyAspect" />
<!-- 定义 AOP 编程 -->
<aop:config>
<!-- 配置切面 -->
    <aop:aspect ref="myAspect">
        <!-- 配置切入点，通知最后增强哪些方法 -->
        <aop:pointcut expression="execution(* cn.test.dao.*.*(..))" id="myPointCut" />
        <!-- 关联增强处理和切入点 -->
        <!-- 前置增强处理 -->
        <aop:before method="myBefore" pointcut-ref="myPointCut" />
        <!-- 后置增强处理，在方法返回之后执行，就可以获取返回结果
         returning 属性：用于设置后置增强处理的第 2 个参数的名称，类型是 Object -->
        <aop:after-returning method="myAfterReturning"
            pointcut-ref="myPointCut" returning="returnVal" />
        <!-- 环绕增强处理 -->
        <aop:around method="myAround" pointcut-ref="myPointCut" />
        <!-- 抛出增强处理：用于处理程序发生异常-->
        <!-- * 注意：如果程序没有发生异常，那么不会执行增强处理 -->
        <!-- * throwing 属性：用于设置增强处理的第 2 个参数的名称，类型为 Throwable -->
        <aop:after-throwing method="myAfterThrowing"
            pointcut-ref="myPointCut" throwing="e" />
        <!-- 最终增强处理：无论程序发生什么事情，都将执行增强处理 -->
        <aop:after method="myAfter" pointcut-ref="myPointCut" />
```

```
    </aop:aspect>
</aop:config>
```

为了让读者能够清楚地掌握上述代码中的配置信息，下面对上述代码中的配置信息进行详细介绍。

1．配置切面

在 Spring 配置文件中，配置切面使用的是<aop:aspect>元素，因为该元素会将一个已定义好的 Spring Bean 转换成切面 Bean，所以要在配置文件中先定义一个普通的 Spring Bean（上述代码中定义的 myAspect）。定义完成后，通过<aop:aspect>元素的 ref 属性即可引用该 Bean。

在配置<aop:aspect>元素时，通常会指定 id 属性和 ref 属性，如表 8.2 所示。

表 8.2　<aop:aspect>元素的属性

属　性	说　明
id	定义切面的唯一标识
ref	引用普通的 Spring Bean

2．配置切入点

在 Spring 配置文件中，切入点是通过<aop:pointcut>元素来定义的。当<aop:pointcut>元素作为<aop:config>元素的子元素定义时，表示该切入点是全局切入点，可以被多个切面共享；当<aop:pointcut>元素作为<aop:aspect>元素的子元素定义时，表示该切入点只对当前切面有效。

在定义<aop:pointcut>元素时，通常会指定 id 和 expression 两个属性，如表 8.3 所示。

表 8.3　<aop:pointcut>元素的属性

属　性	说　明
id	定义切入点的唯一标识
expression	定义切入点关联的切入点表达式

在前面的代码中，execution(* cn.test.dao.*.*(..))就是定义的切入点表达式，该切入点表达式的意思是匹配 cn.test.dao 包下任意类及方法的执行，其中，execution()是表达式的主体，第 1 个“*”表示返回类型，使用“*”代表所有类型；cn.test.dao 表示需要拦截的包名；第 2 个“*”表示类名，使用“*”代表所有类；第 3 个“*”表示方法名，使用“*”代表所有方法；“(..)”表示方法的参数，其中“(..)”表示任意参数。需要注意的是，第 1 个“*”与包名之间有一个空格。

上面的代码中定义的切入点表达式只是程序开发中常用的配置方式，Spring AOP 中切入点表达式的基本格式如下。

```
execution(modifiers-pattern? ret-type-pattern declaring-type-pattern? name-pattern
(param-pattern) throws-pattern?)
```

其对应的各部分说明如下。

（1）modifiers-pattern：定义目标方法的访问修饰符，如 public、private 等。

（2）ret-type-pattern：定义目标方法的返回类型，如 void、String 等。

（3）declaring-type-pattern：定义目标方法的类目录，如 cn.dsscm.jdk.UserDaoImpl 等。

（4）name-pattern：定义需要被代理的目标方法，如 add()方法等。

（5）param-pattern：定义需要被代理的目标方法包含的参数，本章示例中的目标方法参数都为空。

（6）throws-pattern：定义需要被代理的目标方法抛出的异常类。

其中，带有问号的部分，如 modifiers-pattern、declaring-type-pattern 和 throws-pattern 属于可配置项，而其他部分属于必须配置项。

与 AOP 相关的配置都放在<aop:config>元素中，如配置切入点的<aop:pointcut>元素等。<aop:pointcut>元素的 expression 属性可以配置切入点表达式，具体代码如下。

```
execution(public void addNewUser(entity.User))
```

其中，execution 是切入点指示符，圆括号中的是切入点表达式，可以配置需要切入增强处理的方法的特征，切入点表达式支持模糊匹配，下面介绍 5 种常用的模糊匹配。

（1）public * addNewUser(entity.User)：匹配所有类型的返回结果。

（2）public void *(entity.User)：匹配所有方法名。

（3）public void addNewUser(..)：匹配所有参数个数和类型。

（4）* com.service.*.*(..)：匹配 com.service 包下类的所有方法。

（5）* com.service..*.*(..)：匹配 com.service 包及其子包下类的所有方法。

读者可以根据需求设置切入点的匹配规则。此外，还需要在切入点插入增强处理，这个过程的专业叫法为“织入”。要想了解更多切入点表达式的配置信息，可以参考 Spring 官方文档的切入点声明部分。

3．配置增强处理

在配置代码中，分别使用<aop:aspect>元素的 5 个子元素配置 5 种常用增强处理，这 5 个子元素不支持使用子元素，但在使用时可以指定一些属性。增强处理的常用属性如表 8.4 所示。

表 8.4　增强处理的常用属性

属　性	说　明
pointcut	用于指定一个切入点表达式，Spring 将在匹配该切入点表达式的连接点时织入该增强处理
pointcut-ref	用于指定一个已经存在的切入点名称，如 myPointCut 等。通常 pointcut 和 pointcut-ref 两个属性只需要使用其中之一即可
method	用于指定一个方法名，将切面 Bean 中的该方法转换为增强处理
throwing	只对<after-throwing>元素有效，用于指定一个形参名，异常增强处理可以通过该形参访问目标方法抛出的异常
returning	只对<after-returning>元素有效，用于指定一个形参名，后置增强处理可以通过该形参访问目标方法的返回结果

了解如何在 XML 文件中配置切面、切入点及增强处理后，下面通过一个案例演示如何在 Spring 中使用基于 XML 的声明式 AspectJ，具体实现步骤如下。

步骤 1　创建项目

在 IntelliJ IDEA 中，创建一个名为 Ch08_02 的 Maven 项目，在 pom.xml 中加载需要使用的 Spring 的 4 个基础包，即 spring-core-5.3.26.jar、spring-beans-5.3.26.jar、spring-context-5.3.26.jar 和 spring-expression-5.3.26.jar。除此之外，还需要将 Spring 的依赖包 commons-logging-1.2.jar，以及 AspectJ 相关的 JAR 包加载到项目中。pom.xml 的具体代码如示例 12 所示。

【示例 12】pom.xml

```
<?xml version="1.0" encoding="UTF-8"?>
<project xmlns="http://maven.apache.org/POM/4.0.0"
         xmlns:xsi="http://www.w3.org/2001/XMLSchema-instance"
         xsi:schemaLocation="http://maven.apache.org/POM/4.0.0
                             http://maven.apache.org/xsd/maven-4.0.0.xsd">
    <modelVersion>4.0.0</modelVersion>

```

```
    <groupId>org.example</groupId>
    <artifactId>Ch08_02</artifactId>
    <version>1.0-SNAPSHOT</version>

    <dependencies>
        <dependency>
            <groupId>junit</groupId>
            <artifactId>junit</artifactId>
            <version>4.13</version>
            <scope>test</scope>
        </dependency>
        <!-- Spring 的基础包 spring-core -->
        <dependency>
            <groupId>org.springframework</groupId>
            <artifactId>spring-core</artifactId>
            <version>5.3.26</version>
        </dependency>
        <!-- Spring 的基础包 spring-beans -->
        <dependency>
            <groupId>org.springframework</groupId>
            <artifactId>spring-beans</artifactId>
            <version>5.3.26</version>
        </dependency>
        <!-- Spring 的基础包 spring-context -->
        <dependency>
            <groupId>org.springframework</groupId>
            <artifactId>spring-context</artifactId>
            <version>5.3.26</version>
        </dependency>
        <!-- Spring 的基础包 spring-expression -->
        <dependency>
            <groupId>org.springframework</groupId>
            <artifactId>spring-expression</artifactId>
            <version>5.3.26</version>
        </dependency>
        <!-- Spring 的依赖包 commons-logging -->
        <dependency>
            <groupId>commons-logging</groupId>
            <artifactId>commons-logging</artifactId>
            <version>1.2</version>
        </dependency>
        <dependency>
            <groupId>org.springframework</groupId>
            <artifactId>spring-aop</artifactId>
            <version>5.3.26</version>
        </dependency>
        <!-- aspectjrt 包的依赖 -->
        <dependency>
            <groupId>org.aspectj</groupId>
            <artifactId>aspectjrt</artifactId>
            <version>1.9.1</version>
        </dependency>
        <!-- aspectjweaver 包的依赖 -->
        <dependency>
            <groupId>org.aspectj</groupId>
            <artifactId>aspectjweaver</artifactId>
            <version>1.9.6</version>
        </dependency>
    </dependencies>
</project>
```

步骤 2　创建 MyAspect.java

在 src/main/java 目录下创建 cn.test.aspectj.xml 包，在该包下创建 MyAspect.java，在该类中分别定义不同类型的增强处理，具体代码如示例 13 所示。

【示例 13】MyAspect.java

```
package cn.test.aspectj.xml;
import org.aspectj.lang.JoinPoint;
import org.aspectj.lang.ProceedingJoinPoint;
/**
 *定义切面类，在此类中编写增强处理
 */
public class MyAspect {
    // 前置增强处理
    public void myBefore(JoinPoint joinPoint) {
        System.out.print("前置增强处理：模拟执行权限检查...,");
        System.out.print("目标类是："+joinPoint.getTarget() );
        System.out.println(",被织入增强处理的目标方法为："
                            +joinPoint.getSignature().getName());
    }
    // 后置增强处理
    public void myAfterReturning(JoinPoint joinPoint) {
        System.out.print("后置增强处理：模拟日志记录...," );
        System.out.println("被织入增强处理的目标方法为："
                          + joinPoint.getSignature().getName());
    }
    /**
     * 环绕增强处理
     * ProceedingJoinPoint 是 JoinPoint 的子接口，表示可以执行目标方法
     * 必须是 Object 类型的返回结果
     * 必须接收一个参数，类型为 ProceedingJoinPoint
     * 必须抛出
     */
    public Object myAround(ProceedingJoinPoint proceedingJoinPoint)
            throws Throwable {
        // 开始
        System.out.println("环绕开始：执行目标方法之前，模拟开启事务...");
        // 执行当前目标方法
        Object obj = proceedingJoinPoint.proceed();
        // 结束
        System.out.println("环绕结束：执行目标方法之后，模拟关闭事务...");
        return obj;
    }
    // 异常增强处理
    public void myAfterThrowing(JoinPoint joinPoint, Throwable e) {
        System.out.println("异常增强处理：" + "出错了" + e.getMessage());
    }
    // 最终增强处理
    public void myAfter() {
        System.out.println("最终增强处理：模拟方法结束后的释放资源...");
    }
}
```

如上述代码所示，在<aop:config>元素中使用<aop:aspect>元素引用包含增强处理方法的 Bean，分别通过<aop: before>元素和<aop: after-returning>元素将方法声明为前置增强处理和后置增强处理，在<aop:after-returning>元素中可以通过 returning 属性指定需要注入返回结果的属性名。方法的类型为 JoinPoint 的参数无须特殊处理，Spring 会自动为其注入连接点实例。

上述代码中分别定义 5 种不同类型的增强处理，在增强处理中使用 JoinPoint 及其子接口 ProceedingJoinPoint 作为参数来获取目标对象的类名、目标方法名和目标方法参数等。需要注意的是，环绕增强处理应接收类型为 ProceedingJoinPoint 的参数，返回结果也应是 Object 类型，且必须抛出异常。异常增强处理中可以传入类型为 Throwable 的参数来输出异常。

步骤 3　创建 applicationContext.xml

在 src/main/resources 目录下创建 applicationContext.xml，编写相关配置，具体代码如示例 14 所示。

【示例 14】applicationContext.xml

```
1.  <?xml version="1.0" encoding="UTF-8"?>
2.  <beans xmlns="http://www.springframework.org/schema/beans"
3.          xmlns:xsi="http://www.w3.org/2001/XMLSchema-instance"
4.          xmlns:aop="http://www.springframework.org/schema/aop"
5.          xsi:schemaLocation="http://www.springframework.org/schema/beans
6.          http://www.springframework.org/schema/beans/spring-beans.xsd
7.          http://www.springframework.org/schema/aop
8.          http://www.springframework.org/schema/aop/spring-aop-3.2.xsd">
9.      <!-- 定义目标类 -->
10.     <bean id="userDao" class="cn.test.dao.UserDaoImpl" />
11.     <!-- 定义切面 -->
12.     <bean id="myAspect" class="cn.test.aspectj.xml.MyAspect" />
13.     <!-- 定义 AOP 编程 -->
14.     <aop:config>
15.     <!-- 配置切面 -->
16.         <aop:aspect ref="myAspect">
17.         <!-- 配置切入点，通知最后增强处理哪些方法 -->
18.     <aop:pointcut expression="execution(* cn.test.dao.*.*(..))" id="myPointCut" />
19.             <!-- 关联增强处理和切入点 -->
20.             <!-- 前置增强处理 -->
21.             <aop:before method="myBefore" pointcut-ref="myPointCut" />
22.             <!-- 后置增强处理，在方法返回之后执行，就可以获取返回结果
23.              returning 属性：用于设置后置增强处理的第 2 个参数的名称，类型是 Object -->
24.             <aop:after-returning method="myAfterReturning"
25.                 pointcut-ref="myPointCut" returning="returnVal" />
26.             <!-- 环绕增强处理 -->
27.             <aop:around method="myAround" pointcut-ref="myPointCut" />
28.             <!-- 抛出增强处理：用于处理程序发生异常-->
29.             <!-- * 注意：如果程序没有发生异常，那么不会执行增强处理 -->
30.             <!-- * throwing 属性：用于设置增强处理的第 2 个参数的名称，类型为 Throwable -->
31.             <aop:after-throwing method="myAfterThrowing"
32.                 pointcut-ref="myPointCut" throwing="e" />
33.             <!-- 最终增强处理：无论程序发生什么事情都将执行增强处理 -->
34.             <aop:after method="myAfter" pointcut-ref="myPointCut" />
35.         </aop:aspect>
36.     </aop:config>
37. </beans>
```

在示例 14 的第 4、7、8 行代码中，引入了 AOP 的 schema 约束信息，并在配置文件中定义了目标类、切面和 AOP 的配置信息。

在 AOP 的配置信息中，使用<aop:after-returning>元素配置的后置增强处理和使用<aop:after>元素配置的最终增强处理虽然都是在目标方法执行之后执行的，但它们是有区别的。后置增强处理只有在目标方法成功执行后才会被织入，而最终增强处理不论目标方法如何结束（包括成功执行和异常终止两种情况）都会被织入。

步骤 4 创建 TestXmlAspectJ.Java

在 cn.test.aspectj.xml 包下创建 TestXmlAspectJ.java，在该类中为了更加清晰地演示增强处理的执行情况，只对 addUser()方法进行增强处理测试，具体代码如示例 15 所示。

【示例 15】TestXmlAspectJ.java

```
@Test
public void test() {
    String xmlPath = "applicationContext.xml";
    ApplicationContext applicationContext = new
              ClassPathXmlApplicationContext(xmlPath);
    // 从 Spring 的容器中获取内容
    UserDao userDao = (UserDao) applicationContext.getBean("userDao");
    // 执行 addUser()方法
    userDao.addUser();
}
```

执行程序后，控制台的输出结果如图 8.9 所示。

要查看异常增强处理的执行效果，可以在 UserDaoImpl.java 的 addUser()方法中添加错误代码，如 int i = 10/0;，重新运行测试类，将看到异常通知的执行效果，此时控制台的输出结果如图 8.10 所示。

```
✔ Tests passed: 1 of 1 test – 364 ms
"C:\Program Files\Java\jdk1.8.0_281\bin\java.exe" ...
前置增强处理：模拟执行权限检查...,目标类是：cn.test.dao.UserDaoImpl@595b007d,被织入增强处理的目标方法为：addUser
环绕开始：执行目标方法之前，模拟开启事务...
添加用户
最终增强处理：模拟方法结束后的释放资源...
环绕结束：执行目标方法之后，模拟关闭事务...
后置增强处理：模拟日志记录...,被织入增强处理的目标方法为：addUser

Process finished with exit code 0
```

图 8.9　控制台的输出结果 1

```
Tests failed: 1 of 1 test – 396 ms
"C:\Program Files\Java\jdk1.8.0_281\bin\java.exe" ...
前置增强处理：模拟执行权限检查...,目标类是：cn.test.dao.UserDaoImpl@595b007d,被织入增强处理的目标方法为：addUser
环绕开始：执行目标方法之前，模拟开启事务...
最终增强处理：模拟方法结束后的释放资源...
异常增强处理：出错了/ by zero

java.lang.ArithmeticException: / by zero
```

图 8.10　控制台的输出结果 2

可以看出，使用基于 XML 的声明式 AspectJ 已经实现了 AOP。业务代码和日志代码是完全分离的，经过 AOP 的配置以后，不做任何代码上的修改即可在 addUser()方法前后实现日志输出。其实，只需稍稍修改切入点的指示符，不仅可以为 addUser()方法增强日志记录功能，而且可以轻松地增强所有业务方法。不仅可以增强日志记录功能，而且增强访问控制、事务管理、性能监测等实用功能也没有问题。

8.4.3　技能训练

上机练习 3　**使用 Spring AOP 实现日志记录功能**

⌘ 需求说明

使用前置增强处理和后置增强处理对业务方法的执行过程进行日志记录。

提示

（1）在项目中添加与 Spring AOP 相关的 JAR 文件。

（2）编写前置增强处理和后置增强处理实现的日志记录功能代码。

（3）编写 Spring 配置文件代码，定义切入点并对业务方法进行增强处理。

（4）编写获取带有增强处理的业务对象代码。

（5）关键代码参考本章示例 12～15。

8.4.4　常用的增强处理类型

Spring 支持多种增强处理类型，这里比较基于 XML 的声明式 AspectJ 的 5 种常用的增强处理类型。

1. 前置增强处理

在目标方法执行前实施增强处理，可以应用于权限管理等中。使用<aop: before>元素可以定义前置增强处理。

2．后置返回增强处理

在目标方法执行后实施增强处理，一般应用于返回结果的处理等功能。使用<aop: after-returning>元素可以定义后置返回增强处理，在<aop:after-returning>元素中可以通过 returning 属性指定需要注入返回结果的属性名。

3．异常增强处理

异常增强处理的特点是在目标方法抛出异常时织入增强处理。通过异常增强处理可以为各功能模块提供统一的、可插拔的异常增强处理方案。

使用<aop:after-throwing>元素可以定义异常增强处理。如果需要获取抛出异常，那么可以为增强处理声明相关类型的参数，并通过<aop:after-throwing>元素的 throwing 属性指定该参数名，Spring 会为其注入从目标方法抛出的异常实例。

4．最终增强处理

最终增强处理的特点是无论方法抛出异常还是正常退出，该增强处理都会得到执行，类似于异常增强处理中 finally 模块的作用，一般用于释放资源。使用最终增强处理可以为各功能模块提供统一的、可插拔的处理方案。使用<aop:after>元素即可定义最终增强处理。

5．环绕增强处理

环绕增强处理在目标方法前后都可以织入增强处理。环绕增强处理是功能强大的增强处理，Spring 把目标方法的控制权全部交给了它。在环绕增强处理中，可以获取或修改目标方法的参数、返回结果，可以进行异常增强处理，甚至可以决定目标方法是否被执行。

使用<aop:around>元素可以定义环绕增强处理。通过为增强处理声明 ProceedingJoinPoint 类型的参数，可以获取连接点，所用方法与 JoinPoint 相同。ProceedingJoinPoint 是 JoinPoint 接口的子接口，不但封装了目标方法及其入参 Array，而且封装了被代理的目标对象，通过 proceed()方法可以调用真正的目标方法，从而达到对连接点的完全控制。

8.5 基于注解的声明式 AspectJ

与基于代理类的 AOP 实现相比，基于 XML 的声明式 AspectJ 要便捷得多，但是它存在着一些缺点，那就是要在 Spring 文件中配置大量的代码。实现 AOP 的还有一种方式，即基于注解的声明式 AspectJ。下面使用 AspectJ 提供的注解实现 AOP，以取代 Spring 配置文件中为实现 AOP 配置的臃肿代码。

8.5.1 AspectJ 的注解

AspectJ 是一个 AOP 框架，扩展了 Java，定义了 AOP 的语法，能够在编译期提供代码的织入。因此，AspectJ 有一个专门的编译器用来生成遵守字节码规范的 class 文件。

@AspectJ 注解是 AspectJ 5 新增的功能，使用 JDK 5.0 注解技术和正规的 AspectJ 切入点表达式语言描述切面。要使用@AspectJ 注解，需要保证使用 JDK 5.0 或 JDK 5.0 以上的版本。

Spring 通过集成 AspectJ 实现了以注解的方式定义切面，大大减少了配置文件的工作量。此外，因为 Java 的反射机制无法获取方法参数名，所以 Spring 还需要利用轻量级的字节码处理框架 ASM

（已集成在 Spring 的 Core 模块中）处理@AspectJ 注解中描述的方法参数名。了解 AspectJ 后就可以开始编写基于@Aspect 注解的切面了。AspectJ 的注解如表 8.5 所示。

表 8.5 AspectJ 的注解

注 解	说 明
@Aspect	用于定义切面
@Pointcut	用于定义切入点表达式。在使用时还需定义包含名称和任意参数的方法签名来表示切入点名称。实际上，这个方法签名就是返回类型为 void，且方法为空的普通方法
@Before	用于定义前置增强处理，相当于 BeforeAdvice。在使用时通常需要指定 value 属性，该属性用于指定切入点表达式（既可以指定已有的切入点表达式，又可以直接定义切入点表达式）
@AfterReturning	用于定义后置增强处理，相当于 AfterReturningAdvice。在使用时可以指定 pointcut、value 和 returning 属性，其中 pointcut、value 两个属性的作用一样，都用于指定切入点表达式，returning 属性用于表示增强处理方法中可定义与此同名的形参，该形参用于访问目标方法的返回结果
@Around	用于定义环绕增强处理，相当于 MethodInterceptor。在使用时可以指定 value 属性，该属性用于指定该增强处理被植入的切入点
@AfterThrowing	用于定义异常增强处理，处理程序中未处理的异常，相当于 ThrowAdvice。在使用时可以指定 pointcut、value 和 throwing 属性，其中 pointcut、value 两个属性用于指定切入点表达式，throwing 属性用于指定形参，表示增强处理方法中可定义与此同名的形参，该形参用于访问目标方法抛出的异常
@ After	用于定义最终增强处理，不管是否异常，该增强处理都会被执行。在使用时需要指定 value 属性，该属性用于指定进行增强处理时被植入的切入点
@DeclareParents	用于定义引介增强处理，相当于 IntroductionInterceptor（不要求掌握，了解即可）

8.5.2 使用注解标注切面

为了能快速掌握 AspectJ 的注解，下面重新使用注解来实现前面的案例，具体实现步骤如下。

步骤 1 创建项目

在 IntelliJ IDEA 中，创建一个名为 Ch08_03 的 Maven 项目，在 pom.xml 中加载需要使用的 Spring 的 4 个基础包，即 spring-core-5.3.26.jar、spring-beans-5.3.26.jar、spring-context-5.3.26.jar 和 spring-expression-5.3.26.jar。除此之外，还需要将 Spring 的依赖包 commons-logging-1.2.jar，以及 AspectJ 相关的 JAR 包加载到项目中。pom.xml 的具体代码如示例 12 所示。

步骤 2 修改 MyAspect.java

修改 MyAspect.java，具体代码如示例 16 所示。

【示例 16】MyAspect.java

```
@Aspect
@Component
public class MyAspect {
    // 定义切入点表达式
    @Pointcut("execution(* cn.test.dao.*.*(..))")
    // 使用一个返回类型为 void，且方法为空的普通方法来命名切入点
    private void myPointCut(){}
    // 前置增强处理
    @Before("myPointCut()")
    public void myBefore(JoinPoint joinPoint) {
        System.out.print("前置增强处理：模拟执行权限检查...,");
        System.out.print("目标类是："+joinPoint.getTarget() );
        System.out.println(",被织入增强处理的目标方法为："
                    +joinPoint.getSignature().getName());
    }
```

```
    // 后置增强处理
    @AfterReturning(value="myPointCut()")
    public void myAfterReturning(JoinPoint joinPoint) {
        System.out.print("后置增强处理：模拟日志记录...," );
        System.out.println("被织入增强处理的目标方法为："
                + joinPoint.getSignature().getName());
    }
    // 环绕增强处理
    @Around("myPointCut()")
    public Object myAround(ProceedingJoinPoint proceedingJoinPoint)
            throws Throwable {
        // 开始
        System.out.println("环绕开始：执行目标方法之前，模拟开启事务...");
        // 执行当前目标方法
        Object obj = proceedingJoinPoint.proceed();
        // 结束
        System.out.println("环绕结束：执行目标方法之后，模拟关闭事务...");
        return obj;
    }
    // 异常增强处理
    @AfterThrowing(value="myPointCut()",throwing="e")
    public void myAfterThrowing(JoinPoint joinPoint, Throwable e) {
        System.out.println("异常增强处理：" + "出错了" + e.getMessage());
    }
    // 最终增强处理
    @After("myPointCut()")
    public void myAfter() {
        System.out.println("最终增强处理：模拟方法结束后的释放资源...");
    }
}
```

在上述代码中，首先使用@Aspect 注解定义了切面类，由于该类在 Spring 中是作为组件使用的，因此还需要添加@Component 注解才能生效，使用@Pointcut 注解配置切入点表达式，并通过定义方法表示切入点名称。切入点表达式使用@Pointcut 注解来表示，而切入点名称则需要通过一个普通的方法定义来提供，作为提供切入点名称的方法必须返回空值。切入点定义好后，就可以使用 pointcut()方法对签名进行引用了。

在每个增强处理相应的方法上添加相应的注解，并将切入点名称 myPointCut 作为参数传递给需要执行的增强处理。如果需要其他参数（异常增强处理的参数等），那么可以根据代码提示传递相应的属性值。

使用@AfterThrowing 注解可以定义异常增强。如果需要获取异常抛出增强处理，那么可以为其声明相关类型的参数，并通过@AfterThrowing 注解的 throwing 属性指定该参数名，Spring 会为其注入从目标方法中的异常抛出实例。

使用@After 注解可以定义最终增强。

使用@Around 注解可以定义环绕增强。通过为增强方法声明类型为 ProceedingJoinPoint 的参数，可以获取连接点。通过它的 proceed()方法可以调用真正的目标方法，从而实现对连接点的完全控制。

步骤 3　修改 UserDaoImpl.java

在 cn.test.dao 包下，修改 UserDaoImpl.java，添加@Repository("userDao")，具体代码如示例 17 所示。

【示例 17】UserDaoImpl.java

```
// 定义目标类
@Repository("userDao")
public class UserDaoImpl implements UserDao {
    public void addUser() {
//          int i = 10/0;
        System.out.println("添加用户");
    }
    public void deleteUser() {
        System.out.println("删除用户");
```

```
    }
}
```

步骤 4 创建 applicationContext.xml

在 src/main/resources 目录下创建 applicationContext.xml，编写相关配置，具体代码如示例 18 所示。

【示例 18】applicationContext.xml

```
<?xml version="1.0" encoding="UTF-8"?>
<beans xmlns="http://www.springframework.org/schema/beans"
  xmlns:xsi="http://www.w3.org/2001/XMLSchema-instance"
  xmlns:aop="http://www.springframework.org/schema/aop"
  xmlns:context="http://www.springframework.org/schema/context"
  xsi:schemaLocation="http://www.springframework.org/schema/beans
  http://www.springframework.org/schema/beans/spring-beans.xsd
  http://www.springframework.org/schema/aop
  http://www.springframework.org/schema/aop/spring-aop-3.2.xsd
  http://www.springframework.org/schema/context
  http://www.springframework.org/schema/context/spring-context-3.2.xsd">
   <!-- 指定需要扫描的包，使注解生效 -->
   <context:component-scan base-package="cn.test" />
   <!-- 启动基于注解的声明式 AspectJ 支持的能力 -->
   <aop:aspectj-autoproxy />
</beans>
```

在上述代码中，配置文件中首先导入了 AOP 命名空间，并且引入了 context 约束信息。其次使用了<context>元素设置需要扫描的包，使注解生效。由于此案例中的目标类位于 cn.test 包下，因此这里设置 base-package 属性的值为 cn.test。最后使用了<aop:aspectj-autoproxy/>元素启动 Spring 对基于注解的声明式 AspectJ 支持的能力，这样就可以开启对@AspectJ 注解的支持，Spring 将自动为匹配的 Bean 创建代理。

步骤 5 创建 TestAnnotationAspectj.java

在 cn.test.aspectj.annotation 包下创建 TestAnnotationAspectj.java，该类与前面所述基本一致，只是配置文件目录有所不同，具体代码如示例 19 所示。

【示例 19】TestAnnotationAspectj.java

```
    @Test
    public void test() {
        String xmlPath = "applicationContext.xml";
        ApplicationContext applicationContext =
               new ClassPathXmlApplicationContext(xmlPath);
        // 从 Spring 的容器中获取内容
        UserDao userDao = (UserDao) applicationContext.getBean("userDao");
        // 执行 addUser()方法
        userDao.addUser();
    }
```

执行程序后，控制台的输出结果如图 8.11 所示。

```
✔ Tests passed: 1 of 1 test – 448 ms
"C:\Program Files\Java\jdk1.8.0_281\bin\java.exe" ...
环绕开始：执行目标方法之前，模拟开启事务...
前置增强处理：模拟执行权限检查...，目标类是：cn.test.dao.UserDaoImpl@2892dae4，被织入增强处理的目标方法为：
addUser 添加用户
后置增强处理：模拟日志记录...，被织入增强处理的目标方法为：addUser
最终增强处理：模拟方法结束后的释放资源...
环绕结束：执行目标方法之后，模拟关闭事务...

Process finished with exit code 0
```

图 8.11 控制台的输出结果（1）

修改 UserDaoImpl.java 演示异常增强处理的执行情况，控制台的输出结果如图 8.12 所示。

```
Tests failed: 1 of 1 test – 521 ms
"C:\Program Files\Java\jdk1.8.0_281\bin\java.exe" ...
环绕开始：执行目标方法之前，模拟开启事务...
前置增强处理：模拟执行权限检查...,目标类是：cn.test.dao.UserDaoImpl@2892dae4,被织入增强处理的目标方法为：addUser
异常增强处理：出错了/ by zero
最终增强处理：模拟方法结束后的释放资源...

java.lang.ArithmeticException: / by zero
```

图 8.12 控制台的输出结果（2）

从图 8.11 和图 8.12 中可以看出，基于注解的声明式 AspectJ 与基于 XML 的声明式 AspectJ 的执行结果相同，只是在目标方法前后增强处理的执行顺序发生了变化。相对来说，基于注解的声明式 AspectJ 更加简单、方便。因此，在实际开发中推荐使用基于注解的声明式 AspectJ 开发 AOP。

如果在同一个连接点有多个增强处理需要执行，那么在同一个切面中，目标方法之前的前置增强处理和环绕增强处理的执行顺序是未知的，目标方法之后的后置增强处理和环绕增强处理的执行顺序也是未知的。

8.5.3 技能训练

上机练习 4　使用注解实现日志切面

⌘ 需求说明

使用注解定义前置增强和后置增强，对业务方法的执行过程进行日志记录。

提示

关键代码参考本章示例 16～19。

8.5.4 Spring 的切面配置小结

Spring 在同一个问题上提供了多种灵活选择，这样反而容易让初学者感到困惑。应该根据项目的具体情况进行选择。如果项目采用 JDK 5.0 或 JDK 5.0 以上的版本，那么可以考虑使用@AspectJ 注解，以减少配置的工作量；如果不愿意使用注解或项目采用 JDK 5.0 以下的版本，无法使用注解，那么可以选择使用<aop:aspect>元素配合普通 JavaBean 的形式。

本章总结

- AOP 的目的是从系统中分离出切面，独立于业务逻辑实现，在程序执行时的织入程序中运行。
- AOP 主要关心两个问题：在什么位置；执行什么功能。
- 配置 AOP 主要使用 AOP 命名空间中的元素完成，可以实现定义切入点和织入增强等操作。
- 使用 AspectJ 实现 AOP 有两种方式：一种是基于 XML 的声明式 AspectJ；另一种是基于注解的声明式 AspectJ。
- Spring 的增强处理类型包括前置增强处理、后置返回增强处理、异常增强处理、环绕增强处理、最终增强处理。
- 通过 schema 形式将 POJO 的方法配置成切面，所用元素包括<aop:aspect>元素、<aop:before>元素、<aop:after-returning>元素、<aop:around>元素、<aop:after-throwing>元素、<aop:after>元素等。
- 使用注解定义切面可以简化配置工作，常用注解有@Aspect 注解、@Before 注解、@AfterReturning 注解、@Around 注解、@AfterThrowing 注解、@After 注解等。
- 通过在配置文件中添加<aop:aspectj-autoproxy/>元素，可以开启对@AspectJ 注解的支持。

本章作业

一、选择题

1．以下关于 Spring AOP 的介绍错误的是（　　）。

A．AOP 的全称是 Aspect Oriented Programming，即面向切面编程，也称面向方面编程

B．AOP 采取横向抽取机制，将分散在各个方法中的重复代码提取出来，这种采用横向抽取机制的方式，是传统的 OOP 是无法办到的

C．AOP 是一种新编程思想，采取横向抽取机制，是 OOP 的升级替代品

D．目前，流行的 AOP 框架有两个，分别为 Spring AOP 和 AspectJ

2．以下不属于 ProxyFactoryBean 的常用可配置属性的是（　　）。

A．target　　B．proxyInterfaces　　C．targetClass　　D．interceptorNames

3．以下关于 CGLIB 动态代理的说法正确的是（　　）。

A．CGLIB 动态代理虽然使用非常简单，但是具有一定的局限性，即使用 CGLIB 动态代理的对象必须实现一个或多个接口

B．如果要对没有实现接口的类进行代理，那么可以使用 CGLIB 动态代理

C．CGLIB 是一种高性能开源的代码生成包，在使用时需要另外导入 CGLIB 动态代理所需要的包

D．Spring 中的 AOP 代理，既可以是 JDK 动态代理，又可以是 CGLIB 动态代理

4．下列关于使用注解实现 IoC 配置的说法正确的是（　　）。（选择两项）

A．@Repository 注解用于标注业务类

B．@Service（"UserService"）表示定义一个 UserService 类型的 Bean

C．@Autowired 注解默认按照类型自动配置

D．<component-scan>用于元素扫描注解标注的类

5．以下关于使用注解配置切面的说法正确的是（　　）。（选择两项）

A．使用注解可以简化 Spring AOP 配置

B．需要在 Spring 配置文件中添加<aop:aspectj-autoproxy/>元素

C．需要在 Spring 配置文件中定义切入点供注解使用

D．使用注解定义的增强处理类无须定义在 Spring 配置文件中，Spring 会自动管理

二、简答题

1．列举你所知道的 AOP 术语并解释。

2．列举 Spring 增强处理的类型并解释。

三、操作题

对模拟删除用户业务方法，并使用 XML 或注解定义前置增强处理、后置增强处理、异常增强处理和环绕增强处理的执行过程进行日志记录。

第 9 章 Spring 的数据库开发及事务管理

本章目标

- ◎ 了解 JDBC 模块的作用
- ◎ 熟悉 Spring JDBC 的配置
- ◎ 掌握 JdbcTemplate 类常用方法的使用
- ◎ 熟悉 Spring 事务管理的 3 个核心接口
- ◎ 了解 Spring 事务管理的两种方式
- ◎ 掌握基于 XML 和基于注解的声明式事务的使用

本章简介

通过对前面内容的学习，读者对 Spring 核心技术中的几个重要模块已经有了初步了解，并且也能逐渐体会到使用 Spring 的好处。使用 Spring 降低了 Java EE 轻量级框架的 API 的使用难度，其中就包括 JDBC 模块。JDBC 模块是 Spring 的 Data Access/Intergration 层的重要模块，本章将对 JDBC 模块的知识进行详细介绍。

在实际开发中操作数据库时还会涉及事务管理问题，为此 Spring 提供了专门用于事务管理的 API。Spring 事务管理简化了传统的事务管理流程，并且在一定程度上为开发人员减少了工作量。

技术内容

9.1 Spring JDBC

JDBC 模块负责数据库的资源管理和错误处理，可以大大简化开发人员对数据库的操作，使开发人员从烦琐的数据库操作中解脱出来，从而将更多精力投入到编写业务逻辑中去。下面将针对 JDBC 模块的内容进行详细介绍。

9.1.1 Spring JdbcTemplate 类的解析

针对数据库的操作，Spring 提供了 JdbcTemplate 类，该类是 Spring 数据抽象层的基础，其他更高层次的抽象类都是构建在 JdbcTemplate 类之上的。可以说，JdbcTemplate 类是 Spring JDBC 的核心类。

JdbcTemplate 类的继承关系十分简单。它继承自 JdbcAccessor 类，同时又实现了 JdbcOperations 接口，如图 9.1 所示。

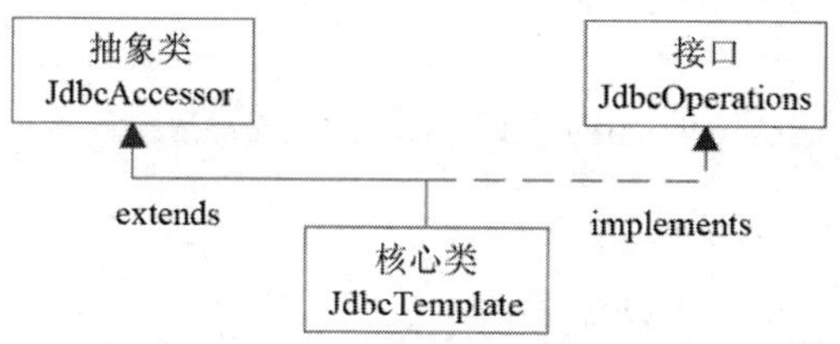

图 9.1　JdbcTemplate 类的继承关系

可以看出，JdbcTemplate 类的直接父类是 JdbcAccessor 类，该类为子类提供了一些访问数据库时使用的公共属性，具体如下。

（1）dataSource：主要功能是获取数据库连接，在具体实现时可以引入对数据库连接的缓冲池和分布式事务的支持。它可以作为访问数据库资源的标准接口。

（2）SQLExceptionTranslator：org.springframework.jdbc.support.SQLExceptionTranslator 负责对 SQLException 类进行转译工作。通过必要的设置或获取 SQLExceptionTranslator 中的方法，可以使 JdbcTemplate 类在需要处理 SQLException 类时，委托 SQLExceptionTranslator 的实现类来完成相关的转译工作。

JdbcOperations 接口定义了在 JdbcTemplate 类中可以使用的操作集合，包括添加、更新、查询和删除等。

9.1.2　Spring JDBC 的配置

JDBC 模块主要由 4 个包组成，分别是 core、dataSource、object 和 support，关于这 4 个包的具体说明如表 9.1 所示。

表 9.1　JDBC 模块的主要包

包	说　明
core	包含 JDBC 模块的核心功能，即 JdbcTemplate 类、SimpleJdbcInsert 类、SimpleJdbcCall 类、NamedParameterJdbcTemplate 类
dataSource	访问数据源的实用工具类，有多种数据源的实现，可以在 Java EE 轻量级框架容器外部测试 JDBC 代码
object	通过面向对象访问数据库，允许执行查询并将返回结果作为业务对象，可以在表的列和业务对象的属性之间映射查询结果
support	包含 core 包和 object 包的支持类，如提供异常转换功能的 SQLException 类

可以看出，Spring 对数据库的操作都封装在这 4 个包下，当想要使用 Spring JDBC 时，就需要对其进行配置。在 Spring 中，JDBC 模块的配置是在 applicationContext.xml 中完成的，具体代码如下。

```
<?xml version="1.0" encoding="UTF-8"?>
<beans xmlns="http://www.springframework.org/schema/beans"
    xmlns:xsi="http://www.w3.org/2001/XMLSchema-instance"
    xsi:schemaLocation="http://www.springframework.org/schema/beans
    http://www.springframework.org/schema/beans/spring-beans.xsd">
    <!-- 配置数据源 -->
    <bean id="dataSource" class=
     "org.springframework.jdbc.datasource.DriverManagerDataSource">
        <!--数据库驱动 -->
        <property name="driverClassName" value="com.mysql.jdbc.Driver" />
        <!--连接数据库的 URL -->
        <property name="url" value="jdbc:mysql://localhost:3306/testdb" />
```

```
            <!--连接数据库的用户名 -->
            <property name="username" value="root" />
            <!--连接数据库的密码 -->
            <property name="password" value="123456" />
        </bean>
        <!-- 配置 JDBC 模板 -->
        <bean id="jdbcTemplate" class="org.springframework.jdbc.core.JdbcTemplate">
            <!-- 默认必须使用数据源 -->
            <property name="dataSource" ref="dataSource" />
        </bean>
        <!--定义 id 属性的值为 accountDao 的 Bean-->
        <bean id="accountDao" class="cn.test.dao.UserAccountDaoImpl">
            <!-- 将 jdbcTemplate 注入到 accountDao 实例中 -->
            <property name="jdbcTemplate" ref="jdbcTemplate" />
        </bean>
        ...
    </beans>
```

上述代码中定义了 3 个 Bean，分别是 dataSource、jdbcTemplate 和需要注入类的 Bean。其中 dataSource 对应的 org.springframework.jdbc.datasource.DriverManagerDataSource 类用于对数据源进行配置，jdbcTemplate 对应的 org.springframework.jdbc.core JdbcTemplate 类中定义了 JdbcTemplate 类的相关配置。dataSource 的配置就是 JDBC 连接数据库时所需的 4 个属性，如表 9.2 所示。

表 9.2 dataSource 的 4 个属性

属　性	说　明
driverClassName	使用的驱动名称，对应驱动 JAR 包下的 Driver 类
url	连接数据库的 URL
username	连接数据库的用户名
password	连接数据库的密码

这 4 个属性，需要根据数据库类型或机器配置的不同设置相应的属性值。例如，如果数据库类型不同，那么需要更改驱动名称；如果数据库不在本地，那么需要将地址中的 localhost 替换成相应的主机 IP；如果已修改 MySQL 数据库的端口号（默认为 3306），那么需要加上修改后的端口号；如果未修改 MySQL 数据库的端口号，那么可以省略端口号。同时连接数据库的用户名和密码需要与数据库创建时设置的用户名和密码保持一致，上述代码中 Spring 数据库的用户名和密码都是 root。

在定义 jdbcTemplate 时，需要将 dataSource 注入到 jdbcTemplate 中，而其他需要使用 jdbcTemplate 的 Bean，也需要将 jdbcTemplate 注入到 Bean 中（通常注入到 DAO 类中，并在 DAO 类中进行与 jdbcTemplate 的相关操作）。

9.2 Spring JdbcTemplate 类的常用方法

JdbcTemplate 类中提供了大量更新和查询数据库的方法，下面将对一些常用方法的使用进行详细介绍。

9.2.1 execute()方法

execute()方法用来完成执行 SQL 语句的操作。下面以创建表的 SQL 语句为例演示此方法的使用，具体实现步骤如下。

步骤 1 数据库准备

在 MySQL 数据库中，创建一个名为 testdb 的数据库。为了便于后续验证表是否通过执行 execute()方法创建，且为了方便后面进行表的创建，以及表中数据的添加、更新、查询和删除等操作，这里使用了 show tables 语句查看表。

步骤 2　创建项目

在 IntelliJ IDEA 中，创建一个名为 Ch09_01 的 Maven 项目，在 pom.xml 中加载需要使用的 Spring 的 4 个基础包，即 spring-core-5.3.26.RELEASE.jar、spring-beans-5.3.26.RELEASE.jar、spring-context-5.3.26.RELEASE.jar 和 spring-expression-5.3.26.RELEASE.jar。除此之外，还需要将 Spring 的依赖包 commons-logging-1.2.RELEASE.jar、MySQL 数据库驱动包、Spring JDBC 的 JAR 包，以及 Spring 事务管理的 JAR 包等加载到项目中。pom.xml 的具体代码如示例 1 所示。

【示例 1】pom.xml

```
<?xml version="1.0" encoding="UTF-8"?>
<project xmlns="http://maven.apache.org/POM/4.0.0"
         xmlns:xsi="http://www.w3.org/2001/XMLSchema-instance"
         xsi:schemaLocation="http://maven.apache.org/POM/4.0.0
                  http://maven.apache.org/xsd/maven-4.0.0.xsd">
    <modelVersion>4.0.0</modelVersion>

    <groupId>org.example</groupId>
    <artifactId>Ch09_01</artifactId>
    <version>1.0-SNAPSHOT</version>

    <dependencies>
        <dependency>
            <groupId>org.junit</groupId>
            <artifactId>com.springsource.org.junit</artifactId>
            <version>4.7.0</version>
        </dependency>
        <!-- Spring 的基础包 spring-core -->
        <dependency>
            <groupId>org.springframework</groupId>
            <artifactId>spring-core</artifactId>
            <version>5.3.26</version>
        </dependency>
        <!-- Spring 的基础包 spring-beans -->
        <dependency>
            <groupId>org.springframework</groupId>
            <artifactId>spring-beans</artifactId>
            <version>5.3.26</version>
        </dependency>
        <!-- Spring 的基础包 spring-context -->
        <dependency>
            <groupId>org.springframework</groupId>
            <artifactId>spring-context</artifactId>
            <version>5.3.26</version>
        </dependency>
        <!-- Spring 的基础包 spring-expression -->
        <dependency>
            <groupId>org.springframework</groupId>
            <artifactId>spring-expression</artifactId>
            <version>5.3.26</version>
        </dependency>
        <!-- Spring 的依赖包 commons-logging -->
        <dependency>
            <groupId>commons-logging</groupId>
            <artifactId>commons-logging</artifactId>
            <version>1.2</version>
        </dependency>
        <!-- Spring JDBC 的 JAR 包 -->
        <dependency>
            <groupId>org.springframework</groupId>
            <artifactId>spring-jdbc</artifactId>
            <version>5.3.26</version>
        </dependency>
```

```
        <!-- Spring 事务管理的 JAR 包 -->
        <dependency>
            <groupId>org.springframework</groupId>
            <artifactId>spring-tx</artifactId>
            <version>5.3.26</version>
        </dependency>
        <!-- MySQL 数据库驱动包 -->
        <dependency>
            <groupId>mysql</groupId>
            <artifactId>mysql-connector-java</artifactId>
            <version>8.0.27</version>
        </dependency>
        <!-- aspectjweaver 包的依赖 -->
        <dependency>
            <groupId>org.aspectj</groupId>
            <artifactId>aspectjweaver</artifactId>
            <version>1.9.6</version>
            <scope>runtime</scope>
        </dependency>
        <!-- aopalliance 包的依赖 -->
        <dependency>
            <groupId>aopalliance</groupId>
            <artifactId>aopalliance</artifactId>
            <version>1.0</version>
        </dependency>
    </dependencies>
</project>
```

步骤 3　创建 applicationContext.xml

在 src/main/resources 目录下创建 applicationContext.xml，在该文件中配置 id 属性的值为 dataSource 的 Bean 和 id 属性的值为 jdbcTemplate 的 Bean，并将数据源注入到 JDBC 模板中，具体代码如示例 2 所示。

【示例 2】applicationContext.xml

```
<?xml version="1.0" encoding="UTF-8"?>
<beans xmlns="http://www.springframework.org/schema/beans"
    xmlns:xsi="http://www.w3.org/2001/XMLSchema-instance"
    xsi:schemaLocation="http://www.springframework.org/schema/beans
    http://www.springframework.org/schema/beans/spring-beans.xsd">
    <!-- 配置数据源 -->
    <bean id="dataSource" class=
     "org.springframework.jdbc.datasource.DriverManagerDataSource">
        <!--数据库驱动 -->
        <property name="driverClassName" value="com.mysql.jdbc.Driver" />
        <!--连接数据库的 URL -->
        <property name="url" value="jdbc:mysql://localhost:3306/testdb" />
        <!--连接数据库的用户名 -->
        <property name="username" value="root" />
        <!--连接数据库的密码 -->
        <property name="password" value="123456" />
    </bean>
    <!-- 配置 JDBC 模板 -->
    <bean id="jdbcTemplate" class="org.springframework.jdbc.core.JdbcTemplate">
        <!-- 默认必须使用数据源 -->
        <property name="dataSource" ref="dataSource" />
    </bean>
</beans>
```

步骤 4　创建 JdbcTemplateTest.java

在 src/main/java 目录下创建 cn.test.jdbc 包，在该包下创建 JdbcTemplateTest.java。先在该类的 mainTest() 方法中通过 Spring 的容器获取配置文件中定义的 JdbcTemplate 类实例，再使用该实例的 execute()方法执行创建表的 SQL 语句，具体代码如示例 3 所示。

【示例 3】JdbcTemplateTest.java

```
//使用 execute()方法创建表
@Test
public void mainTest() {
        // 加载配置文件
        ApplicationContext applicationContext =
                new ClassPathXmlApplicationContext("applicationContext.xml");
        // 获取 JdbcTemplate 类实例
        JdbcTemplate jdTemplate =
                (JdbcTemplate) applicationContext.getBean("jdbcTemplate");
        // 使用 execute()方法执行创建表的 SQL 语句
        jdTemplate.execute("create table account(" +
                            "id int primary key auto_increment," +
                            "username varchar(50)," +
                            "balance double)");
        System.out.println("账户表 account 创建成功！");
}
```

需要注意的是，在执行 mainTest()方法时，需要先将数据库中已创建好的账户表 account 删除，否则执行 mainTest()方法时会报出账户表 account 已经存在的错误。执行程序后，控制台的输出结果如图 9.2 所示。

```
✔ Tests passed: 1 of 1 test – 1 s 775 ms
"C:\Program Files\Java\jdk1.8.0_281\bin\java.exe" ...
账户表account创建成功!

Process finished with exit code 0
```

图 9.2　控制台的输出结果

可以看出，mainTest()方法已经执行成功。

9.2.2　update()方法

update()方法用来完成添加、更新和删除数据的操作。JdbcTemplate 类中提供了一系列的 update()方法。JdbcTemplate 类中常用的 update()方法如表 9.3 所示。

表 9.3　JdbcTemplate 类中常用的 update()方法

update()方法	说　明
int update(String sql)	update()方法的重载形式，可以直接执行传入的 SQL 语句，并返回受影响的行数
int update(PreparedStatementCreator psc)	执行从 PreparedStatementCreator 返回 SQL 的语句，并返回受影响的行数
int update(String sql,PreparedStatementSetter pss)	通过 PreparedStatementSetter 设置 SQL 语句中的参数，并返回受影响的行数
int update(String sql,Object... args)	使用 Object 设置 SQL 语句中的参数，要求参数不能为空，并返回受影响的行数

下面通过一个管理用户账户的案例演示 update()方法的使用，具体实现步骤如下。

步骤 1　创建 UserAccount.java

在 cn.test.pojo 包下创建 UserAccount.java，在该类中定义 id 属性、username 属性和 balance 属性，以及其对应的 getter 方法和 setter 方法，具体代码如示例 4 所示。

【示例 4】UserAccount.java

```
public class UserAccount {
    private Integer id; // 账户 id
    private String username; // 用户名
```

```
    private Double balance; // 账户余额

    public String toString() {
    return "Account [id=" + id + ", " + "username=" + username
                    + ", balance=" + balance + "]";
    }
    // 省略 getter 方法和 setter 方法
}
```

步骤 2　创建 UserAccountDao.java

在 cn.test.dao 包下创建 UserAccountDao.java，在该接口中定义添加、更新和删除数据的方法，具体代码如示例 5 所示。

【示例 5】UserAccountDao.java

```
import java.util.List;

public interface UserAccountDao {
    // 添加
    public int addAccount(UserAccount userAccount);
    // 更新
    public int updateAccount(UserAccount userAccount);
    // 删除
    public int deleteAccount(int id);
}
```

步骤 3　创建 UserAccountDaoImpl.java

在 cn.test.dao 包下创建 UserAccountDaoImpl.java，在该类中定义添加、更新和删除数据的方法，具体代码如示例 6 所示。

【示例 6】UserAccountDaoImpl.java

```
import java.util.List;

import org.springframework.jdbc.core.BeanPropertyRowMapper;
import org.springframework.jdbc.core.JdbcTemplate;
import org.springframework.jdbc.core.RowMapper;

import cn.test.pojo.UserAccount;

public class UserAccountDaoImpl implements UserAccountDao {
    // 声明 JdbcTemplate 类的属性及其 setter 方法
    private JdbcTemplate jdbcTemplate;
    public void setJdbcTemplate(JdbcTemplate jdbcTemplate) {
        this.jdbcTemplate = jdbcTemplate;
    }
    // 添加
    public int addAccount(UserAccount account) {
        // 定义 SQL 语句
        String sql = "insert into account(username,balance) value(?,?)";
        // 定义 Array 来存放 SQL 语句中的参数
        Object[] obj = new Object[] {
                        account.getUsername(),
                        account.getBalance()
         };
        // 执行添加操作，返回的是受 SQL 语句影响的行数
        int num = this.jdbcTemplate.update(sql, obj);
        return num;
    }
    // 更新
    public int updateAccount(UserAccount account) {
        // 定义 SQL 语句
        String sql = "update account set username=?,balance=? where id = ?";
        // 定义 Array 来存放 SQL 语句中的参数
```

```
        Object[] params = new Object[] {
                                account.getUsername(),
                                account.getBalance(),
                                account.getId()
          };
        // 执行更新操作，返回的是受 SQL 语句影响的行数
        int num = this.jdbcTemplate.update(sql, params);
        return num;
    }
    // 删除
    public int deleteAccount(int id) {
        // 定义 SQL 语句
        String sql = "delete  from account where id = ? ";
        // 执行删除操作，返回的是受 SQL 语句影响的行数
        int num = this.jdbcTemplate.update(sql, id);
        return num;
    }
}
```

从上述 3 种操作的代码中可以看出，添加、更新和删除操作的实现步骤类似，只是定义的 SQL 语句有所不同。

步骤 4　创建 applicationContext.xml

在 applicationContext.xml 中，定义 id 属性的值为 accountDao 的 Bean，该 Bean 用于将 jdbcTemplate 注入到 accountDao 实例中，具体代码如示例 7 所示。

【示例 7】applicationContext.xml

```
    <!--定义 id 属性的值为 accountDao 的 Bean-->
     <bean id="accountDao" class="cn.test.dao.UserAccountDaoImpl">
         <!-- 将 jdbcTemplate 注入到 accountDao 实例中 -->
         <property name="jdbcTemplate" ref="jdbcTemplate" />
     </bean>
```

步骤 5　创建用于添加操作的测试方法

在 JdbcTemplateTest.java 中，创建 addAccountTest()方法，用于添加账户信息，具体代码如示例 8 所示。

【示例 8】JdbcTemplateTest.java

```
@Test
    public void addAccountTest() {
        // 加载配置文件
        ApplicationContext applicationContext =
                new ClassPathXmlApplicationContext("applicationContext.xml");
        // 获取 UserAccountDao 实例
        UserAccountDao accountDao =(UserAccountDao)
                   applicationContext.getBean("accountDao");
        // 创建 UserAccount 对象，并向 UserAccount 对象中添加数据
        UserAccount account = new UserAccount();
        account.setUsername("张三");
        account.setBalance(1000.00);
        // 执行 addAccount()方法，并获取返回结果
        int num = accountDao.addAccount(account);
        if (num > 0) {
            System.out.println("成功添加了" + num + "条数据！");
        } else {
            System.out.println("添加操作执行失败！");
        }
}
```

在上述代码中，首先，获取 UserAccountDao 实例，创建 UserAccount 对象，并向 UserAccount 对象中添加数据；其次，执行 addAccount()方法向表中添加数据；最后，通过返回受影响的行数来判断数据是否添加成功。使用 JUnit 测试包测试运行后，控制台的输出结果如图 9.3 所示。

此时，再次查询数据库中的账户表 account，结果如图 9.4 所示。

可以看出，使用 update()方法已成功地向表中添加了数据。

```
✔ Tests passed: 1 of 1 test – 1 s 763 ms
"C:\Program Files\Java\jdk1.8.0_281\bin\java.exe" ...
成功插入了1条数据!

Process finished with exit code 0
```

图 9.3 控制台的输出结果

	id	username	balance
□	1	张三	1000
*	(NULL)	(NULL)	(NULL)

图 9.4 账户表 account1

步骤 6 创建用于更新操作的测试方法

执行添加操作后，可以使用 JdbcTemplate 类的 update()方法执行更新操作。在 JdbcTemplateTest.java 中，创建 updateAccountTest()方法，具体代码如示例 9 所示。

【示例 9】JdbcTemplateTest.java

```java
    @Test
    public void updateAccountTest() {
        // 加载配置文件
        ApplicationContext applicationContext =
                new ClassPathXmlApplicationContext("applicationContext.xml");
        // 获取 UserAccountDao 实例
        UserAccountDao accountDao =
                (UserAccountDao) applicationContext.getBean("accountDao");
        // 创建 UserAccount 对象，并向 UserAccount 对象中添加数据
        UserAccount account = new UserAccount();
        account.setId(1);
        account.setUsername("张三");
        account.setBalance(2000.00);
        // 执行 updateAccount()方法，并获取返回结果
        int num = accountDao.updateAccount(account);
        if (num > 0) {
            System.out.println("成功更新了" + num + "条数据！");
        } else {
            System.out.println("更新操作执行失败！");
        }
}
```

与添加操作相比，更新操作的代码增加了 id 属性的设置，并在将余额修改为“2000.00”后，执行了 updateAccount()方法，用于更新数据。

使用 JUnit 测试包测试运行后，查询数据库中的账户表 account，结果如图 9.5 所示。

	id	username	balance
□	1	张三	2000
*	(NULL)	(NULL)	(NULL)

图 9.5 账户表 account2

可以看出，使用 update()方法已成功更新了 account 表中 id 属性的值为 1 的数据。

步骤 7 创建用于删除操作的测试方法

在 JdbcTemplateTest.java 中，创建 deleteAccountTest()方法，用于执行删除操作，具体代码如示例 10 所示。

【示例 10】JdbcTemplateTest.java

```java
    @Test
    public void deleteAccountTest() {
        // 加载配置文件
        ApplicationContext applicationContext =
                new ClassPathXmlApplicationContext("applicationContext.xml");
```

```
        // 获取 UserAccountDao 实例
        UserAccountDao accountDao =
                (UserAccountDao) applicationContext.getBean("accountDao");
        // 执行 deleteAccount()方法，并获取返回结果
        int num = accountDao.deleteAccount(1);
        if (num > 0) {
            System.out.println("成功删除了" + num + "条数据！");
        } else {
            System.out.println("删除操作执行失败！");
        }
}
```

在上述代码中，获取 UserAccountDao 实例后，可以执行 deleteAccount()方法，用于删除 id 属性的值为 1 的数据。

使用 JUnit 测试包测试运行后，查询账户表 account，结果如图 9.6 所示。

	id	username	balance
*	(NULL)	(NULL)	(NULL)

图 9.6　账户表 account3

可以看出，使用 update()方法已成功删除了 id 属性的值为 1 的数据，由于账户表 account 中只有一条数据，因此删除该条数据后账户表 account 中的数据为空。

9.2.3　query()方法

JdbcTemplate 类中提供了大量的 query()方法，用来处理各种表的查询操作。JdbcTemplate 类中常用的 query()方法如表 9.4 所示。

表 9.4　JdbcTemplate 类中常用的 query()方法

query()方法	说　明
List query(String sql, RowMapper rowMapper)	执行 String 类型的参数提供的 SQL 语句，并通过 RowMapper 返回 List 类型的结果
List query (String sql, PreparedStatementSetter pss, RowMapper rowMapper)	根据 String 类型的参数提供的 SQL 语句创建 PreparedStatement，并通过 RowMapper 返回 List 类型的结果
List query (String sql, Object[] args, RowMapper rowMapper)	使用 Object[]的值来设置 SQL 语句中的参数值，采用 RowMapper 回调方法可以直接返回 List 类型的结果
queryForObject(String sql, RowMapper rowMapper, Object... args)	将参数 args 绑定到 SQL 语句中，并通过 RowMapper 返回 Object 类型的单行数据
queryForList (String sql, Object[] args, Class<T> elementType)	返回多行数据，必须返回列表，参数 elementType 返回的是 List 类型的结果

了解常用的 query()方法后，下面通过一个具体的案例演示 query()方法的使用，具体实现步骤如下。

步骤 1　准备测试数据

向账户表 account 中插入几条数据（也可以使用数据库图形化工具手动向账户表 account 中插入数据），插入后的数据如图 9.7 所示。

	id	username	balance
□	1	张三	1000
□	2	李四	2000
□	3	王五	500
□	4	赵六	800
*	(NULL)	(NULL)	(NULL)

图 9.7　插入后的数据

步骤 2　编辑 UserAccountDao.java

在 UserAccountDao.java 中，分别创建通过 id 查询单个账户信息的方法和通过 id 查询所有账户信息的方法，具体代码如示例 11 所示。

【示例 11】UserAccountDao.java

```
    // 通过 id 查询单个账户信息
    public UserAccount findAccountById(int id);
    // 通过 id 查询所有账户信息
    public List<UserAccount> findAllAccount();
```

步骤 3　编辑 UserAccountDaoImpl.java

在 UserAccountDaoImpl.java 中，实现方法，并使用 query()方法分别进行查询，具体代码如示例 12 所示。

【示例 12】UserAccountDaoImpl.java

```
   // 通过 id 查询单个账户信息
    public UserAccount findAccountById(int id) {
        //定义 SQL 语句
        String sql = "select * from account where id = ?";
        // 创建一个新 BeanPropertyRowMapper 对象
        RowMapper<UserAccount> rowMapper =
                new BeanPropertyRowMapper<UserAccount>(UserAccount.class);
        // 将 id 绑定到 SQL 语句中，并通过 RowMapper 返回 Object 类型的单行数据
        return this.jdbcTemplate.queryForObject(sql, rowMapper, id);
    }

    // 查询所有账户信息
    public List<UserAccount> findAllAccount() {
        // 定义 SQL 语句
        String sql = "select * from account";
        // 创建一个新 BeanPropertyRowMapper 对象
        RowMapper<UserAccount> rowMapper =
                new BeanPropertyRowMapper<UserAccount>(UserAccount.class);
        // 执行静态的 SQL 语句，并通过 RowMapper 返回结果
        return this.jdbcTemplate.query(sql, rowMapper);
}
```

在上述代码中，BeanPropertyRowMapper 对象是 RowMapper 的实现类，可以自动将账户表中的数据映射到用户自定义类中（前提是用户自定义类中的字段要与账户表中的字段相对应）。创建完 BeanPropertyRowMapper 对象后，在 findAccountById()方法中通过 queryForObject()方法返回 Object 类型的单行数据，在 findAllAccount()方法中通过 query()方法返回结果。

步骤 4　创建用于条件查询的测试方法

在 JdbcTemplateTest.java 中，创建 findAccountByIdTest()方法，用于测试条件查询，具体代码如示例 13 所示。

【示例 13】JdbcTemplateTest.java

```
    @Test
    public void findAccountByIdTest() {
        // 加载配置文件
        ApplicationContext applicationContext =
                new ClassPathXmlApplicationContext("applicationContext.xml");
        // 获取 UserAccountDao 实例
        UserAccountDao accountDao =
                (UserAccountDao) applicationContext.getBean("accountDao");
        // 执行 findAccountById()方法
        UserAccount account = accountDao.findAccountById(1);
        System.out.println(account);
    }
```

在上述代码中，通过执行 findAccountById()方法获取了 id 属性的值为 1 的数据，并通过输出语句输

出。使用 JUnit 测试包测试运行后，控制台的输出结果如图 9.8 所示。

```
✔ Tests passed: 1 of 1 test – 1 s 782 ms
"C:\Program Files\Java\jdk1.8.0_281\bin\java.exe" ...
Account [id=1, username=张三, balance=1000.0]

Process finished with exit code 0
```

图 9.8　控制台的输出结果 1

步骤 5　创建用于查询全部数据的测试方法

测试完用于条件查询的方法后，下面测试用于查询全部数据的方法。在 JdbcTemplateTest.java 中，创建 findAllAccountTest()方法，具体代码如示例 14 所示。

【示例 14】JdbcTemplateTest.java

```
    @Test
    public void findAllAccountTest() {
        // 加载配置文件
        ApplicationContext applicationContext =
                new ClassPathXmlApplicationContext("applicationContext.xml");
        // 获取 UserAccountDao 实例
        UserAccountDao accountDao =
                (UserAccountDao) applicationContext.getBean("accountDao");
        // 执行 findAllAccount()方法
        List<UserAccount> account = accountDao.findAllAccount();
        // 通过 for 循环输出查询结果
        for (UserAccount act : account) {
            System.out.println(act);
        }
    }
```

在上述代码中，通过执行 findAllAccountTest()方法查询全部数据，并通过 for 循环输出查询结果。使用 JUnit 测试包测试运行后，控制台的输出结果如图 9.9 所示。

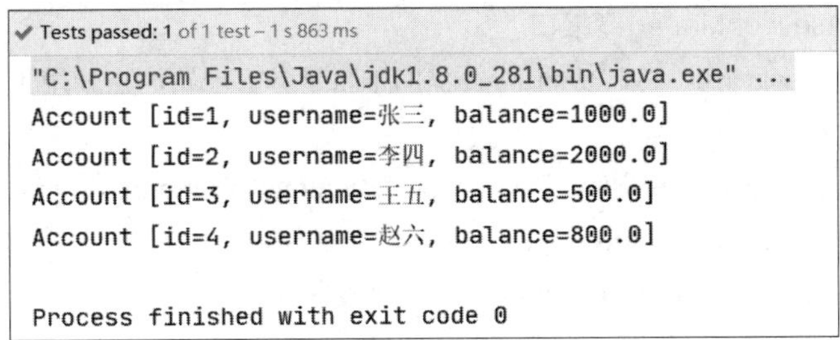

✔ Tests passed: 1 of 1 test – 1 s 863 ms
"C:\Program Files\Java\jdk1.8.0_281\bin\java.exe" ...
Account [id=1, username=张三, balance=1000.0]
Account [id=2, username=李四, balance=2000.0]
Account [id=3, username=王五, balance=500.0]
Account [id=4, username=赵六, balance=800.0]
Process finished with exit code 0

图 9.9　控制台的输出结果 2

可以看出，账户表 account 中的 4 条记录都已经被查询出来了。

9.2.4　技能训练

上机练习 1　使用 JdbcTemplate 类的常用方法实现添加、删除、查询、更新

⌘ 需求说明

使用 JdbcTemplate 类的常用方法实现添加、删除、查询、更新，具体要求如下。

（1）使用 execute()方法，执行用于创建 tb_user 表的 SQL 语句，tb_user 表包括 id、用户名、密码、性别、年龄等字段。

（2）使用 update()方法，实现 tb_user 表的添加、删除、查询、更新。

（3）使用 query()方法，实现根据 id 查询单个用户信息与查询全部用户信息。

9.3 Spring 事务管理概述

9.3.1 事务管理的核心接口

在 Spring 的所有 JAR 包下有一个名为 spring-tx-5.3.26.RELEASE 的 JAR 包，该包就是 Spring 提供的用于事务管理的依赖包。在该包的 org.springframework.transaction 中，可以找到 3 个接口文件，分别为 PlatformTransactionManager.class、TransactionDefinition.class 和 TransactionStatus.class，如图 9.10 所示。

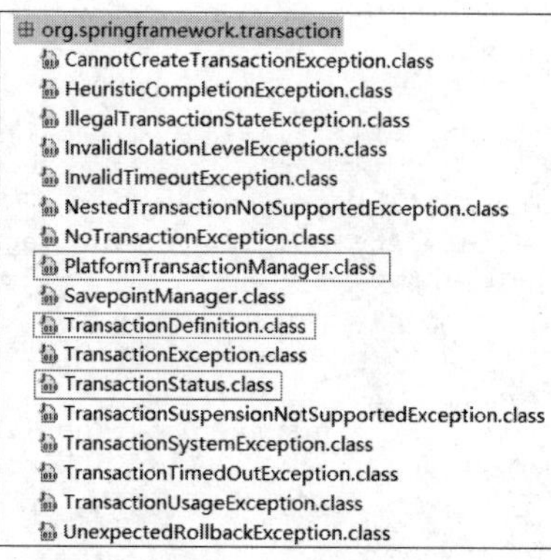

图 9.10 3 个接口文件

PlatformTransactionManager 接口、TransactionDefinition 接口和 TransactionStatus 接口就是 Spring 事务管理的 3 个核心接口，下面分别对这 3 个核心接口的作用进行介绍。

1．PlatformTransactionManager 接口

PlatformTransactionManager 接口是 Spring 提供的平台事务管理器，主要用于管理事务。该接口提供了 3 个事务操作的方法，具体如下。

（1）TransactionStatus getTransaction(TransactionDefinition definition)：用于获取事务状态。

（2）void commit(TransactionStatus status)：用于提交事务。

（3）void rollback(TransactionStatus status)：用于回滚事务。

在上述方法中，TransactionStatus getTransaction(TransactionDefinition definition)方法会根据参数 TransactionDefinition 返回一个 TransactionStatus 对象，TransactionStatus 对象就表示一个事务，被关联在当前执行的线程上。

PlatformTransactionManager 接口是代表事务管理的接口，并不知道底层是如何管理事务的，只需要提供上面的 3 个方法，具体如何管理事务由它的实现类来完成。

PlatformTransactionManager 接口有许多不同的实现类，常见的实现类如下。

（1）org.springframework.jdbc.datasource.DataSourceTransactionManager：用于配置 JDBC 的事务管理器。

（2）org.springframework.orm.hibernate4.HibernateTransactionManager：用于配置 Hibernate 的事务管理器。

（3）org.springframework.transaction.jta.JtaTransactionManager：用于配置全局事务管理器。

当底层采用不同的持久层技术时，系统只需使用不同的 PlatformTransactionManager 接口实现类即可。

2. TransactionDefinition 接口

TransactionDefinition 接口是事务定义（描述）的对象。该接口定义了事务规则，并提供了获取事务相关信息的方法，具体如下。

（1）String getName()：获取事务对象名称。

（2）int getIsolationLevel()：获取事务的隔离级别。

（3）int getPropagationBehavior()：获取事务的传播行为。

（4）int getTimeout()：获取事务的超时时间。

（5）boolean isReadOnly()：获取事务是否只读。

在上述方法中，事务的传播行为是指在同一个方法中，不同操作前后使用的事务。传播行为有很多种，具体如表 9.5 所示。

表 9.5　传播行为的种类

属　性	属 性 值	说　明
PROPAGATION_REQUIRED	REQUIRED	表示当前方法必须运行在事务环境中，如果当前方法已处于事务环境中，那么可以直接使用当前方法，否则在开启一个新事务后执行当前方法
PROPAGATION_SUPPORTS	SUPPORTS	如果当前方法处于事务环境中，那么使用当前事务，否则不使用当前事务
PROPAGATION_MANDATORY	MANDATORY	表示调用当前方法的线程必须处于当前事务环境中，否则抛出异常
PROPAGATION_REQUIRES_NEW	REQUIRES_NEW	要求当前方法在新事务环境中执行。如果当前方法已处于事务环境中，那么先暂停当前事务，在开启新事务后执行当前方法；如果当前方法未处于事务环境中，那么在开启新事务后执行当前方法
PROPAGATION_NONSUPPORTED	NOT_SUPPORTED	不支持当前事务，总是以非事务状态执行。如果调用当前方法的线程已在事务环境中，那么先暂停当前事务，再执行当前方法
PROPAGATION_NEVER	NEVER	不支持当前事务。如果调用当前方法的线程处于事务环境中，那么抛出异常
PROPAGATION_NESTED	NESTED	即使当前方法处于事务环境中，也会开启新事务，并且当前方法在嵌套的事务中执行。即使当前方法不在事务环境中，也会先开启新事务，再执行当前方法

在事务管理过程中，传播行为可以控制是否需要创建事务及如何创建事务，在通常情况下，因为进行数据的查询操作不会影响原数据的改变，所以不需要进行事务管理。但进行数据的添加、更新和删除操作，必须进行事务管理。如果没有指定事务的传播行为，那么 Spring 的默认传播行为是 REQUIRED。

3. TransactionStatus 接口

TransactionStatus 接口是指事务的状态，描述了某个时间点上事务的状态。该接口中包含 6 个方法，具体如下。

（1）void flush()：刷新事务。

（2）boolean hasSavepoint()：获取是否存在保存点。

（3）boolean isCompleted()：获取事务是否完成。

（4）boolean isNewTransaction()：获取是否为新事务。

（5）boolean isRollbackOnly()：获取是否回滚。

（6）void setRollbackOnly()：设置事务回滚。

9.3.2 事务管理的方式

Spring 中事务管理的方式有两种，一种是编程式事务管理，另一种是声明式事务管理。

（1）编程式事务管理：通过编写代码实现的事务管理，包括定义事务的开始、正常执行后的事务提交和异常时的事务回滚。

（2）声明式事务管理：通过 AOP 实现的事务管理。其主要思想是将事务管理作为一个“切面”代码单独编写，并通过 AOP 将事务管理的“切面”代码织入到业务目标类中。

声明式事务管理的突出优点在于开发人员无须编写任何代码，只需在配置文件中进行相关事务规则声明，就可以将事务规则应用到业务逻辑中。这使得开发人员可以更加专注于核心业务逻辑代码的编写，可以在一定程度上减少工作量，提高开发效率。因此，在实际开发中，通常推荐使用声明式事务管理。下面主要介绍 Spring 中的声明式事务管理。

9.4 声明式事务管理

Spring 中的声明式事务管理可以通过两种方式来实现，一种是基于 XML 的声明式事务管理，另一种是基于注解的声明式事务管理。下面将对这两种声明式事务管理的方式进行详细介绍。

9.4.1 基于 XML 的声明式事务管理

基于 XML 的声明式事务管理是通过在配置文件中配置事务规则的相关声明来实现的。自 Spring 2.0 后，提供了 tx 命名空间用来配置事务管理，tx 命名空间提供了<tx:advice>元素来配置事务的增强处理。当使用元素配置了事务的增强处理后，就可以通过编写的 AOP 配置，让 Spring 自动对目标生成代理。

在配置<tx:advice>元素时，通常需要指定 id 属性和 transaction-manager 属性，其中 id 属性是配置文件的唯一标识，transaction-manager 属性用于指定事务管理器。除此之外，还需要配置一个<tx:attributes>元素，该元素可以通过配置多个<tx:method>元素来配置执行事务的细节。<tx:advice>元素及其属性、子元素如图 9.11 所示。

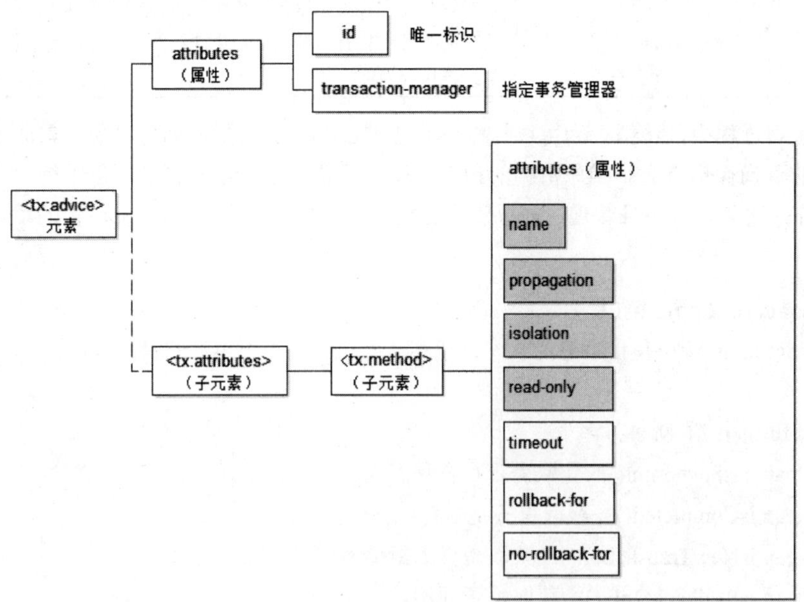

图 9.11 <tx:advice>元素及其子元素

从图 9.11 中可以看出，配置<tx:advice>元素的重点是配置<tx:method>元素，使用灰色标注的几个属性是<tx:method>元素的常用属性。<tx:method>元素的属性如表 9.6 所示。

表 9.6 <tx:method>元素的属性

属 性	说 明
name	必选属性，用于指定与事务属性相关的方法，其属性值支持使用通配符，如'get*'、'handle*'、'*Order'等
propagation	用于指定事务的传播行为，默认值为 REQUIRED
isolation	用于指定事务的隔离级别，其属性值可以为 DEFAULT、READ_UNCOMMITTED、READ_COMMITTED、REPEATABLE_READ 和 SERIALIZABLE，默认值为 DEFAULT
read-only	用于指定事务是否只读，默认值为 false
timeout	用于指定事务的超时时间，默认值为-1，表示永不超时
rollback-for	用于指定触发事务回滚的异常类，在指定多个异常类时，异常类之间以英文逗号分隔
no-rollback-for	用于指定不触发事务回滚的异常类，在指定多个异常类时，异常类之间以英文逗号分隔

<tx:method>元素的 name 属性用于指定与事务属性相关的方法。这里需要对方法名进行约定，可以使用通配符“*”。其他属性均为可选属性，用于指定具体的事务规则，具体说明如下。

了解如何在 XML 文件中配置事务管理后，下面通过一个案例演示如何实现基于 XML 的声明式事务管理。本案例以 9.2 节中的案例代码为基础，编写一个模拟银行转账的程序，要求在转账时通过 Spring 对事务进行控制，具体实现步骤如下。

步骤 1 创建项目

在 IntelliJ IDEA 中，创建一个名为 Ch09_02 的 Maven 项目，在 pom.xml 中加载需要使用的 JAR 包。pom.xml 的具体代码如本章示例 1 所示。

将 Ch09_01 项目中的代码和配置文件复制到 Ch09_02 项目中。

步骤 2 编辑 UserAccountDao.java

在 UserAccountDao.java 中，创建 transfer()方法，具体代码如示例 15 所示。

【示例 15】UserAccountDao.java

```
//转账
public void transfer(String outUser, String inUser, Double money);
```

步骤 3 编辑 UserAccountDaoImpl.java

在 UserAccountDaoImpl.java 中，创建 transfer()方法，具体代码如示例 16 所示。

【示例 16】UserAccountDaoImpl.java

```
    /**
     *  转账
     *  inUser：收款人
     *  outUser：汇款人
     *  money：收款金额
    */
    public void transfer(String outUser, String inUser, Double money) {
        // 收款时，收款人的余额=现有余额+所汇金额
        this.jdbcTemplate.update("update account set balance = balance +? "
                + "where username = ?",money, inUser);
        // 模拟系统运行时的突发性问题
        int i = 1/0;
        // 汇款时，汇款人的余额=现有余额-所汇金额
        this.jdbcTemplate.update("update account set balance = balance-? "
                + "where username = ?",money, outUser);
    }
```

在上述代码中，使用了两个 update()方法对账户表 account 中的数据执行收款和汇款的更新操作。在两个操作之间，添加了一行代码 int i = 1/0;，用来模拟系统运行时的突发性问题。如果没有事务控制，那么在转账操作执行后，收款人的余额就会增加，而汇款人的余额会因为系统出现问题而不变，这显然是有问题的；如果增加了事务控制，那么在转账操作执行后，收款人的余额和汇款人的余额在问题出现前后都应该保持不变。

步骤 4　修改 applicationContext.xml

在 applicationContext.xml 中，添加命名空间并更改事务管理的相关配置，具体代码如示例 17 所示。

【示例 17】applicationContext.xml

```
<?xml version="1.0" encoding="UTF-8"?>
<beans xmlns="http://www.springframework.org/schema/beans"
    xmlns:xsi="http://www.w3.org/2001/XMLSchema-instance"
    xmlns:aop="http://www.springframework.org/schema/aop"
    xmlns:tx="http://www.springframework.org/schema/tx"
    xmlns:context="http://www.springframework.org/schema/context"
    xsi:schemaLocation="http://www.springframework.org/schema/beans
    http://www.springframework.org/schema/beans/spring-beans.xsd
    http://www.springframework.org/schema/tx
    http://www.springframework.org/schema/tx/spring-tx-3.2.xsd
    http://www.springframework.org/schema/context
    http://www.springframework.org/schema/context/spring-context-3.2.xsd
    http://www.springframework.org/schema/aop
    http://www.springframework.org/schema/aop/spring-aop-3.2.xsd">
    <!-- 配置数据源 -->
    <bean id="dataSource" class=
     "org.springframework.jdbc.datasource.DriverManagerDataSource">
        <!--数据库驱动 -->
        <property name="driverClassName" value="com.mysql.jdbc.Driver" />
        <!--连接数据库的 URL -->
        <property name="url" value="jdbc:mysql://localhost:3306/testdb" />
        <!--连接数据库的用户名 -->
        <property name="username" value="root" />
        <!--连接数据库的密码 -->
        <property name="password" value="123456" />
    </bean>
    <!-- 配置 JDBC 模板 -->
    <bean id="jdbcTemplate" class="org.springframework.jdbc.core.JdbcTemplate">
        <!-- 默认必须使用数据源 -->
        <property name="dataSource" ref="dataSource" />
    </bean>
    <!-- 定义 id 属性的值为 accountDao 的 Bean-->
    <bean id="accountDao" class="cn.test.dao.UserAccountDaoImpl">
        <!-- 将 jdbcTemplate 注入到 accountDao 实例中 -->
        <property name="jdbcTemplate" ref="jdbcTemplate" />
    </bean>

    <!-- 事务管理器，依赖数据源 -->
    <bean id="transactionManager"
        class="org.springframework.jdbc.datasource.DataSourceTransactionManager">
        <property name="dataSource" ref="dataSource" />
    </bean>

    <!-- 编写处理：对事务进行增强处理，需要编写对切入点和具体执行事务的细节 -->
    <tx:advice id="txAdvice" transaction-manager="transactionManager">
        <tx:attributes>
            <!-- name："*"表示任意方法名 -->
            <tx:method name="*" propagation="REQUIRED" isolation="DEFAULT"
                read-only="false" />
        </tx:attributes>
    </tx:advice>

    <!-- 编写 AOP，让 Spring 自动对目标生成代理，需要使用 AspectJ 表达式 -->
    <aop:config>
```

```
        <!-- 切入点 -->
        <aop:pointcut expression="execution(* cn.test.dao.*.*(..))"
            id="txPointCut" />
        <!-- 切面：将切入点与增强处理整合 -->
        <aop:advisor advice-ref="txAdvice" pointcut-ref="txPointCut" />
    </aop:config>

</beans>
```

在上述代码中，首先开启了 Spring 配置文件的 aop、tx 和 context 这 3 个命名空间（从配置数据源到声明事务管理器的部分都没有变化），其次定义了 id 属性的值为 transactionManager 的事务管理器，并通过编写的增强处理代码声明了事务，最后通过声明 AOP 让 Spring 自动生成代理。

步骤 5　编辑测试方法

在 cn.test.jdbc 包下，创建 TransactionTest.java，在该类中编辑 xmlTest()方法，具体代码如示例 18 所示。

【示例 18】TransactionTest.java

```
    @Test
    public void xmlTest() {
        ApplicationContext applicationContext = new
                  ClassPathXmlApplicationContext(
              "applicationContext.xml");
        // 获取 UserAccountDao 实例
        UserAccountDao accountDao =
                (UserAccountDao)applicationContext.getBean("accountDao");
        // 执行 transfer()方法
        accountDao.transfer("张三", "李四", 100.0);
        // 输出提示信息
        System.out.println("转账成功！");
    }
```

在示例 18 中，获取 UserAccountDao 实例后，调用实例中的转账方法，由张三向李四的账户转入 100 元。如果配置文件中声明的事务能够起作用，那么在整个转账方法执行完成后，张三和李四的账户余额应该都是原来的数值。

在执行转账操作前，查看账户表 account 中的数据账户，如图 9.12 所示。

id	username	balance
1	张三	1000
2	李四	2000
3	王五	500
4	赵六	800
(NULL)	(NULL)	(NULL)

图 9.12　账户表 account

可以看出，此时张三的账户余额是 1000 元，而李四的账户余额是 2000 元。使用 JUnit 测试包测试运行后，控制台的输出结果如图 9.13 所示。

```
Tests failed: 1 of 1 test – 1 s 865 ms
"C:\Program Files\Java\jdk1.8.0_281\bin\java.exe" ...

java.lang.ArithmeticException: / by zero

    at cn.test.dao.UserAccountDaoImpl.transfer(UserAccountDaoImpl.java:88) <4 internal calls>
    at org.springframework.aop.support.AopUtils.invokeJoinpointUsingReflection(AopUtils.java:344)
    at org.springframework.aop.framework.ReflectiveMethodInvocation.invokeJoinpoint(ReflectiveMethod
```

图 9.13　控制台的输出结果

可以看出，控制台中报出了/by zero 的算术异常。此时，如果再次查询账户表 account，就会发现张三和李四的账户余额并没有发生任何变化（与图 9.12 中的结果一样），这说明 Spring 中的事务管理配置已经生效。

至此，基于 XML 的声明式事务管理就配置完成了，配置步骤如下。

（1）导入 tx 命名空间和 AOP 命名空间。

（2）定义事务管理器，并为其注入数据源。

（3）通过<tx:advice>元素配置增强处理，绑定事务管理器并针对不同方法定义事务规则。

（4）将切入点与增强处理整合。

9.4.2 技能训练 1

上机练习 2　实现 tb_user 表的添加

⌘ 需求说明

（1）修改上机练习 1 中 tb_user 表的添加代码。

（2）配置事务管理。

（3）在 Spring 配置文件中使用 tx 命名空间和 AOP 命名空间中的元素配置声明式事务管理。

9.4.3 基于注解的声明式事务管理

Spring 的声明式事务管理还可以通过注解来实现。注解的使用非常简单，开发人员只需做两件事情。

在 Spring 的容器中注册事务注解驱动，具体代码如下。

```
<tx:annotation-driven transaction-manager="transactionManager"/>
```

在使用事务的 Bean 或 Bean 的方法上添加@Transactional 注解。将该注解添加到 Bean 上，表示事务的设置对 Bean 的所有方法都起作用；将该注解添加到 Bean 的某个方法上，表示事务的设置只对该方法有效。

在业务实现类上添加@Transactional 注解即可为该类的所有业务方法统一添加事务管理。如果某个业务方法需要采用不同的事务规则，那么可以在该业务方法上添加@Transactional 注解单独进行设置。此外，@Transactional 注解也可以设置事务属性的值，默认的@Transactional 注解的设置如下。

（1）事务传播设置的是 PROPAGATION_REQUIRED 属性。

（2）事务隔离级别设置的是 ISOLATION_DEFAULT 属性。

（3）事务默认开启读/写权限。

（4）事务超时默认是依赖于事务系统的，或事务超时没有被支持。

（5）任何 RuntimeException 将触发事务回滚，但是任何 Checked Exception 将不触发事务回滚。

这些默认的设置也是可以改变的。@Transactional 注解可配置的属性如表 9.7 所示。

表 9.7 @Transactional 注解可配置的属性

属　性	类　型	说　明
value	String	用于指定需要使用的事务管理器，默认值为""，别名为 transactionManager
transactionManager	String	指定事务的限定值，用于确定目标事务管理器，匹配特定的限定值（或 Bean 的 name 属性的值），默认值为""，别名为 value
propagation	枚举型：Propagation	可选的传播性设置，用于指定事务的传播行为，默认值为 Propagation.REQUIRED。使用举例：@Transactional(propagation=Propagation.REQUIRES_NEW)
isolation	枚举型：Isolation	可选的隔离级别，用于指定事务的隔离级别，默认值为 Isolation.DEFAULT。使用举例：@Transactional(isolation = Isolation.READ_COMMITTED)

续表

属　　性	类　　型	说　　明
readOnly	boolean	用于指定事务是否只读，默认值为 false。使用举例：@Transactional(readOnly=true)
timeout	int（以秒为单位）	事务超时，用于指定事务的超时时间，默认值为 TransactionDefinition.TIMEOUT_DEFAULT。使用举例：@Transactional(timeout=10)
rollbackFor	一组类的实例，必须是 Throwable 的子类	一组异常类名，遇到时必须进行回滚。使用举例：@Transactional(rollbackFor= {SQLException.class})，多个异常可用英文逗号隔开
rollbackForClassName		一组异常类名，用于指定遇到特定异常时强制回滚事务。其属性值可以指定多个异常类名。使用举例：@Transactional (rollbackForClassName={"SQLException"})，多个异常可用英文逗号隔开
noRollbackFor		一组异常类名，用于指定遇到特定异常时强制不回滚事务
noRollbackForClassName		一组异常类名，用于指定遇到多个特定异常时强制不回滚事务。其属性值可以指定多个异常类名

可以看出，@Transactional 注解可配置的属性与<tx:method>元素中的事务属性基本是对应的，并且含义也基本相似。

为了能更加清楚地掌握@Transactional 注解的使用方法，下面对 9.2.2 节的案例进行修改，通过注解实现项目中的事务管理，具体实现步骤如下。

步骤 1　编写 applicationContext-annotation.xml

在 src/main/resources 目录下创建 applicationContext-annotation.xml，在该文件中声明事务管理器等配置信息，具体代码如示例 19 所示。

【示例 19】applicationContext-annotation.xml

```
<?xml version="1.0" encoding="UTF-8"?>
<beans xmlns="http://www.springframework.org/schema/beans"
    xmlns:xsi="http://www.w3.org/2001/XMLSchema-instance"
    xmlns:aop="http://www.springframework.org/schema/aop"
    xmlns:tx="http://www.springframework.org/schema/tx"
    xmlns:context="http://www.springframework.org/schema/context"
    xsi:schemaLocation="http://www.springframework.org/schema/beans
    http://www.springframework.org/schema/beans/spring-beans.xsd
    http://www.springframework.org/schema/tx
    http://www.springframework.org/schema/tx/spring-tx-3.2.xsd
    http://www.springframework.org/schema/context
    http://www.springframework.org/schema/context/spring-context-3.2.xsd
    http://www.springframework.org/schema/aop
    http://www.springframework.org/schema/aop/spring-aop-3.2.xsd">
    <!-- 配置数据源 -->
    <bean id="dataSource" class=
     "org.springframework.jdbc.datasource.DriverManagerDataSource">
        <!--数据库驱动 -->
        <property name="driverClassName" value="com.mysql.jdbc.Driver" />
        <!--连接数据库的 URL -->
        <property name="url" value="jdbc:mysql://localhost:3306/testdb" />
        <!--连接数据库的用户名 -->
        <property name="username" value="root" />
        <!--连接数据库的密码 -->
        <property name="password" value="123456" />
    </bean>
    <!-- 配置 JDBC 模板 -->
    <bean id="jdbcTemplate" class="org.springframework.jdbc.core.JdbcTemplate">
        <!-- 默认必须使用数据源 -->
```

```
            <property name="dataSource" ref="dataSource" />
        </bean>
        <!-- 定义 id 属性的值为 accountDao 的 Bean-->
        <bean id="accountDao" class="cn.test.dao.UserAccountDaoImpl">
            <!-- 将 jdbcTemplate 注入到 accountDao 实例中 -->
            <property name="jdbcTemplate" ref="jdbcTemplate" />
        </bean>
        <!-- 事务管理器，依赖数据源 -->
        <bean id="transactionManager"
            class="org.springframework.jdbc.datasource.DataSourceTransactionManager">
            <property name="dataSource" ref="dataSource" />
        </bean>
    <!-- 注册事务管理器驱动 -->
        <tx:annotation-driven transaction-manager="transactionManager"/>
    </beans>
```

与基于 XML 的声明式事务管理的具体实现步骤相比，这里通过注册事务管理器驱动，替换了本章示例 17 中编写增强处理和编写 AOP 的步骤，大大减少了配置文件中的代码量。

需要注意的是，如果案例中使用了注解，那么需要在配置文件中开启注解处理器，指定扫描哪些包下的注解。这里没有开启注解处理器是因为配置文件中已经配置了 UserAccountDaoImpl.java 的 Bean，而 @Transactional 注解就配置在该 Bean 中，可以直接生效。

步骤 2　修改 AccountDaoImpl.java

在 AccountDaoImpl.java 的 transfer()方法中，添加事务注解，具体代码如示例 20 所示。

【示例 20】UserAccountDaoImpl.java

```
        @Transactional(propagation = Propagation.REQUIRED,
                isolation = Isolation.DEFAULT, readOnly = false)
        public void transfer2(String outUser, String inUser, Double money) {
            // 收款时，收款人的余额=现有余额+所汇金额
            this.jdbcTemplate.update("update account set balance = balance +? "
                    + "where username = ?",money, inUser);
            // 模拟系统运行时的突发性问题
            int i = 1/0;
            // 汇款时，汇款人的余额=现有余额-所汇金额
            this.jdbcTemplate.update("update account set balance = balance-? "
                    + "where username = ?",money, outUser);
    }
```

上述代码中已经添加@Transactional 注解，并且使用注解的参数配置了事务详情，各个参数之间要用英文逗号分隔。

> **提示**
>
> 在实际开发中，事务的配置信息通常是在 Spring 配置文件中完成的，而在 Service 层的类上只需使用 @Transactional 注解即可，无须配置@Transactional 注解的属性。

步骤 3　编辑测试方法

在 TransactionTest.java 中，编辑 annotationTest()方法，具体代码如示例 21 所示。

【示例 21】TransactionTest.java

```
        @Test
        public void annotationTest() {
            ApplicationContext applicationContext = new
                    ClassPathXmlApplicationContext(
                     "applicationContext-annotation.xml");
            // 获取 UserAccountDao 实例
            UserAccountDao accountDao
                    =(UserAccountDao)applicationContext.getBean("accountDao");
            // 执行 transfer2()方法
            accountDao.transfer2("张三", "李四", 100.0);
            // 输出提示信息
```

```
        System.out.println("转账成功！");
}
```

从上述代码中可以看出，与基于 XML 的声明式事务管理的测试方法相比，此方法只对配置文件名进行了修改。程序执行后，会出现与基于 XML 的声明式事务管理相同的结果，这里就不再重复了。

9.4.4　技能训练 2

上机练习 3　使用注解实现事务管理

⌘ 需求说明

（1）修改上机练习 2，使用注解实现声明式事务管理。

（2）根据 id 更新用户信息。

（3）根据 id 删除用户信息。

本章总结

- Spring 提供了 JdbcTemplate 类，该类是 Spring 数据抽象层的基础，其他更高层次的抽象类都是构建在 JdbcTemplate 类之上的。可以说，JdbcTemplate 类是 Spring JDBC 的核心类。
- JDBC 模块主要由 4 个包组成，分别是 core、dataSource、object 和 support。
- 在 JdbcTemplate 类中，execute()方法用来完成执行 SQL 语句的操作；update()方法用来完成添加、更新和删除数据的操作；query()方法用来处理各种表的查询操作。
- Spring 中的事务管理的方式有两种，一种是编程式事务管理，另一种是声明式事务管理。
- Spring 提供了声明式事务管理。声明式事务管理基于 AOP 实现，无须编写任何代码，所有工作都在配置文件中完成。这意味着功能实现与业务代码完全分离，配置即可用，降低了开发和维护的难度。
- 自 Spring 2.0 后，提供了 tx 命名空间用来配置事务管理。tx 命名空间提供了<tx:advice>元素用来配置增强处理。
- Spring 的@Transactional 注解支持配置声明式事务管理。

本章作业

一、选择题

1．JDBC 模块主要由 4 个包组成，其中不包括（　　）。

A．core　　B．dataSource

C．driverClass　　D．support

2．以下关于 update()方法的描述错误的是（　　）。

A．update()方法可以完成添加、更新、删除和查询数据的操作

B．JdbcTemplate 类中提供了一系列的 update()方法

C．update()方法执行后，会返回受影响的行数

D．update()方法返回的参数类型是 int

3．在以下描述中，关于 query()方法的说法错误的是（　　）。

A．List query(String sql, RowMapper rowMapper)会执行 String 类型的参数提供的 SQL 语句，

并通过 RowMapper 返回 List 类型的结果

B．List query（String sql, PreparedStatementSetter pss, RowMapper rowMapper）会根据 String 类型的参数提供的 SQL 语句创建 PreparedStatement，并通过 RowMapper 返回 List 类型的结果

C．List query（String sql, Object[] args, RowMapper rowMapper）会将参数 args 绑定到 SQL 语句中，并通过 RowMapper 返回 Object 类型的单行数据

D．queryForList（String sql,Object[] args, Class<T> elementType）会返回多行数据，必须返回列表，参数 elementType 返回的是 List 类型的结果

4．以下关于@Transactional 注解可配置的属性的描述正确的是（　　）。

A．value 属性用于指定需要使用的事务管理器，默认值为""

B．read-only 属性用于指定事务是否只读，默认值为 true

C．isolation 属性用于指定事务的隔离级别，默认值为 Isolation.READ_COMMITTED

D．propagation 属性用于指定事务的传播行为，默认值为 Propagation. SUPPORTS

5．以下有关事务管理的方式的说法错误的是（　　）。

A．Spring 中事务管理的方式有两种，一种是编程式事务管理，另一种是声明式事务管理

B．编程式事务管理指通过 AOP 实现的事务管理，就是通过编写代码实现的事务管理，包括定义事务的开始、正常执行后的事务提交和异常时的事务回滚

C．声明式事务管理指将事务管理作为一个“切面”代码单独编写，并通过 AOP 将事务管理的“切面”代码织入到业务目标类中

D．声明式事务管理的突出优点在于开发人员无须编写任何代码，只需在配置文件中进行相关事务规则声明，就可以将事务规则应用到业务逻辑中

二、简答题

1．简述 Spring JDBC 是如何进行配置的。

2．简述 Spring 中事务管理的两种方式。

3．简述如何使用注解进行声明式事务管理。

三、操作题

在百货中心供应链管理系统中实现 tb_news 表的查询、添加、更新和删除，具体要求如下。

（1）实现根据新闻标题名称查询新闻信息。

（2）实现新闻信息的添加、更新和删除，使用 Spring 事务的增强处理实现声明式事务管理。

第 10 章 初识 Spring MVC

本章目标

- ◎ 了解 Spring MVC 的特点
- ◎ 掌握 Spring MVC 的应用
- ◎ 熟悉 Spring MVC 的工作流程
- ◎ 了解 Spring MVC 的核心类
- ◎ 掌握 Spring MVC 的常用注解

本章简介

随着 Web 应用程序复杂度的不断增加，单纯使用 JSP 完成 Web 应用程序开发的弊端越来越明显。在应用程序中引入控制器（Servlet 或 Filter），可以有效地避免在 JSP 页面编写大量业务代码和跳转代码，JSP 专门用于展示内容，这种程序设计模式就是 MVC 设计模式。了解 MVC 设计模式之后，就可以开始学习 Spring MVC 了。通过对前面内容的学习，读者可以掌握 SSM 框架中的 Spring 和 MyBatis，并学会如何将这两个框架进行整合。本章将介绍 SSM 框架中的 Spring MVC。

技术内容

10.1 Spring MVC 概述

10.1.1 MVC 设计模式

抛开业务功能不同，常见的 Web 应用程序的架构模式基本一致，都进行了分层设计，具体内容如下。

（1）DAO 层：数据访问接口。

（2）Service 层：处理业务逻辑。

（3）POJO：数据实体。

（4）Servlet：负责前端请求的接收并处理。

（5）JSP：负责前端页面展示。

MVC 设计模式使软件系统的输入、处理和输出被强制性地分开，把软件系统分为 3 个基本部分，即 Model（模型）、View（视图）、Controller（控制器），如图 10.1 所示。

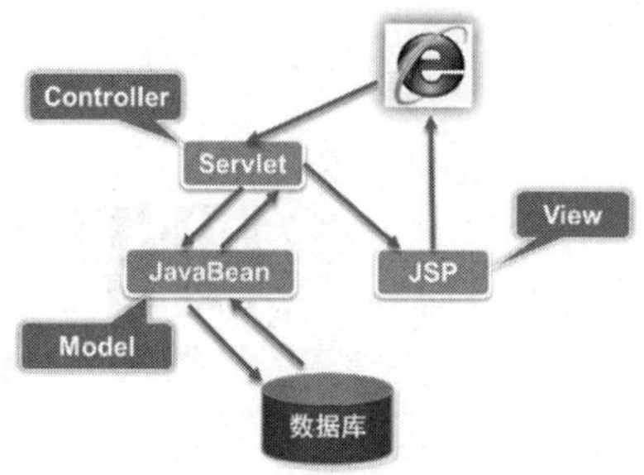

图 10.1 MVC 设计模式

分析百货中心供应链管理系统的分层设计与 MVC 设计模式的对应关系。

（1）View：负责格式化数据并呈现给用户，包括数据展示、用户交互、数据验证、页面设计等功能。其对应组件为 JSP。

（2）Controller：负责接收并转发请求，对请求进行处理后指派视图并将响应结果发送给客户端，其对应组件为 Servlet。

（3）Model：应用程序的主体部分。它负责处理数据逻辑（业务规则）和实现数据操作（在数据库中存取数据）。其对应组件为 JavaBean。

通过以上分析可以发现，很多管理系统采用的设计模式 JSP+Servlet+JavaBean，其实就是经典的 MVC 设计模式。MVC 设计模式既不是 Java 特有的设计模式，又不是 Web 应用程序特有的设计模式，而是所有面向对象程序设计语言都应该遵守的设计模式。

MVC 设计模式的核心就是控制器，控制器与视图和模型相对独立，起到分发请求和返回处理结果的作用，对请求和模型的处理一般由 JavaBean 负责。

MVC 设计模式虽然需要开发人员编写一些额外的代码，但强制性地将视图和数据分开带来的好处也是毋庸置疑的。设想一下，在早期的 JSP 页面中，处理数据的代码和 HTML 文件展现的代码是混合在一起的，它们被完全耦合到一个文件中，程序逻辑非常混乱，这对后期程序的维护和扩展带来了很大的难度。

MVC 设计模式的实际开发架构如图 10.2 所示。

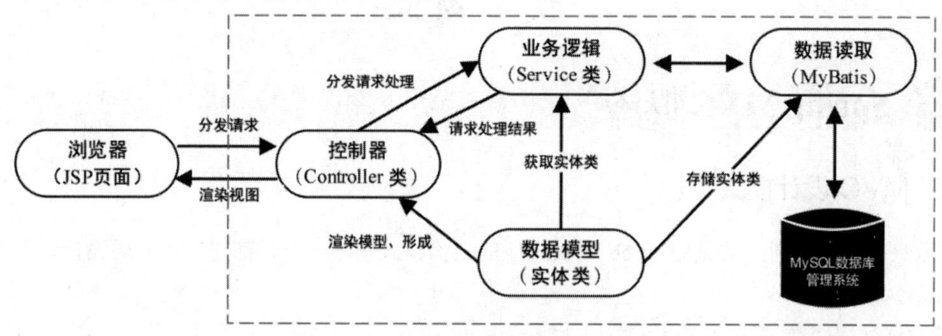

图 10.2 MVC 设计模式的实际开发架构

MVC 设计模式的实际开发架构分为两个部分，图 10.2 中虚线框外的是 Web 应用程序的浏览器部分，用户通过浏览器与系统进行交互，同时浏览器负责解析 JSP 页面；虚线框内的是 Web 应用程序的后端部分，这部分包括控制器（Controller 类）、业务逻辑（Service 类）、数据模型（实体类）、数据读取（MyBatis）和 MySQL 数据库管理系统。

在 MVC 设计模式的实际开发架构中，JSP 页面就是视图，用户通过 JSP 页面发出请求后，MVC

设计模式根据请求目录，将请求发送给与请求目录对应的 Controller 类，Controller 类调用 Service 类对请求进行处理，Service 类调用 MyBatis 完成实体类的存取和查询工作，并将处理结果返回到 Controller 类中，Controller 类将处理结果转换为 ModelAndView，JSP 接收 ModelAndView 并进行渲染。

从设计模式的角度来看，MVC 设计模式类似于观察者模式，但又与观察模式存在一些差别。在观察者模式中，观察者和被观察者可以是两个对等的对象，但在 MVC 设计模式中，被观察者只是单纯的数据体，而观察者则是单纯的视图页面。

概括来说，MVC 设计模式有如下特点。

（1）多个视图可以对应一个模型。基于 MVC 设计模式，一个模型对应多个视图，可以减少代码的复制次数及维护量，这样，一旦模型发生改变也易于维护。

（2）模型数据与逻辑分离。模型数据可以应用任何显示技术。

（3）应用被分隔为 3 层，可以降低各层之间的耦合度，提高应用的可扩展性。

（4）表现层可以把不同的模型和视图组合在一起，以完成不同的请求。表现层包含用户请求权限的概念。

（5）MVC 设计模式更符合软件工程化管理的精神。不同的层能各司其职，而每层组件又具有相同的特征，这有利于通过工程化和工具化的方法管理程序。

相对于早期的 MVC 设计模式，Web 模式下的 MVC 设计模式又存在一些变化。对普通应用来讲，它可以将视图注册给模型，当模型数据发生改变时，可以即时通知视图页面发送改变；而对 Web 应用程序来讲，即使将多个 JSP 页面注册给一个模型，当模型发生变化时，也无法主动给 JSP 页面发送消息（这是因为 Web 应用程序都是基于请求/响应模式的），只有当用户请求浏览该页面时，控制器才负责调用模型数据来更新 JSP 页面。

1．MVC 设计模式的优点

（1）多视图共享一个模型，大大提高了代码的可重用性。

（2）3 个基本部分相互独立，松耦合架构。

（3）控制器提高了应用程序的灵活性和可配置性。

（4）有利于软件工程化管理。

总之，通过 MVC 设计模式可以打造出一个松耦合、高重用性、高可适用性的架构。当然，这也是架构设计的目标之一。

任何一件事都会有利有弊，下面介绍 MVC 设计模式的缺点。

2．MVC 设计模式的缺点

（1）原理复杂。

（2）增加了系统结构和实现的复杂性。

（3）视图对模型数据的访问效率低。

对 MVC 设计模式来说，它并不适合规模较小或中等的项目，这是因为花费大量时间将 MVC 设计模式应用到规模较小的项目中通常是得不偿失的。对 MVC 设计模式的使用，要根据具体的应用场景来决定。

10.1.2　Spring MVC 简介

掌握了 MVC 设计模式的基础就更容易接受 Spring MVC 了。Spring MVC 是 Spring 中用于 Web 应用程序开发的一个模块，是 Spring 提供的一个基于 MVC 设计模式的优秀 Web 应用程序开发框架。它本质上相当于 Servlet。在 MVC 设计模式中，Spring MVC 作为控制器来建立模型与视图的数据交互，这是通过结构清晰的 MVC Model 2 实现的，可以称其为典型的 MVC 设计模式的应用，如图 10.3 所示。

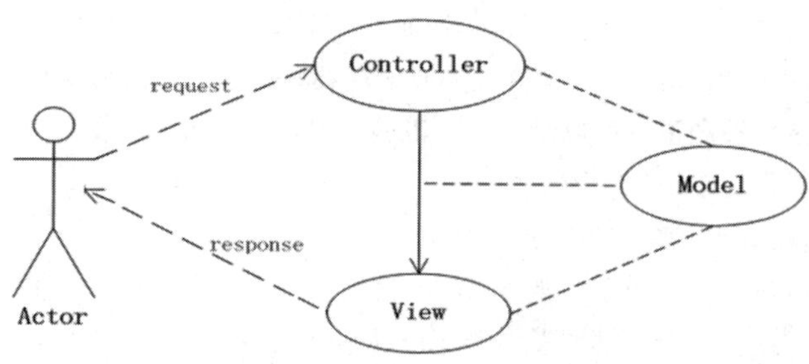

图 10.3 MVC Model 2 实现

在 Spring MVC 中，控制器替代 Servlet，控制器接收请求，并调用相应的模型进行处理，处理器完成后返回处理结果。控制器调用相应的视图并对处理结果进行视图渲染，客户端得到相应的消息。

在 Java EE 轻量级框架开发中，Spring 和 Spring MVC 已经是标准的基础系统架构。下面主要介绍 Spring MVC。

实际上，Spring MVC 是 Spring 的一部分，Spring 成为 Java EE 轻量级框架开发的主流框架后，Spring 开发小组又在 Spring 的基础上推出了 Spring MVC，主要用于支持 Web 应用程序开发。下面通过搭建 Spring MVC 环境，并实现一个简单的案例演示 Spring MVC 是如何使用的，从而更深入了解其架构模型及请求处理流程。

注意

Spring MVC 采用松耦合可插拔的组件结构，具有高度可配置性，比其他 MVC 框架更具扩展性和灵活性。此外，Spring MVC 的注解驱动和对 REST 风格的支持，也是其颇具特色的功能。无论是在框架设计还是在扩展性、灵活性等方面，Spring MVC 都全面超越了 Struts 2 等 MVC 框架，并且 Spring MVC 的本身就是 Spring 的一部分，与 Spring 整合可以说是无缝集成，具有天生的性能优越性。对于开发人员来说，Spring MVC 开发效率也高于其他 MVC 框架。因此，Spring MVC 在企业中的应用越来越广泛，已成为主流的 MVC 框架。

10.2 Spring MVC 的应用

在 IntelliJ IDEA 中创建项目后，使用 Spring MVC 的步骤如下。

（1）配置 pom.xml，引入 JAR 文件。

（2）配置 Spring MVC，包括如下内容。

①在 web.xml 中配置 Servlet，并定义 DispatcherServlet。

②创建 Spring MVC 配置文件。

（3）创建处理请求的控制器。

（4）创建视图（本书使用 JSP 页面作为视图）。

（5）部署运行。

10.2.1 入门项目

Spring MVC 的入门项目的具体实现步骤如下。

步骤 1 创建项目

在 IntelliJ IDEA 中，创建 Maven 项目。在“New Project”对话框中，勾选“Create from archetype”复

选框，并在列表框中选择“org.apache.maven.archetypes:maven-archetype-webapp”选项（见图 10.4），创建一个名为 Ch10_01 的 Maven 项目。

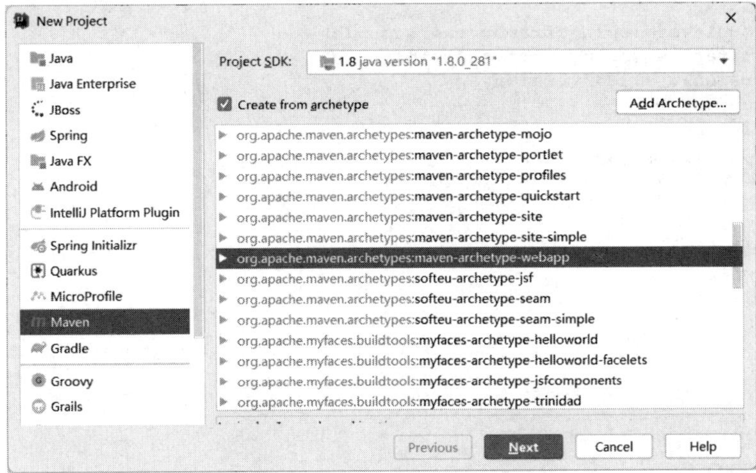

图 10.4　“New Project”对话框

在 src/main 目录下创建 java 文件夹和 resources 文件夹。在 pom.xml 中，加载需要使用的 Spring 相关 JAR 文件。除此之外，还需要将 Spring MVC 所需的 JAR 文件加载到项目中。pom.xml 的具体代码如示例 1 所示。

【示例 1】pom.xml

```
<?xml version="1.0" encoding="UTF-8"?>

<project xmlns="http://maven.apache.org/POM/4.0.0"
         xmlns:xsi="http://www.w3.org/2001/XMLSchema-instance"
  xsi:schemaLocation="http://maven.apache.org/POM/4.0.0
  http://maven.apache.org/xsd/maven-4.0.0.xsd">
  <modelVersion>4.0.0</modelVersion>

  <groupId>org.example</groupId>
  <artifactId>Ch10_01</artifactId>
  <version>1.0-SNAPSHOT</version>
  <packaging>war</packaging>

  <name>Ch10_01 Maven Webapp</name>
  <url>http://www.example.com</url>

  <properties>
    <project.build.sourceEncoding>UTF-8</project.build.sourceEncoding>
    <maven.compiler.source>1.7</maven.compiler.source>
    <maven.compiler.target>1.7</maven.compiler.target>
  </properties>

  <dependencies>
    <dependency>
      <groupId>junit</groupId>
      <artifactId>junit</artifactId>
      <version>4.11</version>
      <scope>test</scope>
    </dependency>
    <dependency>
      <groupId>org.apache.tomcat.embed</groupId>
      <artifactId>tomcat-embed-core</artifactId>
      <version>9.0.55</version>
    </dependency>
    <!--Spring 核心类-->
    <dependency>
      <groupId>org.springframework</groupId>
      <artifactId>spring-context</artifactId>
```

```
      <version>5.3.26</version>
    </dependency>
    <!--Spring MVC-->
    <dependency>
      <groupId>org.springframework</groupId>
      <artifactId>spring-webmvc</artifactId>
      <version>5.3.26</version>
    </dependency>
    <!-- Servlet -->
    <dependency>
      <groupId>javax.servlet</groupId>
      <artifactId>javax.servlet-api</artifactId>
      <version>3.1.0</version>
      <scope>provided</scope>
    </dependency>
    <!--JSP-->
    <dependency>
      <groupId>javax.servlet.jsp</groupId>
      <artifactId>jsp-api</artifactId>
      <version>2.1</version>
      <scope>provided</scope>
    </dependency>
    <dependency>
      <groupId>org.apache.tomcat.embed</groupId>
      <artifactId>tomcat-embed-core</artifactId>
      <version>8.5.34</version>
    </dependency>
  </dependencies>

  <build>
    <finalName>Ch10_01</finalName>
    <pluginManagement>
      <plugins>
        <plugin>
          <artifactId>maven-clean-plugin</artifactId>
          <version>3.1.0</version>
        </plugin>
        <plugin>
          <artifactId>maven-resources-plugin</artifactId>
          <version>3.0.2</version>
        </plugin>
        <plugin>
          <artifactId>maven-compiler-plugin</artifactId>
          <version>3.8.0</version>
        </plugin>
        <plugin>
          <artifactId>maven-surefire-plugin</artifactId>
          <version>2.22.1</version>
        </plugin>
        <plugin>
          <artifactId>maven-war-plugin</artifactId>
          <version>3.2.2</version>
        </plugin>
        <plugin>
          <artifactId>maven-install-plugin</artifactId>
          <version>2.5.2</version>
        </plugin>
        <plugin>
          <artifactId>maven-deploy-plugin</artifactId>
          <version>2.8.2</version>
        </plugin>
      </plugins>
    </pluginManagement>
  </build>
</project>
```

步骤 2 配置前端控制器

由于 Spring MVC 是基于 Servlet 的，因此 DispatcherServlet 是整个 Spring MVC 的核心，负责截获请求

并将其分派给相应的处理器。要配置 Spring MVC，首先就配置 DispatcherServlet，当然，跟所有 Servlet 一样，用户必须在 web.xml 中进行配置。在 web.xml 中配置 Spring MVC 的 DispatcherServlet，具体代码如示例 2 所示。

【示例 2】web.xml

```
<?xml version="1.0" encoding="UTF-8"?>
<web-app xmlns:xsi="http://www.w3.org/2001/XMLSchema-instance"
         xmlns="http://java.sun.com/xml/ns/javaee"
         xmlns:web="http://java.sun.com/xml/ns/javaee/web-app_2_5.xsd"
         xsi:schemaLocation="http://java.sun.com/xml/ns/javaee
        http://java.sun.com/xml/ns/javaee/web-app_3_0.xsd" version="3.0">
<display-name>springMVC</display-name>
<servlet>
   <servlet-name>springmvc</servlet-name>
  <servlet-class>org.springframework.web.servlet.DispatcherServlet</servlet-class>
    <init-param>
       <param-name>contextConfigLocation</param-name>
       <param-value>classpath:springmvc-servlet.xml</param-value>
    </init-param>
    <load-on-startup>1</load-on-startup>
</servlet>
<servlet-mapping>
    <servlet-name>springmvc</servlet-name>
    <url-pattern>/</url-pattern>
</servlet-mapping>
</web-app>
```

示例 2 中配置了一个名为 springmvc 的 Servlet，主要对<servlet>元素、<servlet-mapping>元素进行了配置。Servlet 的类型是 DispatcherServlet，就是 Spring MVC 的入口（前面已经介绍过 Spring MVC 的本质就是一个 Servlet）。通过<init-param>元素配置了 Spring MVC 配置文件的位置，通过<load-on-startup>1</load-on-startup>配置了标记容器在启动时加载 DispatcherServlet，也就是自动启动。在<servlet-mapping>元素中，先通过<url-pattern>元素中的“/”将所有 URL 拦截，并交由 DispatcherServlet 处理，然后进行映射，即 DispatcherServlet 需要截获并处理所有 URL 请求。

在配置 DispatcherServlet 时，通过设置 contextConfigLocation 来指定 Spring MVC 配置文件的位置，此处通过 Spring 资源目录进行指定，即 classpath:springmvc-servlet.xml。

步骤 3　创建 FirstController.java

至此，Spring MVC 的相关环境配置完成，下面配置完控制器和视图就可以运行测试了。在 src/main/java 目录下创建 cn.dsscm.controller 包，在该包下创建 FirstController.java。如何将该 JavaBean 变成一个可以处理前端请求的控制器呢？需要继承 org.springframework.web.servlet.mvc.Controller，并实现 handleRequest()方法，具体代码如示例 3 所示。

【示例 3】FirstController.java

```
package cn.dsscm.controller;

import javax.servlet.http.HttpServletRequest;
import javax.servlet.http.HttpServletResponse;
import org.springframework.web.servlet.ModelAndView;
import org.springframework.web.servlet.mvc.Controller;

public class FirstController implements Controller{
   public ModelAndView handleRequest(HttpServletRequest request,
            HttpServletResponse response)  {
          System.out.println("hello,Spring MVC!"); //在控制台输出日志信息
          // 创建 ModelAndView
          ModelAndView mav = new ModelAndView();
         // 向 ModelAndView 中添加数据
          mav.addObject("msg", "Hello Spring MVC !");
         // 设置逻辑视图名
          mav.setViewName("WEB-INF/jsp/index.jsp");
```

```
            // 返回 ModelAndView
            return mav;
    }
}
```

在示例 3 中，handleRequest()方法是控制器接口的实现方法，FirstController.java 会调用该方法来处理请求，并返回一个包含逻辑视图名或包含逻辑视图名和模型数据的 ModelAndView。该对象既包含视图信息，又包含模型数据，这样 Spring MVC 就可以使用视图对模型数据进行渲染。这里向 ModelAndView 中添加了一个名为 msg 的字符串对象，并设置了返回视图目录为/WEB-INF/jsp/ index.jsp，其中，index 就是逻辑视图名，这样请求就会被转发到 index.jsp。

注意

ModelAndView 代表 Spring MVC 中呈现视图页面时使用的模型数据和逻辑视图名。由于 Java 一次只能返回一个对象，因此 ModelAndView 的作用就是封装这两个对象，以便一次返回所需的模型和视图。当然，返回的模型和视图也都是可选的，在有些情况下，由于模型中没有任何数据，因此返回视图即可（见示例 3）。此外，也可以返回模型，让 Spring MVC 根据请求 URL 来决定。在后续的相关章节中会对 ModelAndView 进行更详细的介绍。

步骤 4 创建 Spring MVC 配置文件，配置控制器映射信息

在 src/main/resources 目录下，添加 Spring MVC 配置文件。为了方便在集成框架时更好地区分各个配置文件，可以将配置文件命名为 springmvc-servlet.xml，并在配置文件中配置控制器映射信息，具体代码如示例 4 所示。

【示例 4】springmvc-servlet.xml

```
<?xml version="1.0" encoding="UTF-8"?>
<beans xmlns="http://www.springframework.org/schema/beans"
    xmlns:xsi="http://www.w3.org/2001/XMLSchema-instance"
    xsi:schemaLocation="http://www.springframework.org/schema/beans
    http://www.springframework.org/schema/beans/spring-beans.xsd">
    <!-- 配置处理器，映射/firstController 请求 -->
    <bean name="/firstController" class="cn.dsscm.controller.FirstController" />
    <!-- 配置处理器映射器，对 name 属性的值进行查找 -->
    <bean class="org.springframework.web.servlet.handler.BeanNameUrlHandlerMapping"/>
    <!-- 配置处理器适配器，对 handleRequest()方法进行调用 -->
    <bean class="org.springframework.web.servlet.mvc.SimpleControllerHandlerAdapter"/>
    <!-- 配置视图解析器 -->
    <bean class="org.springframework.web.servlet.view.InternalResourceViewResolver">
    </bean>
</beans>
```

在示例 4 中，首先定义了一个名为/firstController 的 Bean，该 Bean 将 FirstController.java 映射到/firstController 请求中，其次配置了处理器映射器和处理器适配器，其中处理器映射器用于对 name 属性的值进行查找，而处理器适配器用于对 handleRequest()方法进行调用，最后配置了视图解析器，用于解析结果视图，并呈现给用户。

对于 Spring 4.0 之前的版本，配置文件中必须配置处理器映射器、处理器适配器和视图解析器，但对于 Spring 4.0 及 Spring 4.0 之后的版本，即使不配置处理器映射器、处理器适配器和视图解析器，也可以使用 Spring 内部默认的配置完成相应的工作，这里显示的配置处理器映射器、处理器适配器和视图解析器是为了更清晰地描述 Spring MVC 的工作流程。

步骤 5 创建视图页面

在/WEB-INF 目录下创建 jsp 文件夹，在该文件夹中创建 index.jsp，使用 EL 表达式获取 msg 中的信息，具体代码如示例 5 所示。

【示例 5】index.jsp

```
<%@ page language="java" contentType="text/html;charset=UTF-8"
            pageEncoding="UTF-8"%>
<!DOCTYPE html PUBLIC "-//W3C//DTD HTML 4.01 Transitional//EN"
    "http://www.w3.org/TR/html4/loose.dtd">
```

```
<html>
<head>
<meta http-equiv="Content-Type" content="text/html; charset=UTF-8">
<title>入门项目</title>
</head>
<body>
     ${msg}
</body>
</html>
```

步骤 6　启动项目，测试应用

至此，所有环境搭建及相关示例编码工作已经完成，下面运行测试。将项目发布到 Tomcat 服务器中，并启动 Tomcat 服务器，在浏览器中访问 http://localhost:8888/firstController，结果如图 10.5 所示。

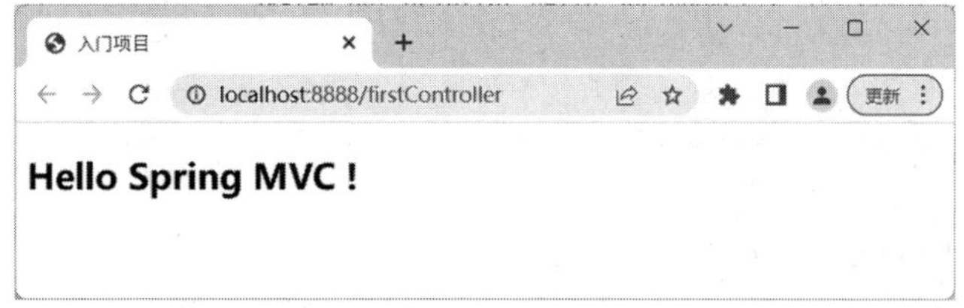

图 10.5　访问结果

可以看出，浏览器中已经显示出模型中的字符串信息，这说明第一个 Spring MVC 程序执行成功。查看后端日志，控制台输出“Hello Spring MVC!”

由此可知 Spring MVC 的工作流程，即当用户发送 URL 请求 http://localhost:8888/firstController 时，可以根据 web.xml 对 DispatcherServlet 进行配置。

该请求被 DispatcherServlet 截获，并根据处理器映射器找到处理相应请求的 IndexController。IndexController 处理完请求后，返回 ModelAndView。该对象告诉 DispatcherServlet 需要通过哪个视图进行数据展示，DispatcherServlet 根据视图解析器把 IndexController 返回的逻辑视图名转换成真实视图名并输出呈现给用户。

10.2.2　技能训练 1

上机练习 1　搭建 Spring MVC 环境，实现在前端页面输出“学框架就学 Spring MVC!”

⌘ 需求说明

（1）配置处理器映射器并对 name 属性的值进行查找。

（2）配置视图解析器并对 handleRequest()方法进行调用。

10.2.3　优化项目

1. 优化目录解析

修改 FirstController.java 设置逻辑视图名，简化访问目录，不写前面固定目录和后缀文件名，具体实现步骤如下。

步骤 1　创建项目

在 IntelliJ IDEA 中，创建 Maven 项目。在“New Project”对话框中，勾选“Create from archetype”复选框，并在列表框中选择“org.apache.maven.archetypes:maven-archetype-webapp”选项，创建一个名为 Ch10_02 的 Maven 项目。具体代码同创建 Ch10_01 项目的代码。

步骤 2　优化 FirstController.java

对 Ch10_01 项目中的 FirstController.java 进行优化，使用 ModelAndView 实现数据传递和访问目录设置，具体代码如示例 6 所示。

【示例 6】FirstController.java

```
public class FirstController implements Controller{
    public ModelAndView handleRequest(HttpServletRequest request,
                                       HttpServletResponse response)  {
        System.out.println("hello,SpringMVC!"); //在控制台输出日志信息
        // 创建 ModelAndView
        ModelAndView mav = new ModelAndView();
         // 向 ModelAndView 中添加数据
        mav.addObject("msg", "这是我的第一个 Spring MVC 程序");
         // 设置逻辑视图名
        mav.setViewName("index");
         // 返回 ModelAndView
        return mav;
    }
}
```

步骤 3 优化 springmvc-servlet.xml

在 springmvc-servlet.xml 中，使用 Spring MVC 的简单配置方式进行配置，具体代码如示例 7 所示。

【示例 7】springmvc-servlet.xml

```
<?xml version="1.0" encoding="UTF-8"?>
<beans xmlns="http://www.springframework.org/schema/beans"
    xmlns:xsi="http://www.w3.org/2001/XMLSchema-instance"
    xmlns:mvc="http://www.springframework.org/schema/mvc"
    xmlns:p="http://www.springframework.org/schema/p"
    xmlns:context="http://www.springframework.org/schema/context"
    xsi:schemaLocation="
        http://www.springframework.org/schema/beans
        http://www.springframework.org/schema/beans/spring-beans.xsd
        http://www.springframework.org/schema/context
        http://www.springframework.org/schema/context/spring-context.xsd
        http://www.springframework.org/schema/mvc
        http://www.springframework.org/schema/mvc/spring-mvc.xsd">
    <bean name="/index.html" class="cn.dsscm.controller.FirstController"/>
    <!-- 完成视图的对应配置 -->
    <!-- 对转向页面的目录进行解析。prefix：前缀， suffix：后缀 -->
 <bean class="org.springframework.web.servlet.view.InternalResourceViewResolver">
        <property name="prefix" value="/WEB-INF/jsp/"/>
        <property name="suffix" value=".jsp"/>
    </bean>
</beans>
```

上述代码主要配置了以下两部分内容。

（1）配置处理器映射器。

在本章示例 2 的 web.xml 中配置了 DispatcherServlet，并配置了哪些请求需要通过 DispatcherServlet 进行相应的处理，接下来 DispatcherServlet 要将一个请求交给哪个特定的控制器处理呢？这就需要咨询一个 Bean，这个 Bean 叫作处理器映射器，其作用就是把一个 URL 请求指定给一个控制器处理（应用系统的 web.xml 使用<servlet-mapping>元素将 URL 映射到相应的 Servlet 上）。Spring 提供了多种处理器映射器的支持。

①org.springframework.web.servlet.handler.BeanNameUrlHandlerMapping。

②org.springframework.web.servlet.handler.SimpleUrlHandlerMapping。

③org.springframework.web.servlet.mvc.annotation.DefaultAnnotationHandlerMapping。

④org.springframework.web.servlet.mvc.method.annotation.RequestMappingHandlerMapping。

用户可以根据需求自行选择。这里使用 BeanNameUrlHandlerMapping（若没有明确声明任何处理器映射器，则 Spring 会默认使用 BeanNameUrlHandlerMapping），即在 Spring 的容器中查找与 URL 请求同名的

Bean。这个处理器映射器不需要配置，可以根据 URL 请求映射到控制器的名称，代码如下。

```
<bean name="/index.html" class="cn.dsscm.controller.IndexController"/>
```

指定的 URL 请求为/index.html，处理 URL 请求的控制器为 cn.dsscm.controller.IndexController。

（2）配置视图解析器。

处理请求的最后环节就是渲染输出，这个环节由视图实现（本书使用 JSP 页面），需要确定的是，指定的请求需要使用哪个视图对请求结果进行渲染输出。DispatcherServlet 可以查找到一个视图解析器，并将控制器返回的逻辑视图名转换为渲染结果的真实视图名。Spring 提供了多种视图解析器。

① org.springframework.web.servlet.view.InternalResourceViewResolver。

② org.springframework.web.servlet.view.ContentNegotiatingViewResolve。

此处使用 InternalResourceViewResolver 定义视图解析器，并通过配置 prefix 和 suffix，将逻辑视图名解析为/WEB-INF/jsp/<ViewName>.jsp。

Spring MVC 配置文件在命名时需要注意，必须与在 web.xml 中配置 DispatcherServlet 时指定的配置文件名一致，一般命名为<servlet-name>-servlet.xml，如 springmvc-servlet.xml。

2. 使用注解处理器映射

在示例 7 中，通过使用 BeanNameUrlHandlerMapping 完成了请求与控制器之间的映射关系。当有多个请求时，是否要在 springmvc-servlet.xml 中配置多个映射关系呢？需要建立多个 JavaBean 作为控制器来进行请求的处理，具体代码如下。

```
<bean name="/index.html" class="cn.dsscm.controller.IndexController"/>
<bean name="/user.html" class="cn.dsscm.controller.UserController"/>
```

在业务复杂时，这样处理并不合适，该如何解决呢？

常用的解决方式是使用 Spring MVC 提供的一键式配置方法，即<mvc:annotation-driven/>元素，并使用注解进行开发。下面通过修改示例 7，介绍使用注解处理器映射的具体实现步骤。

步骤 1　优化 springmvc-servlet.xml

更改 Spring MVC 的处理器映射器的配置为支持注解处理器，配置<mvc:annotation-driven/>元素提供的一键式配置方法，Spring MVC 会自动进行一些注册组件的操作。这种配置方法非常简单，适用于初学者快速搭建 Spring MVC 环境。可以简单理解为，配置 Spring MVC 后，使用注解，把一个 URL 请求映射到控制器上。优化 springmvc-servlet.xml 的具体代码如示例 8 所示。

【示例 8】springmvc-servlet.xml

```
<?xml version="1.0" encoding="UTF-8"?>
<beans xmlns="http://www.springframework.org/schema/beans"
    xmlns:xsi="http://www.w3.org/2001/XMLSchema-instance"
    xmlns:mvc="http://www.springframework.org/schema/mvc"
    xmlns:p="http://www.springframework.org/schema/p"
    xmlns:context="http://www.springframework.org/schema/context"
    xsi:schemaLocation="
        http://www.springframework.org/schema/beans
        http://www.springframework.org/schema/beans/spring-beans.xsd
        http://www.springframework.org/schema/context
        http://www.springframework.org/schema/context/spring-context.xsd
        http://www.springframework.org/schema/mvc
        http://www.springframework.org/schema/mvc/spring-mvc.xsd">
    <context:component-scan base-package="cn.dsscm.controller"/>
    <mvc:annotation-driven/>
    <!-- 完成视图的对应配置 -->
    <!-- 对转向页面的目录进行解析。prefix：前缀， suffix：后缀 -->
 <bean class="org.springframework.web.servlet.view.InternalResourceViewResolver" >
        <property name="prefix" value="/WEB-INF/jsp/"/>
        <property name="suffix" value=".jsp"/>
    </bean>
</beans>
```

上述代码中删除了<bean name="/index.html" class="cn.dsscm.controller.IndexController"/>，且增加了两个元素。

（1）<mvc:annotation-driven/>元素。配置此元素时会自动注册 DefaultAnnotationHandlerMapping 与 AnnotationMethodHandlerAdapter 这两个 Bean。Spring MVC 需要通过这两个 Bean 来完成对@Controller 注解和@RequestMapping 注解等的支持，从而找出 URL 请求与 handler method（处理器方法）的关系并予以关联。换句话说，完成在 Spring 的容器中这两个 Bean 的注册是 Spring MVC 为@Controller 注解分发请求的必要支持。

（2）<context:component-scan base-package="cn.dsscm.controller"/>元素。此元素用于扫描包，实现注解驱动 Bean 的定义，同时将 Bean 自动注入容器中使用。即使标注了 Spring MVC 的注解（@Controller 注解等）的 Bean 生效，若不配置此元素，则标注@Controller 注解的 Bean 也仅是一个普通的 JavaBean，而不是一个可以处理请求的控制器。

步骤 2 优化 IndexController.java

优化 IndexController.java，具体代码如示例 9 所示。

【示例 9】IndexController.java

```
import org.apache.log4j.Logger;
import org.springframework.stereotype.Controller;
import org.springframework.web.bind.annotation.RequestMapping;

@Controller
public class IndexController{
    private Logger logger = Logger.getLogger(IndexController.class);

    //@RequestMapping 注解表示用哪个 URL 来对应
    @RequestMapping("/index")
    public String index(){
        //System.out.println("hello,SpringMVC!");
        logger.info("hello,SpringMVC!");
        return "index";
    }
}
```

上述代码中先使用了@Controller 注解对 IndexController.java 进行标注，使其成为一个可处理 HTTP 请求的控制器，再使用了@RequestMapping 注解对 IndexController.java 的 index()方法进行标注，确定 index()方法对应的 URL 请求，即限定了 index()方法将处理所有来自 URL 为/index 的请求（相对于 Web 容器部署根目录来讲）。也就是说，若还有其他业务需求（URL 请求），则只需在该类中增加方法即可。当然，也要对方法进行@RequestMapping 注解的标注，确定方法对应的 URL 请求。这样就解决了之前提出的问题，无须多创建 JavaBean 作为控制器去满足业务需求。这也是在实际开发中经常使用的方法，即支持注解处理器。

输入 http://localhost:8888/index 后，访问结果同图 10.5，此处不再赘述。

注意

（1）<mvc:annotation-driven/>元素的原理实现将在后续的相关章节中进行深入讲解，此处仅掌握具体运用即可。

（2）对于 Spring 3.2 之前的版本，开启注解处理器支持的配置为 DefaultAnnotationHandlerMapping 与 AnnotationMethodHandlerAdapter。对于 Spring 3.2 及 Spring 3.2 之后的版本，使用 RequestMappingHandlerMapping 和 RequestMappingHandlerAdapter 来替代，将 DefaultAnnotationHandlerMapping 标注为@Deprecated 注解被弃用。

10.2.4 技能训练 2

上机练习 2 **使用<mvc:annotation-driven/>元素，实现在前端页面输出"学框架就学 Spring MVC!"**

⌘ 需求说明

（1）在上机练习 1 的基础上，修改 Spring MVC 的处理器映射器可配置为支持注解处理器，配置<mvc:annotation-driven/>元素。

（2）配置视图解析器并使用 InternalResourceViewResolver 进行视图解析。

（3）使用 log4j.properties 输出日志信息。

10.3 Spring MVC 的工作流程与特点

10.3.1 Spring MVC 的请求处理流程

通过对前面内容的学习，读者可以了解如何搭建 Spring MVC 环境，下面介绍 Spring MVC 的请求处理流程，如图 10.6 所示。

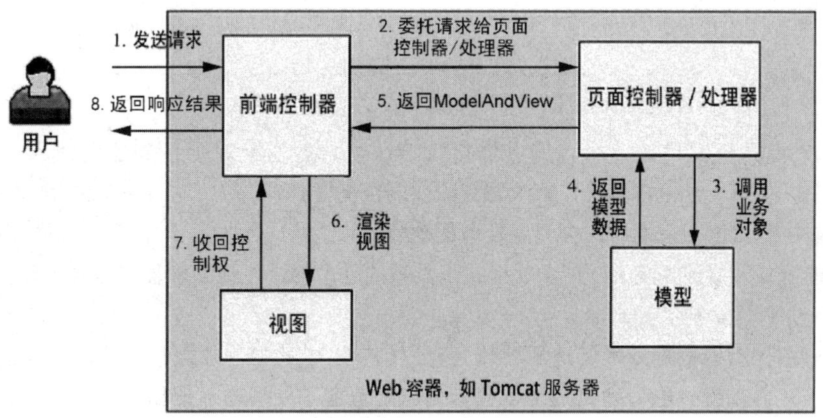

图 10.6　Spring MVC 的请求处理流程

Spring MVC 也是一个基于请求驱动的表现层框架，使用了前端控制器来进行设计，根据请求映射规则分发给相应的页面控制器处理器来进行处理。下面详细地分析请求处理的流程。

（1）用户发送请求到前端控制器，前端控制器根据请求来决定选择由哪个页面控制器/处理器来进行处理，并把请求委托给页面控制器/处理器，即 Servlet 的控制逻辑部分。（步骤 1 和步骤 2）

（2）页面控制器/处理器接收到请求后，进行业务处理，业务处理完成后返回 ModelAndView。（步骤 3～5）

（3）前端控制器收回控制权，根据返回的逻辑视图名选择真实视图，并把模型数据传入以便对视图进行渲染展示。（步骤 6）

（4）前端控制器再次收回控制权，将响应结果返回给用户。（步骤 7 和步骤 8）

10.3.2 Spring MVC 的工作原理

通过对前面内容的学习，读者对 Spring MVC 的请求处理流程已经有了初步了解。下面介绍 Spring MVC 的工作原理，如图 10.7 所示。

分析 Spring MVC 的请求处理流程可以发现，从接收请求到返回响应结果，Spring MVC 通过众多组件的通力配合，各司其职地完成了整个流程工作。整个 Spring MVC 通过一个前端控制器接收所有请求，并将具体工作委托给其他组件进行处理，前端控制器处于核心地位，负责协调组织不同组件完成请求处理并返回响应结果。根据 Spring MVC 的请求处理流程可以分析出具体每个组件负责的工作内容。按照图 10.7 中标注的序号可知，Spring MVC 的完整工作流程如下。

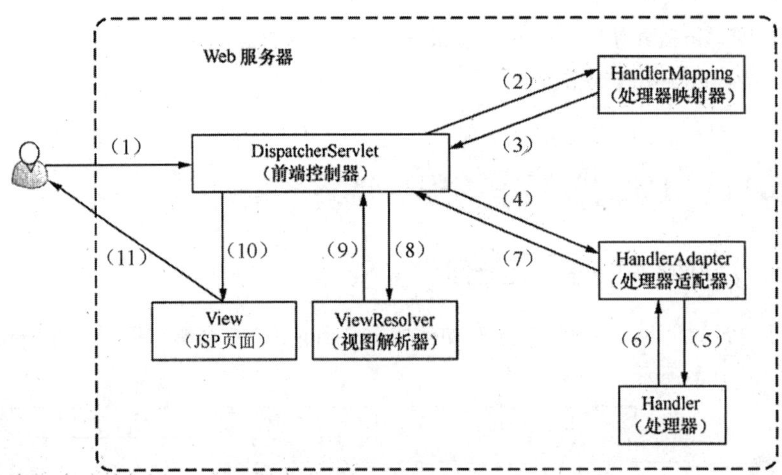

图 10.7　Spring MVC 的工作原理

（1）客户端发出 HTTP 请求，服务器接收该请求。若匹配前端控制器的请求映射目录（在 web.xml 中指定），则 Web 容器将该请求转交给前端控制器处理。

（2）前端控制器拦截请求后，会调用处理器映射器。

（3）处理器映射器根据 URL 请求映射找到具体的处理器，生成处理器对象及处理器拦截器（若有则生成）一并返回给前端控制器。

（4）当前端控制器根据处理器适配器找到对应当前请求的处理器之后，通过处理器适配器对处理器进行封装，并以统一的处理器适配器接口调用处理器，处理器适配器可以理解为具体使用处理器干活的人，处理器适配器接口中一共有 3 个方法。

① supports()方法：判断是否可以使用某个处理器。

② handle()方法：具体使用处理器干活。

③ getLastModified()方法：获取资源的 Last-Modified。

注意

Spring MVC 中既没有定义处理器接口，又没有对处理器进行任何限制，处理器可以用任意合理的方式来表现。换句话说，任何一个对象（JavaBean、方法等）都可以成为请求处理器，从处理器适配器的 handle()方法中可以看出，它是 Object 类型的，这种模式给开发人员的开发提供了极大的自由度。

（5）处理器适配器会调用并执行处理器，这里的处理器指的就是程序中编写的 Controller 类，也被称为后端控制器。在请求到达真正调用处理器的方法之前的一段时间，Spring MVC 还完成了很多工作，它会将请求以一定的方式转换并绑定到处理方法的入参中，对入参进行数据转换、数据格式化及数据校验等。这些都做完之后，才真正调用处理器的方法进行相应的业务逻辑处理。

（6）控制器执行完成后，会返回一个 ModelAndView，该对象包含视图名或模型数据和视图名。

（7）处理器适配器完成业务逻辑处理后，将返回 ModelAndView 给前端控制器。ModelAndView 包含逻辑视图名和模型数据。

（8）前端控制器根据 ModelAndView 选择合适的视图解析器。ModelAndView 中包含的是逻辑视图名而非真实的物理路径名对象。前端控制器会通过视图解析器将逻辑视图名解析为真实的物理路径名。当然，负责数据展示的视图可以为 JSP、XML、PDF、JSON 等多种数据格式，对此 Spring MVC 均可灵活配置。

（9）视图解析器解析后，会向前端控制器返回具体的视图。

（10）当得到真实视图后，前端控制器会使用 ModelAndView 中的模型数据对视图进行渲染（将模型数据填充至视图中）。

（11）视图渲染结果会被返回给用户端浏览器显示。用户端获取响应结果，根据配置，其可以是普通的 HTML 页面，也可以是 XML 或 JSON 数据等。

在上述执行过程中，前端控制器、处理器映射器、处理器适配器和视图解析器等对象的工作是在框架内部执行的，开发人员并不需要关心这些对象内部的实现过程，只需要配置前端控制器完成业务处理，并在视图中展示相应信息即可。

通过对以上知识的学习，读者不仅能简单了解 Spring MVC 的工作原理，而且可以初步体会 Spring MVC 设计的精妙之处。在后续的相关章节中，还会围绕 Spring MVC 的整个结构进行深入介绍，此处不再赘述。

注意

由于 Spring MVC 的结构比较复杂，因此读者学习时要掌握学习方法，首先要明确 Spring MVC 是一个工具。既然 Spring MVC 是一个工具，那么就需要先掌握工具的使用方法，不要陷入细节中，应慢慢地通过实际运用来加深对其的理解。学习过程中应多跟踪代码，并查看 Spring MVC 的源码，只有这样才能对 Spring MVC 有更深刻的理解。

10.3.3　Spring MVC 的特点

Spring MVC 的特点如下。

（1）清晰的角色划分。Spring MVC 在模型、视图和控制器方面提供了一个非常清晰的角色划分，模型、视图和控制器是各司其职、各负其责的。

（2）Spring 的一部分。Spring MVC 可以很方便地利用 Spring 提供的其他功能。

（3）灵活性强，易于与其他框架集成。

（4）配置功能灵活。因为 Spring 的核心是 IoC，同样在实现 Spring MVC 上，也可以把各种类当作 Bean 来通过 XML 进行配置。

（5）面向接口编程。

（6）提供了大量的控制器接口和实现类。开发人员既可以使用 Spring 提供的控制器实现类，又可以自行实现控制器接口。

（7）支持多种视图技术。它支持 JSP、Velocity 和 FreeMarker 等技术。真正做到了与视图的实现无关。它不会强制开发人员使用 JSP 技术，开发人员也可以根据项目需求使用 Velocity、XSLT 等技术。使用方式更加灵活。

（8）支持国际化，可以根据用户区域显示多国语言。

（9）Spring 提供了 Web 应用程序开发的一整套流程，而不只是 Spring MVC。因此，Spring 与其他框架之间可以很方便地结合在一起。

（10）提供了一个前端控制器，开发人员无须额外开发控制器。

（11）可以自动绑定用户输入，并能够正确转换数据类型。

（12）内置了常见的校验器，可以校验用户输入。如果不能通过校验，那么会重定向到输入表单。

（13）使用 XML 文件在编辑后不需要重新编译应用程序。

总之，一个好的框架应能够减轻开发人员处理复杂问题的负担，且内部应有良好的扩展性，并且还有一个支持它的强大用户群体，恰恰 Spring MVC 都做到了。

10.4 Spring MVC 的核心类与常用注解

10.4.1 DispatcherServlet

DispatcherServlet 的全名是 org.springframework.web.servlet.DispatcherServlet，在程序中充当着前端控制器的角色。在使用时只需将其配置在 web.xml 中即可。其具体配置代码如下。

```
<servlet>
<!-- 配置前端控制器 -->
    <servlet-name>springmvc</servlet-name>
    <servlet-class>org.springframework.web.servlet.DispatcherServlet</servlet-class>
    <!-- 在初始化时加载配置文件 -->
    <init-param>
        <param-name>contextConfigLocation</param-name>
        <param-value>classpath:springmvc-config.xml</param-value>
    </init-param>
    <!-- 在启动时立即加载 Servlet -->
    <load-on-startup>1</load-on-startup>
</servlet>
<servlet-mapping>
    <servlet-name>springmvc</servlet-name>
    <url-pattern>/</url-pattern>
</servlet-mapping>
```

在上述代码中，<load-on-startup>元素和<init-param>元素都是可选的。如果<load-on-startup>元素的值为 1，那么应用程序在启动时会立即加载该 Servlet；如果<load-on-startup>元素不存在，那么应用程序会在第一个 Servlet 请求时加载该 Servlet。如果<init-param>元素存在并且通过其子元素配置了 Spring MVC 配置文件目录，那么应用程序在启动时会加载配置目录下的配置文件；如果没有通过<init-param>元素的子元素配置 Spring MVC 配置文件目录，那应用程序会默认到/WEB-INF 目录下寻找使用如下代码命名的配置文件。

```
servletName-servlet.xml
```

其中，servletName 指的是部署在 web.xml 中的 DispatcherServlet 的名称，在上面 web.xml 的配置中即 springmvc，而-servlet.xml 是配置文件名的固定写法。应用程序会在/WEB-INF 目录下寻找 springmvc-servlet.xml。

10.4.2 @Controller 注解

Spring 2.5 之前的版本只能使用实现控制器接口的方式开发一个控制器。Spring 2.5 及 Spring 2.5 之后的版本新增了基于注解的控制器及其他一些常用注解，这些注解的使用极大地减少了开发人员的工作量。

org.springframework.stereotype.Controller 用于指示 Spring 类的实例是一个控制器，形式为@Controller。在使用@Controller 注解时不需要实现控制器接口，只需要将@Controller 注解添加到控制器类上，并通过 Spring 的扫描机制找到标注@Controller 注解的控制器即可。@Controller 注解在控制器类上的使用代码如下。

```
import org.springframework.stereotype.Controller;
...
@Controller
public class FirstController {
```

```
        ...
    }
```

为了保证 Spring 能够找到控制器类，需要在 Spring MVC 配置文件中添加相应的扫描配置信息，具体如下。

（1）在配置文件的声明中引入 Spring 的基础包 spring-context。

（2）使用<context:component-scan>元素指定需要扫描的包。一个完整的配置文件代码如示例 10 所示。

【示例 10】springmvc-config.xml

```
<?xml version="1.0" encoding="UTF-8"?>
<beans xmlns="http://www.springframework.org/schema/beans"
       xmlns:xsi="http://www.w3.org/2001/XMLSchema-instance"
       xmlns:context="http://www.springframework.org/schema/context"
       xsi:schemaLocation="http://www.springframework.org/schema/beans
       http://www.springframework.org/schema/beans/spring-beans.xsd
       http://www.springframework.org/schema/context
    http://www.springframework.org/schema/context/spring-context.xsd">
    <!-- 指定需要扫描的包 -->
    <context:component-scan base-package="cn.dsscm.controller" />
</beans>
```

在示例 10 中，<context:component-scan>元素的 base-package 属性指定了需要扫描的包为 cn.dsscm.controller。在运行时，该包及其子包下所有标注了注解的类都会被处理。

与实现控制器接口的方式相比，使用注解显然更加简单。同时，控制器接口的实现类只能处理单一的请求动作，而基于注解的控制器可以同时处理多个请求动作，在使用上更加灵活。因此，在实际开发中通常都会使用注解。

在使用注解时，程序的运行要依赖 Spring 的 AOP 包，需要向 lib 目录下添加 spring-aop-5.3.26.jar，否则程序运行时就会报错。

10.4.3　@RequestMapping 注解

1．@RequestMapping 注解的使用

Spring 通过@Controller 注解找到相应的控制器类后，还需要知道控制器内部对每个请求是如何处理的，这就需要使用 org.springframework.web.bind.annotation.RequestMapping 用于映射一个请求或一个方法，形式为@RequestMapping 注解，可以将该注解标注在方法或类上。

（1）标注在方法上。

当标注在方法上时，该方法将成为一个请求处理方法，会在程序接收到对应的 URL 请求时被调用。@RequestMapping 注解标注在方法上的使用代码如下。

```
package cn.dsscm.controller;

import org.springframework.stereotype.Controller;
import org.springframework.web.bind.annotation.RequestMapping;
...
@Controller
public class FirstController {
    @RequestMapping(value = "/firstController")
    public String handleRequest(HttpServletRequest request,
            ...
    }
}
```

在上述代码中使用@RequestMapping 注解后，handleRequest()方法就可以通过 http://localhost:8888/firstController 进行访问了。

（2）标注在类上。

当标注在类上时，该类中的所有方法都将映射为相对于类级别的请求，表示该控制器处理的所有请求都被映射到 value 属性指定的目录下。@RequestMapping 注解标注在类上的使用代码如下。

```
import org.springframework.stereotype.Controller;
import org.springframework.web.bind.annotation.RequestMapping;
...
@Controller
@RequestMapping(value = "/hello")
public class FirstController {
    @RequestMapping(value = "/firstController")
    public String handleRequest(HttpServletRequest request,
            ...
    }
}
```

在上述代码中，由于在类上标注了@RequestMapping 注解，并且 value 属性的值为/hello，因此方法的请求目录将变为 http://localhost:8888/hello/firstController。如果该类中还包含其他方法，那么在其他方法的请求目录下也需要加入/hello。

2. @RequestMapping 注解的属性

@RequestMapping 注解除了包括 value 属性，还包括其他属性，这些属性如表 11.1 所示。

表 11.1 @RequestMapping 注解的属性

属　性	类　型	说　明
name	String	可选属性，用于为映射地址指定别名
value	String[]	可选属性，同时也是默认属性，用于映射一个请求或一个方法，可以标注在一个方法或一个类上
method	RequestMethod[]	可选属性，用于指定处理哪种类型的请求方式，其请求方式包括 GET、POST、HEAD、OPTIONS、PUT、PATCH、DELETE 和 TRACE，如 method=RequestMethod.GET 表示只支持 GET 请求，如果需要支持多种请求那么需要使用 G 写成 Array 的形式，并且多个请求方式之间用英文逗号分隔
params	String[]	可选属性，用于指定请求中必须包含某些参数的值，才可以通过其标注的方法处理
headers	String[]	可选属性，用于指定请求中必须包含某些指定的 header 属性的值，才可以通过其标注的方法处理
consumes	String[]	可选属性，用于指定处理请求提交内容的类型
produces	String[]	可选属性，用于指定返回内容的类型必须是请求头中包含的类型

表 1.1 中的所有属性都是可选的，@RequestMapping 注解可以指定的默认属性是 value。当 value 是唯一属性时，可以省略属性名，如下面两种标注的含义相同。

```
@RequestMapping(value="/firstController")
@RequestMapping("/firstController")
```

3. 组合注解

前面对@RequestMapping 注解及其属性已进行了详细介绍，Spring 4.0 之后的版本还引入了组合注解，以帮助简化常用的 HTTP 方法映射，进而更好地表达被标注方法的语义。组合注解如下。

（1）@GetMapping 注解：匹配 GET 请求。

（2）@PostMapping 注解：匹配 POST 请求。

（3）@PutMapping 注解：匹配 PUT 请求。

（4）@DeleteMapping 注解：匹配 DELETE 请求。

（5）@PatchMapping 注解：匹配 PATCH 请求。

以@GetMapping 注解为例，该组合注解是@RequestMapping(method= RequestMethod.GET)的缩写，可以将 HTTP GET 映射到特定的处理方法上。在实际开发中，传统的@RequestMapping 注解的使用代码如下。

```
@RequestMapping(value="/user/{id}",method=RequestMethod.GET)
public String selectUserById(String id){
        ...
}
```

而使用@GetMapping 注解后，可以省略 method 属性，从而简化代码，使用代码如下。

```
@GetMapping(value="/user/{id}")
public String selectUserById(String id){
        ...
}
```

4．请求处理方法的参数类型

在控制器类中，每个请求处理方法都可以有多个不同类型的参数，以及一个多种类型的返回结果。例如，handleRequest()方法的参数就对应请求的 HttpServletRequest 和 HttpServletResponse 两种类型。除此之外，还可以使用其他类型。例如，若在请求处理方法中需要访问 HttpSession，则可以添加 HttpSession 作为参数，Spring 会将对象正确地传递给方法，使用代码如下。

```
@RequestMapping(value="/firstController") public ModelAndView (HttpSession session){
    ...
    return mav;
}
```

在请求处理方法中出现的参数类型如下。

（1）javax.servlet.ServletRequest / javax.servlet.http.HttpServletRequest。

（2）javax.servlet.ServletResponse / javax.servlet.http. HttpServletResponse。

（3）javax.servlet.http.HttpSession。

（4）org.springframework.web.context.request.WebRequest/org.springframework.web.context.request.NativeWebRequest。

（5）java.util.Locale。

（6）java.util.TimeZone (Java 6+) / java.time.ZoneId (on Java 8)。

（7）java.io.InputStream /java.io.Reader。

（8）java.io.OutputStream / java.io.Writer。

（9）org.springframework.http. HttpMethod。

（10）java.security.Principal。

（11）@PathVariable、@MatrixVariable、@RequestParam、@RequestHeader、@RequestBody、@RequestParts、@SessionAttribute、@RequestAttribute。

（12）HttpEntity<?>。

（13）java.util.Map / org.springframework.ui.Model /org.springframework.ui.ModelMap。

（14）org.springframework.web.servlet.mvc.support.RedirectAttributes。

（15）org.springframework.validation.Errors /org.springframework.validation.BindingResult。

（16）org.springframework.web.bind.support.SessionStatus。

（17）org.springframework.web.util.UriComponentsBuilder。

需要注意的是，org.springframework.ui.Model 不是 Servlet API 类型，而是包含了 Map 的 Spring

MVC 类型。如果方法中添加了模型，那么每次调用该请求处理方法时，Spring MVC 类型都会创建模型，并将其作为参数传递给方法。

5. 返回类型

在 10.2.1 节中，请求处理方法返回的是一个 ModelAndView 类型的数据。除了可以返回这种类型的数据，请求处理方法还可以返回其他类型的数据。常见方法的返回类型如下。

（1）ModelAndView。

（2）Model。

（3）Map。

（4）View。

（5）String。

（6）void。

（7）HttpEntity<?>或 ResponseEntity<?>。

（8）Callable<?>。

（9）DeferredResult<?>。

在上述列举的返回类型中，常见的返回类型是 ModelAndView、String 和 void，其中 ModelAndView 类型中可以添加模型数据，并指定视图；String 类型的返回结果可以跳转视图，但不能携带数据；void 类型主要在异步请求时使用，只能返回数据，不会跳转视图。

由于 ModelAndView 类型未能实现数据与视图之间的解耦，因此在开发时，方法的返回类型通常都会使用 String 类型。既然 String 类型的返回结果不能携带数据，那么在方法中是如何将数据带入视图页面的呢？这就用到了 Model 类型，通过该类型，即可添加需要在视图中显示的属性。

返回 String 类型方法的具体代码如下。

```
@RequestMapping(value="/update")
public String update(HttpServletRequest request,
                     HttpServletResponse response, Model model){
    //向模型中添加数据
    model.addAttribute("msg", "这是我的第一个 Spring MVC 程序");
    //返回视图页面
    return "/WEB-INF/jsp/first.jsp";
}
```

上述代码中增加了一个 Model 类型的参数，通过该参数实例的 addAttribute()方法即可添加所需数据。

String 类型除了可以返回上述代码中的视图页面，还可以进行重定向（redirect）与请求转发（forward），具体方式如下。

（1）重定向。

例如，在更新用户信息后，重定向到用户查询方法的实现代码如下。

```
@RequestMapping(value="/update")
public String update(HttpServletRequest request,
                     HttpServletResponse response, Model model){
    ...
    //返回视图页面
    return "redirect:queryUser";
}
```

（2）请求转发。

例如，在执行修改操作时，将请求转发到用户修改页面的实现代码如下。

```
@RequestMapping(value="/update")
public String update(HttpServletRequest request,
                     HttpServletResponse response, Model model){
    ...
    //返回视图页面
    return "forward:editUser";
}
```

关于重定向和请求转发的具体使用，在后续的相关章节中会有具体的应用案例，由于篇幅有限，这里不再过多介绍。

10.4.4　应用案例——基于注解的 Spring MVC 的应用

通过对前面内容的学习，相信读者对 Spring MVC 的核心类和注解有了初步了解。为了更好地掌握这些知识，本节将使用注解对 10.2.1 节的入门项目进行改写，具体实现步骤如下。

步骤 1　创建项目

在 IntelliJ IDEA 中，创建 Maven 项目。在“New Project”对话框中，勾选“Create from archetype”复选框，并在列表框中选择“org.apache.maven.archetypes:maven-archetype-webapp”选项，创建一个名为 Ch10_03 的 Maven 项目。具体代码同创建 Ch10_01 项目的代码。

步骤 2　修改 springmvc-config.xml

在 springmvc-config.xml 中，添加注解扫描配置，并定义视图解析器，具体代码如示例 11 所示。

【示例 11】springmvc-config.xml

```
<?xml version="1.0" encoding="UTF-8"?>
<beans xmlns="http://www.springframework.org/schema/beans"
    xmlns:xsi="http://www.w3.org/2001/XMLSchema-instance"
    xmlns:mvc="http://www.springframework.org/schema/mvc"
    xmlns:p="http://www.springframework.org/schema/p"
    xmlns:context="http://www.springframework.org/schema/context"
    xsi:schemaLocation="
        http://www.springframework.org/schema/beans
        http://www.springframework.org/schema/beans/spring-beans.xsd
        http://www.springframework.org/schema/context
        http://www.springframework.org/schema/context/spring-context.xsd
        http://www.springframework.org/schema/mvc
        http://www.springframework.org/schema/mvc/spring-mvc.xsd">
    <context:component-scan base-package="cn.dsscm.controller"/>
    <mvc:annotation-driven/>
    <!-- 完成视图的对应配置 -->
    <!-- 对转向页面的目录进行解析。prefix：前缀，  suffix：后缀 -->
 <bean class="org.springframework.web.servlet.view.InternalResourceViewResolver" >
        <property name="prefix" value="/WEB-INF/jsp/"/>
        <property name="suffix" value=".jsp"/>
    </bean>
</beans>
```

在示例 11 中，首先通过组件扫描器指定了需要扫描的包，然后定义了视图解析器，并在视图解析器中设置了视图文件的前缀名和后缀名。

步骤 3　修改 IndexController.java

修改 IndexController.java，具体代码如示例 12 所示。

【示例 12】IndexController.java

```
import javax.servlet.http.HttpServletRequest;
import javax.servlet.http.HttpServletResponse;

```

```
import org.springframework.stereotype.Controller;
import org.springframework.ui.Model;
import org.springframework.web.bind.annotation.RequestMapping;

@Controller
@RequestMapping("/hello")
public class IndexController{
        @RequestMapping("/index")
        public String handleRequest(HttpServletRequest request,
                HttpServletResponse response, Model model) throws Exception {
            // 向模型中添加数据
            model.addAttribute("msg", "这是我的第一个 Spring MVC 程序");
            // 返回视图页面
            return "index";
        }
}
```

在示例 12 中，使用了@Controller 注解标注控制器类，并使用了@RequestMapping 注解标注在类名和方法名上映射请求处理方法。在项目启动时，Spring 就会扫描到此类，以及此类中标注@RequestMapping 注解的方法。由于标注在类上@RequestMapping 注解的 value 属性的值为/hello，因此类中所有请求处理方法的目录都需要加上/hello。由于类中 handleRequest()方法的返回类型为 String，而 String 类型的返回结果又无法携带数据，因此需要通过 addAttribute()方法来添加数据信息。因为在配置文件的视图解析器中定义了视图文件的前缀和后缀名，所以 handleRequest()方法只需返回视图名即可，在访问此方法时，系统会自动访问/WEB-INF/jsp 目录下的 first:jsp 文件。

步骤 4　启动项目，测试应用

将项目发布到 Tomcat 服务器中，并启动 Tomcat 服务器，在浏览器中访问 http://localhost:8888/hello/index，结果如图 10.8 所示。

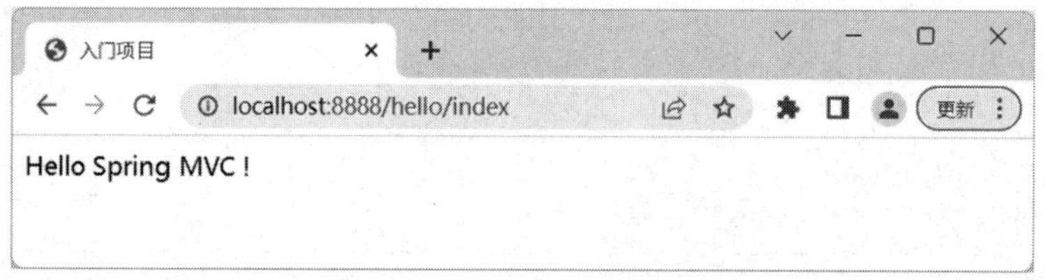

图 10.8　访问结果

可以看出，使用注解同样实现了第一个 Spring MVC 程序的运行。

10.4.5　视图解析器

请求处理方法执行完成后，最终返回 ModelAndView。对于那些返回 String 等类型的处理方法，Spring MVC 也会在内部将其配置成 ModelAndView，它包含了逻辑视图名和模型数据，此时就需要借助视图解析器。视图解析器是处理视图的重要接口，通过它可以将控制器返回的逻辑视图名解析成一个真实的物理目录名。当然，真实的物理目录名可以是多种多样的，如常见的 JSP、FreeMarker、Velocity 等技术的视图，还可以是 JSON、XML、PDF 等各种数据格式的视图。本书将针对 JSP 页面进行介绍。

Spring MVC 默认提供多种视图解析器，所有视图解析器都实现了视图解析器接口，对于 JSP 页面，通常使用 InternalResourceViewResolver 作为视图解析器，下面对其进行简单介绍。

InternalResourceViewResolver 是常用的视图解析器，通常用于查找 JSP 页面等视图。它是 URLBasedViewResolver 的子类，会把返回的视图名都解析为 InternalResourceViewResolver，该对象会把控制器的处理方法返回的模型属性放到对应的请求作用域中，并通过 RequestDispatcher 在服务器中把请求转发给目标 URL。springmvc-servlet.xml 的配置代码如下。

```
<bean class="org.springframework.web.servlet.view.IntemalResourceViewResolver">
    <property name="prefix" value="/WEB-INF/jsp/"/>
    <property name="suffix" value=".jsp"/>
</bean>
```

InternalResourceViewResolver 的视图解析如图 10.9 所示。

图 10.9　InternalResourceViewResolver 的视图解析

InternalResourceViewResolver 给返回的逻辑视图名加上了前缀和后缀，这样设置后，方法中定义的视图目录可以简化。例如，10.2.1 节的入门项目中的逻辑视图名只需要被设置为 index，而不需要被设置为/WEB-INF/jsp/index.jsp，在访问时视图解析器会自动加上前缀和后缀。

对于视图解析器，随着课程的深入还会继续介绍，此处只掌握 InternalResourceViewResolver 即可。

本章总结

- MVC 设计模式在各种成熟框架中都得到了良好的运用，将视图、控制器、模型清晰地划分开来，搭建一个松耦合、高重用性、高可适用性的架构。
- Spring MVC 是通过结构清晰的 JSP Model 2 实现的。DispatcherServlet 是整个 Spring MVC 的核心。
- Spring MVC 的处理器映射器可配置为支持注解处理器，只需配置<mvc:annotation-driven/>元素即可。
- Spring MVC 的控制器的处理方法返回的 ModelAndView，包含逻辑视图名和模型数据。
- Spring MVC 通过视图解析器来完成视图解析工作，并把控制器处理方法返回的逻辑视图名解析为真实的物理目录名。

本章作业

一、选择题

1．下面关于 Spring MVC 特点的说法错误的是（　　）。

　A．灵活性强，但不易于与其他框架集成

　B．可自动绑定用户输入，并能正确转换数据类型

　C．支持国际化

　D．使用 XML 文件，在编辑后不需要重新编译应用程序

2．Spring MVC 中的后端控制器是指（　　）。

　A．HandlerAdapter　　B．DispatcherServlet

　C．ViewResolver　　D．Handler

3．在 Java 的 Web 应用程序中，MVC 设计模式的控制器通常可以由（　　）充当。

　A．Servlet　　B．Listener

　C．POJO　　D．Filter

4．下面关于 Spring MVC 中 DispatcherServlet 的说法正确的是（　　）。

A．DispatcherServlet 是 Spring MVC 的前端控制器，不需要配置即可起作用

B．DispatcherServlet 是整个 Spring MVC 的核心，用来分派处理所有匹配的 HTTP 请求和响应

C．在 web.xml 中只能配置一个 DispatcherServlet，并且 Servlet 的名称必须为 DispatcherServlet

D．对于 DispatcherServlet 的相关配置，若配置<servlet-mapping>元素映射到“/*”，则 DispatcherServlet 需要截获并处理该项目的所有 URL 请求

5．下面关于<load-on-startup>元素的说法错误的是（　　）。

A．如果<load-on-startup>元素的值为 1，那么应用程序在启动时会立即加载该 Servlet

B．如果<load-on-startup>元素不存在，那么应用程序会在第一个 Servlet 请求时加载该 Servlet

C．如果<load-on-startup>元素的值为 1，那么应用程序在启动时会延迟加载该 Servlet

D．<load-on-startup>元素是可选的

二、简答题

1．简述 Spring MVC 的工作流程。

2．简述 Spring MVC 的特点。

3．简述 Spring MVC 的请求处理流程，以及整体框架的结构。

三、操作题

在第 1 章本章作业的操作题（某机械设备管理系统）的基础上，实现前端页面的设计（可不考虑关联后端页面设计的实现，只进行视图和控制器的操作）。要求完成设备信息的增加操作，并显示新增的数据。

（1）搭建 Spring MVC 环境，编写对应的 POJO、控制器、设备添加页面（add.jsp）、添加成功并显示新增数据页面（save.jsp）的具体实现代码。

（2）部署并运行测试结果。

第 11 章

Spring MVC 数据绑定与交互

本章目标

- ◎ 了解 Spring MVC 数据绑定的概念
- ◎ 熟悉 Spring MVC 数据绑定的类型
- ◎ 掌握 Spring MVC 数据绑定的使用方法
- ◎ 了解 JSON 的数据结构
- ◎ 掌握 Spring MVC 中 JSON 数据交互的使用方法
- ◎ 掌握 Spring MVC 中 REST 风格支持的使用方法

本章简介

通过对前面内容的学习，读者可以了解后端的请求处理方法包含多种参数类型。在实际开发中，多数情况下客户端会传递带有不同类型参数的请求，那么后端是如何绑定并获取这些参数的呢？Spring MVC 在数据绑定的过程中，需要对传递数据的格式和类型进行转换，既可以转换 String 类型的数据，又可以转换 JSON 等其他类型的数据。本章将对 Spring MVC 数据绑定与交互进行详细介绍。

技术内容

11.1 数据绑定概述

在执行程序时，Spring MVC 会根据客户端请求参数类型的不同，将请求以一定的方式转换并绑定到控制器类的方法参数中。这种将请求与后端方法参数建立连接的过程就是数据绑定。

在数据绑定过程中，Spring MVC 会通过 DataBinder（数据绑定组件）将请求参数的内容进行类型转换，并将转换后的值赋给控制器类中方法的形参，这样后端方法就可以正确绑定并获取客户端请求携带的参数了。Spring MVC 数据绑定的过程如图 11.1 所示。

关于信息处理过程的步骤描述如下。

（1）Spring MVC 将 ServletRequest 传递给 DataBinder。

（2）将处理方法的入参对象传递给 DataBinder。

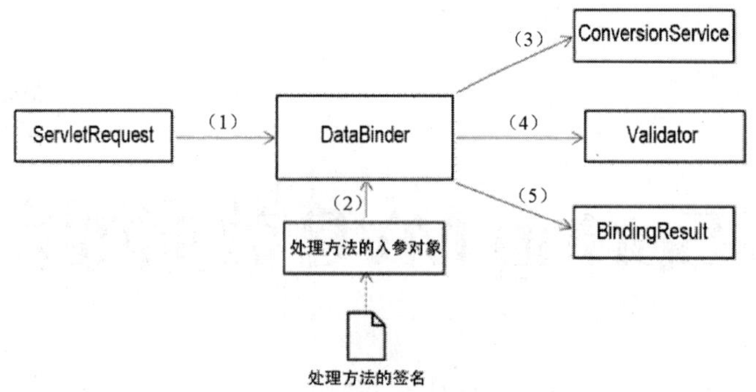

图 11.1 Spring MVC 数据绑定的过程

（3）DataBinder 调用 ConversionService 进行数据类型转换、格式化等工作，并将 ServletRequest 中的消息填充给参数。

（4）调用 Validator 对已经绑定了请求的参数进行数据校验。

（5）数据校验完成后，会生成 BindingResult，Spring MVC 会将 BindingResult 中的内容赋给处理方法的相应参数。

11.2 简单数据绑定

前面在已搭建的 Spring MVC 开发环境中，完成了控制器与视图的映射，并简单实现了页面导航。下面将继续深入介绍参数的传递，包括如何把参数值从视图传递到控制器，以及如何把参数值从控制器传递到视图。

11.2.1 参数传递（View to Controller）

下面介绍如何把参数值从视图传递到控制器，这就涉及请求的 URL，以及请求中携带参数等问题。简单粗暴的做法是将控制器方法中的参数直接入参。

1. 绑定默认数据类型

当前端请求的参数比较简单时，可以在后端方法的形参中直接使用 Spring MVC 提供的默认数据类型进行数据绑定。

常用的默认数据类型如下。

（1）HttpServletRequest：通过 request 获取请求。

（2）HttpServletResponse：通过 response 处理响应。

（3）HttpSession：通过 session 获取存储的对象。

（4）Model/ModelMap：Model 是一个接口，ModelMap 是一个接口实现，作用是将模型数据填充到 request 中。

针对以上 4 种默认数据类型的绑定，本节将以 HttpServletRequest 类型的使用为例进行演示，具体实现步骤如下。

步骤 1　创建项目

在 IntelliJ IDEA 中，创建 Maven 项目。在“New Project”对话框中，勾选“Create from archetype”复选框，并在列表框中选择“org.apache.maven.archetypes:maven-archetype-webapp”选项，创建一个名为 Ch11_01 的 Maven 项目。在 web.xml 中，配置 Spring MVC 的前端控制器等信息。具体代码同创建 Ch10_01 项目的代码。

步骤 2 创建 springmvc-config.xml

在 src/main/resources 目录下创建 springmvc-config.xml，在该文件中配置组件扫描器和视图解析器，具体代码如示例 1 所示。

【示例 1】springmvc-config.xml

```xml
<?xml version="1.0" encoding="UTF-8"?>
<beans xmlns="http://www.springframework.org/schema/beans"
  xmlns:mvc="http://www.springframework.org/schema/mvc"
  xmlns:xsi="http://www.w3.org/2001/XMLSchema-instance"
  xmlns:context="http://www.springframework.org/schema/context"
  xsi:schemaLocation="http://www.springframework.org/schema/beans
  http://www.springframework.org/schema/beans/spring-beans.xsd
  http://www.springframework.org/schema/mvc
  http://www.springframework.org/schema/mvc/spring-mvc.xsd
  http://www.springframework.org/schema/context
  http://www.springframework.org/schema/context/spring-context.xsd">
    <!-- 配置组件扫描器，指定需要扫描的包 -->
    <context:component-scan base-package="cn.dsscm.controller" />
    <!-- 配置视图解析器 -->
    <bean id="viewResolver" class=
    "org.springframework.web.servlet.view.InternalResourceViewResolver">
    <!-- 设置前缀 -->
    <property name="prefix" value="/WEB-INF/jsp/" />
    <!-- 设置后缀 -->
    <property name="suffix" value=".jsp" />
    </bean>
</beans>
```

步骤 3 创建 UserController.java

在 src/main/java 目录下创建 cn.dsscm.controller 包，在该包下创建用于用户操作的 UserController.java，具体代码如示例 2 所示。

【示例 2】UserController.java

```java
import java.util.List;

import javax.servlet.http.HttpServletRequest;
import org.springframework.stereotype.Controller;
import org.springframework.web.bind.annotation.RequestMapping;
import org.springframework.web.bind.annotation.RequestParam;

@Controller
public class UserController {
    @RequestMapping("/selectUser")
    public String selectUser(HttpServletRequest request) {
        String id = request.getParameter("id");
        System.out.println("id="+id);
        return "success";
    }
}
```

上述代码中使用注解定义了一个控制器类，同时也定义了方法的访问目录。在方法参数中使用了 HttpServletRequest 类型，并通过 getParameter()方法获取了指定的参数。为了方便查看结果，还将获取的参数进行了输出，返回一个名为 success 的视图，Spring MVC 可以通过视图解析器在/WEB-INF/jsp 目录下寻找 success.jsp。

后端在编写控制器类时，通常根据需要操作的业务对控制器类进行规范命名。例如，要编写一个对用户操作的控制器类，可以将控制器类命名为 UserController.java，此时即可在该控制器类中定义任何有关用户操作的方法。

步骤 4　创建 success.jsp

在/WEB-INF 目录下创建 jsp 文件夹，在该文件夹中创建 success.jsp，success.jsp 只作为正确执行操作后的响应页面，没有其他业务逻辑，具体代码如示例 3 所示。

【示例 3】success.jsp

```
<%@ page language="java" contentType="text/html; charset=UTF-8"
                              pageEncoding="UTF-8"%>
<html>
<head>
<meta http-equiv="Content-Type" content="text/html; charset=UTF-8">
<title>结果页面</title>
</head>
<body>
    ok
</body>
</html>
```

步骤 5　启动项目，测试应用

将项目发布到 Tomcat 服务器中，并启动 Tomcat 服务器，在浏览器中访问 http://localhost:8888/selectUser?id=1，结果如图 11.2 所示。

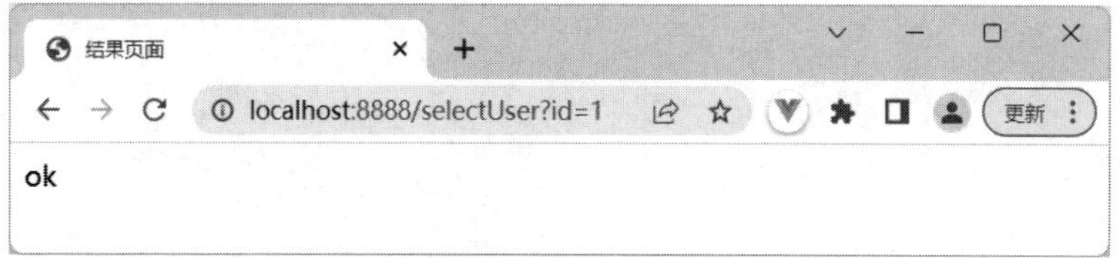

图 11.2　访问结果

此时，控制台的输出结果如图 11.3 所示。

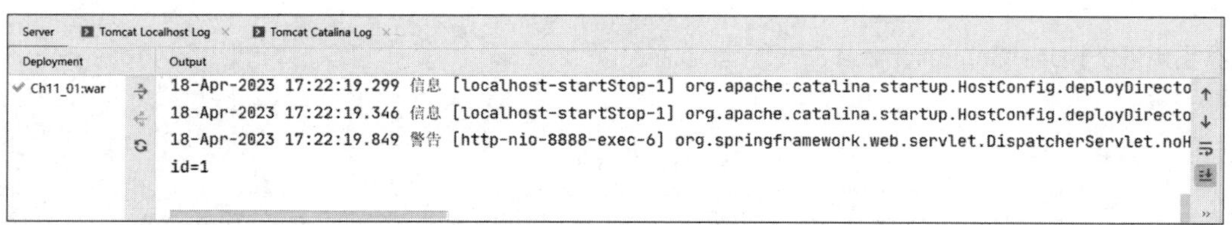

图 11.3　控制台的输出结果 1

可以看出，后端方法已从请求中正确地获取了参数信息，这说明使用默认的 HttpServletRequest 类型已经完成了数据绑定。

2. 绑定简单数据类型

绑定简单数据类型就是指绑定 Java 中的几种基本数据类型，如 String、Double 等类型。本节仍然以前面案例中的 id 属性的值为 1 的请求为例来介绍绑定简单数据类型的过程，具体实现步骤如下。

步骤 1　修改 UserController.java

将 UserController.java 中 selectUser()方法的参数修改为使用简单数据类型的形式，具体代码如下。

```
@RequestMapping("/selectUser2")
public String selectUser2(Integer id) {
    System.out.println("id="+id);
    return "success";
}
```

与绑定默认数据类型案例中的 selectUser()方法相比，此方法中只是将 HttpServletRequest 类型替换为 Integer 类型。

步骤 2　启动项目，测试应用

将项目发布到 Tomcat 服务器中，并启动 Tomcat 服务器，在浏览器中访问 http://localhost:8888/selectUser2?id=1。可以发现，浏览器同样可以正确跳转到 success.jsp。此时，控制台的输出结果如图 11.4 所示。

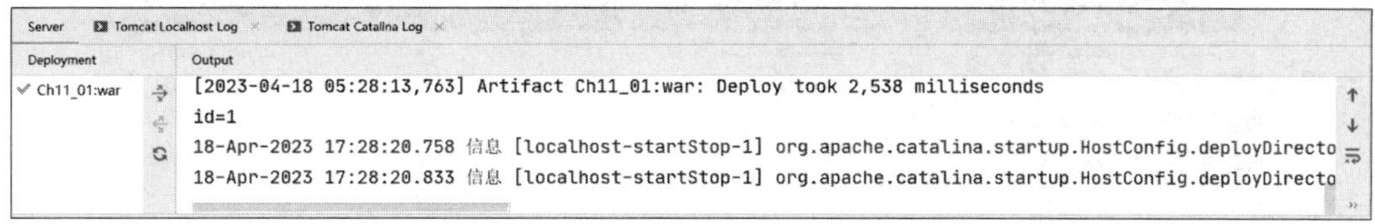

图 11.4　控制台的输出结果 2

可以看出，使用简单数据类型同样完成了数据绑定。

需要注意的是，有时前端请求中的参数名和后端控制器类方法中的形参名不一样，这就会导致后端无法正确绑定并接收到前端请求中的参数。为此，Spring MVC 提供了@RequestParam 注解来进行间接数据绑定。

@RequestParam 注解用于对请求的参数进行定义，在使用时可以指定 4 个属性，具体如表 11.2 所示。

表 11.2　@RequestParam 注解的属性

属　性	说　明
value	name 属性的别名，这里指参数名，即入参的请求参数名，如 value="item_id"表示请求参数中传入参数 item_id 的值。如果只使用 value 属性，那么可以省略 value 属性名
name	指定请求头绑定的名称
required	指定是否必需，默认值为 true，表示请求中一定要有相应的参数
defaultValue	默认值，表示如果请求中没有同名参数时的默认值

步骤 3　使用@RequestParam 注解

@RequestParam 注解的使用非常简单，假设浏览器中的请求地址为 http://localhost:8888/selectUser3?user_id=1，那么其在后端 selectUser3()方法中的使用代码如下。

```
@RequestMapping("/selectUser3")
public String selectUser3(@RequestParam(value="user_id")Integer id) {
    System.out.println("id="+id);
    return "success";
}
```

上述代码会将请求中参数 user_id 的值 1 赋给方法中的形参 id。这样通过输出语句就可以输出形参 id 的值。

将项目发布到 Tomcat 服务器中，并启动 Tomcat 服务器，在浏览器中访问 http://localhost:8888/selectUser3?user_id=1。可以发现，浏览器同样可以正确跳转到 success.jsp。此时，控制台的输出结果如图 11.5 所示。

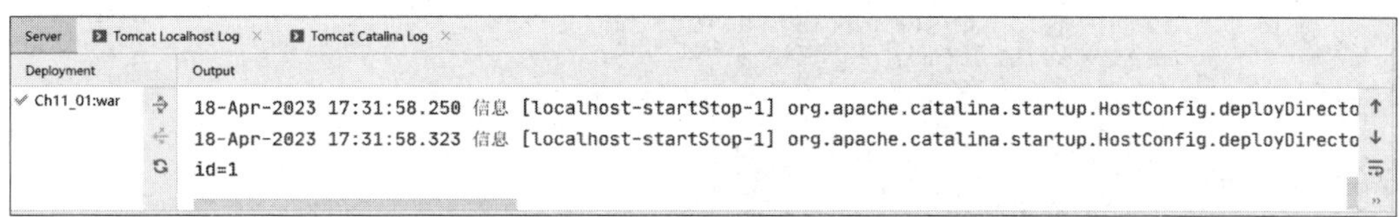

图 11.5　控制台的输出结果 3

在使用上述方式进行数据绑定时，传参会存在一个问题，即若在地址栏直接输入 http://localhost:8888/selectUser3，此时页面会报错，如图 11.6 所示。

这是因 URL 请求中参数的 user_id 不存在而导致的报错。在实际开发中，因业务需求使得对参数的要求并不是必需的，那么要如何解决这个问题呢？这就需要了解如何使用@RequestMapping 注解来映射请求，以及如何使用@RequestParam 注解来绑定请求参数值。

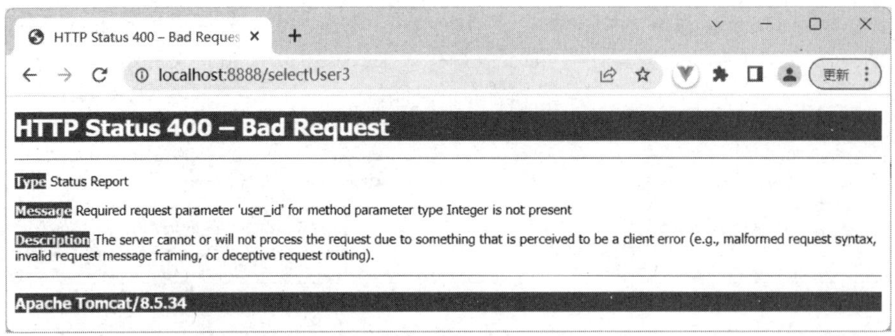

图 11.6 页面报错

通过对前面内容的学习，读者可以知道先在一个普通的 JavaBean 的定义处标注@Controller 注解，再通过<context: component-scan>元素扫描相应的包，即可使一个普通的 JavaBean 成为一个可以处理 HTTP 请求的控制器。根据业务需求可以创建多个控制器类（UserController.java、ProviderController.java 等），每个控制器类内有多个处理请求的方法，如 UserController.java 中会有用于添加用户信息、更新用户信息、删除指定用户信息、根据条件获取用户信息等的方法，每个方法负责不同的请求操作，@RequestMapping 注解负责将不同请求映射到相应的控制器方法上。

注意

HTTP 请求除了包括请求 URL，还包括很多其他信息，如请求处理方法（GET、POST 等）、HTTP 的报文头、HTTP 的报文体等。因此，@RequestMapping 注解除了可以使用请求 URL，还可以使用请求处理方法、请求参数等映射请求。

使用@RequestMapping 注解完成映射，具体包括 4 个方面的信息，即请求 URL、请求参数、请求处理方法和请求头。通过请求 URL、请求参数、请求方法进行映射的具体实现步骤如下。

（1）通过请求 URL 进行映射。

示例 2 中就是通过请求 URL 进行映射的，如@RequestMapping("/welcome ")等，这是一种简写方式。@RequestMapping 注解使用 value 属性来指定请求的 URL，下面两种写法一样。

```
@RequestMapping ("/welcome")
...
```

```
@RequestMapping  (value="/welcome")
...
```

此外，@ RequestMapping 注解不仅可以定义在方法处，还可以定义在类处，具体代码如下。

```
@Controller
@RequestMapping("/user")
public class UserController{
    private Logger logger = Logger.getLogger(UserController.class);
    @RequestMapping("/welcome")
    public String welcome(@RequestParam String username){
        logger.info("welcome, username:" + username);
        return "index";
    }
}
```

在上述代码中，@RequestMapping 注解在 UserController.java 定义处指定的 URL:"/user"是相对 Web 应用程序的部署目录的，而在 welcome()方法处指定的 URL 则是相对类定义处指定的 URL 的，访问目录为 http://localhost:8888/user/welcome?username=admin。若在类定义处未标注@RequestMapping 注解，则此时在方法定义处指定的 URL 是相对 Web 应用程序的部署目录的，例如，示例 2 中代码的访问目录为 http://localhost:8888/welcome?username=admin。

提示

在 Maven 项目中，@RequestMapping 注解映射的请求必须保证全局唯一。在实际开发中，经常会在不同业务的控制器类定义处指定相应的@RequestMapping 注解（把同一个控制器的操作请求都安排在同一个 URL 下），以便区分请求，不易出错，并且通过访问的 URL 可以明确看出是属于哪个业务模块的请求。例如，用户管理模块中添加用户请求/user/add、删除用户请求/user/delete 等；供应商管理模块中添加供应商请求/provider/add、删除供应商的请求/provider/delete 等。

（2）通过请求参数、请求处理方法进行映射。除了可以通过请求 URL 进行映射，还可以通过请求参数、请求处理方法进行映射，通过多个条件可以让请求映射得更加精确。修改 UserController.java 的具体代码如下。

```
@RequestMapping(value="/welcome",method=RequestMethod.GET,params="username")
public String welcome(String username){
    System.out.println("welcome, " + username);
    return "success";
}
```

在上述代码中，@RequestMapping 注解的 value 属性用于设置请求的 URL，method 属性用于设置请求处理方法，此处设置为 GET 请求（若设置为 POST 请求，则无法进入 welcome()方法），params 属性用于设置请求参数，此处设置为 username。

在地址栏输入 http://localhost:8888/welcome?username=admin，运行结果正确，成功进入 welcome()方法。简单分析其过程，value 属性的值（请求的 URL 为"/welcome"）匹配，method 属性的值为 GET 请求，参数?username=admin 与 params="username" 匹配。下面分析几种错误情况。

若对地址栏中的 URL 进行相应调整（改为 http://localhost:8888/welcome?usercode= admin），则会发现页面报 400 错误，控制台也报相应的异常，无法进入 welcome()方法，代码如下。

```
(AbstractHandlerExceptionResolver.java:132) Resolving exception from handler
[null]: org.springframework.web.bind.UnsatisfiedServletRequestParameterException:
Parameter conditions "username" not met for actual request parameters:
usercode={admin}
```

若修改 welcome()方法入参名为 String usercode，则后端同样获取不到相应的参数值，具体代码如下。

```
@RequestMapping(value="/welcome",method=RequestMethod.GET,params="username")
public String welcome(String usercode){
    logger.info("welcome, " + usercode);
    return "index";
}
```

在地址栏输入 http://localhost:8888/welcome?username=admin，页面和控制台均未报错，并且根据请求成功进入了 welcome()方法，但是在该方法中却没有得到参数值，控制台输出 welcome,null。由此可以发现，若选择方法直接入参，方法入参名必须与请求中的参数名保持一致。

在简单学习了@RequestMapping 注解之后，出现的问题仍不能得到解决，若要解决出现的问题，还需要借助@RequestParam 注解。

在方法入参处使用@RequestParam 注解指定对应的请求参数。@RequestParam 注解有以下 3 个参数。

value：参数名。

required：是否必需，默认值为 true，表示请求中必须包含对应的参数名，若不存在则抛出异常。

defaultValue：默认参数名，不推荐使用。

现在利用参数 required 来解决出现的参数非必需的问题，具体代码如下。

```
@RequestMapping("/welcome2")
public String welcome2(@RequestParam(value="username",required=false) String
username){
    System.out.println("welcome, " + username);
    return "success";
}
```

在地址栏输入 http://localhost:8888/welcome2。该请求不带参数，页面和控制台均未报错，控制台输出

welcome,null，运行正确。

3. 绑定 POJO 类型

在使用简单数据类型进行绑定时，可以根据具体需求来定义方法中的形参类型和个数，然而在实际应用中，客户端请求可能会传递多个不同类型的参数，如果使用简单数据类型进行绑定，那么需要手动编写多个不同类型的参数，这种操作显然比较烦琐。此时，可以使用 POJO 类型进行绑定。使用 POJO 类型进行绑定就是将所有关联的请求参数封装在一个 POJO 中，并在方法中直接使用该 POJO 作为形参来完成数据绑定。本节通过一个用户注册案例，演示绑定 POJO 类型的过程，具体实现步骤如下。

步骤 1 创建 User.java

在 src/main/java 目录下创建 cn.dsscm.pojo 包，在该包下创建 User.java，用于封装用户注册的信息参数，具体代码如示例 4 所示。

【示例 4】User.java

```
public class User {
    private Integer id;            //id
    private String username;       //用户名
    private Integer password;      //密码
    //省略 getter 方法和 setter 方法
}
```

步骤 2 修改 UserController.java

在 UserController.java 中，编写用于接收用户注册信息和向注册页面跳转的方法，具体代码如下。

```
    // 向用户注册页面跳转
    @RequestMapping("/toRegister")
    public String toRegister( ) {
        return "register";
    }
    // 接收用户注册信息
    @RequestMapping("/registerUser")
    public String registerUser(User user) {
        String username = user.getUsername();
        Integer password = user.getPassword();
        System.out.println("username="+username);
        System.out.println("password="+password);
        return "success";
    }
```

步骤 3 创建 register.jsp

在 WEB-INF/jsp 目录下创建 register.jsp，在该页面中编写用户注册表单，表单需要以 POST 方式提交，并且在提交时会发送一条以/registerUser 结尾的请求，具体代码如示例 5 所示。

【示例 5】register.jsp

```
<%@ page language="java" contentType="text/html; charset=UTF-8"
    pageEncoding="UTF-8"%>
<html>
<head>
<meta http-equiv="Content-Type" content="text/html; charset=UTF-8">
<title>注册</title>
</head>
<body>
    <form action="${pageContext.request.contextPath}/registerUser" method="post">
        用户名: <input type="text" name="username" /><br />
        密   码: <input type="text" name="password" /><br />
        <input type="submit" value="注册"/>
    </form>
```

```
</body>
</html>
```

在使用 POJO 类型进行绑定时，前端请求的参数名（这里指表单中各元素 name 属性的值）必须与要绑定的 POJO 中的属性名一样，这样才会自动将请求数据绑定到 POJO 中，否则后端接收的参数值为 null。

步骤 4　启动项目，测试应用

将项目发布到 Tomcat 服务器中，并启动 Tomcat 服务器，在浏览器中访问 http://localhost:8888/toRegister，就会跳转到注册页面，如图 11.7 所示。

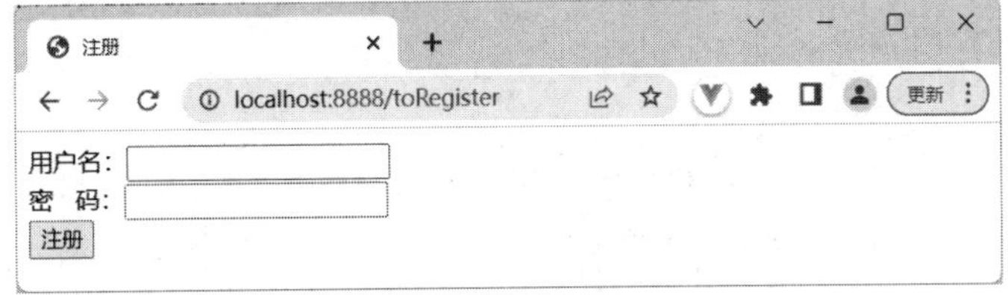

图 11.7　注册页面

这里假设注册的用户名和密码分别为“Tom”和“123456”，当单击“注册”按钮后，浏览器会跳转到结果页面。此时，控制台的输出结果如图 11.8 所示。

Deployment　Output
Ch11_01:war
18-Apr-2023 23:42:40.083 信息 [localhost-startStop-1] org.apache.catalina.startup.
username=Tom
password=123456

图 11.8　控制台的输出结果 1

可以看出，绑定 POJO 类型同样可以获取前端请求传递过来的数据。

> **提示**
>
> 解决请求参数中的中文乱码问题。在前端请求中，难免会有中文信息传递，如在图 11.7 中输入用户名“张三”和密码“123456”时，虽然浏览器可以正确跳转到结果页面，但是在控制台中输出的中文信息却出现了乱码，如图 11.9 所示。

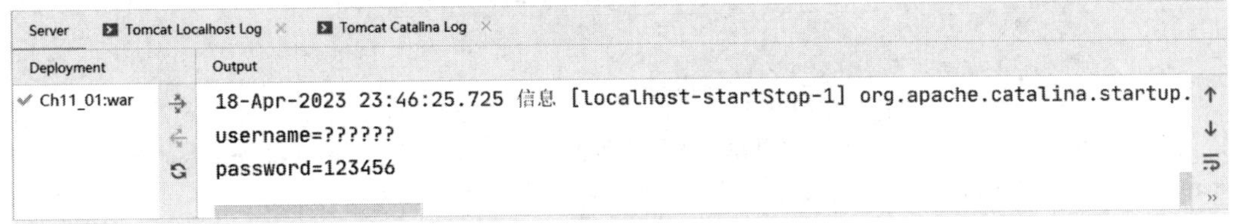

图 11.9　控制台的输出结果 2

可以看到，密码已正确显示，但用户名却显示??????。

为了防止前端传入的中文信息出现乱码，可以使用 Spring 提供的编码过滤器类来统一编码。要使用编码过滤器类，只需要在 web.xml 中添加如下代码即可。

```
    <!-- 配置编码过滤器类 -->
    <filter>
        <filter-name>CharacterEncodingFilter</filter-name>
        <filter-class>
         org.springframework.web.filter.CharacterEncodingFilter</filter-class>
        <init-param>
            <param-name>encoding</param-name>
            <param-value>UTF-8</param-value>
        </init-param>
    </filter>
    <filter-mapping>
        <filter-name>CharacterEncodingFilter</filter-name>
```

```
        <url-pattern>/*</url-pattern>
</filter-mapping>
```

在上述代码中，通过<filter-mapping>元素的配置拦截了前端页面中的所有请求，并交由 CharacterEncodingFilter.java 进行处理。在<filter>元素中，首先配置了编码过滤器类，其次通过初始化参数设置了统一的编码为 UTF-8。这样所有请求都会以 UTF-8 的编码格式进行解析。

配置完成后，再次输入用户名“张三”和密码“123456”，此时控制台的输出结果如图 11.10 所示。

```
Deployment          Output
✓ Ch11_01:war       18-Apr-2023 23:47:58.182 信息 [localhost-startStop-1] org.apache.catalina.startup.
                    username=张三
                    password=123456
```

图 11.10 控制台的输出结果 3

可以看出，控制台中已经正确显示出了中文信息，这说明编码过滤器类配置成功。

4. 绑定包装 POJO 类型

使用简单 POJO 类型可以完成大多数的数据绑定，但有时客户端请求中传递的参数会比较复杂，此时就适合使用简单 POJO 类型。例如，在用户查询订单时，传递的参数可能包括订单编号、用户名等信息，这就包含了订单和用户两个对象的信息。将订单和用户的所有查询条件都封装在一个简单 POJO 中，显然会比较混乱，这时就可以考虑使用包装 POJO 类型进行数据绑定。

包装 POJO 类型就是在一个 POJO 类型中包含另一个简单 POJO 类型。如在订单对象中包含用户对象。这样在使用时，就可以通过订单查询到用户信息。

本节通过一个订单查询的案例，演示绑定包装 POJO 类型的过程，具体实现步骤如下。

步骤 1 创建 Orders.java

在 cn.dsscm.pojo 包下创建 Orders.java，该类用于封装订单和用户信息，具体代码如示例 6 所示。

【示例 6】Orders.java

```
public class Orders {
    private Integer ordersId; // 订单编号
    private User user;        // 用户 POJO 的属性

    //省略 getter 方法和 setter 方法
}
```

上述代码中定义了订单编号和用户 POJO 类型的属性，以及其对应的 getter 方法和 setter 方法。这样 Orders.java 中就不仅可以封装订单的基本属性，而且可以封装 User 类型的属性。

步骤 2 创建 OrdersController.java

在 cn.dsscm.controller 包下创建 OrdersController.java，在该类中定义一个用于跳转到订单查询页面的方法和一个用于查询订单及用户信息的方法，具体代码如示例 7 所示。

【示例 7】OrdersController.java

```
@Controller
public class OrdersController {
    // 向订单查询页面跳转
    @RequestMapping("/tofindOrdersWithUser")
    public String tofindOrdersWithUser( ) {
        return "orders";
    }

    // 查询订单及用户信息
    @RequestMapping("/findOrdersWithUser")
    public String findOrdersWithUser(Orders orders) {
```

```
        Integer orderId = orders.getOrdersId();
        User user = orders.getUser();
        String username = user.getUsername();
        System.out.println("orderId="+orderId);
        System.out.println("username="+username);
        return "success";
    }
}
```

在示例 7 中，通过执行用于跳转到订单查询页面的方法，即可跳转到 orders.jsp 中；通过执行用于查询订单及用户信息的方法，即可通过传递的参数条件调用 Service 层的相应方法来查询数据。因为这里只是为了介绍包装 POJO 类型的使用，所以只需将传递过来的参数进行输出即可。

步骤 3　创建 orders.jsp

在 WEB-INF/jsp 目录下创建 orders.jsp，在 orders.jsp 中编写通过订单编号和所属用户作为查询条件来查询订单信息的代码，具体代码如示例 8 所示。

【示例 8】orders.jsp

```
<%@ page language="java" contentType="text/html; charset=UTF-8"
         pageEncoding="UTF-8"%>
<!DOCTYPE html PUBLIC "-//W3C//DTD HTML 4.01 Transitional//EN"
    "http://www.w3.org/TR/html4/loose.dtd">
<html>
<head>
<meta http-equiv="Content-Type" content="text/html; charset=UTF-8">
<title>订单查询</title>
</head>
<body>
    <form action="${pageContext.request.contextPath}/findOrdersWithUser"
                  method="post">
        订单编号：<input type="text" name="ordersId" /><br />
        所属用户：<input type="text" name="user.username" /><br />
        <input type="submit" value="查询" />
    </form>
</body>
</html>
```

注意

在使用包装 POJO 类型进行绑定时，前端请求的参数名的编写必须符合以下两种情况。

（1）如果查询条件参数是包装类的直接基本属性，那么参数名直接使用对应的属性名，如上述代码中的 ordersId。

（2）如果查询条件参数是包装类中 POJO 类型的子属性，那么参数名必须为“对象.属性”形式，其中“对象”要和包装 POJO 类型中的对象属性一致，“属性”要和包装 POJO 类型中的对象子属性一致，如上述代码中的 user.username。

步骤 4　启动项目，测试应用

将项目发布到 Tomcat 服务器中，并启动 Tomcat 服务器，在浏览器中访问 http://localhost:8888/tofindOrdersWithUser，就会跳转到订单查询页面，如图 11.11 所示。

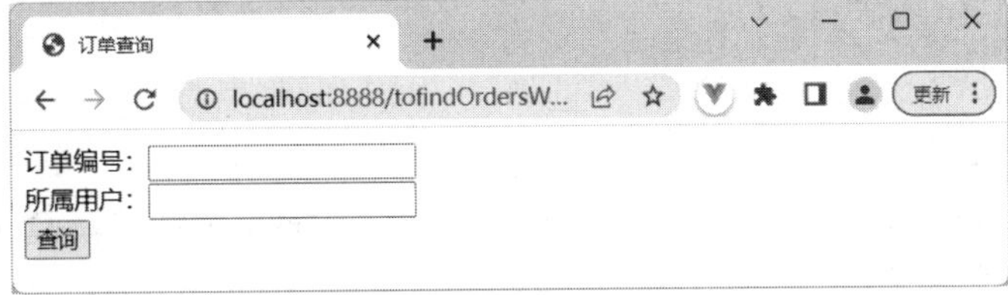

图 11.11　订单查询页面

填写订单编号“123456”，所属用户“张三”，单击“查询”按钮后，浏览器会跳转到结果页面。此时，控制台的输出结果如图 11.12 所示。

图 11.12 控制台的输出结果

可以看出，使用包装 POJO 类型同样完成了数据绑定。

11.2.2 参数传递（Controller to View）

了解了从视图到控制器的参数传递过程后，下面继续学习如何把参数值从视图传递到控制器，这就需要进行模型数据的处理。对 Spring MVC 来说，模型数据是非常重要的内容，因为控制器的作用是产生模型数据，而视图的作用也是为了渲染模型数据并对其进行输出。如何将模型数据传递给视图，是 Spring MVC 的一项重要工作。Spring MVC 提供了多种方式输出模型数据。

1. ModelAndView

控制器处理方法的返回结果若为 ModelAndView，则既包含视图又包含模型数据。有了该对象之后，Spring MVC 就可以使用视图对模型数据进行渲染了。改造 11.2.1 节中的案例，完成前端请求的参数 username 向后端传递的操作，在控制台输出该参数的值，并通过 index.jsp 输出该参数的值，具体实现步骤如下。

步骤 1 编辑 IndexController.java

编辑 IndexController.java 的具体代码如示例 9 所示。

【示例 9】IndexController.java

```
import org.apache.log4j.Logger;
import org.springframework.stereotype.Controller;
import org.springframework.web.bind.annotation.RequestMapping;
import org.springframework.web.bind.annotation.RequestParam;
import org.springframework.web.servlet.ModelAndView;
@Controller
public class IndexController{
    private Logger logger = Logger.getLogger(IndexController.class);

    /**
     * 参数传递：controller to view -(ModelAndView)
     * @param username
     * @return
     */
    @RequestMapping("/index1")
    public ModelAndView index(String username){
        logger.info("welcome! username: " + username);
        ModelAndView mView = new ModelAndView();
        mView.addObject("username", username);
        mView.setViewName("index");
        return mView;
    }
}
```

从以上代码中可以看出，在 index()方法中返回了 ModelAndView，并通过 addObject()方法添加了模型数据，使用 setViewName()方法指定了逻辑视图名。

ModelAndView 的常用方法如下。

（1）添加模型数据。

① ModelAndView addObject (String attributeName, Object attributeValue)：第一个参数为 key，第二个参数为 key 对应的 value。key 可以随意指定（保证在该模型的作用域内唯一即可）。在此示例中指定 key 为

username 字符串，对应的 value 为 username 的值。

② ModelAndView addAllObjects (Map<String, ?> modelMap)：可以看出，模型数据也是一个 Map，可以添加 Map 到 Model 中。

（2）设置视图。

① void setView (View view)：指定具体的视图。

② void setViewName (String viewName)：指定逻辑视图名。

步骤 2　修改 index.jsp

在 index.jsp 中，展现 username 的值，具体代码如示例 10 所示。

【示例 10】index.jsp

```
<h1>hello,SpringMVC!</h1>
<h1>username(key:username) --> ${username}</h1>
```

在上述代码中，通过 EL 表达式展现了从控制器返回的 ModelAndView 中接收的 username 的值。

步骤 3　启动项目，测试应用

将项目发布到 Tomcat 服务器中，并启动 Tomcat 服务器，在浏览器中访问 http://localhost:8888/index1?username=admin，结果如图 11.13 所示。

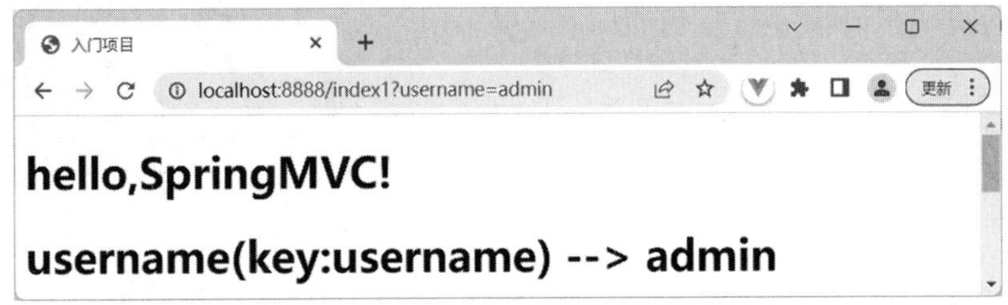

图 11.13　访问结果

此时，正确显示了参数 username 的值，表明运行正确。

2. Model

除了可以使用 ModelAndView 返回模型数据，还可以使用 Spring MVC 提供的 Model 来完成模型数据的传递。通常 Spring MVC 在调用方法前会创建一个隐含的 Model，作为模型数据的存储容器，其一般被称为隐含模型。若处理方法的入参为 Model，则 Spring MVC 会将隐含模型的引用传递给这些入参。简单地说，就是在方法内，开发人员可以通过一个 Model 访问到所有模型数据，当然也可以往 Model 中添加新属性。修改上述案例，使用 Model 完成参数的传递，具体实现步骤如下。

步骤 1　第一次修改 IndexController.java

修改 IndexController.java 的具体代码如示例 11 所示。

【示例 11】IndexController.java

```
    @RequestMapping("/index2")
    public String index(String username,Model model){
        logger.info("hello,SpringMVC! username: " + username);
        model.addAttribute("username", username);
        return "index";
    }
```

在上述代码中，处理方法可以直接使用 Model 入参，把需要传递的模型数据放入 Model 即可，返回 String 类型的逻辑视图名。

在 index.jsp 中直接使用 EL 表达式${username}，即可获取参数值，表明运行正确，此处不再赘述。

Model 与 ModelAndView 的用法类似，运用起来也非常灵活。Model 的 addAttribute()方法与

ModelAndView 添加模型数据的方法是一样的，即 Model 也是 Map 类型的数据结构，并且对参数 key 的指定并不是必需的。

步骤 2　第二次修改 IndexController.java

再次修改 IndexController.java 的具体代码如示例 12 所示。

【示例 12】IndexController.java

```
    @RequestMapping("/index3")
    public String index3(String username,Model model){
        logger.info("hello,SpringMVC! username: " + username);
        model.addAttribute("username", username);
        model.addAttribute(username);
        return "index";
}
```

上述代码中增加了 model.addAttribute(username);，没有指定 Model 的 key，而是直接给 Model 传入值 username。在这样的情况下会默认使用对象的类型作为 key，若 username 是 String 类型，则 key 为 string 字符串。

步骤 3　第一次修改 index.jsp

修改 index.jsp 的具体代码如下。

```
<h1>username(key:username) --> ${username}</h1>
<h1>username(key:string) --> ${string}</h1>
```

在上述代码中，EL 表达式${string}输出的 key 的值为 string 的值。

步骤 4　启动项目，测试应用

运行结果如图 11.14 所示。

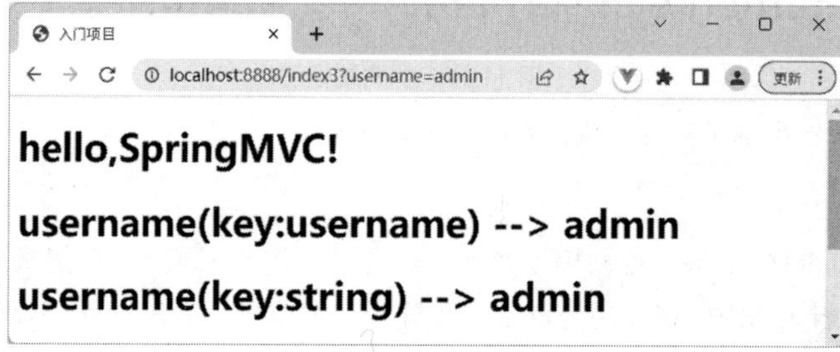

图 11.14　运行结果 1

可以看到，Model 中放入的是普通类型的对象（字符串等）。

步骤 5　第三次修改 IndexController.java

在 Model 中放入 JavaBean，创建 POJO，即 User.java。修改 IndexController.java 的具体代码如示例 13 所示。

【示例 13】IndexController.java

```
    @RequestMapping("/index4")
    public String index4(String username,Model model){
        logger.info("hello,SpringMVC! username: " + username);
        model.addAttribute("username", username);
        /**
         * 默认使用对象的类型作为 key:
         * model.addAttribute("string", username)
         * model.addAttribute("user", new User())
         */
        model.addAttribute(username);
        User user = new User();
        user.setUsername(username);
        model.addAttribute("currentUser", user);
        model.addAttribute(user);
```

```
        return "index";
}
```

在上述代码中，先实例化 User，并给 User 的 userName 属性赋值，再把 User 放入 Model，key 为 currentUser，最后使用 model.addAttribute(user);，默认使用对象的类型为 key，即 key 为 user 字符串。

步骤 6　第二次修改 index.jsp

修改 index.jsp 的具体代码如下。

```
<h1>username(key:currentUser) --> ${currentUser.userName}</h1>
<h1>username(key:user) --> ${user.userName}</h1>
```

EL 表达式为 S${currentUser.userName}，输出 key 为 currentUser 的 User 的 userName 属性值；EL 表达式为${user.userName}，输出 key 为 user 的 User 的 userName 属性值。

步骤 7　启动项目，测试应用

运行结果如图 11.15 所示。

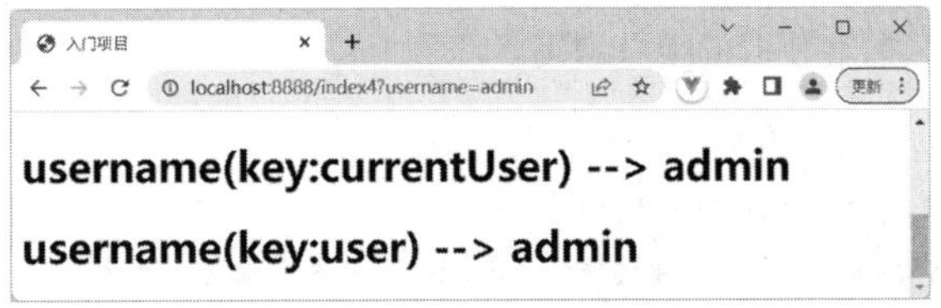

图 11.15　运行结果 2

3．Map

通过对 Model 和 ModelAndView 的学习，不难发现，Spring MVC 的 Model 其实就是一个 Map 类型的数据结构。因此，Map 类型作为处理方法的入参也是可行的，具体代码如示例 14 所示。

【示例 14】IndexController.java

```
    @RequestMapping("/index5")
    public String index5(String username,Map<String, Object> model){
        logger.info("hello,SpringMVC! username: " + username);
        model.put("username", username);
        return "index";
    }
```

在上述代码中，处理 Map 类型和 Model 类型的入参的方法一样，向 Map 类型中放入对应的 key 与 value，页面将输出结果。运行结果如图 11.16 所示。

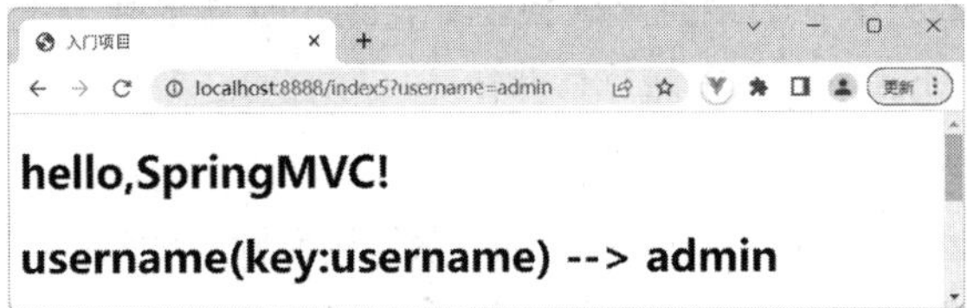

图 11.16　运行结果 3

> **注意**
>
> Spring MVC 控制器的处理方法中若有 Map 类型或 Model 类型的入参，则会对请求内隐含的模型进行传递。因此，在方法内可以通过这个入参对模型中的数据进行读/写操作。当然，作为 Spring MVC 的标准用法，推荐使用 Model 类型。

4．@ModelAttribute 注解

若希望将入参的对象放入数据模型，则需要在入参前使用@ModelAttribute 注解。@ModelAttribute 注解将在后续的相关章节中详细介绍，此处仅了解即可。

5. @SessionAttribute 注解

@SessionAttribute 注解可以将模型的属性存入 HttpSession，用以在多个请求之间共享该属性，此处仅了解即可。

11.2.3 技能训练

上机练习 1 实现视图与控制器的参数传递

⌘ 需求说明

（1）搭建 Spring MVC，实现视图到控制器的参数传递。

（2）在 WEB-INF/jsp/index.jsp 提供的输入框中，输入用户编码。

（3）输入用户编码后，单击“提交”按钮，跳转到 WEB-INF/jsp/success.jsp，在该页面中输出上一页面中输入并提交的用户编码。

（4）在控制台输出从前端获取的用户编码。

提示

（1）在 IndexController.java 中添加处理方法。

① 处理/index.html 请求的 index()方法，即跳转到 index.jsp（用户编码输入页面）。

② 处理/test.html 请求的 test()方法，即获取用户输入的用户编码，在控制台输出，并跳转到 success.jsp（用户编码显示页面）。注意，需要将用户编码传递给 success.jsp。

（2）编写 index.jsp 和 success.jsp 的实现代码。

（3）部署并运行测试结果。

11.3 复杂数据绑定

在了解前面介绍的简单数据绑定后，虽然能够解决实际开发中大多数的数据绑定问题，但仍会遇到一些比较复杂的数据绑定问题，如 Array 的绑定、集合的绑定，这在实际开发中也是十分常见的。下面将具体介绍自定义数据绑定、Array 绑定和集合绑定的使用方法。

11.3.1 自定义数据绑定

有些特殊类型的参数无法在后端直接转换，如日期，这就需要开发人员通过自定义转换器（Converter）或格式化器（Formatter）来进行数据绑定。

1. 转换器

Spring 提供了一个转换器，用于将一种类型的对象转换为另一种类型的对象。例如，用户输入的日期格式可能是 2020-01-31 或 2020/01/31 的字符串，而要 Spring 将输入的日期与后端的 Date 类型进行绑定，则需要将字符串转换为日期，此时就可以通过自定义转换器来进行日期转换。

要自定义转换器需要实现 org.springframework.core.convert.converter.Converter，具体代码如下。

```
public interface Converter<S, T> {
 T convert(S source);
}
```

在上述代码中，S 表示源类型，T 表示目标类型，而 convert(S source)则表示接口方法，具体实现步骤如下。

步骤 1　创建 DateConverter.java

在 src/main/java 目录下创建 cn.dsscm.convert 包，在该包下创建 DateConverter.java，在该类中编写将 String 类型转换成 Date 类型的代码，具体代码如示例 15 所示。

【示例 15】DateConverter.java

```
import java.text.ParseException;
import java.text.SimpleDateFormat;
import java.util.Date;
import org.springframework.core.convert.converter.Converter;
// 自定义日期转换器
public class DateConverter implements Converter<String, Date> {
    // 定义日期格式
    private String datePattern = "yyyy-MM-dd HH:mm:ss";
    public Date convert(String source) {
         // 格式化日期
        SimpleDateFormat sdf = new SimpleDateFormat(datePattern);
        try {
            return sdf.parse(source);
        } catch (ParseException e) {
    throw new IllegalArgumentException("无效的日期格式，请使用这种格式:"+datePattern);
        }
    }
}
```

在上述代码中，DateConverter.java 实现了转换器接口，该接口中第一个类型 String 表示需要被转换的数据类型，第二个类型 Date 表示需要转换成的目标类型。

步骤 2　编辑 springmvc-config.xml

为了让 Spring MVC 知道并使用这个转换器类，还需要在其配置文件中编写一个 id 属性的值为 conversionService 的 Bean，具体代码如示例 16 所示。

【示例 16】springmvc-config.xml

```
<?xml version="1.0" encoding="UTF-8"?>
<beans xmlns="http://www.springframework.org/schema/beans"
  xmlns:mvc="http://www.springframework.org/schema/mvc"
  xmlns:xsi="http://www.w3.org/2001/XMLSchema-instance"
  xmlns:context="http://www.springframework.org/schema/context"
  xsi:schemaLocation="http://www.springframework.org/schema/beans
  http://www.springframework.org/schema/beans/spring-beans.xsd
  http://www.springframework.org/schema/mvc
  http://www.springframework.org/schema/mvc/spring-mvc.xsd
  http://www.springframework.org/schema/context
  http://www.springframework.org/schema/context/spring-context.xsd">
    <!-- 配置组件扫描器，指定需要扫描的包 -->
    <context:component-scan base-package="com.dsscm.controller" />
    <!-- 配置视图解析器 -->
    <bean id="viewResolver" class=
    "org.springframework.web.servlet.view.InternalResourceViewResolver">
    <!-- 设置前缀 -->
    <property name="prefix" value="/WEB-INF/jsp/" />
    <!-- 设置后缀 -->
    <property name="suffix" value=".jsp" />
    </bean>
    <!-- 显示配置的自定义转换器 -->
    <mvc:annotation-driven conversion-service="conversionService" />
    <!-- 编写自定义转换器的配置 -->
    <bean id="conversionService"
        class="org.springframework.context.support.ConversionServiceFactoryBean">
        <property name="converters">
            <set>
                <bean class="cn.dsscm.convert.DateConverter" />
            </set>
        </property>
```

```
    </bean>
</beans>
```

在上述代码中，首先添加了 3 个 Spring MVC 的 schema 信息，并配置了组件扫描器和视图解析器，其次显示了配置的自定义转换器，最后编写了自定义转换器的配置。其中，Bean 类名必须为 org.springframework.context.support.ConversionServiceFactoryBean，并且 Bean 中还应包含一个 converters 属性，通过该属性可以列出自定义的所有转换器。

步骤 3 创建 DateController.java

为了测试转换器的使用，可以在 cn.dsscm.controller 包下创建 DateController.java，在该类中定义绑定日期的方法，具体代码如示例 17 所示。

【示例 17】DateController.java

```
import java.util.Date;
import org.springframework.stereotype.Controller;
import org.springframework.web.bind.annotation.RequestMapping;

@Controller
public class DateController {
    // 使用日期控制器绑定日期
    @RequestMapping("/customDate")
    public String CustomDate(Date date,Model model) {
        System.out.println("date="+date);
        model.addAttribute("date",date);
        return "date";
    }
}
```

步骤 4 启动项目，测试应用

将项目发布到 Tomcat 服务器中，并启动 Tomcat 服务器，在浏览器中访问 http://localhost:8888/customDate?date=2023-01-31 2015:55:55（注意日期数据中的空格），结果如图 11.17 所示。

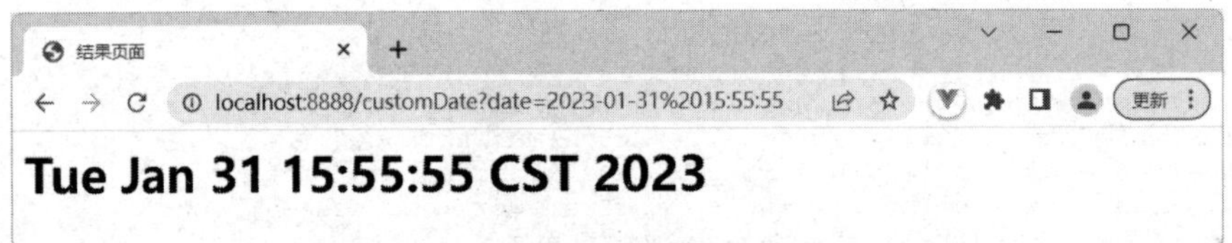

图 11.17 访问结果

可以看出，使用自定义转换器已从请求中正确获取了日期，这就是自定义数据绑定。

2. 格式化器

除了使用转换器进行类型转换，还可以使用格式化器进行类型转换。格式化器与转换器的作用相同，只是格式化器必须是 String 类型，而转换器可以是任意类型。

使用格式化器自定义转换器需要实现 org.springframework.format.Formatter，具体代码如下。

```
public interface Formatter<T> extends Printer<T>, Parser<T> {}
```

在上述代码中，Formatter 接口继承了 Printer 接口和 Parser 接口，T 表示输入字符串要转换的目标类型。Printer 接口和 Parser 接口中分别包含 print()方法和 parse()方法，所有实现类必须覆盖这两个方法，具体实现步骤如下。

步骤 1 创建 DateFormatter.java

在 cn.dsscm.convert 包下创建 DateFormatter.java，在该类中使用格式化器自定义日期转换器，具体代码如示例 18 所示。

【示例 18】DateFormatter.java

```
import java.text.ParseException;
import java.text.SimpleDateFormat;
import java.util.Date;
import java.util.Locale;
import org.springframework.format.Formatter;
// 使用格式化器自定义日期转换器
public class DateFormatter implements Formatter<Date>{
    // 定义日期格式
    String datePattern = "yyyy-MM-dd HH:mm:ss";
    // 声明 SimpleDateFormat 对象
    private SimpleDateFormat simpleDateFormat;
    public String print(Date date, Locale locale) {
        return new SimpleDateFormat().format(date);
    }
    public Date parse(String source, Locale locale) throws ParseException
     {
        simpleDateFormat = new SimpleDateFormat(datePattern);
        return simpleDateFormat.parse(source);
    }
}
```

在上述代码中，DateFormatter.java 实现了 Formatter 接口及该接口的两个方法，其中 print()方法用于返回目标对象的字符串，而 parse()方法用于利用指定的 Locale 将一个字符串解析成目标类型。

步骤 2　编辑 springmvc-config.xml

要使用格式化器自定义的日期转换器，同样需要在 Spring MVC 配置文件中进行注册，具体代码如下。

```
<!-- 编写自定义格式化器的配置 -->
<bean id="conversionService"
    class="org.springframework.format.support.FormattingConversionServiceFactoryBean">
    <property name="formatters">
    <set>
        <bean class="cn.dsscm.convert.DateFormatter" />
    </set>
    </property>
</bean>
```

与注册转换器不同的是，在注册格式化器时，Bean 类名必须是 org.springframework.format.support.FormattingConversionServiceFactoryBean，并且 Bean 中需要包含一个 formatters 属性。

步骤 3　启动项目，测试应用

操作完成后，通过访问 http://localhost:8888/customDate?date=2023-01-31 2015:55:55 即可查看访问结果。访问结果与图 11.17 相同，这里不再演示。

11.3.2　Array 绑定

在实际开发时，可能会遇到前端请求需要传递到后端一个或多个相同名称参数的情况，面对这种情况，使用简单数据绑定显然是不合适的。此时，就可以使用 Array 绑定。下面通过一个批量删除用户的案例来介绍 Array 绑定的使用方法，具体实现步骤如下。

步骤 1　创建 user.jsp

在/WEB-INF/jsp 目录下创建用于展示用户信息的 user.jsp，具体代码如示例 19 所示。

【示例 19】user.jsp

```
<%@ page language="java" contentType="text/html; charset=UTF-8"
         pageEncoding="UTF-8"%>
<html>
<head>
```

```
<meta http-equiv="Content-Type" content="text/html; charset=UTF-8">
<title>用户信息</title>
</head>
<body>
    <form action="${pageContext.request.contextPath}/deleteUsers" method="post">
        <table width="20%" border=1>
            <tr>
                <td>选择</td>
                <td>用户名</td>
            </tr>
            <tr>
                <td><input name="ids" value="1" type="checkbox"></td>
                <td>张三</td>
            </tr>
            <tr>
                <td><input name="ids" value="2" type="checkbox"></td>
                <td>李四</td>
            </tr>
            <tr>
                <td><input name="ids" value="3" type="checkbox"></td>
                <td>王五</td>
            </tr>
        </table>
        <input type="submit" value="删除"/>
    </form>
</body>
</html>
```

上述代码中定义了 3 个 name 属性的值相同而 value 属性的值不同的复选框，并在每个复选框对应的行中编写了对应的代码。在单击“删除”按钮执行删除操作时，表单会被提交到一个以 deleteUsers()方法结尾的请求中。

步骤 2　修改 UserController.java

在 UserController.java 中，定义一个用于接收批量删除用户信息的方法（同时为了方便向 user.jsp 跳转，还需要定义一个用于向 user.jsp 跳转的方法），具体代码如下。

```
    // 定义用于向 user.jsp 跳转的方法
    @RequestMapping("/toUser")
    public String selectUsers( ) {
        return "user";
    }
    // 定义用于接收批量删除用户的信息方法
    @RequestMapping("/deleteUsers")
    public String deleteUsers(Integer[] ids) {
        if(ids !=null){
            for (Integer id : ids) {
    // 使用输出语句模拟已经删除了用户信息
    System.out.println("删除了 id 属性的值为"+id+"的用户信息！");
            }
        }else{
            System.out.println("ids=null");
        }
        return "success";
}
```

上述代码中先定义了一个用于向 user.jsp 跳转的方法，再定义了一个用于接收批量删除用户信息的方法。该方法使用了 Integer 类型的 Array 进行数据绑定，并通过 for 循环执行了具体数据的删除操作。

步骤 3　启动项目，测试应用

将项目发布到 Tomcat 服务器中，并启动 Tomcat 服务器，在浏览器中访问 http://localhost:8888/toUser，结果如图 11.18 所示。

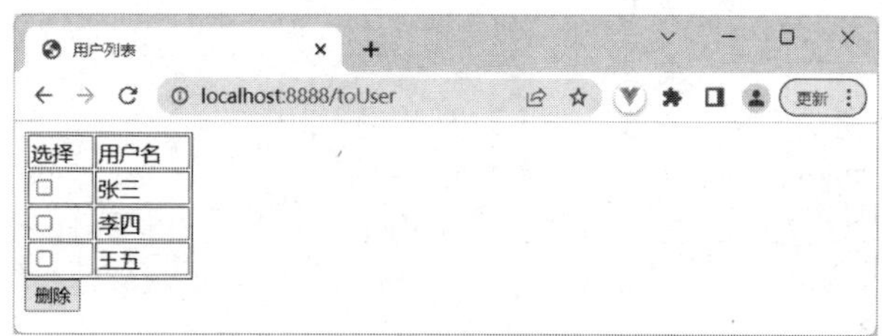

图 11.18　访问结果

勾选部分复选框，单击“删除”按钮，这样程序在正确执行后就会跳转到 success.jsp。此时，控制台的输出结果如图 11.19 所示。

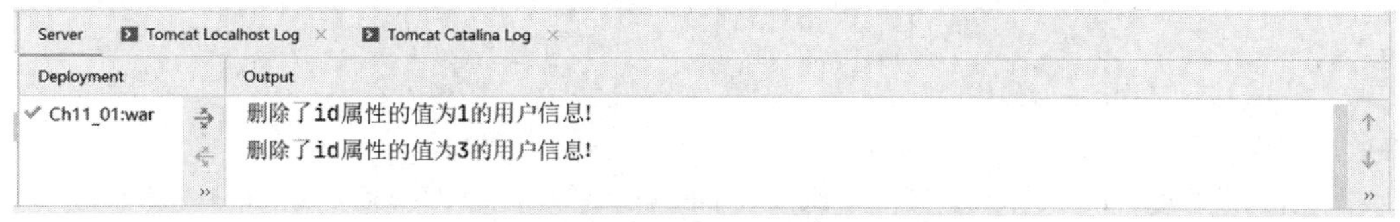

图 11.19　控制台的输出结果

可以看出，已成功执行了批量删除用户信息的操作，说明成功实现了 Array 类型的数据绑定。

11.3.3　集合绑定

在批量删除用户信息的操作中，前端请求传递的都是同名参数的 id，只要在后端使用同一种 Array 类型的参数绑定接收的信息，就可以在方法中通过循环 Array 类型参数来完成操作。但如果是批量更新用户信息操作，前端请求传递过来的数据可能就会批量包含各种类型（Integer、String 等）的数据。这种情况使用数组绑定是无法实现的，那么应该怎么做呢？

针对这种情况，可以使用集合绑定，即在包装类中定义一个包含用户信息类的集合，在接收方法中将参数类型定义为该包装类的集合。

下面通过一个批量更新用户的案例来介绍集合绑定的使用方法，具体实现步骤如下。

步骤 1　创建 UserVO.java

在 src/main/java 目录下创建 cn.dsscm.vo 包，在该包下创建 UserVO.java，用来封装用户集合属性，具体代码如示例 20 所示。

【示例 20】UserVO.java

```
/*包装类*/
public class UserVO {
    private List<User> users;
    public List<User> getUsers() {
        return users;
    }
    public void setUsers(List<User> users) {
        this.users = users;
    }
}
```

上述代码中声明了一个 List<User>类型的集合属性 users，并编写了该属性对应的 getter 方法和 setter 方法。这个集合属性用于绑定批量更新的用户信息。

步骤 2　修改 UserController.java

在 UserController.java 中，定义一个用于接收批量更新用户信息的方法，以及一个完成更新后用于向页面跳转的方法，具体代码如下。

```
// 批量修改页面跳转的方法
@RequestMapping("/toUserEdit")
```

```
    public String toUserEdit() {
        return "user_edit";
    }
    // 接收批量更新用户信息的方法
    @RequestMapping("/editUsers")
    public String editUsers(UserVO userList) {
        // 将所有用户信息封装到集合中
        List<User> users = userList.getUsers();
        // 循环输出所有用户信息
        for (User user : users) {
            // 如果接收的 id 属性的值不为空，那么表示对该用户信息进行了更新
            if(user.getId() !=null){
                System.out.println("更新了 id 属性的值为"+user.getId()+
                        "的用户名为："+user.getUsername());
            }
        }
        return "success";
    }
```

上述代码中调用了 toUserEdit()方法跳转到 user_edit.jsp；调用了 editUsers()方法执行批量更新用户信息的操作。其中，editUsers()方法的 UserVO 类型的参数用于绑定并获取页面传递过来的用户信息。

在使用集合进行数据绑定时，因为后端方法中不支持直接使用集合形参进行数据绑定，所以需要使用包装 POJO 类型作为形参，并在其中包装一个集合属性

步骤 3　创建 user_edit.jsp

在/WEB-INF/jsp 目录下创建 user_edit.jsp，并编写页面信息，具体代码如示例 21 所示。

【示例 21】user_edit.jsp

```
<%@ page language="java" contentType="text/html; charset=UTF-8" pageEncoding="UTF-8"%>
<html>
<head>
<meta http-equiv="Content-Type" content="text/html; charset=UTF-8">
<title>更新用户信息</title>
</head>
<body>
    <form action="${pageContext.request.contextPath }/editUsers" method="post" id='formid'>
        <table width="30%" border=1>
            <tr>
                <td>选择</td>
                <td>用户名</td>
            </tr>
            <tr>
            <td>
                <input name="users[0].id" value="1" type="checkbox" />
        </td>
            <td>
            <input name="users[0].username" value="张三" type="text" />
            </td>
            </tr>
            <tr>
            <td>
                <input name="users[1].id" value="2" type="checkbox" />
            </td>
            <td>
            <input name="users[1].username" value="李四" type="text" />
            </td>
            </tr>
        </table>
        <input type="submit" value="修改" />
    </form>
</body>
</html>
```

上述代码中模拟展示了 id 属性的值为 1、用户名为张三和 id 属性的值为 2、用户名为李四的两个用户

信息。单击“修改”按钮，可以将表单提交到一个以/editUsers 结尾的请求中。

步骤 4　启动项目，测试应用

将项目发布到 Tomcat 服务器中，并启动 Tomcat 服务器，在浏览器中访问 http://localhost:8888/toUserEdit，结果如图 11.20 所示。

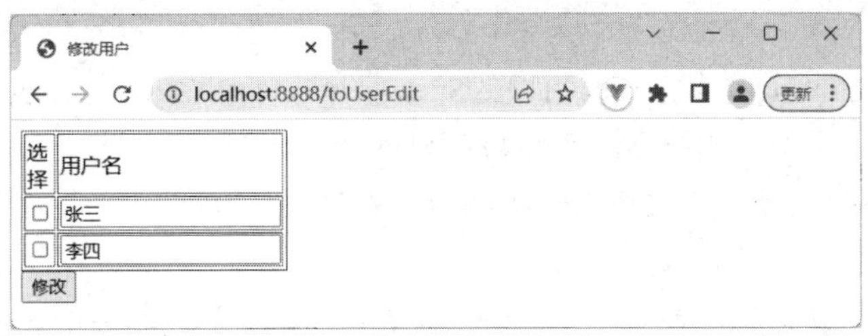

图 11.20　访问结果

将用户名“张三”改为“张三三”、“李四”改为“李四四”，并勾选两个数据前面的复选框，单击“修改”按钮，浏览器会跳转到 success.jsp。此时，控制台的输出结果如图 11.21 所示。

图 11.21　控制台的输出结果

可以看出，已经成功输出了请求中批量修改的用户信息，这就是集合类型的数据绑定。

11.4　JSON 数据交互

JSON 是近几年比较流行的一种数据格式，与 XML 类似，都是用于存储数据的。与 XML 相比，JSON 的解析速度更快，占用空间更小。因此，在实际开发中，使用 JSON 进行数据交互是很常见的。下面将对 Spring MVC 中 JSON 数据交互的内容进行详细的介绍。

11.4.1　JSON 概述

JSON（JavaScript Object Notation，JS 对象标记）是一种轻量级的数据交互格式。它是基于 JavaScript 的一个子集，使用 C、C++、C#、Java、JavaScript、Perl、Python 等语言进行约定，采用完全独立于编程语言的文本格式来存储和表示数据。这些特性使 JSON 成为理想的数据交互格式。这种格式易于阅读和编写，同时也易于机器解析和生成。

与 XML 一样，JSON 也是基于纯文本的数据格式。初学者既可以传输一个简单的字符串、数字、Boolean 类型数据，又可以传输一个 Array 或一个复杂的对象。

JSON 有如下两种数据结构。

1．对象结构

对象结构以“{”开始，以“}”结束，中间部分由 0 对或 0 对以上使用英文逗号分隔的 name:value 构成。其存储对象如图 11.22 所示。

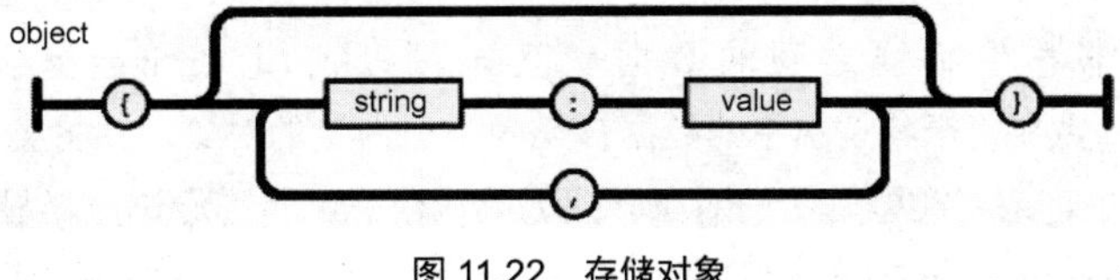

图 11.22　存储对象

对象结构的语法格式如下。

```
{
    key1:value1,
    key2:value2,
    ...
}
```

其中，key 必须为 String 类型，value 可以是 String、Number、Object、Array 等类型。例如，一个 address 对象包含城市、街道、邮编等信息，使用 JSON 表示如下。

```
{"city":"Beijing","street":"Xisanqi","postcode":100096}
```

2. Array 结构

Array 结构以“[”开始，以“]”结束，中间部分由 0 个或 0 个以上使用英文逗号分隔的 value 的列表组成。其存储 Array 如图 11.23 所示。

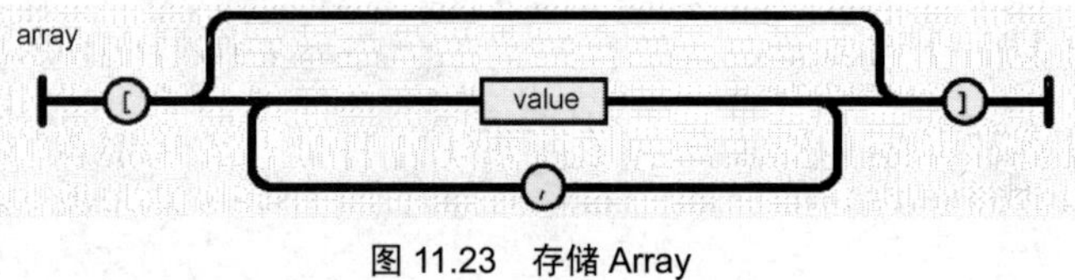

图 11.23 存储 Array

Array 结构的语法格式如下。

```
[
        value1,
        value2,
         ...
]
```

例如，一个 Array 中的数据包含 String、Number、Boolean、null 等类型，使用 JSON 表示如下。

```
["abc",12345,false,null]
```

上述两种数据结构（对象结构、数组结构）也可以分别组合构成更为复杂的数据结构。例如，一个 person 对象包含 name 对象、hobby 对象和 address 对象，表现形式如下。

```
{
"name": "zhangsan"
"hobby":["篮球","羽毛球","游泳"]
"address":{
    "city":"Beijing"
    "street":"Xisanqi"
    "postcode":100096
  }
}
```

注意

如果使用 JSON 存储单个数据，那么一定要使用 Array 结构，而不要使用对象结构，因为对象结构必须是 name:value 的形式。

11.4.2 JSON 数据转换

为了实现浏览器与控制器之间的数据交互，可以使用 Spring 提供了的 HttpMessage-Converter<T>。该接口主要用于将请求中的数据转换为类型为 T 的对象，并将类型为 T 的对象绑定到请求处理方法的参数中，或将类型为 T 的对象转换为响应信息，传递给浏览器显示。

Spring 为 HttpMessageConverter<T>提供了很多实现类，这些实现类可以对不同类型的数据进行转换，其中 MappingJackson2HttpMessageConverter 是 Spring MVC 默认处理 JSON 请求响应的实现类。该实现类利用 Jackson 的开源包读/写 JSON 数据，可以将 Java 对象转换为 JSON 对象和 XML 文件，同时可以将 JSON 对象和 XML 文件转换为 Java 对象。

目前，使用比较多的 JSON 工具如下。

（1）json-lib：较早出现且应用广泛的 JSON 解析工具。它的缺点是需要依赖很多第三方文件，如 commons-beanutils.jar、commons-collections.jar、commons-lang-2.6.jar、commons-logging-1.1.1.jar、ezmorph-1.0.6.jar。对于简单数据类型的转换，json-lib 在将 JSON 转换成 Bean 时还存在缺陷，如当一个类中包含另一个类的 List 或 Map 时，json-lib 从 JSON 到 Bean 的转换就会出现问题。因此，json-lib 在功能和性能上都不能满足互联网的需求。

（2）Jackson：Spring MVC 内置的 JSON 转换工具。与 json-lib 相比，Jackson 依赖的 JAR 文件较少，简单、易用且性能较高，Jackson 社区相对比较活跃，更新速度也比较快。对于简单数据类型的转换，Jackson 在将 JSON 转换成 Bean 时会出现问题，如一些 Map、List 的转换存在问题，并且转换格式也不是标准的 JSON。

（3）Gson：目前功能比较全的 JSON 解析神器。Gson 当初是应 Google 公司内部需求自行研发的，从 2008 年 5 月公开发布第一版后已被许多用户应用。Gson 的应用主要为 toJson()与 fromJson()两个转换函数，无依赖且不需要额外的 JAR 文件，就能够直接跑在 FDK 上。Gson 可以完成简单数据类型的 JSON 到 Bean 或 Bean 到 JSON 的转换。Gson 在功能上无可挑剔，但性能比 FastJson 稍差。

（4）FastJson：Java 编写的高性能 JSON 处理器，由阿里巴巴开发。它的特点是无依赖且不需要额外的 JAR 文件，就能够直接跑在 JDK 上。对于简单数据类型的转换，FastJson 在将 Bean 转换成 JSON 时会出现问题，如可能会出现引用的类型，导致 JSON 转换出错，需要指定引用。FastJson 的优势是采用独创的算法，可以将解析速度提升到极致，超过所有 JSON 工具。

比较以上 4 种 JSON 工具可知，在项目选型时可以同时使用 Gson 和 FastJson 两种工具。若仅有功能要求，则可以使用 Gson；若有性能要求，则可以先使用 Gson 将 Bean 转换成 JSON，再使用 FastJson 将 JSON 转换成 Bean。

注意

本书使用 FastJson 来进行 JSON 数据的转换，开源包为 fastjson-1.2.13.jar、fastjson-1.2.13-sources.jar。

以上 FastJson 的开源包既可以通过下载得到，又可以在配套资源的源码中找到。在使用注解开发时，需要用到两个重要的 JSON 数据转换注解，分别为@RequestBody 注解和@ResponseBody 注解，具体如表 11.3 所示。

表 11.3　JSON 数据转换注解

注　解	说　明
@RequestBody	用于将请求中的数据绑定到方法的形参中。该注解用在方法的形参上
@ResponseBody	用于直接返回对象。该注解用在方法上

下面通过一个案例演示如何进行 JSON 数据交互，具体实现步骤如下。

步骤 1　创建项目

在 IntelliJ IDEA 中，创建 Maven 项目。在“New Project”对话框中，勾选“Create from archetype”复选框，并在列表框中选择“org.apache.maven.archetypes:maven-archetype-webapp”选项，创建一个名为 Ch11_02 的 Maven 项目。在 web.xml 中，配置 Spring MVC 的前端控制器等信息。具体代码同创建 Ch10_01 项目的代码。

编辑 pom.xml，除之前 Spring MVC 相关依赖外，额外添加 FastJson 的开源包，具体代码如下。

```
<dependency>
  <groupId>com.alibaba</groupId>
  <artifactId>fastjson</artifactId>
  <version>1.2.75</version> fastjson
</dependency>
```

步骤 2　创建 springmvc-config.xml

在 src/main/resources 目录下创建 springmvc-config.xml，具体代码如示例 22 所示。

【示例 22】springmvc-config.xml

```
<beans xmlns="http://www.springframework.org/schema/beans"
    xmlns:xsi="http://www.w3.org/2001/XMLSchema-instance"
    xmlns:mvc="http://www.springframework.org/schema/mvc"
    xmlns:context="http://www.springframework.org/schema/context"
    xmlns:tx="http://www.springframework.org/schema/tx"
    xsi:schemaLocation="http://www.springframework.org/schema/beans
  http://www.springframework.org/schema/beans/spring-beans.xsd
  http://www.springframework.org/schema/mvc
  http://www.springframework.org/schema/mvc/spring-mvc.xsd
  http://www.springframework.org/schema/context
  http://www.springframework.org/schema/context/spring-context.xsd">
    <!-- 配置组件扫描器，指定需要扫描的包 -->
    <context:component-scan base-package="cn.dsscm.controller" />
    <!-- 配置注解驱动 -->
    <mvc:annotation-driven />

    <!--配置静态资源访问映射，此配置中的文件，将不被前端控制器拦截 -->
    <mvc:resources location="/js/" mapping="/js/**" />

    <!-- 配置视图解析器 -->
    <bean
        class="org.springframework.web.servlet.view.InternalResourceViewResolver">
        <property name="prefix" value="/WEB-INF/jsp/" />
        <property name="suffix" value=".jsp" />
    </bean>
</beans>
```

上述代码中不仅配置了组件扫描器和视图解析器，还配置了 Spring MVC 的注解驱动<mvc:annotation-driven/>元素和静态资源访问映射<mvc:resources>元素，使用<mvc:annotation-driven/>元素会自动注册 RequestMappingHandlerMapping 和 RequestMappingHandlerAdapter 两个 Bean，并提供对读/写 XML 文件和读/写 JSON 文件等的支持。<mvc:resources>元素用于配置静态资源访问目录。由于在 web.xml 中配置的“/”会对页面中引入的静态文件进行拦截，拦截后页面中将找不到这些静态文件，因此会引起页面报错。而配置了静态资源访问映射后，程序就会自动去配置目录下查找静态资源。

<mvc:resources>元素中有两个重要属性，即 location 和 mapping，具体如表 11.4 所示。

表 11.4　<mvc:resources>元素中的两个重要属性

属　性	说　明
location	用于定位需要访问的本地静态资源目录，具体到某个文件夹
mapping	匹配静态资源全目录，其中“/**”表示文件夹及其子文件夹下的某个具体文件

步骤 3　创建 User.java

在 src/main/java 目录下创建 cn.dsscm.pojo 包，在该包下创建 User.java，该类用于封装请求参数，具体代码如示例 23 所示。

【示例 23】User.java

```
public class User {
    private String username;
    private String password;
    // 省略 getter 方法、setter 方法和重写的 tostring()方法
}
```

上述代码中定义了 username 属性和 password 属性，以及其对应的 getter 方法和 setter 方法，同时为了方便查看输出结果还重写了 toString()方法。

步骤 4　创建 index.jsp

在 WebRoot 目录下创建 index.jsp，用来测试 JSON 数据交互，具体代码如示例 24 所示。

【示例 24】index.jsp

```
<%@ page language="java" contentType="text/html; charset=UTF-8"
        pageEncoding="UTF-8" %>
<!DOCTYPE html>
<html>
<head>
    <title>测试 JSON 交互</title>
    <meta http-equiv="Content-Type" content="text/html; charset=UTF-8">
    <script src="http://libs.baidu.com/jquery/1.11.3/jquery.min.js"></script>
    <script type="text/javascript">
        function testJson() {
            // 获取输入的用户名和密码
            var username = $("#username").val();
            var password = $("#password").val();
            $.ajax({
                url: "${pageContext.request.contextPath }/testJson?username="
                       + username + "&password=" + password,
                type: "post",
                // data 表示发送的数据
                //data :{"username":username,"password":password},
                // 定义发送请求的数据格式为 JSON 字符串
                contentType: "application/json;charset=UTF-8",
                //定义回调响应的数据格式为 JSON 字符串，该属性可以省略
                dataType: "json",
                //成功响应的结果
                success: function (data) {
                    if (data != null) {
                        alert("您输入的用户名为: " + data.username +
                            "密码为: " + data.password);
                    }
                }
            });
        }
    </script>
</head>
<body>
<form>
    用户名: <input type="text" name="username" id="username"><br/>
    密   码:
    <input type="password" name="password" id="password"><br/>
    <input type="button" value="测试 JSON 交互" onclick=" testJson()"/>
</form>
</body>
</html>
```

上述代码中编写了一个测试 JSON 数据交互的表单，当单击“测试 JSON 交互”按钮时，可以执行页面中的 testJson()函数。在该函数中使用 jQuery 的 AJAX 将用户名和密码传递到以/testJson 结尾的请求中。

需要注意的是，AJAX 中包含 3 个特别重要的属性，其说明如下。

① data：请求时携带的数据，当使用 JSON 时，要注意编写规范。

② contentType：当请求数据为 JSON 时，值必须为 application/json。

③ dataType：当响应数据为 JSON 时，可以定义 dataType 属性，并且值必须为 json。其中，dataType:"json"可以省略不写，页面会自动识别响应的数据格式。

步骤 5 创建 UserController.java

在 src/main/java 目录下创建 cn.dsscm.controller 包，在该包下创建用于用户操作的 UserController.java，具体代码如示例 25 所示。

【示例 25】UserController.java

```
@Controller
public class UserController {
    // 接收页面请求的 JSON 数据，并返回 JSON 数据
@RequestMapping ( " /testJson" )
@ResponseBody
public String testJson (User user) {
     //打印接收的 JSON 数据
     System.out.println (user);//返回响应的 JSON 数据
     return JSONArray.toJSONString(user);
}
```

上述代码中使用注解定义了一个控制器类，并编写了用于接收和响应 JSON 数据的 testJson()方法。在该方法中接收并打印了 JSON 数据，返回了 JSON 数据。

@RequestBody 注解用于将前端请求中的 JSON 数据绑定到 User 上，@ResponseBody 注解用于直接返回 User（当返回 POJO 时，会默认转换为 JSON 数据进行响应）。

步骤 6 启动项目，测试应用

将项目发布到 Tomcat 服务器中，并启动 Tomcat 服务器，在浏览器中访问 http://localhost:8888/index.jsp，结果如图 11.24 所示。

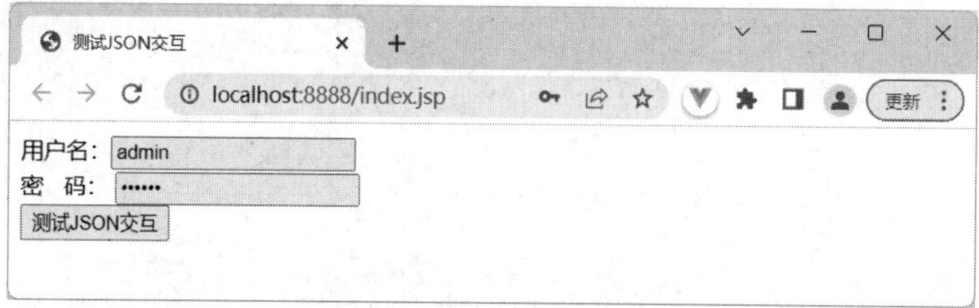

图 11.24 访问结果 1

在两个文本框中分别输入用户名“admin”和密码“123456”，单击“测试 JSON 交互”按钮，程序正确执行后，页面中会弹出显示用户名和密码的对话框，结果如图 11.25 所示。

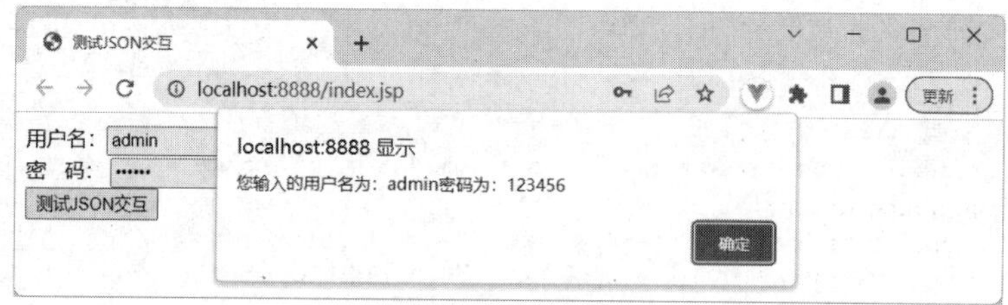

图 11.25 访问结果 2

与此同时，控制台中会显示相应的数据，如图 11.26 所示。

图 11.26 控制台的输出结果

从图 11.25 和图 11.26 中可以看出，已经正确实现了 JSON 数据交互。它不仅可以将请求的 JSON 数据转换为 Java 对象，而且可以将 Java 对象转换为响应的 JSON 数据。

1．使用<bean>元素配置 JSON 转换器

在配置 JSON 转换器时，除了可以使用<mvc:annotation_driven/>元素配置，还可以使用<bean>元素配置，具体代码如下。

```
    <!-- 使用<bean>元素配置注解的处理器映射器 -->
<bean class="org.springframework.web.servlet.mvc.method.annotation.
RequestMappingHandlerMapping"/>
    <!-- 使用<bean>元素配置注解的处理器适配器-->
    <bean
        class="org.springframework.web.servlet.mvc.method.annotation.
RequestMappingHandlerAdapter">
        <property name="messageConverters">
            <list>
                <!--在注解适配器中配置 JSON 转换器-->
                <bean
    class="org.springframework.http.converter.json.MappingJackson2HttpMessageConverter" />
            </list>
        </property>
    </bean>
```

从上述代码中可以看出，在使用<bean>元素配置 JSON 转换器时，需要同时配置处理器映射器和处理器适配器，并且 JSON 转换器是配置在处理器适配器中的。

2．静态资源访问的配置方式

除了使用<mvc:resources>元素可以对静态资源的访问进行配置，还有另外两种静态资源访问的配置方式。

（1）配置<mvc:default-servlet-handler/>元素。

在 springmvc-config.xml 中，配置<mvc:default-servlet-handler/>元素，具体代码如下。

```
    <mvc:default-servlet-handler />
```

在 springmvc-config.xml 中配置<mvc:default-servlet-handler/>元素后，会在 Spring MVC 上下文中定义一个 org.springframework.web.servlet.resource.DefaultServletHttpRequestHandler（默认的 Servlet）。它像一个检查员一样对进入前端控制器的 URL 进行筛查。如果是静态资源的请求，那么就将该请求转由 Web 服务器默认的 Servlet 处理，默认的 Servlet 就会对这些静态资源放行；如果不是静态资源的请求，那么将由前端控制器继续处理。

注意

一般 Web 服务器默认的 Servlet 的名称是 default，使用 DefaultServletHttpRequestHandler 可以找到它。如果 Web 服务器默认的 Servlet 的名称不是 default，那么需要通过 default-servlet-name 属性指定，具体代码如下。

```
<mvc:default-servlet-handler default-servlet-name=MServlet 名称"/>
```

Web 服务器的 Servlet 的名称是由使用的服务器确定的，常用服务器及其 Servlet 的名称如下。

① Tomcat、Jetty、JBoss 和 GlassFish 服务器默认的 Servlet 的名称为 default。

② Google App Engine 服务器默认的 Servlet 的名称为_ah_default。

③ Resin 服务器默认的 Servlet 的名称为 resin-file。

④ WebLogic 服务器默认的 Servlet 的名称为 FileServlet。

⑤ WebSphere 服务器默认的 Servlet 的名称为 SimpleFileServlet。

（2）激活 Tomcat 服务器默认的 Servlet。

在激活 Tomcat 服务器默认的 Servlet 时，需要在 web.xml 中添加以下代码。

```
<!--激活 Tomcat 服务器的静态资源拦截，先查看需要哪些静态文件，再往下追加-->
<servlet-mapping>
```

```
        <servlet-name>default</servlet-name>
        <url-pattern>*.js</url-pattern>
    </servlet-mapping>
    <servlet-mapping>
        <servlet-name>default</servlet-name>
        <url-pattern>*.css</url-pattern>
    </servlet-mapping>
```

在上述代码中，可以通过配置<servlet-mapping>元素激活 Tomcat 服务器默认的 Servlet 来处理静态文件，还可以根据需要继续追加<servlet-mapping>元素，两种方式本质上是一样的，都是使用 Web 服务器默认的 Servlet 来处理静态文件的访问。其中，Servlet 的名称也是由使用的服务器确定的，不同的服务器需要使用不同的名称。以上 3 种配置方式各有优缺点，具体如下。

① 使用第一种和第三种配置方式可以选择性地释放静态资源。

② 第二种配置方式的配置相对简单，只需要一行代码就可以释放所有静态资源。

③ 使用第二种和第三种配置方式可以导致项目的移植性差，需要根据具体的 Web 服务器来更改 Servlet 的名称。

④ 使用第三种配置方式的运行效率较高，这是因为 Web 服务器在启动时已经加载了 web.xml 中的静态资源。

在实际开发中常用的配置方式还是第一种，这样就不需要考虑 Web 服务器的问题了。

11.4.3 解决 JSON 数据交互的常见问题

1．中文乱码问题

在 Spring MVC 中，使用控制器的处理方法的@ResponseBody 注解向前端页面使用 JSON 进行数据传递时，若返回中文字符串，则会出现乱码。其原因是 StringHttpMessageConverter 中固定了字符编码，即 ISO-8859-1。

HttpMessageConverter<T>是 Spring 的一个接口，主要负责将请求转换为一个对象（类型为 T），通过对象输出响应结果。而 StringHttpMessageConverter 是其中的一个实现类，作用是将请求转换为字符串，由于其默认字符编码为 ISO-8859-1，因此在返回 JSON 字符串有中文时会出现乱码。

要解决这个问题就必须将字符编码更改为 UTF-8。其解决方案有很多种，下面介绍两种方法。

（1）在控制器处理方法的@RequestMapping 注解中配置 produces。

produces 表示指定返回类型。produces ={"application/json;charset=UTF-8"}表示该处理方法将产生 JSON 数据，此时可以根据请求报文头中的 Accept 进行匹配，当请求报文头为 Accept: application/json 时即可匹配，并且字符编码为 UTF-8。

```
    @RequestMapping(value="/view",method=RequestMethod.GET,
produces = {"application/json;charset=UTF-8"})
    @ResponseBody
    public Object view(@RequestParam String id){
        //方法内容省略
    }
```

通过 AJAX 的异步请求并没有获取相应的数据结果，在页面中弹出的报错对话框中，可以查看具体的报错信息。对于该异步请求，可以发现服务器返回了一个 406 状态码（表示客户端浏览器不接收请求页面的 MIME 类型），单击 Network 中的请求流，查看 HTTP 请求响应报文，会发现 Accept:application/json 与 Content-Type:text/html 的类型不一致。正因如此才会导致错误。要解决该问题，只需要修改@RequestMapping 注解的 value 属性，删除.html 即可。若有此后缀，则 Spring MVC 会以 HTML 显示响应结果，修改代码如下。

```
@RequestMapping(value="/view",
method=RequestMethod.GET,
produces = {"application/json;charset=UTF-8"})
```

另外，还需要修改 userlist.jsp 中单击“查看”按钮时的异步请求 URL:path+ "/user/view"。完成上述修改之后，重启服务器并运行测试，中文乱码问题即可解决。

这种方式比较简单、实用，并且使用这种方式可以做到灵活处理。当然，如果要达到一次配置永久搞定，那么可以采用第二种解决方案。

（2）配置 StringHttpMessageConverter，设置字符编码为 UTF-8。

修改 springmvc-servlet. xml，具体代码如下。

```
<mvc:annotation-driven>
    <mvc:message-converters>
        <bean
class="org.springframework.http.converter.StringHttpMessageConverter">
            <property name="supportedMediaTypes">
                <list>
                    <value>application/json;charset=UTF-8</value>
                </list>
            </property>
        </bean>
    </mvc:message-converters>
</mvc:annotation-driven>
```

在上述代码中，通过设置 StringHttpMessageConverter 中的 supportedMediaTypes 属性指定媒体类型为 application/json，字符编码为 UTF-8。

在 Spring MVC 中配置 StringHttpMessageConverter 之后，就可以删除@RequestMapping 注解中配置的 produces={"application/json;charset=UTF-8"}了。修改 UserController.java，具体代码如下。

```
@RequestMapping(value="/view",method=RequestMethod.GET)
@ResponseBody
public Object view(@RequestParam String id){
    //方法内容省略
}
```

重启服务器并运行测试，中文乱码问题同样会得到解决。

2. 日期格式问题

介绍完中文乱码问题之后，下面介绍日期格式问题。在 Spring MVC 中使用@ResponseBody 注解返回 JSON 数据时，日期格式默认显示为时间戳，如 512323200000，需要把它转换成具有可读性的 yyyy-MM-dd 日期格式，如 1986-03-28，具体解决方案有两种。

（1）使用@JSONField(format= "yyyy-MM-dd")注解。

在查看用户明细功能的实现中，可以使用 FastJson 将从后端查询获取的 User 转换成 JSON 字符串返回给前端，针对 FastJson 对日期的处理，可以通过注解来解决格式问题，即在 User 的日期属性（birthday 属性等）中添加@JSONField(format= "yyyy-MM-dd")注解进行日期格式化处理，具体代码如下。

```
import com.alibaba.fastjson.annotation.JSONField;

public class User {
    private Integer id; //id
    private String userName; //用户名
    @JSONField(format="yyyy-MM-dd")
    private Date birthday;   //出生日期
    //其他属性及 getter 方法和 setter 方法省略
}
```

修改完成后，直接运行，选择用户，并查看其明细信息，其出生日期字段的日期格式显示正确。使用这种方式虽然简单、直接，但是存在一定的缺点，即代码具有强侵入性、紧耦合，并且修改麻烦。因此，在实际开发中，不建议使用这种硬编码的方式来处理，一般建议使用下面这种方式来解决。

（2）配置 FastJson 的消息转换器 FastJsonHttpMessageConverter。

在 Spring MVC 中需要进行 JSON 转换时，通常会使用 FastJson 提供的 FastJsonHttpMessageConverter 来完成。之前采用 StringHttpMessageConverter 解决了中文乱码问题，现在需要配置 FastJsonHttpMessageConverter 来解决 JSON 数据交互过程中的日期格式问题。

使用 FastJsonHttpMessageConverter 的 WriteDateUseDateFormat 配置默认日期格式（FastJson 规定了默认的返回日期格式 DEFFAULT_DATE_FORMAT 为 yyyy-MM-dd HH:mm:ss）。当然，对于特殊类型字段，可以使用@JSONField 注解。

修改 springmvc-servlet.xml，配置 FastJsonHttpMessageConverter，具体代码如下。

```
<mvc:annotation-driven>
    <mvc:message-converters>
        <bean class="org.springframework.http.converter.StringHttpMessageConverter">
            <property name="supportedMediaTypes">
                <list>
                    <value>application/json;charset=UTF-8</value>
                </list>
            </property>
        </bean>
        <bean class="com.alibaba.fastjson.support.spring.FastJsonHttpMessageConverter">
            <property name="supportedMediaTypes">
                <list>
                    <value>text/html;charset=UTF-8</value>
                    <value>application/json</value>
                </list>
            </property>
            <property name="features">
                <list>
                <!-- 输出时的日期转换器 -->
                    <value>WriteDateUseDateFormat</value>
                </list>
            </property>
        </bean>
    </mvc:message-converters>
</mvc:annotation-driven>
```

在上述代码中，通过设置 FastJsonHttpMessageConverter 中的 features 属性指定了输出时的 WriteDateUseDateFormat，这样就可以按照 FastJson 默认的日期格式进行转换输出了。

FastJson 是一个 JSON 工具，包括序列化和反序列化两部分。它提供了强大的日期处理和识别能力，在序列化时指定格式可支持多种方式实现；在反序列化时也可识别多种格式的日期。关于 FastJsonHttpMessageConverter、JSON、SerializerFeature 等，此处不进行深入介绍，读者可自行查看源码进行深入研究。

下面修改 UserController.java 的 view()方法。在该方法中，无须将 User 转换成 JSON 字符串，可以直接把获取的 User 返回，此外还要注释掉@JSONField 注解。

使用上述方式，代码的侵入性会有所降低。在实际开发中，对于日期格式还是使用年月日（yyyy-MM-dd）居多。FastJson 中默认的日期格式为 yyyy-MM-dd HH:mm:ss，除了可以通过@JSONField 注解解决，还可以通过什么方式解决这个问题呢？对此本书不进行过多介绍，有兴趣的读者可以参看 FastJson 的源码进行尝试。

对于在 Spring MVC 中使用 FastJson 进行 JSON 数据传递，上述日期格式问题的解决方案可以简单总结为以下 3 点。

（1）若没有<value>WriteDateUseDateFormat</value>，并且没有加入@JSONField(format="yyyy-MM-dd")注解，则会转换输出时间戳。

（2）若只配置了<value>WriteDateUseDateFormat</value>，则会转换输出 yyyy-MM-dd HH:mm:ss 格式的日期。

（3）若既配置了<value>WriteDateUseDateFormat</value>，又加入了@JSONField(format= "yyyy-MM-dd")注解，则会转换输出注解格式的日期，即注解优先。

11.4.4　技能训练

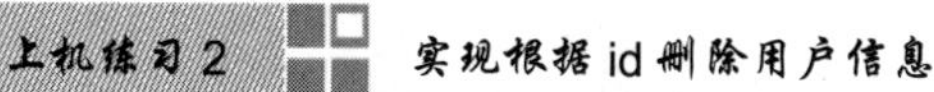

⌘ **需求说明**

使用 JSON 实现根据 id 删除用户信息。

11.5　REST 风格

Spring MVC 除了支持 JSON 数据交互，还支持 REST 风格。REST 风格的网站如图 11.27 所示。

图 11.27　REST 风格的网站

上述网站的 URL 请求格式与常见的网站不太一样，URL 中的 30306570 是参数，但是 URL 中并没有通过“?”进行参数传递，这就是 REST 风格的 URL。

11.5.1　REST 风格概述

Spring MVC 支持 REST 风格的 URL，那么到底什么是 REST 风格呢？

RESTful 风格也称 REST（Representational State Transfer）风格，是一种软件架构风格或设计风格，而不是一个标准。此概念较为复杂，此处了解即可。

简单来说，REST 风格就是把请求参数变成请求目录的一种风格。例如，传统的 URL 请求格式如下。

```
http://.../queryItems?id=1
```

而采用 REST 风格后，URL 请求格式如下。

```
http://.../items/1
```

从上述两种请求格式中可以看出，REST 风格中的 URL 将请求参数 id=1 变成了请求目录的一部分，并且 URL 中的 queryItems 也变成了 items（REST 风格中的 URL 不存在动词形式的目录，如 queryItems 表示查询订单，是一个动词，而 items 表示订单，是一个名词）。

REST 风格可以简单理解为，在使用 URL 表示资源时，每个资源都用一个独一无二的 URL 来表示，并使用 HTTP 方法表示操作，即准确描述服务器对资源的处理动作，实现资源的添加、删除、修改和查询。下面举例说明 REST 风格的 URL 与传统的 URL 的区别。

（1）/userview.html?id=12 VS /user/view/12。

（2）/userdelete.html?id=12 VS /user/delete/12。

（3）/usermodify.html?id=12 VS /user/modify/12。

REST 风格的 URL 与传统的 URL 明显的区别就是参数不再使用“?”传递。这种风格的 URL 可读性更好，且项目架构清晰，关键是 Spring MVC 可提供对这种风格的支持。但是其也有弊端，对于国内项目，由于 URL 参数有时会传递中文，因此会出现一个令人头疼的中文乱码问题。用户应根据实际情况进行灵活处理，很多网站采用传统的 URL 与 REST 风格的 URL 混搭的方式。

REST 风格在 HTTP 请求中，可使用 PUT 方式、DELETE 方式、POST 和 GET 方式分别对应添加、删除、修改和查询操作。目前，国内开发的网站，仍只使用 POST 方式和 GET 方式来进行添加、删除、修改和查询操作。

11.5.2 应用案例——用户信息查询

本案例将采用 REST 风格的请求实现用户信息的查询，同时返回 JSON 数据，具体实现步骤如下。

步骤 1 修改 UserController.java

在 UserController.java 中，编写 selectUser()方法，具体代码如下。

```
//接收 REST 风格的请求，接收方式为 GET
@RequestMapping(value="/user/{id}",method=RequestMethod.GET)
@ResponseBody
public User selectUser(@PathVariable("id") String id){
 //查看接收的数据
    System.out.println("id="+id);
    User user=new User();
    //模拟根据 id 查询出的用户信息
    if(id.equals("1234")){
        user.setUsername("tom");
    }
    //返回 JSON 数据
    return user;
}
```

在上述代码中，@RequestMapping(value="/user/{id}",method=RequestMethod.GET)用于匹配请求目录（包括参数）和方式，其中 value="/user/{id}"表示可以匹配以"/user/{id}"结尾的请求，id 属性的值为请求中的动态参数值；method=RequestMethod.GET 表示只接收 GET 方式的请求。@PathVariable("id")则用于接收并绑定请求参数，可以将请求 URL 中的变量映射到方法的形参中，如果请求目录为/user/{id}，那么请求参数中的 id 和方法形参名的 id 一样，@PathVariable 后面的("id")可以省略。

步骤 2 编辑 restful.jsp

在/WEB-INF/jsp 目录下，编辑 restful.jsp。在 restful.jsp 中使用 AJAX 通过输入的 id 来查询用户信息，具体代码如示例 26 所示。

【示例 26】restful.jsp

```
<%@ page language="java" contentType="text/html; charset=UTF-8"
        pageEncoding="UTF-8" %>
<!DOCTYPE html>
<html>
<head>
    <title>REST 风格的测试</title>
    <meta http-equiv="Content-Type" content="text/html; charset=UTF-8">
    <script src="http://libs.baidu.com/jquery/1.11.3/jquery.min.js"></script>
    <script type="text/javascript">
        function search() {
            // 获取输入的 id
            var id = $("#number").val();
            $.ajax({
                url: "${pageContext.request.contextPath }/user/" + id,
                type: "GET",
                //定义回调响应的数据格式为 JSON 字符串，该属性可以省略
                dataType: "json",
                //成功响应的结果
                success: function (data) {
                    if (data.username != null) {
                        alert("您查询的用户是: " + data.username);
                    } else {
                        alert("没有找到 id 属性的值为:" + id + "的用户！");
                    }
                }
            });
        }
    </script>
</head>
<body>
<form>
    编号：<input type="text" name="number" id="number">
    <input type="button" value="搜索" onclick="search()"/>
</form>
</body>
</html>
```

上述代码中在请求目录下使用了 REST 风格的 URL，并且定义请求方式为 GET。

步骤 3　启动项目，测试应用

将项目发布到 Tomcat 服务器中，并启动 Tomcat 服务器，在浏览器中访问 http://localhost:8888/restful.jsp，结果如图 11.28 所示。

图 11.28　访问结果 1

在文本框中输入编号“1234”，单击“搜索”按钮，程序正确执行后，页面中会弹出显示查询的用户信息对话框，如图 11.29 所示。

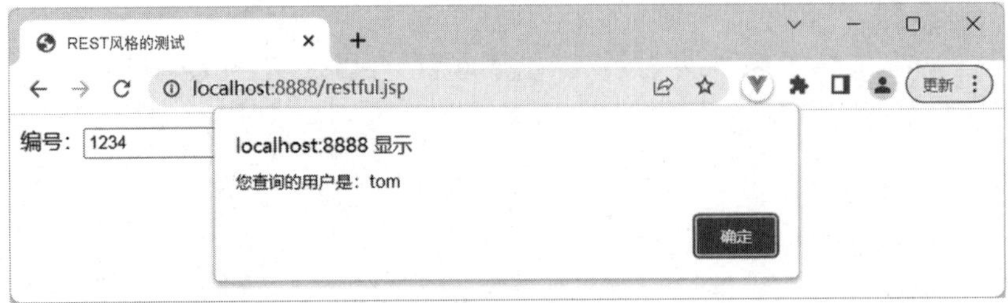

图 11.29　访问结果 2

与此同时，控制台中也会显示相应的数据，如图 11.30 所示。

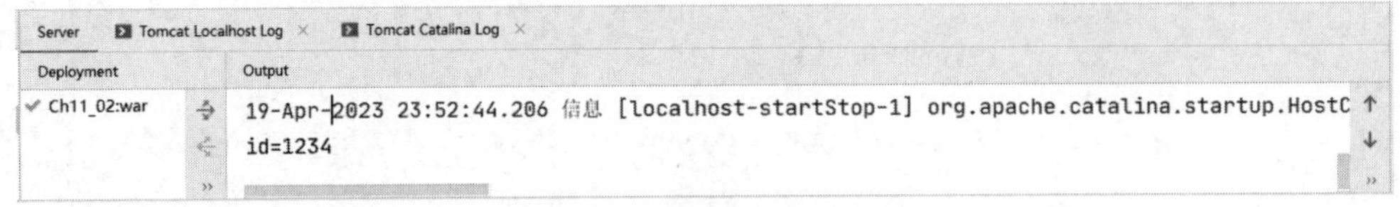

图 11.30　控制台的输出结果

可以看出，已经成功使用 REST 风格的请求查询出了用户信息。

11.5.3　技能训练

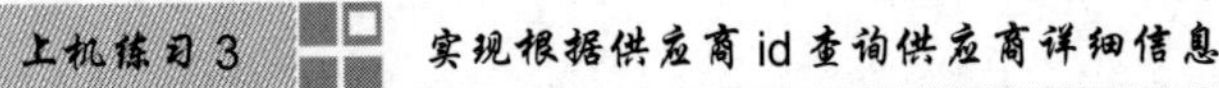

⌘ 需求说明

URL 使用 REST 风格实现根据供应商 id 查询供应商详细信息。

上机练习 4　实现根据供应商 id 修改供应商信息

⌘ 需求说明

（1）URL 使用 REST 风格实现根据供应商 id 修改供应商信息。

（2）修改信息。单击“保存”按钮，信息修改成功并返回到供应商信息页面；单击“返回”按钮，直接返回到供应商信息页面，不进行信息修改的保存。

本章总结

- 在数据绑定过程中，Spring MVC 会通过 DataBinder（数据绑定组件）将请求参数的内容进行类型转换，并将转换后的值赋给控制器类中方法的形参。
- @RequestParam 注解用于对请求的参数进行定义，required 属性用于指定是否必需。
- 控制器处理方法的返回结果若为 ModelAndView，则既包含视图又包含模型数据。
- Spring MVC 的 Model 其实就是一个 Map 类型的数据结构。
- JSON（JavaScript Object Notation，JS 对象标记）是一种轻量级的数据交互格式。它是基于 JavaScript 的一个子集，使用 C、C++、C#、Java、JavaScript、Perl、Python 等语言进行约定，采用完全独立于编程语言的文本格式来存储和表示数据。
- 通过 Spring 提供的 HttpMessageConverter<T>可以实现浏览器与控制器之间的数据交互。
- RESTful 风格也称 REST（Representational State Transfer）风格，是一种软件架构风格或设计风格，而不是一个标准。REST 风格可以简单理解为，在使用 URL 表示资源时，每个资源都用一个独一无二的URL 来表示。

本章作业

一、选择题

1．下面关于 Spring MVC 数据绑定中集合绑定的说法正确的是（　　）。

A．在批量删除用户信息时，前端请求传递过来的参数会包含多个相同类型的数据，此时可以采用 Array 进行数据绑定

B．在使用集合进行数据绑定时，后端方法中需要定义一个集合类型的参数，介绍绑定前端请求参数

C．绑定 Array 与绑定集合页面传递的参数相同，只是后端接收方法的参数不同

D．在使用集合进行数据绑定时，后端方法中不支持直接使用集合形参

2．下面（　　）是 Spring 的编码过滤器类。

A．org.springframework.web.filter.EncodingFilter

B．org.springframework.web.filter.CharacterEncodingFilter

C．org.springframework.web.filter.CharacterEncoding

D．org.springframework.web.filter.CharacterFilter

3．下面关于包装 POJO 类型数据绑定的说法正确的是（　　）。

A．如果查询条件参数是包装类的直接基本属性，那么参数名直接使用对应的属性名

B．如果查询条件参数是包装类的直接基本属性，那么参数名必须使用对应的“对象.属性”形式

C．如果查询条件参数是包装 POJO 的子属性，那么参数名必须使用对应的属性名

D．如果查询条件参数是包装 POJO 的子属性，那么参数名必须使用对应的“对象.子属性.属性值”形式

4．下面属于 REST 风格请求的是（　　）。

A．http://.../queryItems?id=1

B．http://.../queryItems?id=1&name=zhangsan

C．http://.../items/1

D．http://.../queryitems/1

5．在 JSON 对象结构中，key 必须为（　　）类型。

A．Object　　B．Array　　C．String　　D．Number

二、简答题

1．简述简单数据类型中的@RequestParam 注解及其属性作用。

2．简述 JSON 数据交互中两个注解的作用。

3．简述静态资源访问的配置方式。

三、操作题

改造百货中心供应链管理系统，完成添加、查询角色信息的操作。

（1）搭建 Spring MVC 环境，编写对应的 POJO、控制器、添加页面（add.jsp）、添加成功并显示新增数据的页面（save.jsp）的代码。

（2）部署并运行测试结果。

第 12 章

深入使用 Spring MVC

本章目标

◎ 熟悉 Spring MVC 中文件上传的具体实现步骤

◎ 掌握如何编写文件上传程序

◎ 掌握如何编写中英文名称文件下载程序

◎ 了解拦截器的定义和配置

◎ 熟悉拦截器的执行流程

◎ 掌握拦截器的使用方法

本章简介

文件上传和下载是实际开发中常用的功能，如图片上传和下载、邮件附件上传和下载等。在实际开发中，拦截器的使用也是非常普遍的，如在购物网站中通过拦截器可以拦截未登录的用户，禁止其购买商品，或验证已登录的用户是否有相应的操作权限等。Spring MVC 中提供了拦截器，通过配置拦截器即可对请求进行拦截处理。下面对 Spring MVC 中的文件上传和下载，以及拦截器的使用方法进行详细介绍。

技术内容

12.1 文件上传

12.1.1 文件上传概述

多数文件上传都是通过表单提交给后端服务器的。因此，要实现文件上传就需要提供一个文件上传的表单。表单必须满足以下 3 个条件。

（1）表单的 method 属性的值为 post。

（2）表单的 enctype 属性的值为 multipart/form-data。

（3）提供<input type="file" name="filename"/>元素的文件上传输入框。

文件上传表单的具体代码如下。

```
<form action="uploadUrl" method="post" enctype="multipart/form-data">
    <input type="file" name="filename" multiple="multiple" />
```

```
    <input type="submit" value="文件上传"/>
</form>
```

在上述代码中，除满足了文件上传表单需要的 3 个条件外，<input>元素中还增加了一个 multiple 属性。该属性是 HTML 5 中的新属性，如果使用了该属性，那么可以同时选择多个文件进行上传，即可实现多文件上传。

当客户端表单的 enctype 属性的值为 multipart/form-data 时，浏览器会采用二进制流的形式来处理表单数据，服务器就会对文件上传的请求进行解析处理。Spring MVC 为文件上传提供了直接的支持，这种支持是通过 MultipartResolver（多部件解析器）实现的。MultipartResolver 是一个接口，需要通过它的实现类 CommonsMultipartResolver 来完成文件上传工作。在 Spring MVC 中使用 MultipartResolver 非常简单，只需要在配置文件中定义 MultipartResolver 的 Bean 即可，具体代码如下。

```
<bean id="multipartResolver" class=
    "org.springframework.web.multipart.commons.CommonsMultipartResolver">
    <!--设置请求编码格式，必须与 JSP 中的 pageEncoding 属性的值一致，默认值为 ISO-8859-1 -->
    <property name="defaultEncoding" value="UTF-8" />
    <!--设置允许上传文件的最大值（2MB），单位为字节-->
    <property name="maxUploadSize" value="2097152" />
</bean>
```

在上述代码中，除配置了 CommonsMultipartResolver 外，还通过<property>元素配置了编码格式及允许上传文件的最大值。

通过<property>元素可以对 CommonsMultipartResolver 的如下属性进行配置。

（1）maxUploadSize：上传文件的最大值（以字节为单位)。

（2）maxInMemorySize：缓存的最大值。

（3）defaultEncoding：默认编码格式。

（4）resolveLazily：推迟文件解析，以便在控制器中捕获文件大小异常。

注意

因为 MultipartResolver 的 CommonsMultipartResolver 内部是引用 multipartResolver 字符串获取该实现类并完成文件解析的，所以在配置 CommonsMultipartResolver 时必须指定该 Bean 的 id 属性的值为 multipartResolver。

由于 CommonsMultipartResolver 是 Spring MVC 内部通过 Apache Commons FileUpload 实现的，因此 Spring MVC 的文件上传还需要依赖 Apache Commons FileUpload，即需要导入支持文件上传的相关 JAR 包，具体如下。

（1）commons-fileupload-1.3.2.jar。

（2）commons-io-2.5.jar。

以上两个 JAR 包的版本是本书编写时的最新版本，可以通过 Apache 官网下载（进入 Apache 官网后，在 Apache Commons Proper 下方列表的 Components 列中找到 FileUpload 和 IO，单击对应链接后，即可在打开的页面中找到下载链接），也可以直接使用本书源码中的 JAR 包。

当完成页面表单和文件上传解析器的配置后，在控制器中编写文件上传的方法即可实现文件上传。Spring MVC 中文件上传方法的编写十分简单，具体代码如下。

```
@Controller
public class FileUploadController {
    @RequestMapping("/fileUpload")
    public String handleFormUpload(@RequestParam("name") String name,
            @RequestParam("uploadfile") List<MultipartFile> file,...) {
        if (!file.isEmpty()) {
            //具体的执行方法
            ...
            return "uploadSuccess";
```

```
        }
        return "uploadFailure";
    }
}
```

上述代码中包含一个 MultipartFile 接口类型的参数 file，上传到程序中的文件就是被封装在该参数中的。MultipartFile 接口中提供了获取上传文件、文件名等的方法。MultipartFile 接口的主要方法如表 13.1 所示。

表 13.1　MultipartFile 接口的主要方法

方　法	说　明
byte[] getBytes()	以字节 Array 的形式返回文件内容
String getContentType()	返回文件内容的类型
InputStream getInputStream()	读取文件内容，返回一个字节流
String getName()	获取多部件表单的参数名
String getOriginalFilename()	获取上传文件的初始化名
long getSize()	获取上传文件的大小，单位是字节
Boolean isEmpty()	判断上传的文件是否为空
void transferTo(File file)	将上传的文件保存到目标目录下

12.1.2　应用案例——文件上传

通过对前面内容的学习，相信读者对如何在 Spring MVC 中实现文件上传已经有了一些了解。下面通过一个案例演示如何实现文件上传，具体实现步骤如下。

步骤 1　创建项目

在 IntelliJ IDEA 中，创建 Maven 项目。在“New Project”对话框中，勾选“Create from archetype”复选框，并在列表框中选择“org.apache.maven.archetypes:maven-archetype-webapp”选项，创建一个名为 Ch12_01 的 Maven 项目。在 web.xml 中，配置 Spring MVC 的前端控制器等信息。具体代码同创建 Ch10_01 项目的代码。

编辑 pom.xml，除之前 Spring MVC 相关依赖外，额外添加 FastJson 的开源包，具体代码如下。

```
<dependency>
    <groupId>commons-io</groupId>
    <artifactId>commons-io</artifactId>
    <version>2.6</version>
</dependency>
<dependency>
    <groupId>commons-fileupload</groupId>
    <artifactId>commons-fileupload</artifactId>
    <version>1.3.1</version>
</dependency>
```

步骤 2　创建 springmvc-config.xml

在 src/main/resources 目录下创建 springmvc-config.xml，具体代码如示例 1 所示。

【示例 1】springmvc-config.xml

```
<?xml version="1.0" encoding="UTF-8"?>
<beans xmlns="http://www.springframework.org/schema/beans"
  xmlns:mvc="http://www.springframework.org/schema/mvc"
  xmlns:xsi="http://www.w3.org/2001/XMLSchema-instance"
  xmlns:context="http://www.springframework.org/schema/context"
  xsi:schemaLocation="http://www.springframework.org/schema/beans
  http://www.springframework.org/schema/beans/spring-beans.xsd
  http://www.springframework.org/schema/mvc
  http://www.springframework.org/schema/mvc/spring-mvc.xsd
```

```
    http://www.springframework.org/schema/context
    http://www.springframework.org/schema/context/spring-context.xsd">
      <!-- 配置组件扫描器，指定需要扫描的包 -->
      <context:component-scan base-package="cn.dsscm.controller" />
      <!--配置注解驱动  -->
      <mvc:annotation-driven />
      <!-- 配置视图解析器 -->
      <bean id="viewResolver" class=
      "org.springframework.web.servlet.view.InternalResourceViewResolver">
      <!-- 设置前缀 -->
      <property name="prefix" value="/WEB-INF/jsp/" />
      <!-- 设置后缀 -->
      <property name="suffix" value=".jsp" />
      </bean>
      <!-- 配置文件上传解析器 -->
      <bean id="multipartResolver"
          class="org.springframework.web.multipart.commons.CommonsMultipartResolver">
  <!-- 设置请求编码格式-->
  <property name="defaultEncoding" value="UTF-8" />
      </bean>
  </beans>
```

上述代码中除配置了 Spring MVC 需要的组件扫描器、注解驱动和视图解析器外，还配置了文件上传解析器。

步骤 3　创建 fileUpload.jsp

在 WebRoot 目录下创建 fileUpload.jsp，具体代码如示例 2 所示。

【示例 2】fileUpload.jsp

```
<%@ page language="java" contentType="text/html; charset=UTF-8"
    pageEncoding="UTF-8"%>
<!DOCTYPE html>
<html>
<head>
<meta http-equiv="Content-Type" content="text/html; charset=UTF-8">
<title>文件上传</title>
<script>
// 判断是否填写上传人并已选择文件
function check(){
    var name = document.getElementById("name").value;
    var file = document.getElementById("file").value;
    if(name==""){
        alert("填写上传人");
        return false;
    }
    if(file.length==0||file==""){
        alert("请选择文件");
        return false;
    }
    return true;
}
</script>
</head>
<body>
<form action="${pageContext.request.contextPath }/fileUpload"
    method="post" enctype="multipart/form-data" onsubmit="return check()">
    上传人：<input id="name" type="text" name="name" /><br />
    请选择文件：<input id="file" type="file" name="uploadfile"
                                                   multiple="multiple" /><br />
        <input type="submit" value="上传" />
    </form>
</body>
</html>
```

上述代码中编写了一个用于上传文件的表单，该表单可以填写上传人并上传文件。当单击“上传”按钮时，可以执行 check()方法检查是否已填写上传人和是否已选择文件。只有填写上传人并选择上传文件后，才能正常提交表单，否则将不会提交表单，并会给出相应的提示信息。提交表单后，会将表单以 POST 方式提交到一个以/fileUpload 结尾的请求中。

步骤 4 创建 success.jsp 和 error.jsp

在/WEB-INF 目录下创建 jsp 文件夹，在该文件夹中创建 success.jsp 和 error.jsp，在 success.jsp 和 error.jsp 的<body>元素中分别编写显示上传成功的信息（“文件上传成功!”）和显示上传失败的信息（“文件上传失败，请重新上传!”）。

步骤 5 创建 FileUploadController.java

在 src/main/java 目录下创建 cn.dsscm.controller 包，在该包下创建用于上传文件的 FileUploadController.java，具体代码如示例 3 所示。

【示例 3】FileUploadController.java

```java
package cn.dsscm.controller;

import java.io.File;
import java.util.List;
import java.util.UUID;
import javax.servlet.http.HttpServletRequest;
import org.springframework.stereotype.Controller;
import org.springframework.web.bind.annotation.RequestMapping;
import org.springframework.web.bind.annotation.RequestParam;
import org.springframework.web.multipart.MultipartFile;
@Controller
public class FileUploadController {
    // 上传文件
    @RequestMapping("/fileUpload")
    public String handleFormUpload(@RequestParam("name") String name,
              @RequestParam("uploadfile") List<MultipartFile> uploadfile,
                                   HttpServletRequest request) {
        // 判断上传的文件是否存在
        if (!uploadfile.isEmpty() && uploadfile.size() > 0) {
            // 循环输出上传的文件
            for (MultipartFile file : uploadfile) {
                // 获取上传文件的原始名
                String originalFilename = file.getOriginalFilename();
                // 设置上传文件要保存的目录
                String dirPath =
                        request.getServletContext().getRealPath("/upload/");
                File filePath = new File(dirPath);
                // 如果要保存的目录不存在，那么先创建目录
                if (!filePath.exists()) {
                    filePath.mkdirs();
                }
                // 使用 UUID 重新为上传的文件命名
                String newFilename = name + "_" + UUID.randomUUID()
                                     + "_" + originalFilename;
                try {
                    // 使用 MultipartFile 接口方法完成将文件上传到指定位置
            file.transferTo(new File(dirPath + File.separator + newFilename));
                } catch (Exception e) {
                    e.printStackTrace();
                    return "error";
                }
            }
            return "success";// 跳转到成功页面
        } else {
            return "error";
        }
    }
}
```

上述代码中使用注解定义了一个控制器类，并在该类中定义了执行文件上传的方法 handleFormUpload()。在 handleFormUpload()方法的参数中使用 List<MultipartFile>集合类型来接收上传的文件，并判断上传的文件是否存在。如果上传的文件存在，那么继续执行上传操作，在通过 MultipartFile 接口的 transferTo()方法将上传的文件保存到用户指定的目录后，会跳转到 success.jsp；如果文件不存在或上传失败，那么会跳转到 error.jsp。

步骤 6　启动项目，测试应用

将项目发布到 Tomcat 服务器中，并启动 Tomcat 服务器，在浏览器中访问 http://localhost:8080/fileUpload.jsp，结果如图 12.1 所示。

图 12.1　访问结果 1

填写上传人并选择文件，单击“上传”按钮后就可以向后端发送上传信息了。这里填写上传人为“张三”，选择两张图片后，结果如图 12.2 所示。

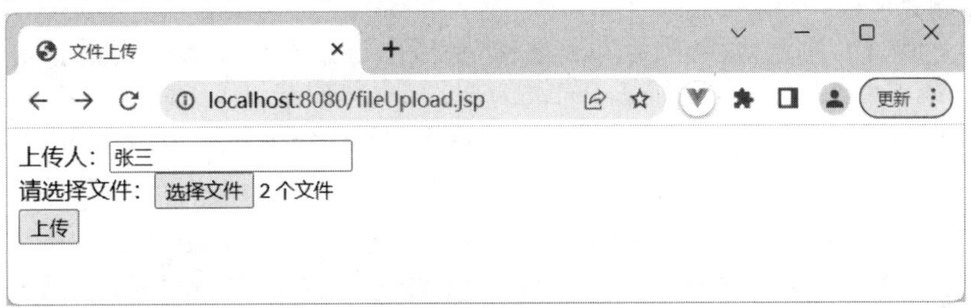

图 12.2　访问结果 2

单击“上传”按钮，程序正确执行后，会跳转到 success.jsp，此时查看项目的发布目录即可发现 Ch13_01 项目中多了一个 upload 文件夹，如图 12.3 所示。

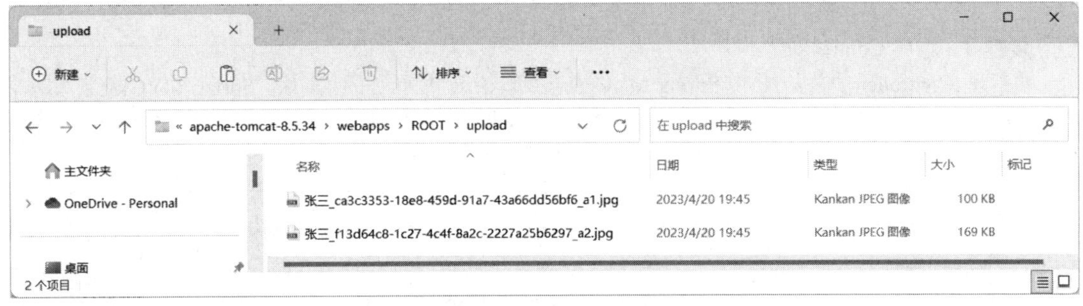

图 12.3　upload 文件夹

可以看出，已经成功上传了两张图片，并且图片名为“上传人_UUID_原始文件名”形式。

upload 文件夹在项目的发布目录下，而非在创建的项目所在目录下。如果未更改项目的发布目录，那么要去 Tomcat 服务器的工作空间的 metadata 目录下寻找项目的发布目录；如果已将项目的发布目录更改到 Tomcat 服务器中，那么需要在 Tomcat 服务器的 webapps 目录下寻找项目的发布目录（目录为 D:\soft\apache-tomcat-8.5.34\webapps\ROOT\upload）。

12.1.3 技能训练

上机练习 1　实现用户注册照片的上传

⌘ 需求说明

修改用户注册功能，并添加用户注册照片的上传功能。

12.2 文件下载

文件下载就是将文件服务器中的文件下载到本机上。文件下载比较简单，直接在页面中给出一个链接，使用该链接的 href 属性指定后端文件下载的方法及文件名，就可以实现文件下载了。如果文件名为中文，那么使用某些早期的浏览器下载会导致失败，而使用 Firefox、Opera、Safari 等都可以正常下载文件名为中文的文件。

12.2.1 应用案例——文件下载

在 Spring MVC 环境中，文件下载的具体实现步骤如下。

步骤 1　创建项目

在 IntelliJ IDEA 中，创建 Maven 项目。在“New Project”对话框中，勾选“Create from archetype”复选框，并在列表框中选择“org.apache.maven.archetypes:maven-archetype-webapp”选项，创建一个名为 Ch12_02 的 Maven 项目。在 web.xml 中，配置 Spring MVC 的前端控制器等信息。具体代码同创建 Ch12_01 项目的代码。

步骤 2　创建 download.jsp

在 webapps 目录下创建 download.jsp，客户端页面中提供一个文件下载的链接，使用该链接的 href 属性指定后端文件下载的方法及文件名（需要在文件下载目录下添加一个名为 001.jpg 的文件），具体代码如下。

```
<a href="${pageContext.request.contextPath }/download?filename=001.jpg">文件下载</a>
```

步骤 3　编辑 Controller 类

在后端 Controller 类中，使用 Spring MVC 提供的文件下载方法下载文件。Spring MVC 提供了一个 ResponseEntity。使用它可以很方便地定义返回的 HttpHeaders 对象和 HttpStatus 对象。通过对这两个对象进行设置，即可完成文件下载时所需的配置信息，具体代码如下。

```
@RequestMapping("/download")
public ResponseEntity<byte[]> fileDownload(HttpServletRequest request,
                                String filename) throws Exception{
    // 指定要下载文件的所在目录
    String path = request.getServletContext().getRealPath("/upload/");
    // 创建文件对象
    File file = new File(path+File.separator+filename);
    // 设置响应头
    HttpHeaders headers = new HttpHeaders();
    // 通知浏览器以下载方式打开文件
    headers.setContentDispositionFormData("attachment", filename);
    // 定义以二进制流的形式下载返回文件数据
    headers.setContentType(MediaType.APPLICATION_OCTET_STREAM);
    // 返回使用 ResponseEntity 封装的下载数据
   return  new  ResponseEntity<byte[]>  (FileUtils.readFileToByteArray(file),  headers,
HttpStatus.OK);
}
```

在 fileDownload()方法中，首先根据文件目录和需要下载的文件名来创建文件对象，其次对响应头中文件下载时的打开方式及下载方式进行设置，最后返回使用 ResponseEntity 封装的下载数据。

ResponseEntity 类似@ResponseBody 注解，用于直接返回结果。在上述代码中，响应头中的 MediaType 代表的是 Internet Media Type（互联网媒体类型），又叫 MIME 类型；MediaType.APPLICATION_OCTET_STREAM 属性的值为 application/octet-stream，即以二进制流的形式下载数据；HttpStatus 类型代表的是 HTTP 中的状态；HttpStatus.OK 表示 200，即服务器已成功处理了请求。

步骤 4　启动项目，测试应用

将项目发布到 Tomcat 服务器中，并启动 Tomcat 服务器，在浏览器中访问 http://localhost:8888/download.jsp，结果如图 12.4 所示。

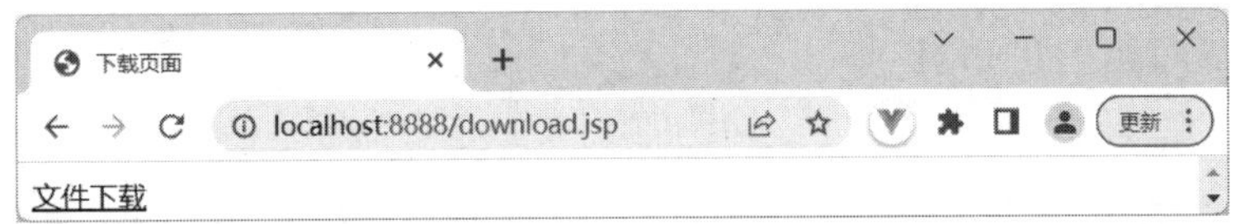

图 12.4　访问结果

单击“文件下载”链接，出现下载提示弹窗，如图 12.5 所示（这里以 Google Chrome 浏览器为例进行演示）。

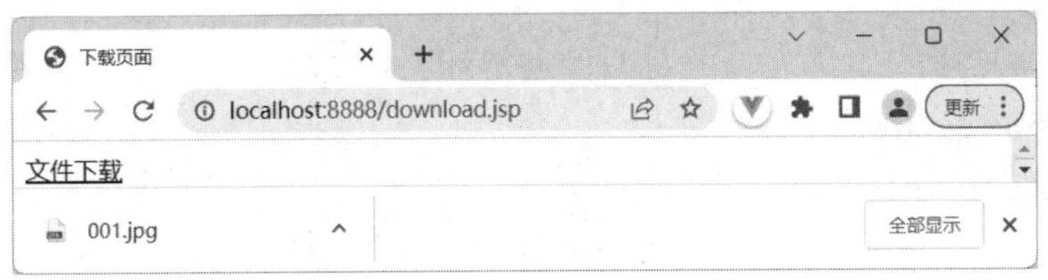

图 12.5　下载提示弹窗

12.2.2　应用案例——文件名为中文的文件下载

虽然通过 Spring MVC 实现了文件下载，但此案例代码只适用于文件名非中文的文件下载。当对文件名为中文的文件进行下载时，因为每个浏览器内部转码机制不同，所以会出现不同的乱码及解析异常问题。例如，在文件下载目录下添加一个名为“壁纸.jpg”的文件，当通过浏览器下载该文件时就会发生错误，错误信息如图 12.6 所示。

```
Problems  Tasks  Web Browser  Servers  Console
tomcat7Server [Remote Java Application] C:\Users\Eleven\MyEclipse\Common\binary\com.sun.java.jdk.win32.x86_64_1.6.0.013\bin\javaw.exe (2020-2-1 下午2:24:11)
- (12855 ms) - 2020-2-1 14:24:50[DEBUG](AbstractHandlerExceptionResolver.java:132) Resolving exception from handl
- (12857 ms) - 2020-2-1 14:24:50[DEBUG](FrameworkServlet.java:974) Could not complete request
java.io.FileNotFoundException: File 'D:\soft\apache-tomcat-7.0.76\webapps\Ch13_01\upload\??????.jpg' does not exi
	at org.apache.commons.io.FileUtils.openInputStream(FileUtils.java:292)
	at org.apache.commons.io.FileUtils.readFileToByteArray(FileUtils.java:1815)
	at cn.dsscm.controller.FileUploadController.fileDownload(FileUploadController.java:98)
	at sun.reflect.NativeMethodAccessorImpl.invoke0(Native Method)
	at sun.reflect.NativeMethodAccessorImpl.invoke(NativeMethodAccessorImpl.java:39)
	at sun.reflect.DelegatingMethodAccessorImpl.invoke(DelegatingMethodAccessorImpl.java:25)
```

图 12.6　错误信息

可以看出，要下载的文件名并不是“壁纸.jpg”，而是“??????.jpg”，这就表示中文文件名出现了乱码。那么该如何解决这种乱码呢？可以先在前端页面发送请求时对中文文件名进行统一编码，再在后端控制器类中对该文件名进行相应的转码，具体实现步骤如下。

步骤 1　修改 download.jsp

在下载页面中对中文文件名进行编码。可以使用 Servlet API 提供 URLEncoder 的 encoder(String s, String enc)方法将中文转换为 UTF-8。该方法中第一个参数表示需要转码的字符串，第二个参数表示编码格式，具体实现步骤如示例 4 所示。

【示例 4】download.jsp

```
<%@ page language="java" contentType="text/html; charset=UTF-8"
    pageEncoding="UTF-8"%>
<%@page import="java.net.URLEncoder"%>
<!DOCTYPE html>
<html>
<head>
<meta http-equiv="Content-Type" content="text/html; charset=UTF-8">
<title>下载页面</title>
</head>
<body>
    <a href="${pageContext.request.contextPath }/download?filename=<%=
                                    URLEncoder.encode("壁纸.jpg", "UTF-8")%>">
        文件名为中文的文件下载
    </a>
</body>
</html>
```

步骤 2 修改 FileUploadController.java

在 FileUploadController.java 中修改 fileDownload2()方法，并添加对文件名进行编码的方法，具体代码如下。

```
@RequestMapping("/download2")
public ResponseEntity<byte[]> fileDownload2(HttpServletRequest request,
                                        String filename) throws Exception{
    // 指定要下载文件的所在目录
    String path = request.getServletContext().getRealPath("/upload/");
    // 对中文文件名进行编码，防止出现乱码
    filename = new String(filename.getBytes("ISO-8859-1"), "UTF-8");
    // 创建文件对象
    File file = new File(path+File.separator+filename);
    // 设置响应头
    HttpHeaders headers = new HttpHeaders();
    // 通知浏览器以下载的方式打开文件
  headers.setContentDispositionFormData("attachment",
         this.getFilename(request, filename));
    // 定义以二进制流的形式下载返回文件数据
    headers.setContentType(MediaType.APPLICATION_OCTET_STREAM);
    // 返回使用 ResponseEntity 封装的下载数据
   return new ResponseEntity<byte[]>(FileUtils.readFileToByteArray(file),
                                        headers,HttpStatus.OK);
}
// 根据浏览器的不同进行编码设置，返回编码后的文件名
public String getFilename(HttpServletRequest request,
                String filename) throws Exception {
    // IE 浏览器不同版本的 User-Agent 中的关键字
    String[] IEBrowserKeyWords = {"MSIE", "Trident", "Edge"};
    // 获取请求头代理信息
    String userAgent = request.getHeader("User-Agent");
    for (String keyWord : IEBrowserKeyWords) {
         if (userAgent.contains(keyWord)) {
              //IE 浏览器使用 UTF-8 显示
              return URLEncoder.encode(filename, "UTF-8");
         }
    }
    //火狐等浏览器统一使用 ISO-8859-1 显示
    return new String(filename.getBytes("UTF-8"),"ISO-8859-1");
}
```

在 getFilename()方法中，由于旧浏览器在文件编码上与其他浏览器的方式不同，因此在中文编码设置上，旧浏览器设置为 UTF-8，而火狐等浏览器设置为 ISO-8859-1。另外，由于旧浏览器不同版本的 User-

Agent 中的关键字略有不同，因此在判断旧浏览器时，需要特别注意 User-Agent 中的关键字。

步骤 3　启动项目，测试应用

再次进行文件名为中文的文件下载测试，并在 IE 浏览器和火狐浏览器中分别单击"文件下载"链接，结果如图 12.7 所示。

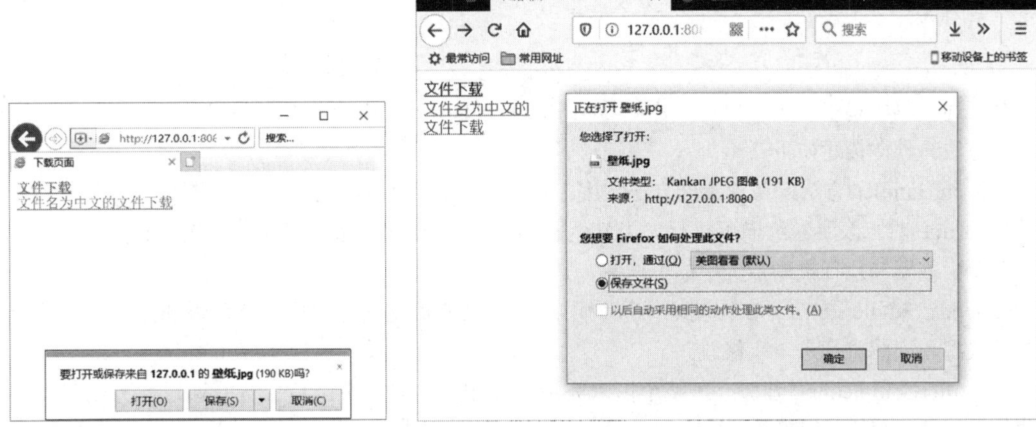

图 12.7　IE 浏览器和火狐浏览器的文件名为中文的文件下载效果

可以看出，下载的文件已在两个浏览器中正确显示出了中文文件名。

12.2.3　技能训练

上机练习 2　实现用户信息查看与图片下载

⌘ 需求说明

实现用户信息查看与用户图片下载，具体要求如下。

（1）根据 id 查看用户信息。

（2）显示用户信息页面后为其提供图片下载的按钮和图片。

12.3　拦截器

12.3.1　拦截器概述

Spring MVC 中的拦截器（Interceptor）类似于 Servlet 中的过滤器（Filter），主要用于拦截用户请求并进行相应处理。例如，通过拦截器可以进行权限验证、日志记录，以及判断用户是否登录等。

1．拦截器的定义

要使用 Spring MVC 中的拦截器，就需要对拦截器进行定义。通常，拦截器用两种方式来定义：一种是通过实现 HandlerInterceptor 接口或继承 HandlerInterceptor 接口的实现类（HandlerInterceptorAdapter 等）来定义；另一种是通过实现 WebRequestInterceptor 接口或继承 WebRequestInterceptor 接口的实现类来定义。

以实现 HandlerInterceptor 接口的实现类来定义为例，自定义拦截器的具体代码如下。

```
public class CustomInterceptor implements HandlerInterceptor{
    public boolean preHandle(HttpServletRequest request,
        HttpServletResponse response, Object handler)throws Exception {
         // 对拦截的请求进行放行处理
```

```
        return false;
    }
    public void postHandle(HttpServletRequest request,
        HttpServletResponse response, Object handler,
        ModelAndView modelAndView) throws Exception {
    }
    public void afterCompletion(HttpServletRequest request,
        HttpServletResponse response, Object handler,
        Exception ex) throws Exception {
    }
}
```

从上述代码中可以看出，自定义拦截器实现了 HandlerInterceptor 接口及该接口的 3 个方法。关于这 3 个方法的具体描述如下。

（1）preHandle()方法：在控制器方法调用之前执行，其返回结果表示是否中断后续操作。当其返回结果为 true 时，表示继续向下执行；当其返回结果为 false 时，表示可中断后续所有操作（包括调用下一个拦截器和执行控制器类中的方法等）。

（2）postHandle()方法：在控制器方法调用之后，且解析视图之前执行。可以通过此方法对请求域中的模型和视图进行进一步修改。

（3）afterCompletion()方法：在整个请求完成，即视图渲染结束之后执行。通过此方法可以实现一些资源清理、日志记录等工作。

2. 拦截器的配置

要使自定义拦截器生效，还需要在 Spring MVC 配置文件中对其进行配置，具体代码如下。

```
<!-- 配置拦截器 -->
<mvc:interceptors>
<!--使用<bean>元素直接定义在<mvc:interceptors>元素中的拦截器拦截所有请求-->
<bean class="cn.dsscm.interceptor.CustomInterceptor"/>
<!-- 拦截器 1 -->
    <mvc:interceptor>
            <!-- 配置拦截器作用的目录 -->
        <mvc:mapping path="/**" />
        <!-- 定义在<mvc:interceptor>元素中只有表示匹配指定目录的请求才进行拦截 -->
        <bean class="cn.dsscm.interceptor.Interceptor1" />
    </mvc:interceptor>
    <!-- 拦截器 2 -->
    <mvc:interceptor>
        <mvc:mapping path="/hello" />
        <bean class="cn.dsscm.interceptor.Interceptor2" />
    </mvc:interceptor>
    ...
</mvc:interceptors>
```

在上述代码中，<mvc:interceptors>元素用于配置一组拦截器，该元素中的<bean>元素中定义的是全局拦截器，可拦截所有请求；而<mvc:interceptor>元素中定义的是指定目录的拦截器，会对指定目录下的请求生效。<mvc:mapping>元素用于配置拦截器作用的目录，该目录在 path 属性中定义。如上述代码中 path 属性的值/**表示拦截所有目录，/hello 表示拦截所有以/hello 结尾的目录。如果在请求目录下包含不需要拦截的内容，那么可以通过<mvc:exclude-mapping>元素进行配置。

<mvc:interceptor>元素的子元素必须按照上述代码的配置顺序即<mvc:mapping ... /> → <mvc：exclude-mapping ... /> → <bean ... />进行编写，否则文件会报错。

12.3.2　拦截器的执行流程

1. 单个拦截器的执行流程

拦截器在程序中的执行是有一定顺序的，该顺序与配置文件中定义的拦截器的顺序相关。如果项目中只定义了一个拦截器，那么该拦截器在程序中的执行流程如图 12.8 所示。

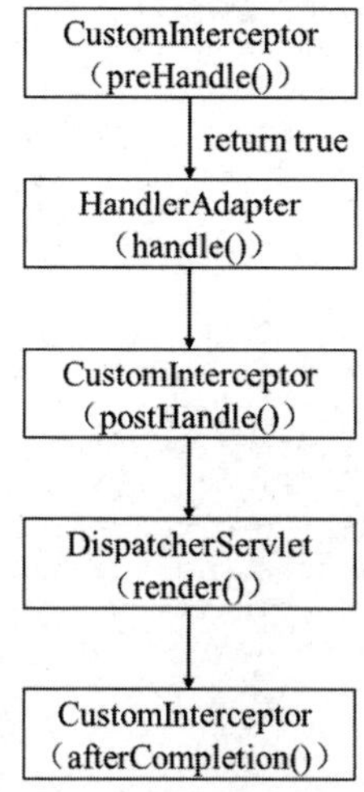

图 12.8　单个拦截器的执行流程

可以看出，程序首先会执行 preHandle()方法，如果该方法的返回结果为 true，那么程序会继续向下执行处理器适配器中的方法，否则将不再向下执行。控制器处理完请求后，会执行 postHandle()方法，并通过前端控制器向客户端返回响应。前端控制器处理完请求后，会执行 afterCompletion()方法。下面通过一个案例演示单个拦截器的执行流程，具体实现步骤如下。

步骤 1　创建项目

在 IntelliJ IDEA 中，创建 Maven 项目。在“New Project”对话框中，勾选“Create from archetype”复选框，并在列表框中选择“org.apache.maven.archetypes:maven-archetype-webapp”选项，创建一个名为 Ch12_03 的 Maven 项目。在 web.xml 中，配置 Spring MVC 的前端控制器等信息。具体代码同创建 Ch10_01 项目的代码。

步骤 2　创建 HelloController.java

在 src/main/java 目录下创建 cn.dsscm.controller 包，在该包下创建 HelloController.java，具体代码如示例 5 所示。

【示例 5】HelloController.java

```
import org.springframework.stereotype.Controller;
import org.springframework.web.bind.annotation.RequestMapping;
@Controller
public class HelloController {
    // 页面跳转
    @RequestMapping("/hello")
    public String Hello() {
        System.out.println("Hello!");
        return "success";
    }
}
```

步骤 3　创建 CustomInterceptor.java

在 src/main/java 目录下创建 cn.dsscm.interceptor 包，在该包下创建 CustomInterceptor.java。该类需要实

现 HandlerInterceptor 接口，在实现方法中编写输出语句用来输出信息，具体代码如示例 6 所示。

【示例 6】CustomInterceptor.java

```java
import javax.servlet.http.HttpServletRequest;
import javax.servlet.http.HttpServletResponse;
import org.springframework.web.servlet.HandlerInterceptor;
import org.springframework.web.servlet.ModelAndView;
// 实现了 HandlerInterceptor 接口的自定义拦截器
public class CustomInterceptor implements HandlerInterceptor{
    public boolean preHandle(HttpServletRequest request,
        HttpServletResponse response, Object handler)throws Exception {
        System.out.println("CustomInterceptor...preHandle");
         // 对拦截的请求进行放行处理
        return true;
    }
    public void postHandle(HttpServletRequest request,
        HttpServletResponse response, Object handler,
        ModelAndView modelAndView) throws Exception {
        System.out.println("CustomInterceptor...postHandle");
    }
    public void afterCompletion(HttpServletRequest request,
        HttpServletResponse response, Object handler,
        Exception ex) throws Exception {
        System.out.println("CustomInterceptor...afterCompletion");
    }
}
```

步骤 4　编辑 springmvc-config.xml

在 src/main/resources 目录下编辑 springmvc-config.xml，具体代码如示例 7 所示。

【示例 7】springmvc-config.xml

```xml
<?xml version="1.0" encoding="UTF-8"?>
<beans xmlns="http://www.springframework.org/schema/beans"
  xmlns:mvc="http://www.springframework.org/schema/mvc"
  xmlns:xsi="http://www.w3.org/2001/XMLSchema-instance"
  xmlns:context="http://www.springframework.org/schema/context"
  xsi:schemaLocation="http://www.springframework.org/schema/beans
  http://www.springframework.org/schema/beans/spring-beans.xsd
  http://www.springframework.org/schema/mvc
  http://www.springframework.org/schema/mvc/spring-mvc.xsd
  http://www.springframework.org/schema/context
  http://www.springframework.org/schema/context/spring-context.xsd">
    <!-- 配置组件扫描器，指定需要扫描的包 -->
    <context:component-scan base-package="cn.dsscm.controller" />
    <!-- 配置视图解析器 -->
    <bean id="viewResolver"
        class="org.springframework.web.servlet.view.InternalResourceViewResolver">
        <!-- 设置前缀 -->
        <property name="prefix" value="/WEB-INF/jsp/" />
        <!-- 设置后缀 -->
        <property name="suffix" value=".jsp" />
    </bean>
    <!-- 配置拦截器 -->
    <mvc:interceptors>
        <!--使用 Bean 直接定义<mvc:interceptors>元素中的拦截器拦截所有请求-->
        <bean class="com.dsscm.interceptor.CustomInterceptor"/>
    </mvc:interceptors>
</beans>
```

由于配置拦截器使用的是<mvc:interceptors>元素，因此需要配置 Spring MVC 的 schema 信息。因为本案例演示的是单个拦截器的执行流程，所以这里只配置了一个全局拦截器。

步骤 5　创建 success.jsp

在/WEB-INF 目录下创建 jsp 文件夹，在该文件夹下创建 success.jsp，在该页面的<body>元素中编写任意显示信息代码，如 ok 等。

步骤 6　启动项目，测试应用

将项目发布到 Tomcat 服务器中，并启动 Tomcat 服务器，在浏览器中访问 http://localhost:8888/hello，程序正确执行后，浏览器会跳转到 success.jsp。此时，控制台的输出结果如图 12.9 所示。

```
CustomInterceptor...preHandle
Hello!
CustomInterceptor...postHandle
CustomInterceptor...afterCompletion
```

图 12.9　控制台的输出结果

可以看出，程序首先执行了 preHandle()方法，其次执行了 Hello()方法，最后执行了 postHandle()方法和 afterCompletion()方法。这与上面介绍的单个拦截器的执行流程是一致的。

2. 多个拦截器的执行流程

在大型的企业级项目中，通常不会只有一个拦截器，开发人员可能会定义很多拦截器来实现不同的功能。那么多个拦截器的执行流程又是怎样的呢？假设有两个拦截器，即 Interceptor1 和 Interceptor2，并且在配置文件中 Interceptor1 配置在前，多个拦截器的执行流程如图 12.10 所示。

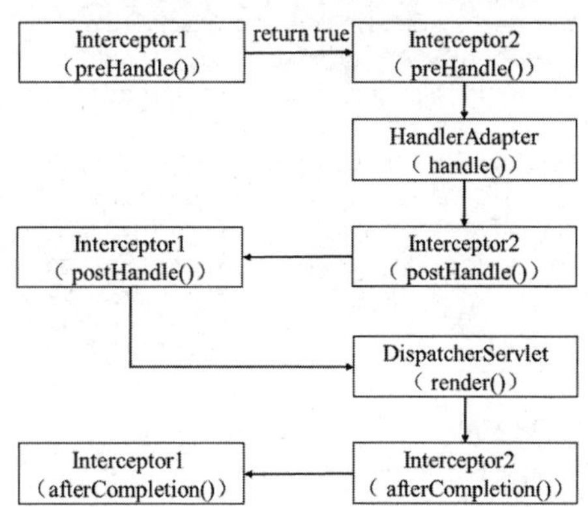

图 12.10　多个拦截器的执行流程

可以看出，当有多个拦截器同时工作时，preHandle()方法会按照配置文件中拦截器的配置顺序执行，而 postHandle()方法和 afterCompletion()方法则会按照拦截器反向配置顺序执行。为了验证上述描述，下面通过修改前面的案例演示多个拦截器的执行流程，具体实现步骤如下。

步骤 1　创建 Interceptor1.java 和 Interceptor2.java

在 cn.dsscm.interceptor 包下创建 Interceptor1.java 和 Interceptor2.java，这两个类均实现了 HandlerInterceptor 接口，重写其中的方法，具体代码如示例 8 和示例 9 所示。

【示例 8】Interceptor1.java

```
import javax.servlet.http.HttpServletRequest;
import javax.servlet.http.HttpServletResponse;
import org.springframework.web.servlet.HandlerInterceptor;
import org.springframework.web.servlet.ModelAndView;
// 以实现接口的方式创建 Interceptor1.java
public class Interceptor1 implements HandlerInterceptor {
    public boolean preHandle(HttpServletRequest request,
        HttpServletResponse response, Object handler) throws Exception {
        System.out.println("Intercepter1...preHandle");
        return true;
```

```
    }
    public void postHandle(HttpServletRequest request,
        HttpServletResponse response, Object handler,
        ModelAndView modelAndView) throws Exception {
        System.out.println("Intercepter1...postHandle");
    }
    public void afterCompletion(HttpServletRequest request,
        HttpServletResponse response, Object handler,
        Exception ex) throws Exception {
        System.out.println("Intercepter1...afterCompletion");
    }
}
```

【示例 9】Interceptor2.java

```
import javax.servlet.http.HttpServletRequest;
import javax.servlet.http.HttpServletResponse;
import org.springframework.web.servlet.HandlerInterceptor;
import org.springframework.web.servlet.ModelAndView;
// 以实现接口的方式创建 Interceptor2.java
public class Interceptor2 implements HandlerInterceptor{
    public boolean preHandle(HttpServletRequest request,
        HttpServletResponse response, Object handler) throws Exception {
        System.out.println("Interceptor2...preHandle");
        return true;
    }
    public void postHandle(HttpServletRequest request,
        HttpServletResponse response, Object handler,
        ModelAndView modelAndView) throws Exception {
        System.out.println("intercepter2...postHandle");
    }
    public void afterCompletion(HttpServletRequest request,
        HttpServletResponse response, Object handler, Exception ex)
        throws Exception {
        System.out.println("Intercepter2...afterCompletion");
    }
}
```

步骤 2　编辑 springmvc-config.xml

编辑 springmvc-config.xml 的具体代码如下。

```
<!-- 拦截器 1 -->
<mvc:interceptor>
    <!-- 配置拦截器作用的目录 -->
    <mvc:mapping path="/**" />
    <!-- 定义在<mvc:interceptor>元素中只有表示匹配指定目录的请求才进行拦截 -->
    <bean class="cn.dsscm.interceptor.Interceptor1" />
</mvc:interceptor>
<!-- 拦截器 2 -->
<mvc:interceptor>
    <mvc:mapping path="/hello" />
    <bean class="cn.dsscm.interceptor.Interceptor2" />
</mvc:interceptor>
```

在上述代码中，第一个拦截器作用于所有目录的请求，而第二个拦截器则作用于以/hello 结尾的请求。为了不影响程序的输出结果，可将 12.3.1 节案例中 CustomInterceptor.java 的配置注释掉。

步骤 3　启动项目，测试应用

将项目发布到 Tomcat 服务器中，并启动 Tomcat 服务器，在浏览器中访问 http://localhost:8888/hello，程序正确执行后，浏览器会跳转到对应页面。此时，控制台的输出结果如图 12.11 所示。

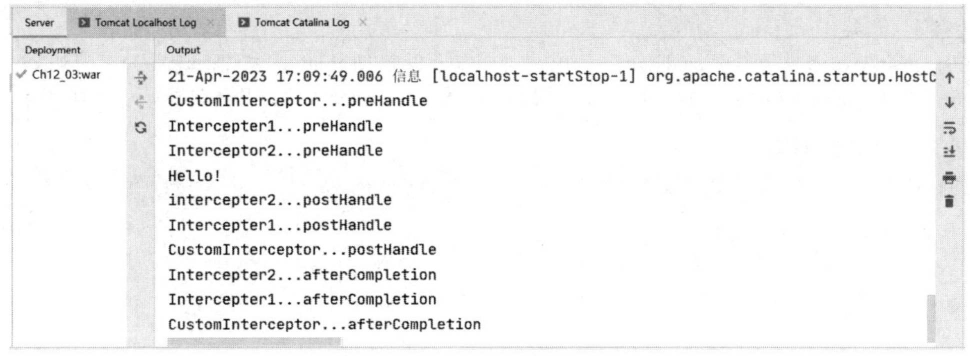

图 12.11　控制台的输出结果

可以看出，程序首先执行了 preHandle()方法，这两个方法的执行顺序与配置文件中定义的顺序相同，其次执行了 Hello()方法，最后执行了 postHandle()方法和 afterCompletion()方法，且这两个方法的执行顺序与配置文件中定义的拦截器顺序相反。

12.3.3　应用案例——用户登录权限验证

本节将通过拦截器来完成一个用户登录权限验证的案例。在该案例中，只有登录后的用户才能访问主页面，如果用户没有登录系统而直接访问主页面，那么拦截器将会请求拦截，并转发到登录页面，同时在登录页面中给出提示信息。如果用户名或密码错误，那么会在登录页面中给出提示信息。当已登录的用户在主页面中单击“退出”链接时，系统将会返回登录页面。用户登录权限验证的执行流程如图 12.12 所示。

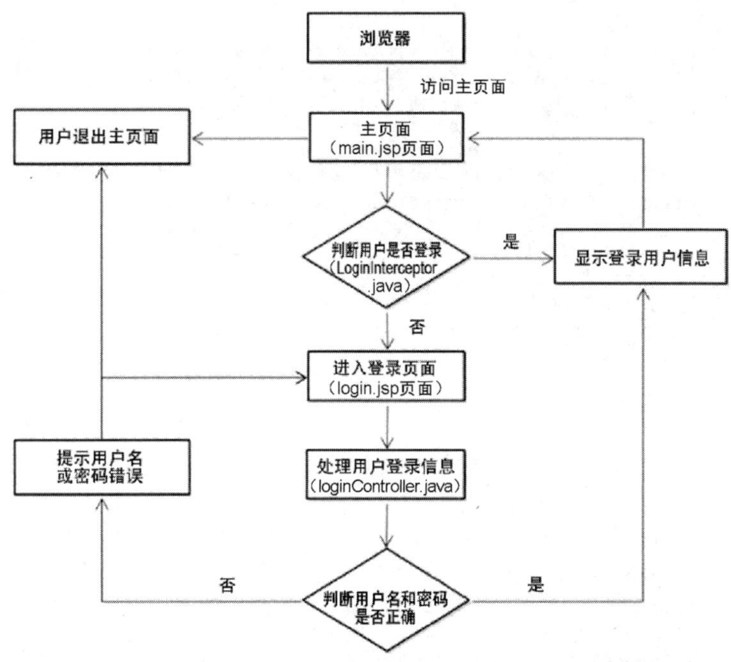

图 12.12　用户登录权限验证的执行流程

介绍完用户登录权限验证的整个执行流程后，下面介绍如何实现用户登录权限验证，具体实现步骤如下。

步骤 1　创建 User.java

在 src/main/java 目录下创建 cn.dsscm.pojo 包，在该包下创建 User.java。在 User.java 中，声明 id 属性、username 属性和 password 属性，并定义各个属性的 getter 方法和 setter 方法，具体代码如示例 10 所示。

【示例 10】User.java

```
public class User {
    private Integer id;          //id
    private String username;     //用户名
    private String password;     //密码
    // 省略 getter 方法和 setter 方法
}
```

步骤 2　创建 UserController.java

在 cn.dsscm.controller 包下创建 UserController.java，在该类中定义向主页面跳转、向登录页面跳转，以及用户登录等方法，具体代码如示例 11 所示。

【示例 11】UserController.java

```
import javax.servlet.http.HttpSession;
import org.springframework.stereotype.Controller;
import org.springframework.ui.Model;
import org.springframework.web.bind.annotation.RequestMapping;
import org.springframework.web.bind.annotation.RequestMethod;
@Controller
public class UserController {
    // 向登录页面跳转
    @RequestMapping(value="/login",method=RequestMethod.GET)
    public String toLogin() {
        return "login";
    }
    // 用户登录
    @RequestMapping(value="/login",method=RequestMethod.POST)
    public String login(User user,Model model,HttpSession session) {
        // 获取用户名和密码
        String username = user.getUsername();
        String password = user.getPassword();
        // 此处模拟从数据库中获取用户名和密码后进行判断
        if(username != null && username.equals("zhangsan")
            && password != null && password.equals("123456")){
            // 将用户对象添加到 Session 中
        session.setAttribute("USER_SESSION", user);
        // 重定向到主页面的跳转方法
            return "redirect:main";
        }
        model.addAttribute("msg", "用户名或密码错误，请重新登录！");
        return "login";
    }
    // 向主页面跳转
    @RequestMapping(value="/main")
    public String toMain() {
        return "main";
    }
    // 退出登录
    @RequestMapping(value = "/logout")
    public String logout(HttpSession session) {
        // 清除 Session
        session.invalidate();
        // 重定向到登录页面的跳转方法
        return "redirect:login";
    }
}
```

在上述代码中，向登录页面跳转的方法的参数的值和@RequestMapping 注解的 value 属性的值相同，但和 method 属性的值不同，这是由于跳转到登录页面接收的是 GET 方式提交的方法，而用户登录接收的是 POST 方式提交的方法。在用户登录方法中，先通过 User.java 的参数获取用户名和密码，再通过 if 语句模拟从数据库中获取用户名和密码后进行的判断。如果存在此用户，那么会将用户信息保存到 Session 中，并重定向到主页面，否则跳转到登录页面。

步骤 3　创建 LoginInterceptor.java

在 cn.dsscm.interceptor 包下创建 LoginInterceptor.java，具体代码如示例 12 所示。

【示例 12】LoginInterceptor.java

```java
package cn.dsscm.interceptor;
import javax.servlet.http.HttpServletRequest;
import javax.servlet.http.HttpServletResponse;
import javax.servlet.http.HttpSession;
import org.springframework.web.servlet.HandlerInterceptor;
import org.springframework.web.servlet.ModelAndView;
import cn.dsscm.po.User;
// 登录拦截器
public class LoginInterceptor implements HandlerInterceptor{
    public boolean preHandle(HttpServletRequest request,
        HttpServletResponse response, Object handler) throws Exception {
        // 获取请求的 URL
        String url = request.getRequestURI();
        // URL:除了 login.jsp 是可以公开访问的，其他 URL 都进行拦截控制
        if(url.indexOf("/login")>=0){
            return true;
        }
        // 获取 Session
        HttpSession session = request.getSession();
        User user = (User) session.getAttribute("USER_SESSION");
        // 判断 Session 中是否有用户信息，如果有那么返回 true，跳过拦截器
        if(user != null){
            return true;
        }
         // 在不符合条件时给出提示信息，并转发到登录页面
         request.setAttribute("msg", "您还没有登录，请先登录！");
         request.getRequestDispatcher("/WEB-INF/jsp/login.jsp")
                                             .forward(request, response);
        return false;
    }
    public void postHandle(HttpServletRequest request,
            HttpServletResponse response, Object handler,
            ModelAndView modelAndView) throws Exception {
    }
    public void afterCompletion(HttpServletRequest request,
            HttpServletResponse response, Object handler, Exception ex)
            throws Exception {
    }
}
```

在上述代码中，先通过 preHandle()方法获取请求的 URL，再通过 indexOf()方法判断 URL 中是否有用户信息。如果有那么返回 true，跳过拦截器；如果没有那么继续向下执行拦截处理。接下来可以获取 Session 中的用户信息，如果 Session 中包含用户信息，那么表示用户已登录，可直接放行，否则会转发到登录页面，不再执行后续程序。

步骤 4　编辑 springmvc-config.xml

在 springmvc-config.xml 的<mvc:interceptors>元素中，配置自定义的登录拦截器信息，具体代码如下。

```xml
<mvc:interceptor>
    <mvc:mapping path="/**" />
    <bean class="cn.dsscm.interceptor.LoginInterceptor" />
</mvc:interceptor>
```

步骤 5　创建 main.jsp

在/WEB-INF/jsp 目录下创建 main.jsp，在 main.jsp 中使用 EL 表达式获取用户信息，并且通过一个链接来实现退出功能，具体代码如示例 13 所示。

【示例 13】main.jsp

```
<%@ page language="java" contentType="text/html; charset=UTF-8"
     pageEncoding="UTF-8"%>
<html>
<head>
<meta http-equiv="Content-Type" content="text/html; charset=UTF-8">
<title>主页面</title>
</head>
<body>
当前用户：${USER_SESSION.username}
<a href="${pageContext.request.contextPath }/logout">退出</a>
</body>
</html>
```

步骤 6　创建 login.jsp

在/WEB-INF/jsp 目录下创建 login.jsp，在 login.jsp 中定义一个用于实现登录的表单，具体代码如示例 14 所示。

【示例 14】login.jsp

```
<%@ page language="java" contentType="text/html; charset=UTF-8"
     pageEncoding="UTF-8"%>
<html>
<head>
<meta http-equiv="Content-Type" content="text/html; charset=UTF-8">
<title>用户登录</title>
</head>
<body>
    ${msg}
    <form action="${pageContext.request.contextPath }/login"
            method="POST">
        用户名：<input type="text" name="username"/><br />
        密   码：
<input type="password" name="password"/><br />
        <input type="submit" value="登录" />
    </form>
</body>
</html>
```

步骤 7　启动项目，测试应用

将项目发布到 Tomcat 服务器中，并启动 Tomcat 服务器，在浏览器中访问 http://localhost:8888/main，结果如图 12.13 所示。

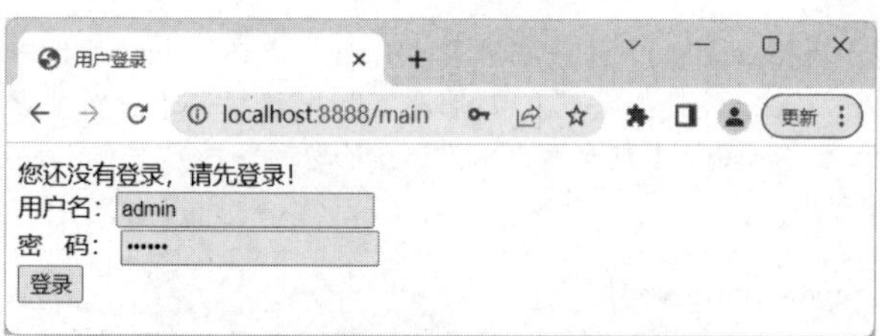

图 12.13　访问结果 1

可以看出，当用户未登录而直接访问主页面时，访问请求会被拦截器拦截，从而跳转到登录页面，并提示用户未登录。输入用户名“admin”和密码“123456”，单击“登录”按钮，结果如图 12.14 所示。

图 12.14　访问结果 2

输入正确的用户名“zhangsan”和密码“123456”，单击“登录”按钮，浏览器会跳转到主页面，如图 12.15 所示。

图 12.15　主页面

单击“退出”链接，即可退出当前系统，系统会从主页面重定向到登录页面。

12.3.4　技能训练

上机练习 3　实现用户登录权限验证

⌘ 需求说明

根据本章示例 10～14 实现用户登录权限验证，只有登录后的用户才能访问主页面，如果用户没有登录系统而直接访问主页面，那么拦截器会将请求拦截，并转发到登录页面，同时在登录页面中给出提示信息。

12.4　异常处理

客户端在调用 Web 应用程序时，如果程序运行时出现异常，没有使用 try-catch 方式进行捕获，那么异常最终将不会被 ExceptionResolver（异常处理器）处理，导致程序出现 500 错误。或客户端在访问一个不存在的商品详情时，需要呈现给用户一个显示页面，告知“您查找的商品不存在”等信息。

Spring MVC 可以通过 3 种方式实现异常处理：第一种是使用 SimpleMappingExceptionResolver（简单异常处理器）；第二种是自定义 ExceptionResolver；第三种是使用@ControllerAdvice 注解。本节将对这 3 种异常处理方式进行介绍。

12.4.1　使用 SimpleMappingExceptionResolver

如果希望对 Spring MVC 中的所有异常进行统一处理，那么可以使用 Spring MVC 提供的 HandlerExceptionResolver。HandlerExceptionResolver 是一个接口，为了方便直接对异常进行统一处理，Spring MVC 内部提供了 HandlerExceptionResolver 的实现类 SimpleMappingExceptionResolver。通过 SimpleMappingExceptionResolver 可以将不同类型的异常映射到对应的页面，当发生异常时，SimpleMappingExceptionResolver 根据发生的异常类型跳转到指定页面处理异常。

SimpleMappingExceptionResolver 也可以为所有异常指定一个默认的异常处理页面，当应用程序抛出的异常没有对应的映射页面时，使用默认页面处理异常。

下面通过一个案例演示如何使用 SimpleMappingExceptionResolver 对异常进行统一处理，具体实现步骤如下。

步骤 1　创建项目

在 IntelliJ IDEA 中，创建一个名为 Ch12_04 的 Maven 项目，并在该项目中搭建运行 Spring MVC 所需的环境。

步骤 2　创建 ExceptionController.java

在 src/main/java 目录下创建 cn.dsscm.controller 包，在该包下创建 ExceptionController.java，在该类中定义 3 个会抛出不同异常的方法，具体如下。

- showNullPointer()方法：抛出空指针异常。
- showIOException()方法：抛出 IO 异常。
- showArithmetic()方法：抛出算术异常。

具体代码如示例 15 所示。

【示例 15】ExceptionController.java

```
1.  package cn.dsscm.controller;
2.
3.  import cn.dsscm.exception.MyException;
4.  import org.springframework.stereotype.Controller;
5.  import org.springframework.web.bind.annotation.RequestMapping;
6.
7.  import java.io.FileInputStream;
8.  import java.io.IOException;
9.  import java.util.ArrayList;
10.
11. @Controller
12. public class ExceptionController {
13.     //抛出空指针异常
14.     @RequestMapping("showNullPointer")
15.     public void showNullPointer() {
16.         ArrayList<Object> list = null;
17.         System.out.println(list.get(2));
18.     }
19.
20.     //抛出 IO 异常
21.     @RequestMapping("showIOException")
22.     public void showIOException() throws IOException {
23.         FileInputStream in = new FileInputStream("JavaWeb.xml");
24.     }
25.
26.     //抛出算术异常
27.     @RequestMapping("showArithmetic")
28.     public void showArithmetic() {
29.         int c = 1 / 0;
30.     }
31. }
```

在示例 15 中，第 14～18 行代码的 showNullPointer()方法会处理 URL 为 showNullPointer 的请求，执行到第 17 行代码时会抛出空指针异常；第 21～24 行代码的 showIOException()方法会处理 URL 为 showIOException 的请求，执行到第 23 行代码时会抛出 IO 异常；第 27～30 行代码的 showArithmetic()方法会处理 URL 为 showArithmetic 的请求，执行到第 29 行代码时会抛出算术异常。

步骤 3　编辑 spring-mvc.xml

当执行示例 15 中的任意一个方法时，都会抛出异常。在异常发生时，如果要跳转到指定的处理页面，那么需要在 spring-mvc.xml 中使用 SimpleMappingExceptionResolver 指定程序异常和异常处理页面的映射关系。

SimpleMappingExceptionResolver 中除了可以配置程序异常和异常处理页面的映射关系，还可以定义相应异常的变量名，在异常处理页面中可以使用相应异常的变量名获取对应的异常。spring-mvc.xml 的具体代码如示例 16 所示。

【示例 16】spring-mvc.xml

```
1.  <?xml version="1.0" encoding="UTF-8"?>
2.  <beans xmlns="http://www.springframework.org/schema/beans"
3.         xmlns:context="http://www.springframework.org/schema/context"
4.         xmlns:mvc="http://www.springframework.org/schema/mvc"
5.         xmlns:xsi="http://www.w3.org/2001/XMLSchema-instance"
6.         xsi:schemaLocation="http://www.springframework.org/schema/beans
7.            http://www.springframework.org/schema/beans/spring-beans.xsd
8.            http://www.springframework.org/schema/mvc
9.            http://www.springframework.org/schema/mvc/spring-mvc.xsd
10.           http://www.springframework.org/schema/context
11.           http://www.springframework.org/schema/context/spring-context.xsd">
12.     <!-- 配置组件扫描器，指定需要扫描的包 -->
13.     <context:component-scan base-package="cn.dsscm.controller"/>
14.     <!-- 配置注解驱动 -->
15.     <mvc:annotation-driven/>
16.     <!-- 配置静态资源访问映射，此配置中的文件，将不被前端控制器拦截 -->
17.     <mvc:resources mapping="/js/**" location="/js/"/>
18.     <!-- 注入 SimpleMappingExceptionResolver-->
19.     <bean
20.   class="org.springframework.web.servlet.handler.SimpleMappingExceptionResolver">
21.         <!--定义需要特殊处理的异常，把类名或完全目录名当作 key，把对应的异常页面名当作 value，
22.         将不同的异常映射到不同的页面上-->
23.         <property name="exceptionMappings">
24.             <props>
25.                 <prop key="java.lang.NullPointerException">
26.                     nullPointerExp.jsp
27.                 </prop>
28.                 <prop key="IOException">IOExp.jsp</prop>
29.             </props>
30.         </property>
31.         <!-- 为所有异常定义默认的异常处理页面，value 为默认的异常处理页面 -->
32.         <property name="defaultErrorView" value="defaultExp.jsp"></property>
33.         <!-- value 属性指定在异常处理页面中获取异常的变量名，默认变量名为 exception -->
34.         <property name="exceptionAttribute" value="exp"></property>
35.     </bean>
36. </beans>
```

在示例 16 中，第 19～34 行代码通过<bean>元素注入了 SimpleMappingExceptionResolver，用于配置程序异常和异常处理页面的映射关系，程序在抛出 NullPointerException 时，会根据第 24～26 行代码跳转到 nullPointerExp.jsp 进行异常处理；程序在抛出 IOException 时，会根据第 27 行代码跳转到 IOExp.jsp 进行异常处理；程序在抛出非 NullPointerException 和非 IOException 时，会根据第 32 行代码跳转到默认的 defaultExp.jsp 进行异常处理；第 34 行代码的 value 属性指定了获取异常的变量名，可以通过异常的变量名在异常处理页面中取出对应的异常。

步骤 4　创建异常处理页面

在示例 16 中，程序已经指定了异常类对应的异常处理页面，下面在 src/main/webapps 目录下创建这些异常处理页面。在此，不对异常处理页面做太多处理，只在异常处理页面中展示对应的异常。异常处理页面的具体代码如示例 17～19 所示。

【示例 17】nullPointerExp.jsp

```
<%@ page contentType="text/html;charset=UTF-8" language="java" %>
<html>
<head><title>空指针异常处理页面</title></head>
<body>
```

```
空指针异常处理页面-----${exp}
</body>
</html>
```

【示例 18】IOExp.jsp

```
<%@ page contentType="text/html;charset=UTF-8" language="java" %>
<html>
<head><title>IO 异常处理页面</title></head>
<body>
IO 异常处理页面-----${exp}
</body>
</html>
```

【示例 19】defaultExp.jsp

```
<%@ page contentType="text/html;charset=UTF-8" language="java" %>
<html>
<head><title>默认异常处理页面</title></head>
<body>
默认异常处理页面-----${exp}
</body>
</html>
```

步骤 5　启动项目，测试运行

将项目发布到 Tomcat 服务器中，并启动 Tomcat 服务器，在浏览器中访问 http://localhost:8888/showNullPointer，程序将执行 showNullPointer()方法。该方法执行后的页面显示效果如图 12.16 所示。

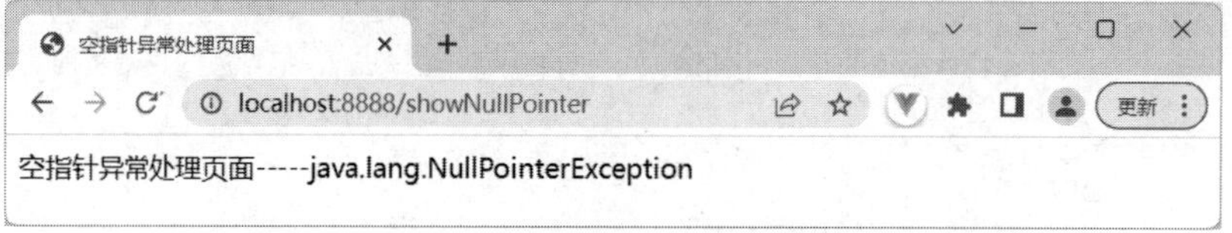

图 12.16　showNullPointer()方法执行后的页面显示效果

在浏览器中访问 http://localhost:8888/showIOException，程序将执行 showIOException()方法。该方法执行后的页面显示效果如图 12.17 所示。

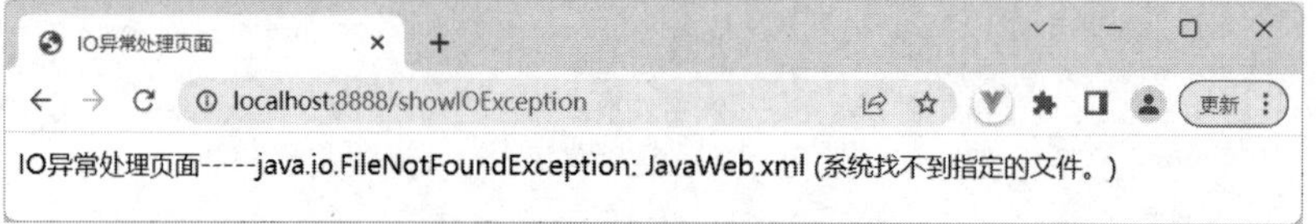

图 12.17　showIOException()方法执行后的页面显示效果

在浏览器中访问 http://localhost:8888/showArithmetic，程序将执行 showArithmetic()方法。该方法执行后的页面显示效果如图 12.18 所示。

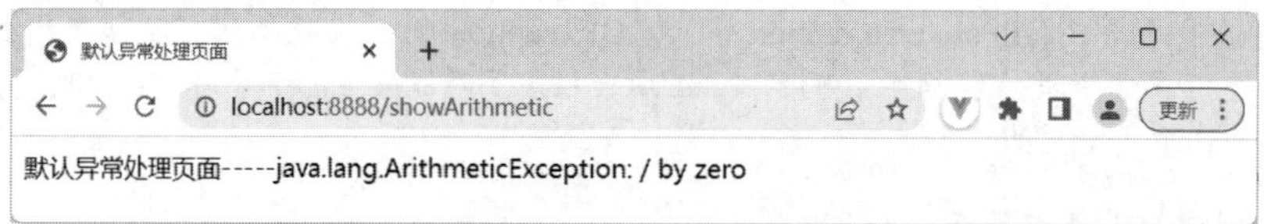

图 12.18　showArithmetic()方法执行后的页面显示效果

从图 12.16～图 12.18 中可以看出，程序在抛出异常时会跳转到异常类对应的异常处理页面中。如果抛出的异常没有在 Spring MVC 配置文件中指定对应的异常处理页面，那么程序会跳转到默认异常处理页面。

12.4.2　自定义 ExceptionResolver

除了可以使用 SimpleMappingExceptionResolver 进行异常处理，还可以自定义 ExceptionResolver 进行异常处理。可以通过实现 HandlerExceptionResolver 重写 resolveException() 方法来自定义

ExceptionResolver。当处理器执行并且抛出异常时，自定义 ExceptionResolver 会拦截异常并执行重写的 resolveException()方法，resolveException()方法的返回结果是 ModelAndView，可以在 ModelAndView 中存储异常，并跳转到异常处理页面。

下面通过一个案例演示如何分类别处理自定义异常和系统自带异常，具体实现步骤如下。

步骤 1　创建 MyException.java

在 src/main/java 目录下创建 cn.dsscm.exception 包，在该包下创建 MyException.java，具体代码如示例 20 所示。

【示例 20】MyException.java

```
package cn.dsscm.exception;

public class MyException extends Exception {
    // 异常
    private String message;
    public MyException(String message) {
        super(message);
        this.message = message;
    }
    @Override
    public String getMessage() {
        return message;
    }
    public void setMessage(String message) {
        this.message = message;
    }
}
```

上述代码中创建了 MyException.java，该类中定义了用来描述异常的 message 属性，并定义了通过 super()方法将异常传递给父类的构造方法。

步骤 2　修改 ExceptionController.java

在 ExceptionController.java 中，新增 addData()方法，用于抛出自定义异常，具体代码如下。

```
@RequestMapping("addData")
public void addData() throws MyException {
    throw new MyException("新增数据异常！");
}
```

上述代码中的 addData()方法会处理 URL 为 addData 的请求。在执行该方法时会抛出自定义异常。

步骤 3　创建 MyExceptionHandler.java

在 cn.dsscm.controller 包下创建 MyExceptionHandler.java，在 MyExceptionHandler.java 中重写 resolveException()方法，用于判断当前异常是自定义异常还是系统自带异常，根据异常种类的不同，使用 resolveException()方法返回不同的异常。要使用自定义 ExceptionResolver，需要先将自定义 ExceptionResolver 注册到 Spring MVC 中。在注册自定义 ExceptionResolver 时，可以使用注解，也可以在 Spring MVC 配置文件中使用<bean>元素，这里使用@Component 注解。MyExceptionHandler.java 的具体代码如示例 21 所示。

【示例 21】MyExceptionHandler.java

```
package cn.dsscm.controller;

import cn.dsscm.exception.MyException;
import org.springframework.stereotype.Component;
import org.springframework.web.servlet.HandlerExceptionResolver;
import org.springframework.web.servlet.ModelAndView;

import javax.servlet.http.HttpServletRequest;
import javax.servlet.http.HttpServletResponse;
import java.io.PrintWriter;
import java.io.StringWriter;
```

```
12. import java.io.Writer;
13.
14. @Component
15. public class MyExceptionHandler implements HandlerExceptionResolver {
16.     /**
17.      * @param request  当前的 HTTP request
18.      * @param response 当前的 HTTP response
19.      * @param handler  正在执行的处理器
20.      * @param ex       处理器执行时抛出的异常
21.      * @return         返回 ModelAndView
22.      */
23.     public ModelAndView resolveException(HttpServletRequest request,
24.                 HttpServletResponse response, Object handler, Exception ex) {
25.         // 定义异常
26.         String msg;
27.         // 如果是自定义异常，那么将异常直接返回
28.         if (ex instanceof MyException) {
29.             msg = ex.getMessage();
30.         } else {
31.             // 如果是系统自带异常，那么从堆栈中获取异常
32.             Writer out = new StringWriter();
33.             PrintWriter s = new PrintWriter(out);
34.             ex.printStackTrace(s);
35.             // 系统真实异常，可以通过邮件、短信等方式发送给相关开发人员
36.             String sysMsg = out.toString();
37.             // 向客户隐藏系统真实异常，仅发送友好提示信息
38.             msg = "网络异常！";
39.         }
40.         // 返回错误页面，在用户友好页面显示错误信息
41.         ModelAndView modelAndView = new ModelAndView();
42.         modelAndView.addObject("msg", msg);
43.         modelAndView.setViewName("error.jsp");
44.         return modelAndView;
45.     }
46. }
```

在示例 21 的 resolveException()方法中，Exception 类型的形参 ex 会接收执行处理器抛出的异常。第 29 行代码定义了 msg，用于存放响应给客户端的异常；第 28 行代码用于判断 ex 接收的是否属于自定义异常，如果是那么直接将异常赋给 msg；第 30～39 行代码表示如果 ex 不是自定义异常，那么从堆栈中获取真实的异常发送给开发人员，并将“网络异常!”赋给 msg；第 41～44 行代码用于将 msg 的内容通过 error.jsp 完成响应。

步骤 4　创建 error.jsp

在 src/main/webapps 目录下创建 error.jsp，用作异常处理页面。本案例不对异常处理页面进行过多处理，只将异常输出到异常处理页面上。error.jsp 的具体代码如示例 22 所示。

【示例 22】error.jsp

```
<%@ page contentType="text/html;charset=UTF-8" language="java" %>
<html>
<head><title>异常处理页面</title></head>
<body>
${msg}
</body>
</html>
```

步骤 5　启动项目，测试应用

将项目发布到 Tomcat 服务器中，并启动 Tomcat 服务器，在浏览器中访问 http://localhost:8888/showNullPointer，程序将执行 showNullPointer()方法。该方法执行后的页面显示效果如图 12.19 所示。

在浏览器中访问 http://localhost:8888/addData，程序将执行 addData()方法。该方法执行后的页面显示效果如图 12.20 所示。

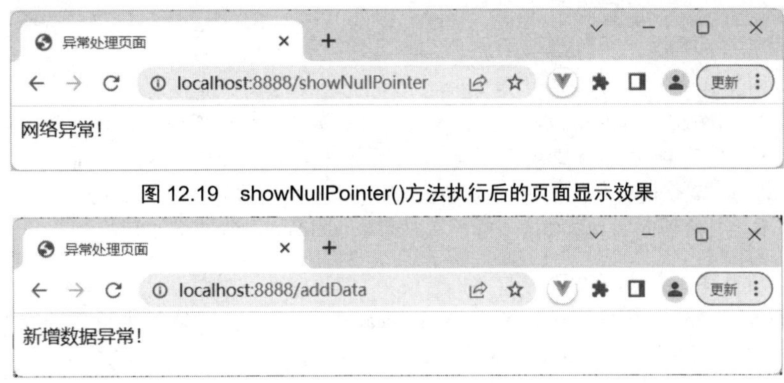

图 12.19　showNullPointer()方法执行后的页面显示效果

图 12.20　addData()方法执行后的页面显示效果

从图 12.19 和图 12.20 中可以看出，如果处理器执行时抛出的是自定义异常，那么异常处理页面会输出自定义异常；如果处理器执行时抛出的是系统自带异常，那么异常处理页面会统一输出“网络异常!”。ExceptionResolver 会对不同类型的异常进行区别处理。

12.4.3　使用@ControllerAdvice 注解

从 Spring 3.2 开始，Spring 提供了一个新注解，即@ControllerAdvice 注解。该注解有以下两个作用。

（1）@ControllerAdvice 注解作用在类上时可以增强控制器功能，为控制器中被@RequestMapping 注解标注的方法添加一些逻辑处理功能。

（2）@ControllerAdvice 注解结合@ExceptionHandler 注解，可以捕获控制器中抛出的指定类型的异常，从而实现不同类型的异常统一处理。

下面通过一个案例演示如何使用注解实现异常的分类处理，具体实现步骤如下。

步骤 1　创建 ExceptionAdvice.java

在 cn.dsscm.controller 包下创建 ExceptionAdvice.java，在 ExceptionAdvice.java 中定义两个用于处理不同异常的方法，其中 doMyException()方法用于处理处理器执行时抛出的自定义异常，doOtherException()方法用于处理处理器执行时抛出的系统自带异常。ExceptionAdvice.java 的具体代码如示例 23 所示。

【示例 23】ExceptionAdvice.java

```
package cn.dsscm.controller;

import cn.dsscm.exception.MyException;
import org.springframework.web.bind.annotation.ControllerAdvice;
import org.springframework.web.bind.annotation.ExceptionHandler;
import org.springframework.web.servlet.ModelAndView;
import java.io.IOException;
@ControllerAdvice
public class ExceptionAdvice {
    //处理 MyException.java 的异常
    @ExceptionHandler(MyException.class)
    public ModelAndView doMyException(MyException ex) throws IOException {
        ModelAndView modelAndView = new ModelAndView();
        modelAndView.addObject("msg", ex.getMessage());
        modelAndView.setViewName("error.jsp");
        return modelAndView;
    }
    //处理 Exception.java 的异常
    @ExceptionHandler(Exception.class)
    public ModelAndView doOtherException(Exception ex) throws IOException {
        ModelAndView modelAndView = new ModelAndView();
        modelAndView.addObject("msg", "网络异常！");
```

```
23.         modelAndView.setViewName("error.jsp");
24.         return modelAndView;
25.     }
26. }
```

在示例 23 中，@ExceptionHandler 注解的作用在于声明异常的处理类型，当处理器抛出对应异常之后，当前方法会对这些异常进行捕获，如第 12 行代码声明了 doMyException()方法捕获的异常为 MyException.java，第 20 行代码声明了 doOtherException()方法捕获的异常为 Exception.java。异常处理方法捕获对应的异常后，将处理异常页面信息和视图名存入 ModelAndView 中并返回。

步骤 2　启动项目，测试应用

将项目发布到 Tomcat 服务器中，并启动 Tomcat 服务器，在浏览器中访问 http://localhost:8888/showNullPointer，程序将执行 showNullPointer()方法。该方法执行后的页面显示效果如图 12.19 所示。

在浏览器中访问 http://localhost:8888/addData，程序将执行 addData()方法。该方法执行后的页面显示效果如图 12.20 所示。

从图 12.19 和图 12.20 中可以看出，使用@ControllerAdvice 注解和@ExceptionHandler 注解实现的异常分类处理效果与 12.4.2 节通过自定义 ExceptionResolver 实现的异常分类处理效果一样。

12.4.4　技能训练

上机练习 4　使用 Spring MVC 进行局部异常处理，页面精确提示登录失败的原因

⌘ 需求说明

（1）在上机练习 3 基础上，优化用户登录失败时的错误提示信息，即在登录页面更加精准地提示“用户名不存在！”或“密码输入错误！”。

（2）局部异常处理使用@ExceptionHandler 注解实现。

提示

（1）修改 UserServiceImpl.java 的 login()方法，仅使用用户名的匹配操作。

（2）修改 UserController.java 的 doLogin()方法，调用 userService.login()方法，对返回的 User 进行逻辑判断。若 User 为空，则抛出 RuntimeException，异常为“用户名不存在！”；若 User 不为空，则进一步进行密码匹配。若用户输入的密码与后端获取的密码不一致，则抛出 RuntimeException，异常为“密码输入错误！”；反之，证明登录成功，把当前用户存入 Session，并跳转到系统主页面。

（3）在 UserController.java 中添加 handlerException()方法进行局部异常处理，可以使用@ExceptionHandler 注解。

（4）根据在 handlerException()方法中放入 request 的信息提示，修改 login.jsp 中错误提示信息的 EL 表达式。

（5）部署并运行测试登录成功及登录失败的多种情况，观察提示信息能否正确显示。

上机练习 5　使用 Spring MVC 进行全局异常处理，页面精确提示登录失败的原因

⌘ 需求说明

（1）在上机练习 4 的基础上，使用 Spring MVC 进行全局异常处理，实现相应功能及信息提示。

（2）使用 SimpleMappingExceptionResolver 实现全局异常处理。

提示

（1）注释掉 UserController.java 的 handlerException()方法。

（2）在 springmvc-servlet.xml 中配置全局异常处理。

（3）修改 login.jsp 中错误提示信息的 EL 表达式为${exception.message}。

（4）部署并运行测试登录成功及登录失败的多种情况，观察提示信息能否正确显示。

本章总结

- 多数文件上传都是通过表单提交给后端服务器的。表单必须满足以下 3 个条件。
  ①表单的 method 属性的值为 post。
  ②表单的 enctype 属性的值为 multipart/form-data。
  ③提供<input type="file" name="filename"/>元素的文件上传输入框。
- Spring MVC 为文件上传提供了直接的支持，这种支持是通过 MultipartResolver 实现的。MultipartResolver 是一个接口，需要通过它的实现类 CommonsMultipartResolver 来完成文件上传工作。
- Spring MVC 提供了一个 ResponseEntity。使用它可以很方便地定义返回的 HttpHeaders 对象和 HttpStatus 对象。通过对这两个对象进行设置，即可完成文件下载时所需的配置信息。
- 通常，拦截器用两种方式来定义：一种是通过实现 HandlerInterceptor 接口或继承 HandlerInterceptor 接口的实现类（HandlerInterceptorAdapter 等）来定义；另一种是通过实现 WebRequestInterceptor 接口或继承 WebRequestInterceptor 接口的实现类来定义。
- Spring MVC 通过 HandlerExceptionResolver 处理程序异常，这些异常包括处理器异常、数据绑定异常及处理器执行时发生的异常。

本章作业

一、选择题

1．下面关于 MultipartFile 接口的主要方法的说法错误的是（　　）。

A．getOriginalFilename()用于获取上传文件的初始化名

B．getSize()用于获取上传文件的大小，单位是 KB

C．getInputStream()用于读取文件内容，返回一个字节流

D．transferTo(File file)用于将上传的文件保存到目标目录下

2．下面关于文件上传表单的说法错误的是（　　）。

A．表单的 method 属性的值为 post

B．表单的 method 属性的值为 get

C．表单的 enctype 属性的值为 multipart/form-data

D．提供<input type="file" name="filename"/>元素的文件上传输入框

3．下面关于文件下载方法的描述错误的是（　　）。

A．响应头中的 MediaType 代表的是 Internet Media Type（互联网媒体类型），又叫 MIME 类型

B．MediaType.APPLICATION_OCTET_STREAM 属性的值为 application/octet-stream，即以二进制流的形式下载数据

C．HttpStatus 类型代表的是 HTTP 中的状态

D．HttpStatus.OK 表示 500，即服务器已成功处理了请求

4．下面关于 Spring MVC 配置文件中拦截器的配置说法错误的是（　　）。

A．要使用 Spring MVC 中的拦截器，应先自定义拦截器，再在配置文件中进行配置

B．<mvc:interceptors>元素用于配置一组拦截器，该元素中的<bean>子元素中定义的是指定目录的拦截器

C．在<mvc:interceptors>元素中可以同时配置多个<mvc:interceptor>元素

D．<mvc:exclude-mapping>元素用于配置不需要拦截的请求目录下的内容

5．下面关于用户权限验证的执行流程的说法错误的是（　　）。

A．只有登录后的用户才能访问主页面

B．如果用户没有登录系统而直接访问主页面，那么拦截器会将请求拦截，并转发到登录页面

C．如果用户名或密码错误，那么会在登录页面给出提示信息

D．当已登录的用户在主页面中单击“退出”链接时，系统将会返回主页面

二、简答题

1．简述 Spring MVC 拦截器的定义方式。

2．简述上传表单需要满足的 3 个条件。

3．简述如何解决文件名为中文的文件下载时的乱码问题。

三、操作题

改造百货中心供应链管理系统，使用 Spring MVC 实现用户图片的上传。

第 13 章 SSM 框架整合

本章目标

◎ 了解 SSM 框架整合思路

◎ 熟悉 SSM 框架整合时配置文件的内容

◎ 掌握 SSM 框架整合时应用程序的编写方法

本章简介

针对 Java EE 轻量级框架的开发，行业中提供了非常多的技术框架，但是不管如何进行技术选型，Java EE 轻量级框架的应用都可以分为表现层、Service 层和持久层。当前，这 3 层的主流框架分别是 Spring MVC、Spring 和 MyBatis，简称为 SSM 框架，Java EE 轻量级框架经常通过整合这 3 个框架来完成开发。SSM 框架的整合有多种方式，本章将对 SSM 框架常用的 XML 文件的整合方式和纯注解的整合方式进行介绍。

技术内容

13.1 SSM 框架整合思路

通过对前面内容的学习，读者可以知道 Spring MVC 是一个优秀的表现层框架，MyBatis 是一个持久层框架，这两个独立的框架之间没有直接联系。Spring 提供了 IoC 和 AOP 等相当实用的功能，若把 Spring MVC 和 MyBatis 的对象交给 Spring 的容器进行解耦合管理，不仅能大大提高系统的灵活性，便于功能扩展，而且能通过 Spring 提供的服务简化编码，减少开发的工作量，提高开发效率。SSM 框架整合其实就是分别实现 Spring 与 Spring MVC、Spring 与 MyBatis 的整合，而实现整合的主要工作就是把 Spring MVC、MyBatis 中的对象配置到 Spring 的容器中，交给 Spring 来管理。当然，Spring MVC 本身就是 Spring 为表现层提供的表现层框架。因此，在整合框架时，Spring MVC 与 Spring 是无缝集成的。由于 Spring MVC 是 Spring 中的一个模块，因此 Spring MVC 与 Spring 之间不存在框架的问题，只要引入相应的 JAR 包就可以直接使用。在 SSM 框架整合过程中，Spring MVC 和 MyBatis 没有直接交集，只需将 Spring 分别与 MyBatis 和 Spring MVC 整合，就可以完成 SSM 框架的整合，如图 13.1 所示。

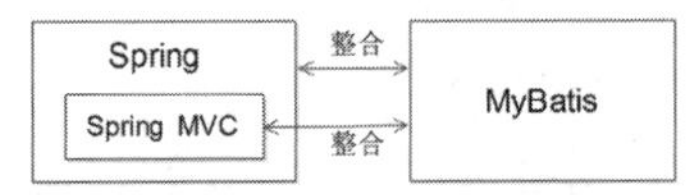

图 13.1 SSM 框架的整合

Spring 与 MyBatis 的整合，是通过 Spring 实例化 Bean，并调用实例对象中的查询方法来执行 MyBatis 的映射文件中的 SQL 语句的。如果能够正确查询出数据库中的数据，那么就可以认为 Spring 与 MyBatis 整合成功。同样，如果 Spring MVC 可以通过前端页面来执行查询方法，并且查询出的数据能够在页面中正确显示，那么也可以认为 3 个框架整合成功。

在进行 SSM 框架整合时，Spring MVC、Spring 和 MyBatis 这 3 个框架的分工如下。

（1）Spring MVC 负责管理表现层的处理器。由于 Spring MVC 的容器是 Spring 的容器的子容器，因此 Spring MVC 的容器可以调用 Spring 的容器中的 Service 对象。

（2）Spring 负责事务管理，可以管理持久层的 Mapper 和 Service 层的 Service 对象。由于 Mapper 和 Service 对象都在 Spring 的容器中，因此可以在 Service 层通过 Service 对象调用持久层的 Mapper。

（3）MyBatis 负责与数据库进行交互。

SSM 框架整合后，当 Spring MVC 接收到请求后，就可以通过 Service 对象去执行对应的业务逻辑代码，并由 Service 层装载 Mapper，最终由 Mapper 完成数据交互。

13.2 XML 文件整合 SSM 框架

下面通过一个用户信息查询案例来介绍 SSM 框架的整合，具体实现思路如下。

（1）搭建项目基础结构。首先，需要在数据库中搭建项目对应的数据库环境；其次，创建一个 Maven 项目，并引入案例所需的依赖；最后，创建项目的实体类，并创建三层架构对应的模块、类和接口。

（2）整合 Spring 和 MyBatis。在 Spring 配置文件中配置数据源信息，并且将 SqlSessionFactory 和 Mapper 都交由 Spring 管理。

（3）整合 Spring 和 Spring MVC。Spring MVC 是 Spring 中的一个模块，要整合 Spring 和 Spring MVC，只需在项目启动时分别加载其各自的配置即可。

案例代码编写完成之后，客户端向服务器发送查询请求，如果服务器能将数据库中的数据正确响应给客户端，那么就可以认为 SSM 框架整合成功。

13.2.1 搭建项目基础结构

下面根据 13.1 节介绍的 SSM 框架整合思路搭建 SSM 框架整合的基础结构，具体实现步骤如下。

步骤 1 搭建数据库环境

在 MySQL 数据库中导入名为 dsscm.sql 的素材文件，创建名为 dsscm 的数据库。

步骤 2 引入项目依赖

本案例中需要引入的相关依赖如下。

（1）Spring 相关依赖。

- spring-context：Spring 上下文。
- spring-tx：Spring 事务管理。
- spring-jdbc：Spring JDBC。
- spring-test：Spring 单元测试。

（2）Spring MVC 相关依赖。

➢ spring-webmvc：Spring MVC 核心。

（3）MyBatis 相关依赖。

➢ mybatis：MyBatis 核心。

（4）MyBatis 与 Spring 整合包。

➢ mybatis-spring：MyBatis 与 Spring 整合。

（5）数据源相关依赖。

➢ druid：阿里巴巴提供的数据库连接池。

（6）单元测试相关依赖。

➢ junit：单元测试，与 spring-test 放在一起当作单元测试。

（7）ServletAPI 相关依赖。

➢ jsp-api：JSP 页面的功能包。

➢ servlet-api：引入 Servlet 的功能。

（8）数据库驱动相关依赖。

➢ mysql-connector-java：MySQL 数据库的驱动包。

在 IntelliJ IDEA 中创建一个名为 ch13_01 的 Maven 项目，在 pom.xml 中引入上述依赖，具体代码如示例 1 所示。

【示例 1】pom.xml

```
<?xml version="1.0" encoding="UTF-8"?>
<project xmlns="http://maven.apache.org/POM/4.0.0"
         xmlns:xsi="http://www.w3.org/2001/XMLSchema-instance"
         xsi:schemaLocation="http://maven.apache.org/POM/4.0.0
         http://maven.apache.org/xsd/maven-4.0.0.xsd">
    <modelVersion>4.0.0</modelVersion>

    <groupId>org.example</groupId>
    <artifactId>Ch13_01</artifactId>
    <version>1.0-SNAPSHOT</version>
    <packaging>war</packaging>
    <name>Ch13_01 Maven Webapp</name>
    <properties>
        <project.build.sourceEncoding>UTF-8</project.build.sourceEncoding>
        <maven.compiler.source>1.7</maven.compiler.source>
        <maven.compiler.target>1.7</maven.compiler.target>
    </properties>

    <dependencies>
        <!-- Spring 上下文-->
        <dependency>
            <groupId>org.springframework</groupId>
            <artifactId>spring-context</artifactId>
            <version>5.3.26</version>
        </dependency>
        <!--Spring 事务管理-->
        <dependency>
            <groupId>org.springframework</groupId>
            <artifactId>spring-tx</artifactId>
            <version>5.3.26</version>
        </dependency>
        <dependency>
            <groupId>org.springframework</groupId>
            <artifactId>spring-jdbc</artifactId>
            <version>5.3.26</version>
        </dependency>
        <dependency>
            <groupId>org.springframework</groupId>
```

```
            <artifactId>spring-test</artifactId>
            <version>5.3.26</version>
        </dependency>
        <!--Spring MVC 核心-->
        <dependency>
            <groupId>org.springframework</groupId>
            <artifactId>spring-webmvc</artifactId>
            <version>5.3.26</version>
        </dependency>
        <!--MyBatis 核心-->
        <dependency>
            <groupId>org.mybatis</groupId>
            <artifactId>mybatis</artifactId>
            <version>3.5.13</version>
        </dependency>
        <!--MyBatis 与 Spring 整合-->
        <dependency>
            <groupId>org.mybatis</groupId>
            <artifactId>mybatis-spring</artifactId>
            <version>2.0.1</version>
        </dependency>
        <!--阿里巴巴提供的数据源连接池-->
        <dependency>
            <groupId>com.alibaba</groupId>
            <artifactId>druid</artifactId>
            <version>1.1.20</version>
        </dependency>
        <!--单元测试相关依赖-->
        <dependency>
            <groupId>junit</groupId>
            <artifactId>junit</artifactId>
            <version>4.12</version>
            <scope>test</scope>
        </dependency>
        <!-- ServletAPI 相关依赖-->
        <!--ServletAPI：引入 Servlet 的功能-->
        <dependency>
            <groupId>javax.servlet</groupId>
            <artifactId>javax.servlet-api</artifactId>
            <version>3.1.0</version>
            <scope>provided</scope>
        </dependency>
        <!--ServletAPI: JSP 页面的功能包 -->
        <dependency>
            <groupId>javax.servlet.jsp</groupId>
            <artifactId>jsp-api</artifactId>
            <version>2.2</version>
            <scope>provided</scope>
        </dependency>
        <dependency>
            <groupId>javax.servlet.jsp.jstl</groupId>
            <artifactId>jstl-api</artifactId>
            <version>1.2</version>
        </dependency>
        <!-- MySQL 数据库的驱动包-->
        <dependency>
            <groupId>mysql</groupId>
            <artifactId>mysql-connector-java</artifactId>
            <version>8.0.16</version>
        </dependency>
        <dependency>
            <groupId>com.alibaba</groupId>
            <artifactId>fastjson</artifactId>
            <version>1.2.75</version>
        </dependency>
        <dependency>
            <groupId>junit</groupId>
            <artifactId>junit</artifactId>
```

```
                <version>4.12</version>
                <scope>compile</scope>
            </dependency>
        </dependencies>

    <build>
        <finalName>Ch13_01</finalName>
        <pluginManagement>
            <plugins>
                <plugin>
                    <artifactId>maven-clean-plugin</artifactId>
                    <version>3.1.0</version>
                </plugin>
                <plugin>
                    <artifactId>maven-resources-plugin</artifactId>
                    <version>3.0.2</version>
                </plugin>
                <plugin>
                    <artifactId>maven-compiler-plugin</artifactId>
                    <version>3.8.0</version>
                </plugin>
                <plugin>
                    <artifactId>maven-surefire-plugin</artifactId>
                    <version>2.22.1</version>
                </plugin>
                <plugin>
                    <artifactId>maven-war-plugin</artifactId>
                    <version>3.2.2</version>
                </plugin>
                <plugin>
                    <artifactId>maven-install-plugin</artifactId>
                    <version>2.5.2</version>
                </plugin>
                <plugin>
                    <artifactId>maven-deploy-plugin</artifactId>
                    <version>2.8.2</version>
                </plugin>
            </plugins>
        </pluginManagement>
    </build>
</project>
```

步骤 3 创建 User.java

在 src/main/java 目录下创建 cn.dsscm.pojo 包，在该包下创建 User.java。User.java 的具体代码如示例 2 所示。

【示例 2】User.java

```
package cn.dsscm.pojo;

import java.util.Date;
import org.springframework.format.annotation.DateTimeFormat;

public class User {
    private Integer id; // id
    private String userCode; // 用户编码
    private String userName; // 用户名
    private String userPassword; // 密码
    @DateTimeFormat(pattern = "yyyy-MM-dd")
    private Date birthday; // 出生日期
    private Integer gender; // 性别
    private String phone; // 电话号码
    private String email; // 电子邮件
    private String address; // 地址
    private String userDesc; // 简介
    private Integer userRole; // 用户角色
```

```
    private Integer createdBy; // 创建者
    private String imgPath; // 用户照片
    private Date creationDate; // 创建时间
    private Integer modifyBy; // 更新者
    private Date modifyDate; // 更新时间
    private Integer age; // 年龄
    private String userRoleName; // 角色名称

    public User() {
    }
  // 省略getter 方法和 setter 方法
}
```

步骤 4　创建三层架构对应模块的类和接口

在 src/main/java 目录下创建 cn.dsscm.dao 包，在该包下创建 UserMapper.java，在该接口中定义 findUserById()方法，通过 id 获取对应的用户信息。UserMapper.java 的具体代码如示例 3 所示。

【示例 3】UserMapper.java

```
package cn.dsscm.dao;

import org.apache.ibatis.annotations.Param;
import cn.dsscm.pojo.User;

public interface UserMapper {
    // 根据 id 查询用户信息
    public User findUserById(@Param("id") Integer id);
}
```

在 src/main/resources 目录下创建名为 cn/dsscm/dao 的文件夹，在该文件夹下创建 UserMapper.java 对应的 UserMapper.xml。UserMapper.xml 的具体代码如示例 4 所示。

【示例 4】UserMapper.xml

```
<?xml version="1.0" encoding="UTF-8" ?>
<!DOCTYPE mapper
        PUBLIC "-//mybatis.org//DTD Mapper 3.0//EN"
        "http://mybatis.org/dtd/mybatis-3-mapper.dtd">
<mapper namespace="cn.dsscm.dao.UserMapper">
    <select id="findUserById" resultType="cn.dsscm.pojo.User">
        select * from tb_user
         where id=#{id}
    </select>
</mapper>
```

在 src/main/java 目录下创建 cn.dsscm.service 包，在该包下创建 UserService.java，在该接口中定义 findUserById()方法，通过 id 获取对应的用户信息。UserService.java 的具体代码如示例 5 所示。

【示例 5】UserService.java

```
package cn.dsscm.service;

import cn.dsscm.pojo.User;

public interface UserService {
    public User findUserById(Integer id);
}
```

在 src/main/java 目录下创建 cn.dsscm.service.impl 包，在该包下创建 UserService.java 的 UserServiceImpl.java。该类用于实现 UserService.java 的 findUserById()方法。在该类中注入 UserMapper，通过注入的 UserMapper 调用 findUserById()方法，根据 id 获取对应的用户信息。UserServiceImpl.java 的具体代码如示例 6 所示。

【示例 6】UserServiceImpl.java

```
package cn.dsscm.service.impl;

```

```java
import cn.dsscm.dao.UserMapper;
import cn.dsscm.pojo.User;
import cn.dsscm.service.UserService;
import org.springframework.beans.factory.annotation.Autowired;
import org.springframework.stereotype.Service;

@Service
public class UserServiceImpl implements UserService {
    @Autowired
    private UserMapper userMapper;
    public User findUserById(Integer id) {
        return userMapper.findUserById(id);
    }
}
```

在 src/main/java 目录下创建 cn.dsscm.controller 包，在该包下创建 UserController.java。在该类中注入 userService，并且定义 findUserById()方法。findUserById()方法用于获取传递过来的 id，并将 id 作为参数传递给 userService 调用的 findUserById()方法。UserController.java 的具体代码如示例 7 所示。

【示例 7】UserController.java

```java
package cn.dsscm.controller;

import cn.dsscm.pojo.User;
import cn.dsscm.service.UserService;
import org.springframework.beans.factory.annotation.Autowired;
import org.springframework.stereotype.Controller;
import org.springframework.web.bind.annotation.RequestMapping;
import org.springframework.web.servlet.ModelAndView;

@Controller
public class UserController {
    @Autowired
    private UserService userService;
    @RequestMapping("/user")
    public ModelAndView findUserById(Integer id) {
        User user =
               userService.findUserById(id);
        System.out.println(user);
        ModelAndView modelAndView
               = new ModelAndView();
        modelAndView.setViewName("user");
        modelAndView.addObject("user", user);
        return modelAndView;
    }
}
```

至此，项目基础结构搭建完成。项目目录结构如图 13.2 所示。

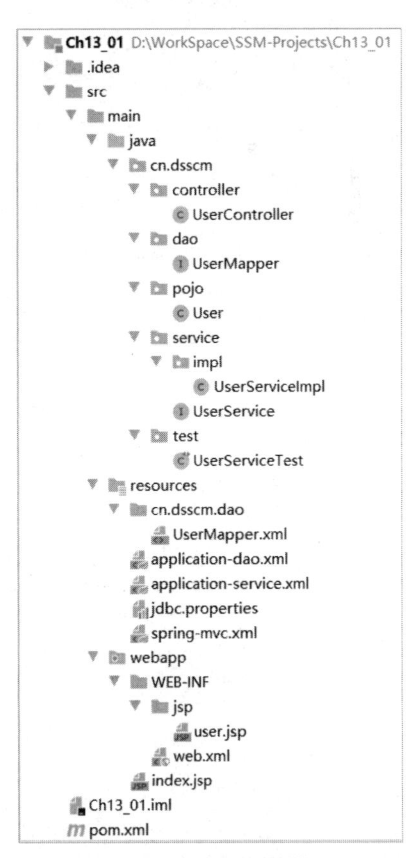

图 13.2　项目目录结构

13.2.2　整合 Spring 和 MyBatis

Spring 和 MyBatis 的整合可以分两步来完成：首先搭建 Spring 环境，其次整合 MyBatis 到 Spring 环境中。框架环境包含框架对应的依赖和配置文件。其中，Spring 依赖、MyBatis 依赖、Spring 和 MyBatis 整合依赖在项目基础结构搭建时已经引入项目中了，下面只需编辑 Spring 配置文件、Spring 和 MyBatis 整合的配置文件即可。

步骤 1　编辑 Spring 配置文件

在 src/main/resources 目录下创建 application-service.xml，用于配置 Spring 对 Service 层的扫描信息。application-service.xml 的具

体代码如示例 8 所示。

【示例 8】application-service.xml

```
<?xml version="1.0" encoding="UTF-8"?>
<beans xmlns="http://www.springframework.org/schema/beans"
       xmlns:xsi="http://www.w3.org/2001/XMLSchema-instance"
       xmlns:context="http://www.springframework.org/schema/context"
       xsi:schemaLocation="http://www.springframework.org/schema/beans
           http://www.springframework.org/schema/beans/spring-beans.xsd
           http://www.springframework.org/schema/context
           http://www.springframework.org/schema/context/spring-context.xsd">
    <!--开启注解扫描，扫描包-->
    <context:component-scan base-package="cn.dsscm.service"/>
</beans>
```

步骤 2　编辑 Spring 和 MyBatis 整合的配置文件

Spring 和 MyBatis 的整合包下提供了一个 SqlSessionFactoryBean，可以在 Spring 配置文件中配置 SqlSessionFactoryBean 的 Bean，配置好 SqlSessionFactoryBean 的 Bean 后，就可以将 MyBatis 中的 SqlSessionFactory 交给 Spring 管理了。

SqlSessionFactoryBean 的 Bean 需要注入数据源，也可以根据需求在 SqlSessionFactoryBean 的 Bean 中配置 MyBatis 核心文件目录、别名映射和映射文件目录。

Spring 和 MyBatis 的整合包下还提供了对映射文件扫描的 Bean，扫描到的映射文件将交由 Spring 管理。SqlSessionFactoryBean 需要注入数据源，可以将数据库连接信息配置在属性文件中，并通过 Spring 引入该属性文件来获取数据库连接信息。在 src/main/resources 目录下创建 jdbc.properties，jdbc.properties 的数据源信息如示例 9 所示。

【示例 9】jdbc.properties

```
jdbc.driverClassName=com.mysql.cj.jdbc.Driver
jdbc.url=jdbc:mysql://localhost:3306/dsscm?useUnicode=true\
  &characterEncoding=utf-8&serverTimezone=Asia/Shanghai
jdbc.username=root
jdbc.password=123456
```

下面将 MyBatis 整合到 Spring 环境中。在 src/main/resources 目录下创建 application-dao.xml，用于配置 Spring 和 MyBatis 的整合信息。application-dao.xml 的具体代码如示例 10 所示。

【示例 10】application-dao.xml

```
<?xml version="1.0" encoding="UTF-8"?>
<beans xmlns="http://www.springframework.org/schema/beans"
       xmlns:xsi="http://www.w3.org/2001/XMLSchema-instance"
       xmlns:context="http://www.springframework.org/schema/context"
       xsi:schemaLocation="http://www.springframework.org/schema/beans
         http://www.springframework.org/schema/beans/spring-beans.xsd
         http://www.springframework.org/schema/context
         http://www.springframework.org/schema/context/spring-context.xsd">
    <!--引入属性文件-->
    <context:property-placeholder location="classpath:jdbc.properties"/>
    <!--数据源-->
    <bean id="dataSource" class="com.alibaba.druid.pool.DruidDataSource">
        <property name="driverClassName" value="${jdbc.driverClassName}"/>
        <property name="url" value="${jdbc.url}"/>
        <property name="username" value="${jdbc.username}"/>
        <property name="password" value="${jdbc.password}"/>
    </bean>
    <!--创建 SqlSessionFactoryBean-->
    <bean id="sqlSessionFactory" class="org.mybatis.spring.SqlSessionFactoryBean">
        <!--数据源-->
        <property name="dataSource" ref="dataSource"/>
    </bean>
    <!--扫描 DAO 包，创建的动态代理对象会自动存储到 Spring IoC 中-->
    <bean class="org.mybatis.spring.mapper.MapperScannerConfigurer">
```

```
25.            <!--指定要扫描的 DAO 包-->
26.            <property name="basePackage" value="cn.dsscm.dao"/>
27.        </bean>
28.    </beans>
```

在示例 10 中，第 10 行代码引入了 jdbc.properties；第 12～17 行代码将引入的属性文件中的数据库连接信息注入 DruidDataSource；第 19～22 行代码创建了 SqlSessionFactoryBean，并将数据源注入 SqlSessionFactoryBean；第 24～27 行代码将 cn.dsscm.dao 包下的映射文件扫描到 Spring 中，交由 Spring 管理。

至此，Spring 和 MyBatis 整合完毕。

步骤 3　整合测试

下面通过单元测试来进行整合测试。在 src/test/java 目录下创建 UserServiceTest.java，用于对 Spring 和 MyBatis 进行整合测试。UserServiceTest.java 的具体代码如示例 11 所示。

【示例 11】UserServiceTest.java

```
1.  package cn.dsscm.test;
2.  import cn.dsscm.pojo.User;
3.  import cn.dsscm.service.UserService;
4.  import org.junit.Test;
5.  import org.junit.runner.RunWith;
6.  import org.springframework.beans.factory.annotation.Autowired;
7.  import org.springframework.test.context.ContextConfiguration;
8.  import org.springframework.test.context.junit4.SpringJUnit4ClassRunner;
9.  @RunWith(SpringJUnit4ClassRunner.class)
10. @ContextConfiguration(locations = {"classpath:application-service.xml",
11.         "classpath:application-dao.xml"})
12. public class UserServiceTest {
13.     @Autowired
14.     private UserService userService;
15.     @Test
16.     public void findUserById() {
17.         User user = userService.findUserById(1);
18.         System.out.println(user);
19.     }
20. }
```

在示例 11 中，第 10～11 行代码引入了 application-service.xml 和 application-dao.xml；第 13～14 行代码配置了 userService；第 17 行代码的 userService 调用 findUserById()方法进行了用户信息查询。运行 findUserById()方法，控制台的输出结果如图 13.3 所示。

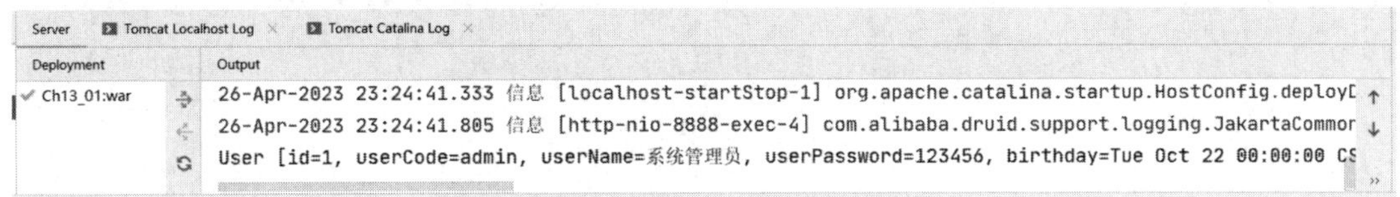

图 13.3　控制台的输出结果

从图 13.3 中可以看出，程序输出了 id 属性的值为 1 的用户信息。这表明测试类中成功配置了 userService，userService 成功调用了 Service 层的 findUserById()方法，Service 层的 findUserById()方法成功调用了 DAO 层的 findUserById()方法，完成了数据查询。至此，Spring 和 MyBatis 整合成功。

13.2.3　整合 Spring 和 Spring MVC

Spring 和 Spring MVC 的整合比较简单，引入相关依赖后，只需加载各自的配置文件即可。

步骤 1　加载 Spring 配置文件

前面的 Spring 和 MyBatis 整合中已经完成了 Spring 配置文件的编辑，Spring 和 Spring MVC 整合只需在项目启动时加载 Spring 的容器和 Spring 配置文件即可。在 web.xml 中配置 Spring 的监听器来加载 Spring 的容器和 Spring 配置文件，具体代码如示例 12 所示。

【示例 12】web.xml

```
<!--加载配置文件-->
<context-param>
    <param-name>contextConfigLocation</param-name>
    <param-value>classpath:application-*.xml</param-value>
</context-param>
<!--加载 Spring 的监听器-->
<listener>
    <listener-class>
        org.springframework.web.context.ContextLoaderListener
    </listener-class>
</listener>
```

配置了以上代码后，在项目启动时会加载<context-param>元素中的<param-value>元素指定的参数，即会加载类目录中所有以 application-开头且以.xml 结尾的文件。

步骤 2　加载 Spring MVC 配置文件

由于本案例主要测试 SSM 整合的情况，因此在 Spring MVC 配置文件中只配置 SSM 整合案例必须配置的项，具体如下。

（1）配置包扫描，指定需要扫描到 Spring MVC 中的表现层所在的包目录。

（2）配置注解驱动，让项目启动时开启注解驱动，并且自动注册处理器映射器和处理器适配器。

在 src/main/resources 目录下创建 spring-mvc.xml。spring-mvc.xml 的具体代码如示例 13 所示。

【示例 13】spring-mvc.xml

```
<?xml version="1.0" encoding="UTF-8"?>
<beans xmlns="http://www.springframework.org/schema/beans"
       xmlns:context="http://www.springframework.org/schema/context"
       xmlns:mvc="http://www.springframework.org/schema/mvc"
       xmlns:xsi="http://www.w3.org/2001/XMLSchema-instance"
       xsi:schemaLocation="http://www.springframework.org/schema/beans
           http://www.springframework.org/schema/beans/spring-beans.xsd
           http://www.springframework.org/schema/mvc
           http://www.springframework.org/schema/mvc/spring-mvc.xsd
           http://www.springframework.org/schema/context
           http://www.springframework.org/schema/context/spring-context.xsd">
    <!-- 配置包扫描 -->
    <context:component-scan base-package="cn.dsscm.controller"/>
    <!-- 配置注解驱动 -->
    <mvc:annotation-driven/>
    <mvc:resources location="/statics/" mapping="/statics/**"></mvc:resources>
    <!-- 完成视图的对应配置 -->
    <!-- 对转向页面的目录进行解析。prefix：前缀， suffix：后缀 -->
    <bean
     class="org.springframework.web.servlet.view.InternalResourceViewResolver">
        <property name="prefix" value="/WEB-INF/jsp/"/>
        <property name="suffix" value=".jsp"/>
    </bean>
</beans>
```

spring-mvc.xml 配置完成后，在 web.xml 中配置 Spring MVC 的前端控制器，并在初始化前端控制器时加载 Spring MVC 配置文件。web.xml 的具体代码如示例 14 所示。

【示例 14】web.xml

```
<!--配置 Spring MVC 的前端控制器-->
<servlet>
    <servlet-name>DispatcherServlet</servlet-name>
    <servlet-class>
        org.springframework.web.servlet.DispatcherServlet
    </servlet-class>
    <!--配置初始化参数-->
    <init-param>
        <param-name>contextConfigLocation</param-name>
        <param-value>classpath:spring-mvc.xml</param-value>
```

```
            </init-param>
            <!--在项目启动时，初始化前端控制器-->
            <load-on-startup>1</load-on-startup>
        </servlet>
        <servlet-mapping>
            <servlet-name>DispatcherServlet</servlet-name>
            <url-pattern>/</url-pattern>
        </servlet-mapping>
```

至此，SSM 框架整合成功。

步骤 3　整合测试

下面通过查询用户信息来测试 SSM 框架的整合情况。在 src/main/webapps 目录下创建 user.jsp，用于展示处理器返回的用户信息。user.jsp 的具体代码如示例 15 所示。

【示例 15】user.jsp

```
<%@ page language="java" import="java.util.*" pageEncoding="utf-8"%>
<html>
<head>
    <title>用户信息表</title>
    <meta charset="UTF-8">
    <link rel="stylesheet" href="/statics/css/bootstrap.min.css">
</head>
<body class="container">
<h2>用户信息表</h2>
    <table class="table table-hover">
        <thead>
            <tr>
                <th>用户编号</th>    <th>用户名</th>    <th>用户编码</th>
                <th>生日</th>    <th>性别</th>
            </tr>
        </thead>
        <tbody>
            <tr>
                <td>${user.id}</td>
                <td>${user.userName}</td>
                <td>${user.userCode}</td>
                <td>${user.birthday}</td>
                <td>${user.gender}</td>
            </tr>
        </tbody>
    </table>
</body>
</html>
```

本章示例 7 中在搭建项目基础结构时，findUserById()方法返回了 User，并通过 EL 表达式在页面展示了 User 的信息。

将项目发布到 Tomcat 服务器中，并启动 Tomcat 服务器，在浏览器中访问 http://localhost:8888/user?id=1，进行用户信息查询，结果如图 13.4 所示。

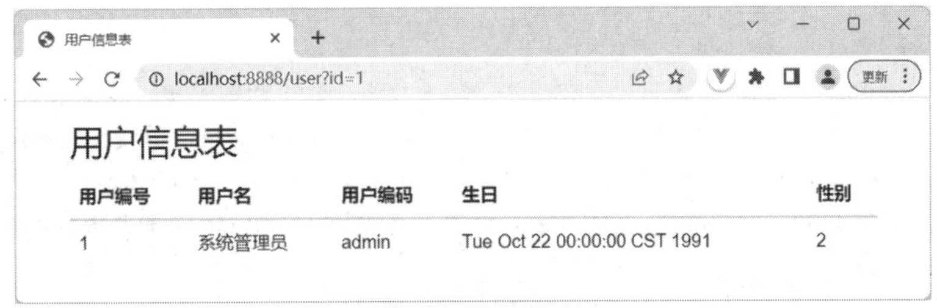

图 13.4　访问结果

从图 13.4 中可以看出，程序成功查询到了 id 属性的值为 1 的用户信息。这表明表现层成功将 Service 层获取的用户信息返回给页面，由此说明 SSM 框架整合成功。

13.3 纯注解整合 SSM 框架

13.2 节中的整合 SSM 框架是使用 XML 文件完成的，因为 Spring 可以使用注解完成一些配置，所以项目的配置可以完全脱离 XML 文件，使用纯注解来实现。本节使用纯注解对 SSM 框架进行整合。

13.3.1 使用纯注解实现 SSM 框架整合思路

使用纯注解整合 SSM 框架，其实就是使用配置类替代原 XML 文件在项目中的作用。13.2 节中使用 XML 文件完成了 SSM 框架的整合，使用到的 XML 文件具体如下。

1．application-dao.xml

application-dao.xml 中配置的内容包含以下 4 项。

（1）读取 jdbc.properties 中的数据连接信息。

（2）创建 DruidDataSource，并将读取的数据连接信息注入 DruidDataSource。

（3）创建 SqlSessionFactoryBean，并将数据源注入 SqlSessionFactoryBean。

（4）创建 MapperScannerConfigurer，并指定扫描的映射文件的目录。

2．application-service.xml

application-service.xml 中只配置了包扫描，指定了需要扫描到 Spring 中的 Service 层所在的包目录。

3．spring-mvc.xml

spring-mvc.xml 中配置了包扫描和注解驱动。

4．web.xml

web.xml 配置了在项目启动时加载的信息，包含以下 3 项。

（1）使用<context-param>元素加载 application-service.xml 和 Spring 整合 MyBatis 的 application-dao.xml。

（2）加载 Spring 的监听器。

（3）配置 Spring MVC 的前端控制器。

13.3.2 使用纯注解实现 SSM 框架整合

分析完 SSM 框架整合中 XML 文件的内容和作用后，下面将项目中的 XML 文件删除，使用纯注解的配置类依次替换对应的 XML 文件，以完成纯注解的 SSM 框架整合，具体实现步骤如下。

步骤 1 编辑 JdbcConfig.java

在 src/main/java 目录下创建 cn.dsscm.config 包，用于存放项目中的配置类。在 cn.dsscm.config 包下创建 JdbcConfig.java，用于获取数据库连接信息并定义创建数据源对象的方法。在 JdbcConfig.java 中，通过 @PropertySource 注解读取 jdbc.properties 中的数据库连接信息，并定义 getDataSource()方法，用于创建 DruidDataSource，通过 DruidDataSource 返回数据库连接信息。JdbcConfig.java 的具体代码如示例 16 所示。

【示例 16】JdbcConfig.java

```
package cn.dsscm.config;

import com.alibaba.druid.pool.DruidDataSource;
import org.springframework.beans.factory.annotation.Value;
import org.springframework.context.annotation.Bean;
import org.springframework.context.annotation.PropertySource;
```

```
7.
8.  import javax.sql.DataSource;
9.
10. /*等同于<context:property-placeholder location="classpath*:jdbc.properties"/>*/
11. @PropertySource("classpath:jdbc.properties")
12. public class JdbcConfig {
13.     /* 使用注入的形式，读取 Properties 文件中属性的值，
14.     等同于<property name="*******" value="${jdbc.driver}"/>  */
15.     @Value("${jdbc.driverClassName}")
16.     private String driver;
17.     @Value("${jdbc.url}")
18.     private String url;
19.     @Value("${jdbc.username}")
20.     private String userName;
21.     @Value("${jdbc.password}")
22.     private String password;
23.     /*定义 id 属性的值为 dataSource 的 Bean，等同于<bean id="dataSource" class="com.
24. alibaba.druid.pool.DruidDataSource"> */
25.
26.     @Bean("dataSource")
27.     public DataSource getDataSource() {
28.         //创建 DruidDataSource 对象
29.         DruidDataSource ds = new DruidDataSource();
30.         /*等同于 set 属性注入<property name="driverClassName" value="driver"/>*/
31.         ds.setDriverClassName(driver);
32.         ds.setUrl(url);
33.         ds.setUsername(userName);
34.         ds.setPassword(password);
35.         return ds;
36.     }
37. }
```

在示例 16 中，第 11 行代码读取了 jdbc.properties 中的数据库连接信息；第 15～22 行代码将获取到的数据库连接信息注入 JdbcConfig.java 的属性；第 26～36 行代码创建了 DruidDataSource 对象，即 ds，将数据库连接信息通过属性设置到 ds 中，并将 ds 返回，其中第 26 行代码的@Bean 注解指示了返回的 ds 将交给 Spring 管理，并指定返回的 ds 在 Spring 中的名为 dataSource。

步骤 2　编辑 MyBatisConfig.java

在 cn.dsscm.config 包下创建 MyBatisConfig.java，在 MyBatisConfig.java 中定义 getSqlSessionFactoryBean() 方法，用于创建 SqlSessionFactoryBean 并返回；定义 getMapperScannerConfigurer() 方法，用于创建 getMapperScannerConfignurer 并返回。MyBatisConfig.java 的具体代码如示例 17 所示。

【示例 17】MyBatisConfig.java

```
package cn.dsscm.config;

import org.mybatis.spring.SqlSessionFactoryBean;
import org.mybatis.spring.mapper.MapperScannerConfigurer;
import org.springframework.beans.factory.annotation.Autowired;
import org.springframework.context.annotation.Bean;

import javax.sql.DataSource;

public class MyBatisConfig {
    /*定义 MyBatis 的核心连接工厂 Bean，
    等同于<bean class="org.mybatis.spring.SqlSessionFactoryBean">
     参数使用自动配置的形式加载数据源，
    为 set 属性注入数据源，数据源来源于 JdbcConfig.java 中的配置*/
    @Bean
    public SqlSessionFactoryBean getSqlSessionFactoryBean(
            @Autowired DataSource dataSource) {
        SqlSessionFactoryBean ssfb = new SqlSessionFactoryBean();
        //等同于<property name="dataSource" ref="dataSource"/>
        ssfb.setDataSource(dataSource);
        return ssfb;
```

```
22.     }
23.     /*定义 MyBatis 的映射扫描，等同于
24.     <bean class="org.mybatis.spring.mapper.MapperScannerConfigurer"> */
25.     @Bean
26.     public MapperScannerConfigurer getMapperScannerConfigurer() {
27.         MapperScannerConfigurer msc = new MapperScannerConfigurer();
28.         //等同于<property name="basePackage" value="cn.dsscm.dao"/>
29.         msc.setBasePackage("cn.dsscm.dao");
30.         return msc;
31.     }
32. }
```

在示例 17 中，第 15～22 行代码创建了 ssfb 并将其交由 Spring 管理，使用@Autowired 注解将数据源注入形参；第 25～31 行代码创建了 msc 并将其交由 Spring 管理，其中第 29 行代码指定了要扫描的 DAO 包。

步骤 3　编辑 SpringConfig.java

在 cn.dsscm.config 包下创建 SpringConfig.java，作为项目定义 Bean 的源头，并扫描 Service 层对应的包。SpringConfig.java 的具体代码如示例 18 所示。

【示例 18】SpringConfig.java

```
package cn.dsscm.config;

import org.springframework.context.annotation.*;

@Configuration
@Import({MyBatisConfig.class, JdbcConfig.class})
/*等同于<context:component-scan base-package="cn.dsscm.service"> */
@ComponentScan(value = "cn.dsscm.service")
/*将 JdbcConfig.java 和 MyBatisConfig.java 交给 Spring 管理*/
public class SpringConfig {
}
```

步骤 4　编辑 SpringMvcConfig.java

在 cn.dsscm.config 包下创建 SpringMvcConfig.java，作为 Spring MVC 的配置类，在该类中指定表现层的扫描目录。SpringMvcConfig.java 的具体代码如示例 19 所示。

【示例 19】SpringMvcConfig.java

```
1.  package cn.dsscm.config;
2.  import org.springframework.context.annotation.ComponentScan;
3.  import org.springframework.context.annotation.Configuration;
4.  import org.springframework.web.servlet.config.annotation.EnableWebMvc;
5.  @Configuration
6.  //等同于<context:component-scan base-package="cn.dsscm.controller"/>
7.  @ComponentScan("cn.dsscm.controller")
8.  //等同于<mvc:annotation-driven/>元素，但不完全相同
9.  @EnableWebMvc
10. public class SpringMvcConfig implements WebMvcConfigurer {
11.     /*开启对静态资源的访问
12.       类似在 Spring MVC 配置文件中设置<mvc:default-servlet-handler/>元素*/
13.     @Override
14.     public void configureDefaultServletHandling
15.             (DefaultServletHandlerConfigurer configurer) {
16.         configurer.enable();
17.     }
18.
19.     @Override
20.     public void configureViewResolvers(ViewResolverRegistry registry) {
21.         registry.jsp("/WEB-INF/jsp/",".jsp");
22.     }
23. }
```

在示例 19 中，第 7 行代码指定了控制器的扫描目录；第 9 行代码使用@EnableWebMvc 注解开启了 Web MVC 的配置支持。

步骤 5　编辑 ServletContainersInitConfig.java

至此，完成了 SSM 框架整合配置类的编辑。下面需要在项目初始化 Servlet 容器时加载指定初始化信息，来替代之前 web.xml 配置的信息。

Spring 提供了一个抽象类 AbstractAnnotationConfigDispatcherServletInitializer，任意继承 AbstractAnnotationConfigDispatcherServletInitializer 都会在项目启动时自动配置前端控制器、初始化 Spring MVC 的容器和 Spring 的容器。在项目中，可以通过继承该抽象类来配置前端控制器的映射目录，加载 Spring MVC 配置类信息到 Spring MVC 的容器中，并加载 Spring 配置类信息到 Spring 的容器中。

在 cn.dsscm.config 包下创建 ServletContainersInitConfig.java，继承 AbstractAnnotationConfigDispatcher-ServletInitializer，重写该抽象类的方法。需要重写的方法有以下 3 个。

- getRootConfigClasses()方法：加载 Spring 配置类信息到 Spring 的容器中。
- getServletConfigClasses()方法：加载 Spring MVC 配置类信息到 Spring MVC 的容器中。
- getServletMappings()方法：配置前端控制器的映射目录。

ServletContainersInitConfig.java 的具体代码如示例 20 所示。

【示例 20】ServletContainersInitConfig.java

```java
package cn.dsscm.config;

import org.springframework.web.servlet.support.
        AbstractAnnotationConfigDispatcherServletInitializer;

public class ServletContainersInitConfig extends
        AbstractAnnotationConfigDispatcherServletInitializer {
    // 加载 Spring 配置类信息， 初始化 Spring 的容器
    protected Class<?>[] getRootConfigClasses() {
        return new Class[]{SpringConfig.class};
    }
    // 加载 Spring MVC 配置类信息，初始化 Spring MVC 的容器
    protected Class<?>[] getServletConfigClasses() {
        return new Class[]{SpringMvcConfig.class};
    }
    //配置前端控制器的映射目录
    protected String[] getServletMappings() {
        return new String[]{"/"};
    }
}
```

示例 20 中的代码会在项目启动时被加载，加载后会自动初始化 Spring MVC 的容器和 Spring 的容器，加载对应配置类信息，并配置好前端控制器。

至此，纯注解 SSM 框架整合成功。

步骤 6　整合测试

将项目发布到 Tomcat 服务器中，并启动 Tomcat 服务器，在浏览器中访问 http:/localhost:8888/user?id=1，进行用户信息查询，访问结果如图 13.5 所示。

图 13.5　访问结果

从图 13.5 中可以看出，程序成功查询到了 id 属性的值为 1 的用户信息。这表明控制器成功将 Service 层获取的用户信息返回给页面，由此说明纯注解的 SSM 框架整合成功。

本章总结

➢ 在进行 SSM 框架整合时，Spring MVC、Spring 和 MyBatis 这 3 个框架的分工如下。
  ◎ Spring MVC 负责管理表现层的处理器。
  ◎ Spring 负责事务管理，可以管理持久层的 Mapper 及 Service 层的 Service 对象。
  ◎ MyBatis 负责与数据库进行交互。

➢ XML 文件整合 SSM 框架的具体实现思路：搭建项目基础结构；整合 Spring 和 MyBatis；整合 Spring 和 Spring MVC。

➢ Spring MVC 配置文件中必须配置以下两项。
  ◎ 配置包扫描，指定需要扫描到 Spring MVC 中的表现层所在的包目录。
  ◎ 配置注解驱动，让项目启动时开启注解驱动，并且自动注册处理器映射器和处理器适配器。

➢ 纯注解整合 SSM 框架。

本章作业

一、选择题

1．下面关于 SSM 框架的整合的说法错误的是（　　）。

A．Spring MVC 与 Spring 不存在框架整合问题
B．SSM 框架的整合涉及 Spring 与 MyBatis 的整合
C．SSM 框架的整合涉及 Spring MVC 与 MyBatis 的整合
D．SSM 框架的整合涉及 Spring MVC 与 Spring 的整合

2．下面不属于整合 SSM 框架时需要编辑的配置文件的是（　　）。

A．db.properties
B．applicationContext.xml
C．mybatis-config.xml
D．struts.xml

3．下面不需要配置在 web.xml 中的是（　　）。

A．Spring 的监听器　　B．编码过滤器
C．视图解析器　　D．前端控制器

4．下面需要配置在 web.xml 中的是（　　）。（多选）

A．Spring 的监听器　　B．编码过滤器
C．视图解析器　　D．前端控制器

二、简答题

1．简述 SSM 框架整合思路。

2．简述 SSM 框架整合时 Spring 配置文件中的配置信息（无须编写代码，只需简单描述要配置的内容即可）。

第 14 章 百货中心供应链管理系统

本章目标

- ◎ 了解百货中心供应链管理系统架构
- ◎ 了解百货中心供应链管理系统的文件组织结构
- ◎ 熟悉系统环境搭建的步骤
- ◎ 掌握用户登录模块功能的实现步骤
- ◎ 掌握用户管理模块功能的实现步骤

本章简介

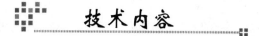

本章将通过对前面章节介绍的 SSM 框架的知识来实现一个简单的百货中心供应链管理系统的功能。百货中心供应链管理系统在 SSM 框架整合的基础上实现了系统功能。

技术内容

14.1 项目介绍

近年来，随着计算机技术的发展，以及在信息化时代企业对效率的需求，计算机技术与通信技术已经被越来越多地应用到各行各业中。百货中心作为物流产业链中的重要一环，为了应对新兴消费方式的冲击，从供货到销售的各个环节也迫切需要实现信息化、自动化。

百货中心供应链管理系统是一个 B/S 架构的信息管理平台，供应链管理主要涉及 4 个领域：供应、生产计划、物流、需求。职能领域主要包括产品工程、产品技术保证、采购、生产控制、库存控制、仓储管理、分销管理。

百货中心供应链管理系统是一个独立的系统，用来解决企业采购信息的管理问题，是采用 SSM 框架构建的一个有效且实用的企业采购信息管理平台，目的是高效地完成对企业采购信息的管理。该系统的主要业务需求是，记录并维护某百货中心的供应商信息及该百货中心与供应商之间的交易订单信息，包括系统管理员、经理、普通员工等角色。

经过对百货中心供应链管理系统的深入分析可知，该系统各个模块需实现的功能如下。

1. 用户登录

对输入的用户名和密码进行匹配，只有合法用户才可以登录成功，进入主页面进行操作，这是系统安全性的第一层保护层。不同角色的用户登录，如普通用户和超级管理员的操作页面是不一样的。

2．供应商管理

灵活管理供货商信息，可及时添加及修改供货商信息，为采购计划的制订提供保障。

3．商品管理

对商品进行管理，管理商品种类及库存，可及时了解库存信息，有助于做出正确的采购选择。

4．订单管理

系统设计了多种订单，如采购订单和销售订单等，不同权限的操作员只能对其拥有权限的订单进行操作。

5．信息查询

根据关键字快速检索信息。

6．新闻管理

对各类新闻信息进行管理。

14.2 需求分析

14.2.1 功能模块需求分析

1．经理

经理是百货中心的最高负责人，负责百货中心大部分的业务管理及监督工作，必要时也可以完成所有其他用例的操作，地位相当于系统管理员，具有最高权限。

2．人事部员工

人事部员工主要负责操作系统的人事管理模块，也可以进入经营统计模块进行查看。

3．采购部员工

采购部员工主要负责操作系统的合作公司管理模块和采购订单管理模块，也可以进入经营统计模块进行查看。

4．物资部员工

物资部员工主要负责操作系统的库存管理模块，也可以进入经营统计模块进行查看。

5．销售部员工

销售部员工主要负责操作系统的销售管理模块，也可以进入经营统计模块进行查看。

经过对百货中心供销流程的了解和对供应链管理相关资料的分析，笔者决定将系统用户分成 5 种不同的用例，系统应根据用例的不同职能实现不同的功能。经过分析可知，系统应具备用户管理、供应商管理、商品管理、采购订单管理、销售订单管理、新闻管理 6 个功能模块。

14.2.2 非功能模块需求分析

考虑到用户可能对计算机操作不是十分熟悉，本系统应具备操作简便、页面友好的特点。结合系统功能分析结论可知，本系统还应增加一个用户登录模块以实现不同用户登录系统后可以进行不同的操作的功能，具体分析如下。

（1）系统页面应简洁、大方，使用简便，并能够友好地操作提示信息。

（2）系统应具有一定的安全性，避免因恶意操作而对系统及数据造成损害。

（3）系统应贴近实际用户的工作情况，对一些关键数据提供打印、保存功能。

（4）系统应包括用户登录、用户管理、供应商管理、商品管理、采购订单管理、销售订单管理、新闻管理 7 个功能模块。

14.3 系统设计

14.3.1 系统架构介绍

按照需求分析结果，百货中心供应链管理系统由用户登录模块、用户管理模块、供应商管理模块、商品管理模块、采购订单管理模块、销售订单管理模块、新闻管理模块组成，如图 14.1 所示。

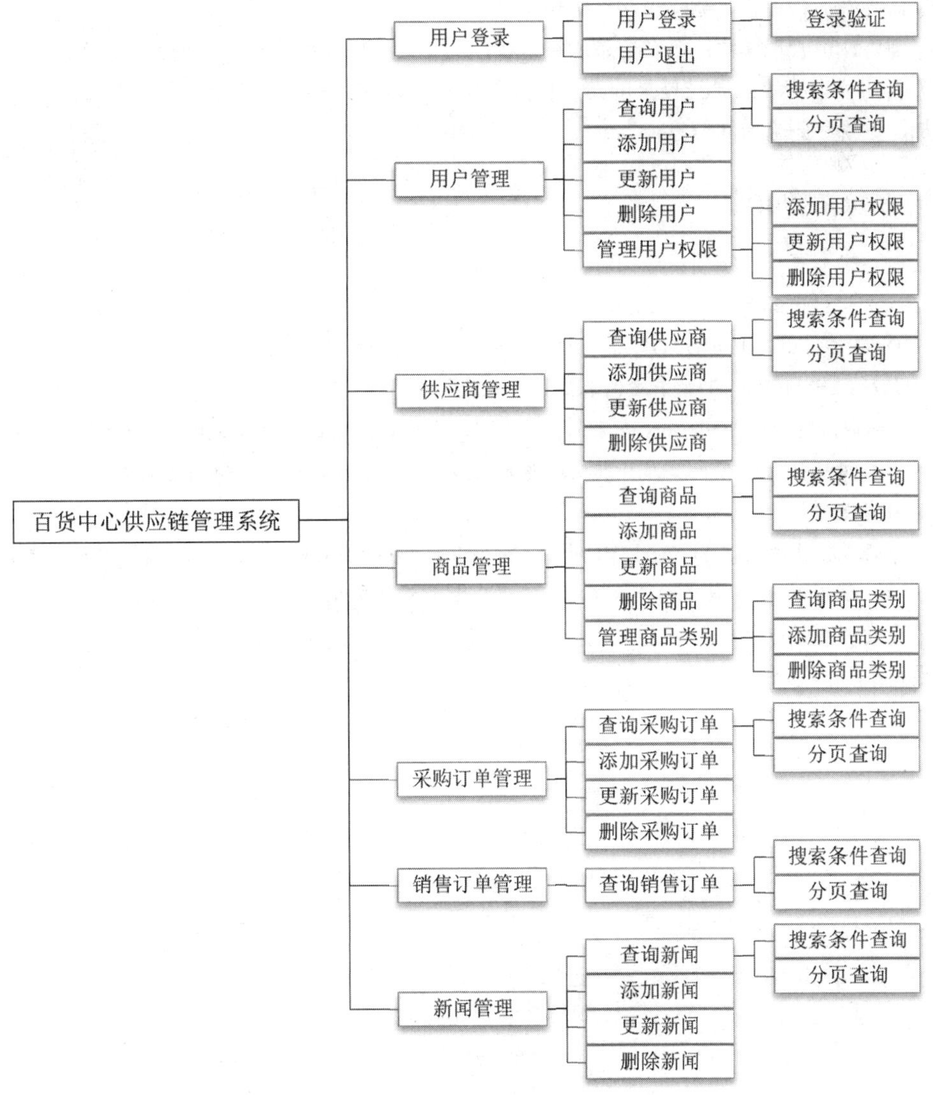

图 14.1　系统架构

14.3.2 系统模块介绍

（1）用户登录模块：用户通过输入用户名和密码登录系统，如果输入错误那么返回登录页面，成功登录后的用户信息会存储到浏览器中，系统会根据这些信息判断用户操作权限。

（2）用户管理模块：管理员可以在此模块中查询用户信息，也可以根据需要添加、更新、删除用户信息和管理用户权限。其中，在管理用户权限模块中，管理员可以根据需要添加、更新、删除用户权限。

（3）供应商管理模块：已经登录的符合权限的用户可以在此模块中查询供应商信息，并且可以根据需要添加、修改、删除供应商信息。

（4）商品管理模块：已经登录的符合权限的用户可以在此模块中查询商品信息，并且可以根据需要添加、更新、删除商品信息，以及管理商品类别。

（5）采购订单管理模块：已经登录的符合权限的用户可以在此模块中查询采购订单信息，并且可以根据需要添加、更新、删除采购订单信息。

（6）销售订单管理模块：已经登录的符合权限的用户可以在此模块中查询销售订单信息。

（7）新闻管理模块：已经登录的符合权限的用户可以在此模块中查询新闻信息，并且可以根据需要添加、更新和删除新闻信息。

14.3.3 系统架构设计

根据功能的不同，系统项目结构可以划分为以下几层。

- 持久层：由若干个持久化类组成。
- DAO 层：由若干个 DAO 层的接口和 MyBatis 的映射文件组成。DAO 层的接口名统一以 Mapper 结尾，且 MyBatis 的映射文件名要与接口名相同。
- Service 层：由若干个 Service 层的接口和实现类组成。在百货中心供应链管理系统中，Service 层的接口统一以 Service 结尾，其实现类名统一在接口名后加 Impl。Service 层主要用于实现系统的业务逻辑。
- 表现层：主要包括 Spring MVC 中的 Controller 类和 JSP 页面。Controller 类主要负责拦截用户请求，调用 Service 层中相应组件的业务逻辑方法来处理用户请求，并将处理结果返回给 JSP 页面。

为了让读者更清晰地了解各层之间的关系，下面通过一张图来描述百货中心供应链管理系统各层的关系和作用，如图 14.2 所示。

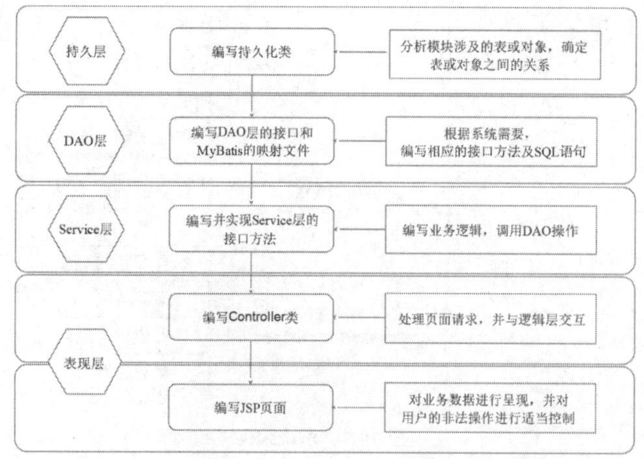

图 14.2 百货中心供应链管理系统各层的关系和作用

14.3.4　文件组织结构介绍

在正式学习项目的功能代码之前，读者应先了解类、依赖、配置文件和页面文件等在项目中的组织结构，如图 14.3 所示。

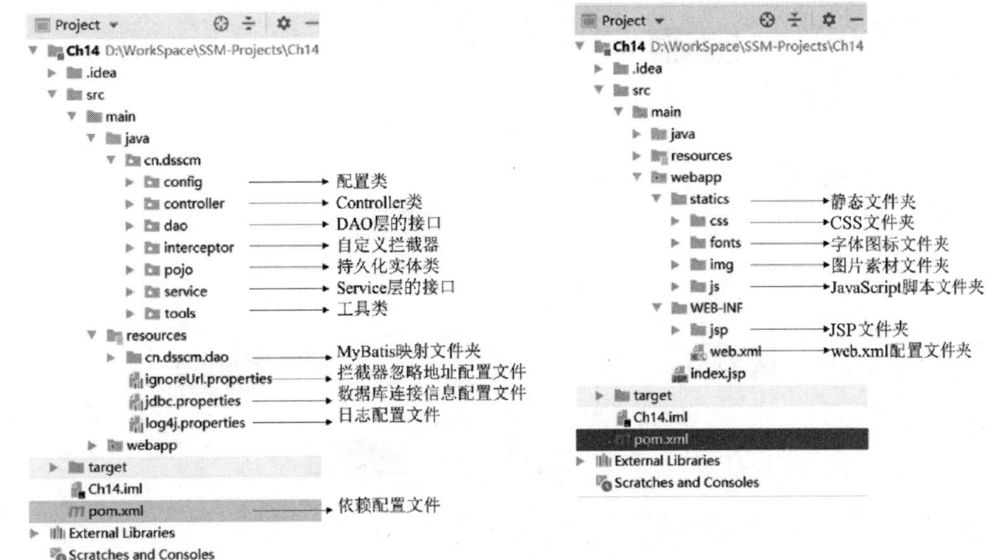

图 14.3　文件在项目中的组织结构

14.3.5　系统开发环境介绍

百货中心供应链管理系统开发环境如下。

- 操作系统：Windows 10。
- Web 服务器：Tomcat 8.5.24。
- Java 开发包：JDK 8。
- 开发工具：IntelliJ IDEA 2020.1。
- 数据库：MySQL 8.0.30。
- 浏览器：Google Chrome 107.0.5304.88（正式版本）（64 位）。

14.3.6　数据库设计

1．数据库概念设计

本系统实体与属性的关系用 E-R 模型表示，如图 14.4 所示。

2．数据库表结构设计

根据 E-R 模型，在数据库（数据库名：dsscm）中创建 9 张表。

（1）tb_user 表。

tb_user 表是用来存储公司员工信息的表，主要用于系统的登录判断，包含 id、用户编码、用户名、密码、性别、出生日期、电子邮件、手机号码、地址、简介、用户角色、用户照片、创建者、创建时间、更新者、更新时间的信息。tb_user 表的结构如表 14.1 所示。

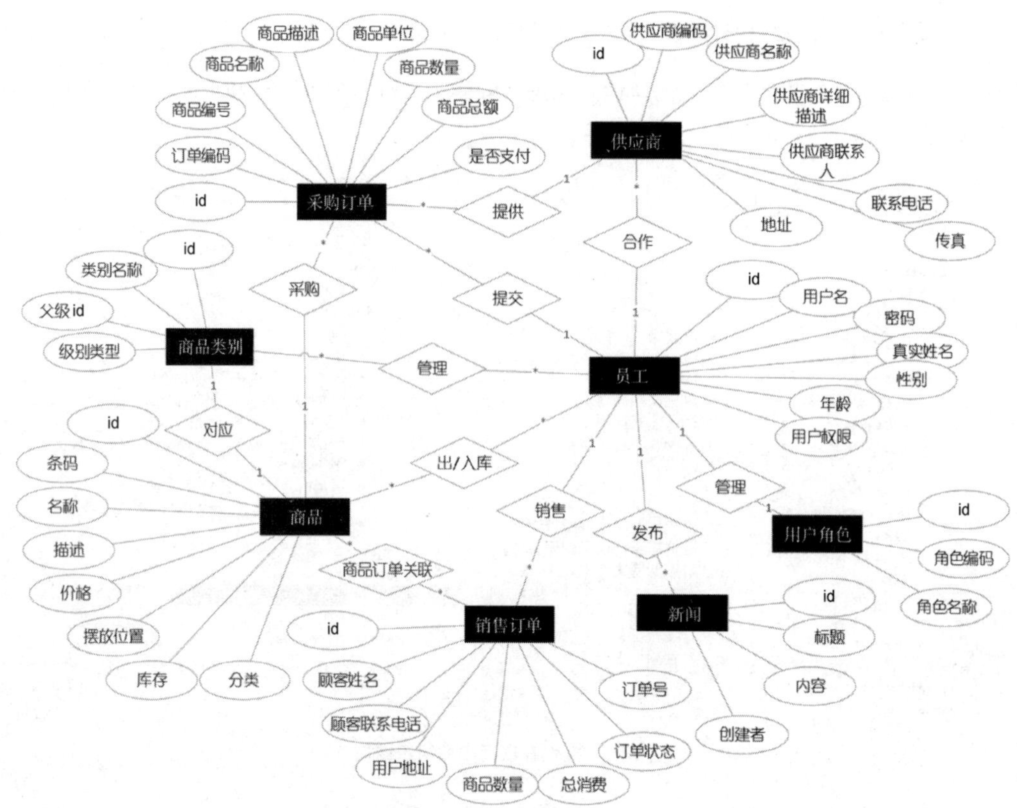

图 14.4 百货中心供应链管理系统的 E-R 模型

表 14.1 tb_user 表的结构

字 段 名	字段说明	数据类型	补充说明
id	id	bigint(20)	主键，不允许为空
userCode	用户编码	varchar(15)	
userName	用户名	varchar(15)	
userPassword	密码	varchar(15)	
gender	性别	int(10)	1.女，2.男
birthday	出生日期	date	
email	电子邮件	varchar(50)	
phone	手机号码	varchar(15)	
address	地址	varchar (30)	
userDesc	简介	text	
userRole	用户角色	bigint(20)	取自 tb_role 表中的角色 id
imgPath	用户照片	varchar(100)	
createdBy	创建者	bigint(20)	
creationDate	创建时间	datetime	
modifyBy	更新者	bigint(20)	
modifyDate	更新时间	datetime	

创建 tb_user 表的代码如下。

```
CREATE TABLE 'tb_user' (
   'id' bigint(20) NOT NULL AUTO_INCREMENT COMMENT 'id',
   'userCode' varchar(15) NOT NULL COMMENT '用户编码',
```

```
    'userName' varchar(15) NOT NULL COMMENT '用户名',
    'userPassword' varchar(15) NOT NULL COMMENT '密码',
    'gender' int(10) DEFAULT NULL COMMENT '性别（1.女，2.男）',
    'birthday' date DEFAULT NULL COMMENT '出生日期',
    'email' varchar(50) DEFAULT NULL COMMENT '电子邮件',
    'phone' varchar(15)COMMENT '手机号码',
    'address' varchar(30)COMMENT '地址',
    'userDesc' text COMMENT '简介',
    'userRole' bigint(20) DEFAULT NULL COMMENT '用户角色（取自 tb_role 表中的角色 id）',
    'imgPath' varchar(100) DEFAULT NULL COMMENT '用户照片',
    'createdBy' bigint(20) DEFAULT NULL COMMENT '创建者',
    'creationDate' datetime DEFAULT CURRENT_TIMESTAMP COMMENT '创建时间',
    'modifyBy' bigint(20) DEFAULT NULL COMMENT '更新者',
    'modifyDate' datetime DEFAULT NULL COMMENT '更新时间',
    PRIMARY KEY ('id'),
    UNIQUE KEY 'userCode' ('userCode')
);
```

（2）tb_role 表。

tb_role 表是用来存储公司员工权限的表，主要用于系统的登录用户权限判断，包含 id、角色编码、角色名称、创建者、创建时间、更新者和更新时间的信息。tb_role 表的结构如表 14.2 所示。

表 14.2　tb_role 表的结构

字　段　名	字段说明	数据类型	补充说明
id	id	bigint(20)	主键，不允许为空
roleCode	角色编码	varchar(50)	
roleName	角色名称	varchar(50)	
createdBy	创建者	bigint(20)	
creationDate	创建时间	datetime	
modifyBy	更新者	bigint(20)	
modifyDate	更新时间	datetime	

创建 tb_role 表的代码如下。

```
CREATE TABLE 'tb_role' (
    'id' bigint(20) NOT NULL AUTO_INCREMENT COMMENT 'id',
    'roleCode' varchar(50) NOT NULL COMMENT '角色编码',
    'roleName' varchar(50) NOT NULL COMMENT '角色名称',
    'createdBy' bigint(20) DEFAULT NULL COMMENT '创建者',
    'creationDate' datetime DEFAULT CURRENT_TIMESTAMP COMMENT '创建时间',
    'modifyBy' bigint(20) DEFAULT NULL COMMENT '更新者',
    'modifyDate' datetime DEFAULT NULL COMMENT '更新时间',
    PRIMARY KEY ('id'),
    UNIQUE KEY 'roleCode' ('roleCode')
);
```

（3）tb_provider 表。

tb_provider 表是用来存储百货中心供应商信息的表，主要用于管理与百货中心合作的公司及公司的商品信息，包含 id、供应商编码、供应商名称、供应商详细描述、供应商联系人、电话号码、地址、传真、创建者、创建时间、更新者、更新时间、企业营业执照的存储目录、组织机构代码的存储目录的信息。tb_provider 表的结构如表 14.3 所示。

表 14.3　tb_provider 表的结构

字　段　名	字段说明	数据类型	补充说明
id	id	bigint(20)	主键，不允许为空
proCode	供应商编码	varchar(20)	

续表

字 段 名	字段说明	数据类型	补充说明
proName	供应商名称	varchar(20)	
proDesc	供应商详细描述	varchar(50)	
proContact	供应商联系人	varchar(20)	
proPhone	电话号码	varchar(20)	
proAddress	地址	varchar(50)	
proFax	传真	varchar(20)	
createdBy	创建者	bigint(20)	
creationDate	创建时间	datetime	
modifyBy	更新者	bigint(20)	
modifyDate	更新时间	datetime	
companyLicPicPath	企业营业执照的存储目录	varchar(200)	
orgCodePicPath	组织机构代码的存储目录	varchar(200)	

创建 tb_provider 表的代码如下。

```
CREATE TABLE 'tb_provider' (
   'id' bigint(20) NOT NULL AUTO_INCREMENT COMMENT 'id',
   'proCode' varchar(20) NOT NULL COMMENT '供应商编码',
   'proName' varchar(20) NOT NULL COMMENT '供应商名称',
   'proDesc' varchar(50) NOT NULL COMMENT '供应商详细描述',
   'proContact' varchar(20) NOT NULL COMMENT '供应商联系人',
   'proPhone' varchar(20) NOT NULL COMMENT '电话号码',
   'proAddress' varchar(50) NOT NULL COMMENT '地址',
   'proFax' varchar(20) DEFAULT NULL COMMENT '传真',
   'createdBy' bigint(20) DEFAULT NULL COMMENT '创建者',
   'creationDate' datetime DEFAULT CURRENT_TIMESTAMP COMMENT '创建时间',
   'modifyDate' datetime DEFAULT NULL COMMENT '更新时间',
   'modifyBy' bigint(20) DEFAULT NULL COMMENT '更新者',
   'companyLicPicPath' varchar(200) DEFAULT NULL COMMENT '企业营业执照的存储目录',
   'orgCodePicPath' varchar(200) DEFAULT NULL COMMENT '组织机构代码的存储目录',
   PRIMARY KEY ('id'),
   UNIQUE KEY 'proCode' ('proCode')
);
```

（4）tb_product_category 表。

tb_product_category 表（商品类别表）是用来存储百货中心商品类别的表，主要用于管理商品类别，包含 id、名称、父级目录 id 和级别的信息。tb_product_category 表的结构如表 14.4 所示。

表 14.4　tb_product_category 表的结构

字 段 名	字段说明	数据类型	补充说明
id	id	bigint(20)	主键，不允许为空
name	名称	varchar(20)	
parentId	父级目录 id	int(10)	
type	级别	int(11)	1.一级　2.二级　3.三级

创建 tb_product_category 表的代码如下。

```
CREATE TABLE 'tb_product_category' (
   'id' int(10) NOT NULL AUTO_INCREMENT COMMENT 'id',
   'name' varchar(20) NOT NULL COMMENT '名称',
   'parentId' int(10) NOT NULL COMMENT '父级目录id',
   'type' int(11) DEFAULT NULL COMMENT '级别(1.一级，2.二级，3.三级)',
```

```
    PRIMARY KEY ('id')
  )
```

（5）tb_product 表。

tb_product 表是用来存储商品信息的表，主要用来显示百货中心仓库中的货物及其相关信息，包含 id、条码、名称、描述、价格、摆放位置、库存、分类 1、分类 2、分类 3、文件名、是否删除、创建者、创建时间、更新者、更新时间的信息。tb_product 表的结构如表 14.5 所示。

表 14.5 tb_product 表的结构

字 段 名	字 段 说 明	数 据 类 型	补 充 说 明
id	id	bigint(20)	主键，不允许为空
isbn	条码	char(13)	
name	名称	varchar(20)	
description	描述	text	
price	价格	decimal(10,2)	
placement	摆放位置	varchar(30)	
stock	库存	decimal(10,2)	
categoryLevel1Id	分类 1	int(10)	
categoryLevel2Id	分类 2	int(10)	
categoryLevel3Id	分类 3	int(10)	
fileName	文件名	varchar(200)	
isDelete	是否删除	int(1)	1：删除，0：未删除
createdBy	创建者	bigint(20)	
creationDate	创建时间	datetime	
modifyBy	更新者	bigint(20)	
modifyDate	更新时间	datetime	

创建 tb_product 表的代码如下。

```
CREATE TABLE 'tb_product' (
   'id' bigint(20) NOT NULL AUTO_INCREMENT COMMENT 'id',
   'isbn' char(13) DEFAULT NULL COMMENT '条码',
   'name' varchar(20) NOT NULL COMMENT '名称',
   'description' text COMMENT '描述',
   'price' decimal(10,2) NOT NULL COMMENT '价格',
   'placement' varchar(30) DEFAULT NULL COMMENT '摆放位置',
   'stock' decimal(10,2) NOT NULL COMMENT '库存',
   'categoryLevel1Id' int(10) DEFAULT NULL COMMENT '分类 1',
   'categoryLevel2Id' int(10) DEFAULT NULL COMMENT '分类 2',
   'categoryLevel3Id' int(10) DEFAULT NULL COMMENT '分类 3',
   'fileName' varchar(200) DEFAULT NULL COMMENT '文件名',
   'isDelete' int(1) DEFAULT '0' COMMENT '是否删除(1：删除，0：未删除)',
   'createdBy' bigint(20) DEFAULT NULL COMMENT '创建者（userid）',
   'creationDate' timestamp NOT NULL COMMENT '创建时间',
   'modifyBy' bigint(20) DEFAULT NULL COMMENT '更新者（userid）',
   'modifyDate' datetime DEFAULT NULL COMMENT '更新时间',
   PRIMARY KEY ('id')
 )
```

（6）tb_bill 表。

tb_bill 表是用来存储采购订单信息的表，主要记录采购的商品在入库前的状态，包含 id、订单编码、商品编号、商品名称、商品描述、商品单位、商品数量、商品总额、是否支付、供应商 id、创建者、创建时间、更新者、更新时间的信息。tb_bill 表的结构如表 14.6 所示。

表 14.6 tb_bill 表的结构

字 段 名	字段说明	数据类型	补充说明
id	id	bigint(20)	主键，不允许为空
billCode	订单编码	varchar(20)	
productId	商品编号	bigint(20)	
productName	商品名称	varchar(20)	
productDesc	商品描述	varchar(50)	
productUnit	商品单位	varchar(10)	
productCount	商品数量	decimal(20,2)	
totalPrice	商品总额	decimal(20,2)	
isPayment	是否支付	int(10)	1.未支付，2.已支付
providerId	供应商 id	bigint(20)	
createdBy	创建者	bigint(20)	
creationDate	创建时间	datetime	
modifyBy	更新者	bigint(20)	
modifyDate	更新时间	datetime	

创建 tb_bill 表的代码如下。

```
CREATE TABLE 'tb_bill' (
   'id' bigint(20) NOT NULL AUTO_INCREMENT COMMENT 'id',
   'billCode' varchar(20) CHARACTER NOT NULL COMMENT '订单编码',
   'productId' bigint(20) DEFAULT NULL COMMENT '商品编号',
   'productName' varchar(20) NOT NULL COMMENT '商品名称',
   'productDesc' varchar(50) NOT NULL COMMENT '商品描述',
   'productUnit' varchar(10) NOT NULL COMMENT '商品单位',
   'productCount' decimal(20,2) DEFAULT NULL COMMENT '商品数量',
   'totalPrice' decimal(20,2) DEFAULT NULL COMMENT '商品总额',
   'isPayment' int(10) DEFAULT NULL COMMENT '是否支付（1.未支付，2.已支付）',
   'providerId' int(20) DEFAULT NULL COMMENT '供应商 id',
   'createdBy' bigint(20) DEFAULT NULL COMMENT '创建者',
   'creationDate' datetime DEFAULT CURRENT_TIMESTAMP COMMENT '创建时间',
   'modifyBy' bigint(20) DEFAULT NULL COMMENT '更新者',
   'modifyDate' datetime DEFAULT NULL COMMENT '更新时间',
   PRIMARY KEY ('id'),
   UNIQUE KEY 'billCode' ('billCode')
)
```

（7）tb_order 表。

tb_order 表是用来存储销售信息的表，主要存储百货中心商品的销售情况，包含 id、顾客姓名、顾客电话号码、顾客地址、商品数量、总消费、订单编号、订单状态、付款方式、创建者、创建时间、更新者、更新时间的信息。tb_order 表的结构如表 14.7 所示。

表 14.7 tb_order 表的结构

字 段 名	字段说明	数据类型	补充说明
id	id	bigint(20)	主键，不允许为空
userName	顾客姓名	varchar(50)	
customerPhone	顾客电话号码	varchar(20)	
userAddress	顾客地址	varchar(255)	
proCount	商品数量	int(11)	
cost	总消费	decimal(20,2)	

续表

字 段 名	字段说明	数据类型	补充说明
serialNumber	订单编号	varchar(255)	
status	订单状态	int(11)	"待审核"，"审核通过"，"配货"，"卖家已发货"，"已收货"
payType	付款方式	int(11)	在线支付，货到付款
createdBy	创建者	bigint(20)	
creationDate	创建时间	datetime	
modifyBy	更新者	bigint(20)	
modifyDate	更新时间	datetime	

创建 tb_order 表的代码如下。

```
CREATE TABLE 'tb_order' (
   'id' bigint(20) NOT NULL AUTO_INCREMENT COMMENT 'id',
   'userName' varchar(50) DEFAULT NULL COMMENT '顾客姓名',
   'customerPhone' varchar(20) DEFAULT NULL COMMENT '顾客电话号码',
   'userAddress' varchar(255) DEFAULT NULL COMMENT '顾客地址',
   'proCount' int(11) DEFAULT NULL COMMENT '商品数量',
   'cost' decimal(20,2) DEFAULT NULL COMMENT '总消费',
   'serialNumber' varchar(255) NOT NULL COMMENT '订单编号',
   'status' int(11) DEFAULT NULL COMMENT '订单状态【"待审核","审核通过","配货","卖家已发货
","已收货"】',
   'payType' int(11) DEFAULT NULL COMMENT '付款方式【在线支付，货到付款】',
   'createdBy' bigint(20) DEFAULT NULL COMMENT '创建者',
   'creationDate' datetime DEFAULT CURRENT_TIMESTAMP COMMENT '创建时间',
   'modifyBy' bigint(20) DEFAULT NULL COMMENT '更新者',
   'modifyDate' datetime DEFAULT NULL COMMENT '更新时间',
   PRIMARY KEY ('id'),
   UNIQUE KEY 'serialNumber' ('serialNumber')
 )
```

（8）tb_order_detail 表。

tb_order_detail 表（销售订单关联表）是用来存储销售信息的关联产品信息表，主要存储百货中心的每笔销售订单的具体商品情况，包含 id、订单主键、商品主键、数量、消费的信息。tb_order_detail 表的结构如表 14.8 所示。

表 14.8　tb_order_detail 表的结构

字 段 名	字段说明	数据类型	补充说明
id	id	bigint(20)	主键，不允许为空
orderId	订单主键	bigint(20)	
productId	商品主键	bigint(20)	
quantity	数量	decimal(10,2)	
cost	消费	decimal(10,2)	

创建 tb_order_detail 表的代码如下。

```
CREATE TABLE 'tb_order_detail' (
   'id' bigint(20) NOT NULL AUTO_INCREMENT COMMENT 'id',
   'orderId' bigint(20) NOT NULL COMMENT '订单主键',
   'productId' bigint(20) NOT NULL COMMENT '商品主键',
   'quantity' decimal(10,2) NOT NULL COMMENT '数量',
   'cost' decimal(10,2) NOT NULL COMMENT '消费',
   PRIMARY KEY ('id')
 )
```

（9）tb_news 表。

tb_news 表是用来存储新闻信息的表，主要存储百货中心的通知、促销信息，包含 id、标题、内容、创建者、创建时间、更新者与更新时间的信息。tb_news 表的结构如表 14.9 所示。

表 14.9 tb_news 表的结构

字 段 名	字段说明	数据类型	补充说明
id	id	bigint(20)	主键，不允许为空
title	标题	varchar(40)	
content	内容	text	
createdBy	创建者	bigint(20)	
creationDate	创建时间	datetime	
modifyBy	更新者	bigint(20)	
modifyDate	更新时间	datetime	

创建 tb_news 表的代码如下。

```
CREATE TABLE 'tb_news' (
   'id' bigint(20) NOT NULL AUTO_INCREMENT COMMENT 'id',
   'title' varchar(40) NOT NULL COMMENT '标题',
   'content' text NOT NULL COMMENT '内容',
   'createdBy' bigint(20) DEFAULT NULL COMMENT '创建者',
   'creationDate' datetime NOT NULL DEFAULT CURRENT_TIMESTAMP COMMENT '创建时间',
   'modifyBy' bigint(20) DEFAULT NULL COMMENT '更新者',
   'modifyDate' datetime DEFAULT NULL COMMENT '更新时间',
   PRIMARY KEY ('id')
 )
```

注意

表中的字段按照 Java 的驼峰命名规则命名，这样在进行实体映射时，既方便了开发人员的工作，又方便了表中字段与 POJO 的属性进行自动映射。

14.4 系统环境搭建

14.4.1 需要引入的依赖

由于百货中心供应链管理系统基于 SSM 框架和 Maven 开发，因此需要在项目中引入 SSM 框架的依赖。此外，由于项目中还涉及数据库、JSTL 等，因此还要引入数据库、JSTL 等其他依赖。

需要引入的依赖大部分都是本书前面章节中介绍过的，这里不再详细介绍。

百货中心供应链管理系统项目引入依赖的代码如示例 1 所示。

【示例 1】 pom.xml

```
<?xml version="1.0" encoding="UTF-8"?>

<project xmlns="http://maven.apache.org/POM/4.0.0"
         xmlns:xsi="http://www.w3.org/2001/XMLSchema-instance"
         xsi:schemaLocation="http://maven.apache.org/POM/4.0.0
                             http://maven.apache.org/xsd/maven-4.0.0.xsd">
    <modelVersion>4.0.0</modelVersion>

    <groupId>org.example</groupId>
    <artifactId>Ch14</artifactId>
    <version>1.0-SNAPSHOT</version>
    <packaging>war</packaging>
    <name>Ch14 Maven Webapp</name>

```

```
    <properties>
        <project.build.sourceEncoding>UTF-8</project.build.sourceEncoding>
        <maven.compiler.source>1.7</maven.compiler.source>
        <maven.compiler.target>1.7</maven.compiler.target>
    </properties>

    <dependencies>
        <dependency>
            <groupId>junit</groupId>
            <artifactId>junit</artifactId>
            <version>4.11</version>
            <scope>test</scope>
        </dependency>
        <!--Spring 上下文-->
        <dependency>
            <groupId>org.springframework</groupId>
            <artifactId>spring-context</artifactId>
            <version>5.2.8.RELEASE</version>
        </dependency>
        <!--Spring 事务管理-->
        <dependency>
            <groupId>org.springframework</groupId>
            <artifactId>spring-tx</artifactId>
            <version>5.2.8.RELEASE</version>
        </dependency>
        <!--Spring JDBC，包含 Spring 自带数据源-->
        <dependency>
            <groupId>org.springframework</groupId>
            <artifactId>spring-jdbc</artifactId>
            <version>5.2.8.RELEASE</version>
        </dependency>
        <!--Spring MVC 核心-->
        <dependency>
            <groupId>org.springframework</groupId>
            <artifactId>spring-webmvc</artifactId>
            <version>5.2.8.RELEASE</version>
        </dependency>
        <!--MyBatis 核心-->
        <dependency>
            <groupId>org.mybatis</groupId>
            <artifactId>mybatis</artifactId>
            <version>3.5.2</version>
        </dependency>
        <!--分页插件-->
        <dependency>
            <groupId>com.github.pagehelper</groupId>
            <artifactId>pagehelper</artifactId>
            <version>5.1.10</version>
        </dependency>
        <!--MyBatis 与 Spring 整合-->
        <dependency>
            <groupId>org.mybatis</groupId>
            <artifactId>mybatis-spring</artifactId>
            <version>2.0.1</version>
        </dependency>
        <!--MySQL 数据库驱动包-->
        <dependency>
            <groupId>mysql</groupId>
            <artifactId>mysql-connector-java</artifactId>
            <version>8.0.16</version>
        </dependency>
        <!--阿里巴巴提供的数据源连接地-->
        <dependency>
            <groupId>com.alibaba</groupId>
            <artifactId>druid</artifactId>
            <version>1.1.20</version>
        </dependency>
```

```
        <!--ServletAPI 相关依赖-->
        <!--ServletAPI：引入 Servlet 的功能-->
        <dependency>
            <groupId>javax.servlet</groupId>
            <artifactId>javax.servlet-api</artifactId>
            <version>3.1.0</version>
            <scope>provided</scope>
        </dependency>
        <!--ServletAPI: JSP 页面的功能包 -->
        <dependency>
            <groupId>javax.servlet.jsp</groupId>
            <artifactId>jsp-api</artifactId>
            <version>2.2</version>
            <scope>provided</scope>
        </dependency>
        <!-- JSTL 相关依赖 -->
        <dependency>
            <groupId>jstl</groupId>
            <artifactId>jstl</artifactId>
            <version>1.2</version>
        </dependency>
        <dependency>
            <groupId>taglibs</groupId>
            <artifactId>standard</artifactId>
            <version>1.1.2</version>
        </dependency>
        <!--Jackson 相关依赖-->
        <dependency>
            <groupId>com.fasterxml.jackson.core</groupId>
            <artifactId>jackson-core</artifactId>
            <version>2.9.2</version>
        </dependency>
        <dependency>
            <groupId>com.fasterxml.jackson.core</groupId>
            <artifactId>jackson-databind</artifactId>
            <version>2.9.2</version>
        </dependency>
        <dependency>
            <groupId>com.fasterxml.jackson.core</groupId>
            <artifactId>jackson-annotations</artifactId>
            <version>2.9.0</version>
        </dependency>
        <!--日志开始-->
        <dependency>
            <groupId>org.slf4j</groupId>
            <artifactId>slf4j-log4j12</artifactId>
            <version>1.6.1</version>
        </dependency>
        <!-- 日志工具包 -->
        <dependency>
            <groupId>org.apache.logging.log4j</groupId>
            <artifactId>log4j-api</artifactId>
            <version>2.10.0</version>
        </dependency>
        <!--日志核心包-->
        <dependency>
            <groupId>org.apache.logging.log4j</groupId>
            <artifactId>log4j-core</artifactId>
            <version>2.10.0</version>
        </dependency>
        <dependency>
            <groupId>com.alibaba</groupId>
            <artifactId>fastjson</artifactId>
            <version>1.2.75</version>
        </dependency>
    </dependencies>

    <build>
```

```
        <finalName>Ch14</finalName>
        <resources>
            <resource>
                <directory>src/main/java</directory>
                <includes>
                    <include>**/*.properties</include>
                    <include>**/*.xml</include>
                </includes>
                <filtering>false</filtering>
            </resource>
            <resource>
                <directory>src/main/resources</directory>
                <includes>
                    <include>**/*.properties</include>
                    <include>**/*.xml</include>
                </includes>
                <filtering>false</filtering>
            </resource>
        </resources>
        <pluginManagement>
            <plugins>
                <plugin>
                    <artifactId>maven-clean-plugin</artifactId>
                    <version>3.1.0</version>
                </plugin>
                <plugin>
                    <artifactId>maven-resources-plugin</artifactId>
                    <version>3.0.2</version>
                </plugin>
                <plugin>
                    <artifactId>maven-compiler-plugin</artifactId>
                    <version>3.8.0</version>
                </plugin>
                <plugin>
                    <artifactId>maven-surefire-plugin</artifactId>
                    <version>2.22.1</version>
                </plugin>
                <plugin>
                    <artifactId>maven-war-plugin</artifactId>
                    <version>3.2.2</version>
                </plugin>
                <plugin>
                    <artifactId>maven-install-plugin</artifactId>
                    <version>2.5.2</version>
                </plugin>
                <plugin>
                    <artifactId>maven-deploy-plugin</artifactId>
                    <version>2.8.2</version>
                </plugin>
            </plugins>
        </pluginManagement>
    </build>
</project>
```

14.4.2 数据库资源准备

使用命令或其他数据库管理工具（Navicat Premium 和 SQLyog 等）导入数据库文件，以导入百货中心供应链管理系统使用的全部数据。在 MySQL 数据库中导入名为 dsscm.sql 的素材文件，创建名为 dsscm 的数据库。

14.4.3 项目环境准备

下面根据 13.2.1 节中的内容整合 SSM 框架，并在 SSM 框架整合之后引入已经提供的页面资源，具体实现步骤如下。

步骤 1　创建项目，引入依赖

在 IntelliJ IDEA 中创建一个名为 Ch14 的 Maven 项目，将系统所需的依赖配置到 pom.xml 中。

步骤 2　编写配置文件和配置类

（1）在 src/main/resources 目录下创建 jdbc.properties 文件，jdbc.properties 文件配置的内容与 13.2.2 节对应配置的内容相同，这里不再赘述。

（2）本项目使用纯注解整合 SSM 框架，通过配置类替代 SSM 框架的相关配置文件。在 src/main/java 目录下创建 cn.dsscm.config 包，在该包下分别创建并配置以下 6 个类。

- ServletContainersInitConfig.java：用于初始化 Servlet 容器的配置类。
- JdbcConfig.java：用于读取数据库连接信息的配置类。
- MyBatisConfig.java：与 MyBatis 相关的配置类。
- SpringConfig.java：与 Spring 相关的配置类。
- SpringMvcConfig.java：与 Spring MVC 相关的配置类。
- EncodingFilter.java：编码过滤器类。

其中，ServletContainersInitConfig.java 和 JdbcConfig.java 中配置的内容与 13.3.2 节中对应配置的内容相同，这里不再赘述。其他配置类的代码分别如示例 2～5 所示。

【示例 2】　MyBatisConfig.java

```java
package cn.dsscm.config;

import com.github.pagehelper.PageInterceptor;
import org.apache.ibatis.plugin.Interceptor;
import org.mybatis.spring.SqlSessionFactoryBean;
import org.mybatis.spring.mapper.MapperScannerConfigurer;
import org.springframework.beans.factory.annotation.Autowired;
import org.springframework.context.annotation.Bean;

import javax.sql.DataSource;
import java.util.Properties;

public class MyBatisConfig {
    /*配置分页插件*/
    @Bean
    public PageInterceptor getPageInterceptor() {
        PageInterceptor pageIntercptor = new PageInterceptor();
        Properties properties = new Properties();
        properties.setProperty("value", "true");
        pageIntercptor.setProperties(properties);
        return pageIntercptor;
    }
    /* 定义 MyBatis 的核心连接工厂 Bean，
    等同于<bean class="org.mybatis.spring.SqlSessionFactoryBean">
     参数使用自动配置的形式加载数据源，
    为 set 属性注入数据源，数据源来源于 JdbcConfig.java 中的配置 */
    @Bean
    public SqlSessionFactoryBean getSqlSessionFactoryBean(
     @Autowired DataSource dataSource,@Autowired PageInterceptor pageIntercptor){
        SqlSessionFactoryBean ssfb = new SqlSessionFactoryBean();
        //等同于<property name="dataSource" ref="dataSource"/>
        ssfb.setDataSource(dataSource);
        Interceptor[] plugins={pageIntercptor};
        ssfb.setPlugins(plugins);
        return ssfb;
    }
    /* 定义 MyBatis 的映射扫描，等同于
    <bean class="org.mybatis.spring.mapper.MapperScannerConfigurer"> */
    @Bean
```

```
40.      public MapperScannerConfigurer getMapperScannerConfigurer(){
41.          MapperScannerConfigurer msc = new MapperScannerConfigurer();
42.          // 等同于<property name="basePackage" value="cn.dsscm.dao"/>
43.          msc.setBasePackage("cn.dsscm.dao");
44.          return msc;
45.      }
46.  }
```

上述代码中配置了 MyBatis 的相关信息。与 13.3.2 节中使用纯注解整合 SSM 框架时 MyBatis 的配置类代码不同的是，上述代码中增加了分页插件的配置。其中。第 27～36 行代码用于创建并返回分页插件，交由 Spring 管理；第 34 行代码将分页插件设置到 SqlSessionFactoryBean 中，后续 MyBatis 中可以使用分页插件进行更便捷的分页操作。

【示例 3】　SpringConfig.java

```
1.  package cn.dsscm.config;
2.
3.  import org.springframework.beans.factory.annotation.Autowired;
4.  import org.springframework.context.annotation.Bean;
5.  import org.springframework.context.annotation.ComponentScan;
6.  import org.springframework.context.annotation.Configuration;
7.  import org.springframework.context.annotation.Import;
8.  import org.springframework.jdbc.datasource.DataSourceTransactionManager;
9.  import org.springframework.transaction.annotation.EnableTransactionManagement;
10.
11. import javax.sql.DataSource;
12.
13. @Configuration
14. @Import({MyBatisConfig.class, JdbcConfig.class})
15. @ComponentScan("cn.dsscm.service")
16. @EnableTransactionManagement
17. public class SpringConfig {
18.     @Bean("transactionManager")
19.     public DataSourceTransactionManager getDataSourceTxManager(
20.                 @Autowired DataSource dataSource) {
21.         DataSourceTransactionManager dtm = new DataSourceTransactionManager();
22.         dtm.setDataSource(dataSource);
23.         return dtm;
24.     }
25. }
```

上述代码中配置了 Spring 的相关信息，并导入了 MyBatisConfig.java 和 JdbeConfig.java。与 13.3.2 节中使用纯注解整合 SSM 框架时的配置类代码不同的是，上述代码中增加了事务管理的配置。其中，第 16 行代码的@EnableTransactionManagement 注解用于开启 Spring 的事务支持，在代码被加载时，第 18～23 行代码将事务管理器注册到 Spring 的容器中，交由 Spring 管理。

【示例 4】　SpringMvcConfig.java

```
package cn.dsscm.config;

import cn.dsscm.interceptor.ResourcesInterceptor;
import org.springframework.beans.factory.annotation.Value;
import org.springframework.context.annotation.*;
import org.springframework.web.servlet.config.annotation.*;
import org.springframework.web.servlet.view.InternalResourceViewResolver;
import java.util.List;

@Configuration
@PropertySource("classpath:ignoreUrl.properties")
@ComponentScan({"cn.dsscm.controller"})
@EnableWebMvc
public class SpringMvcConfig  implements WebMvcConfigurer {
  @Value("#{'${ignoreUrl}'.split(',')}")
    private List<String> ignoreUrl;
    @Bean
    public ResourcesInterceptor resourcesInterceptor(){
        return new ResourcesInterceptor(ignoreUrl);
```

```
20.     }
21.     @Override
22.     public void addInterceptors(InterceptorRegistry registry) {
23.         registry.addInterceptor( resourcesInterceptor()).addPathPatterns("/**")
24.                 .excludePathPatterns("/css/**","/js/**","/img/**");
25.     }
26.     @Override
27.     public void configureDefaultServletHandling(
28.             DefaultServletHandlerConfigurer configurer) {
29.         configurer.enable();
30.     }
31.     @Override
32.     public void configureViewResolvers(ViewResolverRegistry registry) {
33.         registry.jsp("/WEB-INF/jsp/",".jsp");
34.     }
35. }
```

上述代码中配置了 Spring MVC 的相关信息。其中，SpringMvcConfig.java 实现了 WebMvcConfigurer 接口，这样可以在类中定制 Spring MVC 的配置，如静态资源访问和视图解析器等配置。第 27～30 行代码配置了容器默认的 DefaultServletHandling，会放行与 RequestMapping 目录无关的所有静态内容；第 31～34 行代码配置了视图解析器，其中前缀被设置为/WEB-INF/jsp/，后缀被设置为.jsp。

【示例 5】 EncodingFilter.java

```
1.  package cn.dsscm.config;
2.
3.  import javax.servlet.*;
4.  import javax.servlet.annotation.WebFilter;
5.  import java.io.IOException;
6.
7.  @WebFilter(filterName = "encodingFilter",urlPatterns = "/*")
8.  public class EncodingFilter  implements Filter {
9.      @Override
10.     public void init(FilterConfig filterConfig) {}
11.     @Override
12.     public void doFilter(ServletRequest servletRequest, ServletResponse
13.   servletResponse, FilterChain filterChain) throws IOException, ServletException {
14.         servletRequest.setCharacterEncoding("UTF-8");
15.         servletResponse.setCharacterEncoding("UTF-8");
16.         filterChain.doFilter(servletRequest,servletResponse);
17.     }
18.     @Override
19.     public void destroy() {}
20. }
```

上述代码中配置了一个编码过滤器类，将请求和响应内容都以 UTF-8 进行编码，以防出现中文乱码。其中，第 7 行代码中配置的@WebFilter 注解会在容器启动时将 EncodingFilter.java 加载到程序中。

步骤 3 引入页面资源

将项目运行所需的 CSS 文件、图片、JavaScript 文件和 JSP 文件按照图 14.3 中的组织结构引入到项目中。其中，系统默认主页面实现了一个转发功能，在访问时会转发到登录页面，具体实现代码如下。

```
<%@ page language="java" contentType="text/html; charset=UTF-8" pageEncoding="UTF-8"%>
<jsp:forward page="/WEB-INF/jsp/index.jsp"/>
```

至此，开发系统前的环境准备工作就完成了。将项目发布到 Tomcat 服务器中，并启动 Tomcat 服务器，在浏览器中访问 http://localhost:8888，结果如图 14.5 所示。

从图 14.5 中可以看出，在访问系统主页面时，转到了登录页面。

图 14.5　访问结果

14.5 应用案例——实现用户登录模块的功能

在用户登录模块中，用户登录流程如图 14.6 所示。

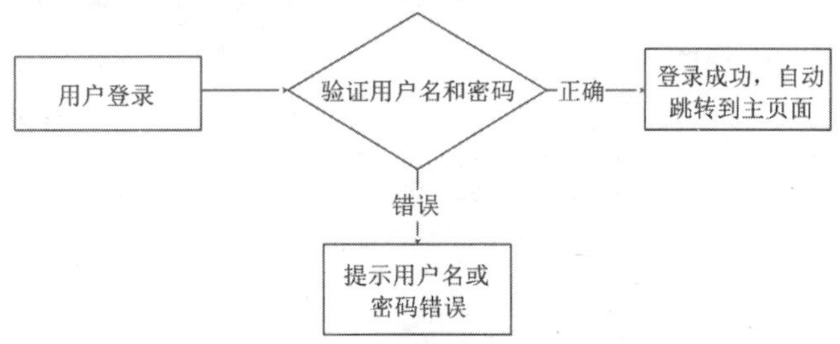

图 14.6　用户登录流程

从图 14.6 中可以看出，用户在登录时，首先要验证用户名和密码是否正确，如果正确，那么可以成功登录系统，系统会自动跳转到主页面；如果错误，那么会在登录页面给出错误提示信息。

下面按照图 14.6 中的用户登录流程，实现用户登录功能，具体实现步骤如下。

步骤 1　创建 User.java

在 src/main/java 目录下创建 cn.dsscm.pojo 包，在该包下创建 User.java，具体代码如示例 6 所示。

【示例 6】　User.java

```
import java.util.Date;
import org.springframework.format.annotation.DateTimeFormat;

public class User {
    private Integer id; // id
    private String userCode; // 用户编码
    private String userName; // 用户名
    private String userPassword; // 密码
    @DateTimeFormat(pattern = "yyyy-MM-dd")
```

```
    private Date birthday; // 出生日期
    private Integer gender; // 性别
    private String phone; // 电话号码
    private String email; // 电子邮件
    private String address; // 地址
    private String userDesc; // 简介
    private Integer userRole; // 用户角色
    private Integer createdBy; // 创建者
    private String imgPath; // 用户照片
    private Date creationDate; // 创建时间
    private Integer modifyBy; // 更新者
    private Date modifyDate; // 更新时间

    private Integer age;// 年龄

    private String userRoleName; // 角色名称
    // 省略 getter 方法和 setter 方法
}
```

上述代码中编写了一个用于映射数据库表的用户持久化类，该类中定义了 id、userCode、userName、userPassword 和 birthday 等属性，以及其对应的 getter 方法和 setter 方法。

步骤 2　创建 UserMapper.java 和 UserMapper.xml

在 src/main/java 目录下创建 cn.dsscm.dao 包，在该包下创建 UserMapper.java，以及 UserMapper.xml，具体代码如示例 7 和示例 8 所示。

【示例 7】　UserMapper.java

```
public interface UserMapper {
    public User getLoginUser(@Param("userCode")String userCode)throws Exception;
}
```

从上述代码中可以看出，UserMapper.java 中只定义了一个根据用户编码查询用户信息的方法。

【示例 8】　UserMapper.xml

```
<?xml version="1.0" encoding="UTF-8" ?>
<!DOCTYPE mapper
PUBLIC "-//mybatis.org//DTD Mapper 3.0//EN"
"http://mybatis.org/dtd/mybatis-3-mapper.dtd">
<mapper namespace="cn.dsscm.dao.UserMapper">
    <select id="getLoginUser" resultType="User">
        select * from tb_user u
        <trim prefix="where" prefixOverrides="and | or">
            <if test="userCode != null">
                and u.userCode = #{userCode}
            </if>
        </trim>
    </select>
</mapper>
```

在示例 8 中，根据示例 7 中的方法编写了对应的执行语句。

因为在前面介绍整合环境搭建时，已经在 applicationContext.xml 中使用包扫描的形式加入了 cn.dsscm.dao 包下的所有接口及映射文件，所以在这里完成 DAO 层的接口及映射文件开发后，就不必进行映射文件的扫描配置了。

步骤 3　创建 UserService.java

在 src/main/java 目录下创建 cn.dsscm.service 包，在该包下创建 UserService.java，并定义通过 id 查询用户信息的方法，具体代码如示例 9 所示。

【示例 9】　UserService.java

```
public interface UserService {
    public User login(String userCode,String userPassword) throws Exception;
}
```

步骤 4　创建 UserServiceImpl.java

在 cn.dsscm.service 包下创建 UserServiceImpl.java，具体代码如示例 10 所示。

【示例 10】　UserServiceImpl.java

```
@Service
@Transactional
public class UserServiceImpl implements UserService {

    @Resource
    private UserMapper userMapper;

    @Override
    public User login(String userCode, String userPassword) throws Exception {
        User user = null;
        user = userMapper.getLoginUser(userCode);
        //匹配密码
        if(null != user){
            if(!user.getUserPassword().equals(userPassword))
                user = null;
        }
        return user;
    }
}
```

上述代码中使用了@Service 注解标识 Service 层的实现类，并使用了@Transactional 注解标识类中的所有方法，将其都纳入 Spring 事务管理，使用了@Resource 注解将 userDao 注入到类中，在类的查询方法中调用 userDao 用于查询用户信息的方法。@Transactional 注解主要针对数据的添加、更新、删除操作进行事务管理。上述代码中的查询方法并不需要使用@Transactional 注解，@Transactional 注解的作用就是标记的方法告知该注解在实际开发中应该如何使用。

步骤 5　创建 LoginController.java

在 src/main/java 目录下创建 cn.dsscm.controller 包，在该包下创建用于处理页面请求的 LoginController.java、用于显示登录页面的 login()方法，以及用于处理登录操作的 doLogin()方法，具体代码如示例 11 所示。

【示例 11】　LoginController.java

```
@Controller
public class LoginController {
    private Logger logger = Logger.getLogger(LoginController.class);
    @Resource
    private UserService userService;

    @RequestMapping(value = "/login.html")
    public String login() {
        return "login";
    }

    @RequestMapping(value = "/dologin.html", method = RequestMethod.POST)
    public String doLogin(@RequestParam String userCode,
            @RequestParam String userPassword, HttpServletRequest request,
            HttpSession session) throws Exception {
        // 进行用户匹配
        User user = userService.login(userCode, userPassword);
        if (null != user) {// 登录成功
            // 放入 Session
            session.setAttribute(Constants.USER_SESSION, user);
            // 页面跳转
            return "redirect:/sys/main.html";
        } else {
            //
            request.setAttribute("error", "用户名或密码不正确");
            return "login";
        }
```

```
    }
    @RequestMapping(value = "/sys/main.html")
    public String main() {
        return "index";
    }
}
```

上述代码中先使用了@Controller 注解标识控制器类，再使用了@Resource 注解将 userService 注入到类中，最后编写了根据用户编码、密码查询用户信息的 login()方法，该方法可以将获取的用户详情返回到 user.jsp 中。

步骤 6　创建 login.jsp

在/WEB-INF 目录下创建 jsp 文件夹，在该文件夹下创建用于展示用户信息的 login.jsp，具体代码如示例 12 所示。

【示例 12】　login.jsp

```
<div id="container">
<div id="bd">
    <div id="main">
        <form action="${pageContext.request.contextPath }/dologin.html"
                     method="post">
        <div class="login-box">
    <div id="logo"></div>
    <h1></h1>
    <div class="input username" id="username">
    <label for="userCode">用户名</label>
    <span></span>
    <input type="text" id="userCode" name="userCode" required/>
    </div>
    <div class="input psw" id="userPassword">
    <label for="password">密    码</label>
    <span></span>
    <input type="password" id="userPassword" name="userPassword" required/>
    </div>
    <div id="btn" class="loginButton">
    <input type="submit" class="button" value="登录"  />
    </div>
    </div>
</form>
</div>
<div id="ft">Copyright &copy; 2024. 百货中心供应链管理系统.</div>
</div>
</div>
```

上述代码中编写了一个用于展示填写用户登录信息的表单，该表单将值传递给后端表现层处理。

步骤 7　启动项目，测试应用

将项目发布到 Tomcat 服务器中，并启动 Tomcat 服务器，在浏览器中访问 http://localhost:8888/。输入正确的用户名和密码，网页将直接跳转到系统主页面，如图 14.7 所示。此时，浏览器已经成功登录，SSM 框架整合成功。

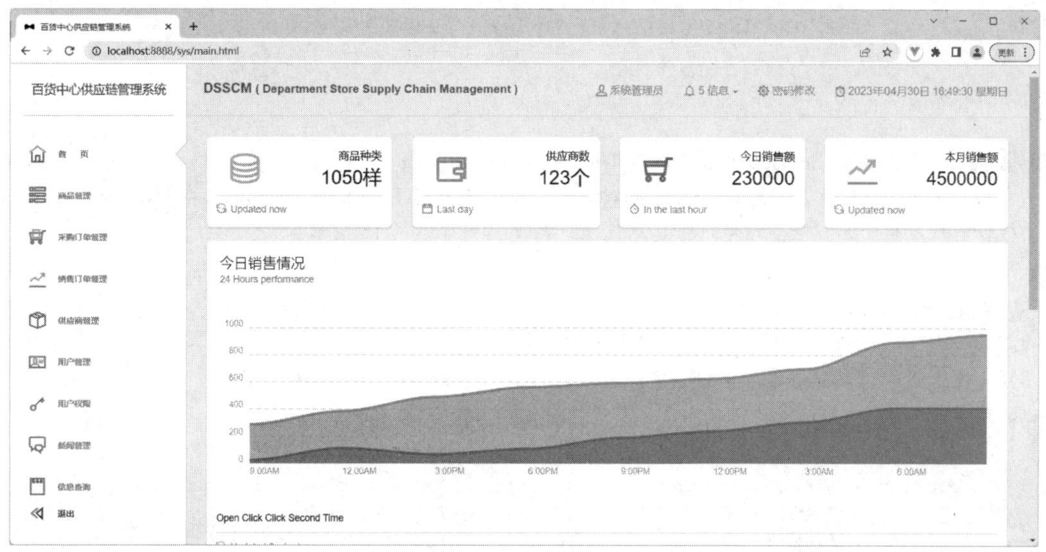

图 14.7　系统主页面

14.6 应用案例——实现用户管理模块的功能

前面已经介绍了 SSM 框架整合环境的搭建工作，下面以用户管理模块为例，使用 SSM 框架实现用户管理模块的功能。

14.6.1　根据用户名和用户权限查询用户信息

下面介绍根据用户名和用户权限查询用户信息的具体实现步骤。

步骤 1　编辑 UserMapper.java 和 UserMapper.xml

在 cn.dsscm.dao 包下，编辑 UserMapper.java 和 UserMapper.xml，定义根据用户名和用户权限查询用户信息的方法，具体代码如示例 13 和示例 14 所示。

【示例 13】　UserMapper.java

```
    public List<User> getUserList(@Param("userName")String userName,@Param("userRole")
Integer userRole );
```

从上述代码中可以看出，UserMapper.java 中定义了根据用户名和用户权限查询用户信息的方法。

【示例 14】　UserMapper.xml

```
        <resultMap type="User" id="userList">
            <result property="id" column="id" />
            <result property="userCode" column="userCode" />
            <result property="userName" column="userName" />
            <result property="phone" column="phone" />
            <result property="birthday" column="birthday" />
            <result property="gender" column="gender" />
            <result property="userRole" column="userRole" />
            <result property="userRoleName" column="roleName" />
        </resultMap>

        <select id="getUserList" resultMap="userList">
            select u.*,r.roleName from tb_user u,tb_role r
             where u.userRole = r.id
            <if test="userRole != null and userRole>0">
                and u.userRole = #{userRole}
            </if>
            <if test="userName != null and userName != ''">
```

```
            and u.userName like CONCAT ('%',#{userName},'%')
        </if>
        order by creationDate DESC
</select>
```

步骤 2 创建 UserService.java 并修改 UserServiceImpl.java

在 src/main/java 目录下创建 cn.dsscm.service 包，在该包下创建 UserService.java，在 UserService.java 中定义根据用户名和用户权限查询用户信息的方法，具体代码如示例 15 所示。

【示例 15】 UserService.java

```
public PageInfo<User> getUserList(String queryUserName,Integer queryUserRole,
    Integer currentPageNo, Integer pageSize) ;
```

从上述代码中可以看出修改了 UserServiceImpl.java，具体代码如示例 16 所示。

【示例 16】 UserServiceImpl.java

```
    @Override
    public PageInfo<User> getUserList(String queryUserName, Integer queryUserRole,
            Integer currentPageNo, Integer pageSize)  {
        //开启分页功能
        PageHelper.startPage(currentPageNo,pageSize);
        List<User> list = userMapper.getUserList(queryUserName, queryUserRole);
        PageInfo<User> pi = new PageInfo<User>(list);
        return pi;
}
```

步骤 3 创建 UserController.java

在 src/main/java 目录下创建 cn.dsscm.controller 包，在该包下创建用于处理页面请求的 UserController.java，定义 doLogin()方法，具体代码如示例 17 所示。

【示例 17】 UserController.java

```
    @RequestMapping(value = "/list.html")
    public String getUserList(
            Model model,
   @RequestParam(value = "queryname", required = false) String queryUserName,
   @RequestParam(value = "queryUserRole", required = false) Integer queryUserRole,
   @RequestParam(value = "pageIndex", required = false) Integer pageIndex) {
        PageInfo<User> upi = null;
        List<Role> roleList = null;
        // 设置页面容量
        int pageSize = Constants.pageSize;
        // 页码为空，默认为第 1 页
        if (null == pageIndex) {
            pageIndex = 1;
        }
        if (queryUserName == null) {
            queryUserName = "";
        }
        try {
            upi = userService.getUserList(queryUserName, queryUserRole,
                    pageIndex, pageSize);
            roleList = roleService.getRoleList();
        } catch (Exception e) {
            e.printStackTrace();
        }
        model.addAttribute("pi", upi);
        model.addAttribute("roleList", roleList);
        model.addAttribute("queryUserName", queryUserName);
        model.addAttribute("queryUserRole", queryUserRole);
        return "userlist";
}
```

步骤 4　创建 userlist.jsp

在/WEB-INF/jsp 目录下，创建用于展示用户信息的 userlist.jsp，具体代码如示例 18 所示。

【示例 18】　userlist.jsp

```
<form    method="post"    action="${pageContext.request.contextPath}/sys/user/list.
html">
    <label>用户名</label>
    <input type="text" name="queryname" value="${queryUserName}">
    <label>用户权限</label>
    <select name="queryUserRole">
        <option value="0">- - - 请选择 - - -</option>
        <c:forEach var="role" items="${roleList}">
        <option <c:if test="${role.id == queryUserRole }">
            selected="selected"</c:if> value="${role.id}">
            ${role.roleName}</option>
        </c:forEach>
    </select>
    <button type="submit">搜索</button>
    <a href="${pageContext.request.contextPath}/sys/user/add.html">添加用户</a>
</form>
<table>
    <thead>
        <th>用户编码</th><th>用户名</th><th>性别</th><th>年龄</th>
        <th>电话号码</th><th>用户角色</th><th>操作</th>
    </thead>
    <tbody>
        <c:forEach var="user" items="${pi.list}" varStatus="status">
            <tr>
                <td><span>${user.userCode }</span></td>
                <td><span>${user.userName }</span></td>
                <td><span><c:if test="${user.gender==2}">男</c:if>
                    <c:if test="${user.gender==1}">女</c:if></span></td>
                <td><span><c:if test="${null != user.age}">
                        ${user.age}</c:if></span></td>
                <td><span>${user.phone}</span></td>
                <td><span>${user.userRoleName}</span></td>
                <td><span><a class="viewUser btn btn-info btn-xs"
                        href="javascript:;" userid=${user.id}
                        username=${user.userName} >查看</a>
                    </span>   <span><a
                        class="modifyUser btn btn-warning btn-xs"
                        href="javascript:;" userid=${user.id}
                        username=${user.userName }>编辑</a>
                    </span>   <span><a
                        class="deleteUser btn btn-success btn-xs"
                        href="javascript:;" userid=${user.id}
                        username=${user.userName}>删除</a>
                </span></td>
            </tr>
        </c:forEach>
    </tbody>
</table>
```

步骤 5　启动项目，测试应用

将项目发布到 Tomcat 服务器中，并启动 Tomcat 服务器，在浏览器中访问 http://localhost:8888/，登录成功后选择“用户管理”选项，结果如图 14.8 所示。

在对应的文本框中输入相关信息，单击“搜索”按钮，结果如图 14.9 所示。

图 14.8 访问结果

图 14.9 根据用户名和用户权限查询用户信息

可以看出，浏览器中已经成功显示出对应的内容，说明根据用户名和用户权限查询用户信息的功能设置成功。

14.6.2 添加用户信息

下面介绍添加用户信息的具体实现步骤。

步骤 1 编辑 UserMapper.java 和 UserMapper.xml

在 src/main/java 目录的 cn.dsscm.dao 包下，编辑 UserMapper.java 和 UserMapper.xml，定义添加用户信息的方法，具体代码如示例 19 所示。

【示例 19】 UserMapper.java

```
public int add(User user);
```

从上述代码中可以看出，UserMapper.java 中定义了根据条件添加用户信息的方法，具体代码如示例 20 所示。

【示例 20】　UserMapper.xml

```
<insert id="add" parameterType="User">
insert into tb_user
    (userCode,userName,userPassword,gender,birthday,phone,email,
    address,userDesc,userRole,createdBy,creationDate,imgPath)
values(#{userCode},#{userName},#{userPassword},#{gender},#{birthday},
    #{phone},#{email},#{address},#{userDesc},#{userRole},#{createdBy},
    #{creationDate},#{imgPath})
</insert>
```

步骤 2　创建 UserService.java 并修改 UserServiceImpl.java

在 src/main/java 目录下创建 cn.dsscm.service 包，在该包下创建 UserService.java，在 UserService.java 中定义添加用户信息的方法，具体代码如示例 21 所示。

【示例 21】　UserService.java

```
public boolean add(User user) ;
```

从上述代码中可以看出修改了 UserServiceImpl.java，具体代码如示例 22 所示。

【示例 22】　UserServiceImpl.java

```
@Override
public boolean add(User user)  {
    // TODO Auto-generated method stub
    boolean flag = false;
    if(userMapper.add(user) > 0)
        flag = true;
    return flag;
}
```

步骤 3　创建 UserController.java

在 src/main/java 目录下创建 cn.dsscm.controller 包，在该包下创建用于处理页面请求的 UserController.java，定义 addUser()方法和 addUserSave()方法，具体代码如示例 23 所示。

【示例 23】　UserController.java

```
@RequestMapping(value = "/add.html", method = RequestMethod.GET)
public String addUser(Model model) {
    List<Role> roleList = null;
    try {
        roleList = roleService.getRoleList();
    } catch (Exception e) {
        e.printStackTrace();
    }
    model.addAttribute("roleList", roleList);
    return "useradd";
}

@RequestMapping(value = "/addsave.html", method = RequestMethod.POST)
public String addUserSave(User user,
        HttpSession session,
        HttpServletRequest request) {
    System.out.println("--------------进入添加用户信息的方法---------");
    user.setCreatedBy(((User) session
                .getAttribute(Constants.USER_SESSION)).getId());
        user.setCreationDate(new Date());

        System.out.println(user);
```

```
            try {
                if (userService.add(user)) {
                    return "redirect:/sys/user/list.html";
                }
            } catch (Exception e) {
                e.printStackTrace();
            }

        return "useradd";
}
```

步骤 4 创建 useradd.jsp

在/WEB-INF/jsp 目录下创建用于展示用户信息的 useradd.jsp，具体代码如示例 24 所示。

【示例 24】 useradd.jsp

```
<form id="userForm" name="userForm" method="post"
    action="${pageContext.request.contextPath }/sys/user/addsave.html">
    <label>用户名</label>
    <input type="text" name="userName"><font color="red"></font>
    <label>用户编码</label>
    <input type="text" name="userCode"><font color="red"></font>
    <label>性别</label>
    <select name="gender" id="gender">
        <option value="">- - - 请选择 - - -</option>
        <option value="2">男</option>
        <option value="1">女</option>
    </select>
    <label>邮箱地址</label>
    <input type="email" name="email" id="email">
    <label>手机号码</label>
    <input name="phone" id="phone"><font color="red"></font>
    <label>用户密码</label>
    <input name="userPassword" id="userPassword"><font color="red"></font>
    <label>确认密码</label>
    <input name="ruserPassword" id="ruserPassword"><font color="red"></font>
    <label>地址</label>
    <input name="address" id="address">
    <label>出生日期</label>
    <input type="date" id="birthday" name="birthday"><font color="red"></font>
    <label>用户角色</label>
    <select name="userRole" id="userRole">
        <option value="">请选择</option>
        <c:forEach items="${roleList}" var="role">
            <option value="${role.id}">${role.roleName}</option>
        </c:forEach>
    </select><font color="red"></font>
    <button id="submit">新增用户</button>
    <button id="back">返回</button>
</form>
```

步骤 5 启动项目，测试应用

将项目发布到 Tomcat 服务器中，并启动 Tomcat 服务器，在浏览器中访问 http://localhost:8888/，登录成功后选择“用户管理”选项，并单击“添加用户”按钮，结果如图 14.10 所示。

在对应的文本框中输入相关信息，单击“添加用户”按钮，添加成功后将跳转到用户信息页面，如图 14.11 所示。

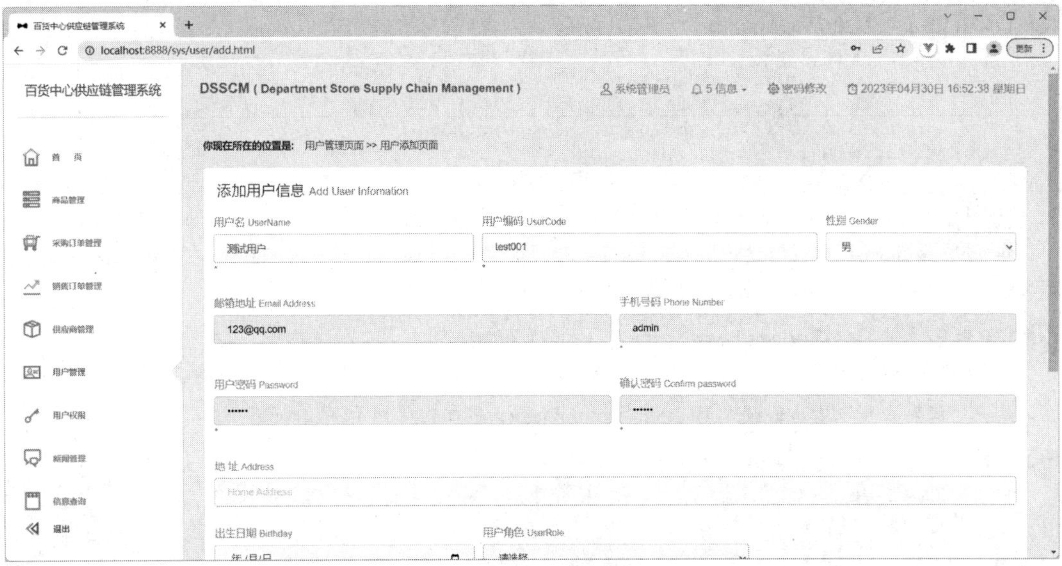

图 14.10　访问结果

图 14.11　添加成功后的用户信息页面

可以看出，浏览器中已经成功显示出对应的内容，说明添加用户信息的功能设置成功。

14.6.3　根据 id 查询用户信息

下面介绍根据 id 查询用户信息的具体实现步骤。

步骤 1　编辑 UserMapper.java 和 UserMapper.xml

在 src/main/java 目录的 cn.dsscm.dao 包下，编辑 UserMapper.java 和 UserMapper.xml，定义查询用户信息的方法，具体代码如示例 25 和示例 26 所示。

【示例 25】　UserMapper.java

```
public User getUserById(@Param("id")Integer id);
```

从上述代码中可以看出，UserMapper.java 中添加了根据 id 查询用户信息的方法。

【示例 26】 UserMapper.xml

```
<select id="getUserById" resultType="user">
    select u.*,r.roleName as
    userRoleName from tb_user u,tb_role r
    where u.id=#{id} and u.userRole = r.id
</select>
```

步骤 2 创建 UserService.java 并修改 UserServiceImpl.java

在 src/main/java 目录下创建 cn.dsscm.service 包，在该包下创建 UserService.java，在 UserService.java 中定义根据 id 查询用户信息的方法，具体代码如示例 27 所示。

【示例 27】 UserService.java

```
public User getUserById(Integer id) ;
```

从上述代码中可以看出修改了 UserServiceImpl.java，具体代码如示例 28 所示。

【示例 28】 UserServiceImpl.java

```
@Override
public User getUserById(Integer id)  {
    return userMapper.getUserById(id);
}
```

步骤 3 创建 UserController.java

在 src/main/java 目录下创建 cn.dsscm.controller 包，在该包下创建用于处理页面请求的 UserController.java，定义根据 id 查询用户信息的 view()方法，具体代码如示例 29 所示。

【示例 29】 UserController.java

```
@RequestMapping(value = "/view/{id}", method = RequestMethod.GET)
public String view(@PathVariable String id, Model model,
        HttpServletRequest request) {
    logger.debug("view id===================== " + id);
    User user = new User();
    try {
        user = userService.getUserById(Integer.parseInt(id));
        if (user.getImgPath() != null && !"".equals(user.getImgPath())) {
            String[] paths = user.getImgPath().split("\\" + File.separator);
            logger.debug("view picPath paths[paths.length-1]============ "
                    + paths[paths.length - 1]);
            user.setImgPath(request.getContextPath()
                    + "/statics/uploadfiles/" + paths[paths.length - 1]);
        }
    } catch (NumberFormatException e) {
        e.printStackTrace();
    } catch (Exception e) {
        e.printStackTrace();
    }
    model.addAttribute(user);
    return "userview";
}
```

步骤 4 编辑 userlist.jsp 和创建 userlist.jsp

在 WebRoot/statics 目录的 userlist.jsp 中，为“查看”按钮绑定 Click 事件，具体代码如示例 30 所示。

【示例 30】 userlist.jsp

```
$(".viewUser").on("click",function(){
    //将被绑定的元素（a）转换成 jQuery 对象，可以使用 jQuery 方法
    var obj = $(this);
    window.location.href=path+"/sys/user/view/"+ obj.attr("userid");
});
```

在/WEB-INF/jsp 目录下创建用于展示用户信息的 userview.jsp，具体代码如示例 31 所示。

【示例 31】　userview.jsp

```
<div class="card">
    <div class="header">
        <h4 class="title">用户信息</h4>
    </div>
    <div class="content">
        <strong>用户编号：</strong><span>${user.userCode }</span>
        <strong>用户名：</strong><span>${user.userName }</span>
        <strong>用户性别：</strong><span>
            <c:if test="${user.gender == 2 }">男</c:if>
            <c:if test="${user.gender == 1 }">女</c:if></span>
        <strong>出生日期：</strong><span>
          <fmt:formatDate value="${user.birthday }" pattern="yyyy-MM-dd" /></span>
        <strong>用户电话号码：</strong><span>${user.phone }</span>
        <strong>用户邮箱：</strong><span>${user.email}</span>
        <strong>用户地址：</strong><span>${user.address }</span>
        <strong>用户角色：</strong><span>${user.userRoleName}</span>
        <strong>用户简介：</strong><span>${user.userDesc}</span>
        <strong>个人证件照：</strong><span>暂无</span>
        <input type="button" id="back" name="back" value="返回">
    </div>
</div>
```

步骤 5　启动项目，测试应用

将项目发布到 Tomcat 服务器中，并启动 Tomcat 服务器，在浏览器中访问 http://localhost:8888/，登录成功后选择“用户管理”选项，单击任意一条记录对应的“查看”按钮，结果如图 14.12 所示。

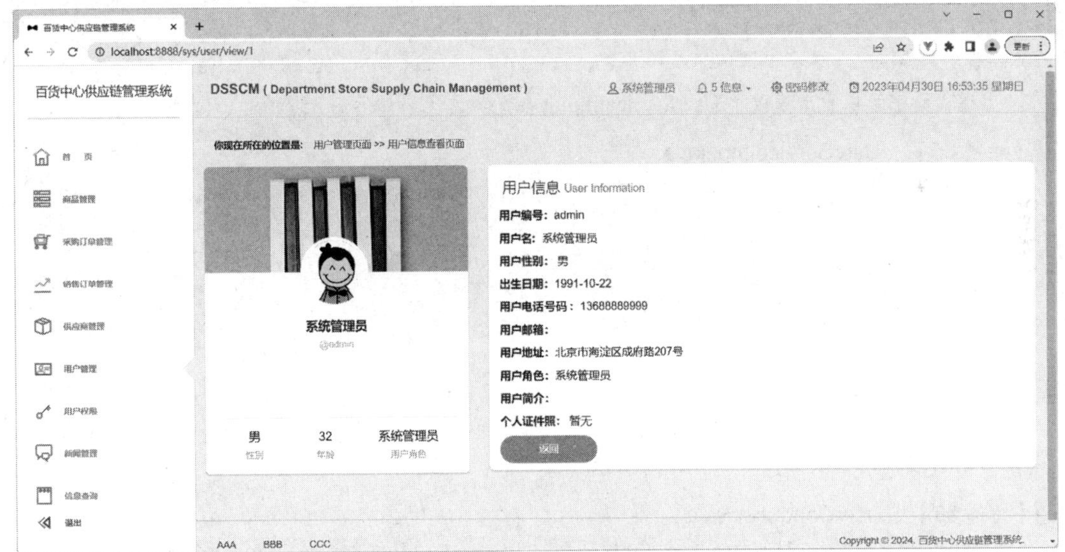

图 14.12　访问结果

可以看出，浏览器中已经成功显示出对应的内容，说明根据 id 查询用户信息的功能设置成功。

14.6.4　更新用户信息

下面介绍更新用户信息的具体实现步骤。

步骤 1　编辑 UserMapper.java 和 UserMapper.xml

在 src/main/java 目录的 cn.dsscm.dao 包下，编辑 UserMapper.java 和 UserMapper.xml，定义更新用户信息的方法，具体代码如示例 32 和示例 33 所示。

【示例 32】 UserMapper.java

```
public int modify(User user);
```

从上述代码中可以看出，UserMapper.java 中添加了更新用户信息的方法。

【示例 33】 UserMapper.xml

```
<update id="modify" parameterType="User">
    update tb_user
    <trim prefix="set" suffixOverrides="," suffix="where id = #{id}">
        <if test="userCode != null">userCode=#{userCode},</if>
        <if test="userName != null">userName=#{userName},</if>
        <if test="userPassword != null">userPassword=#{userPassword},</if>
        <if test="gender != null">gender=#{gender},</if>
        <if test="birthday != null">birthday=#{birthday},</if>
        <if test="phone != null">phone=#{phone},</if>
        <if test="email != null">email=#{email},</if>
        <if test="address != null">address=#{address},</if>
        <if test="userDesc != null">userDesc=#{userDesc},</if>
        <if test="userRole != null">userRole=#{userRole},</if>
        <if test="modifyBy != null">modifyBy=#{modifyBy},</if>
        <if test="modifyDate != null">modifyDate=#{modifyDate},</if>
        <if test="imgPath != null">imgPath=#{imgPath},</if>
    </trim>
</update>
```

步骤 2 创建 UserService.java 并修改 UserServiceImpl.java

在 src/main/java 目录下创建 cn.dsscm.service 包，在该包下创建 UserService.java，在 UserService.java 中定义更新用户信息的方法，具体代码如示例 34 所示。

【示例 34】 UserService.java

```
public boolean modify(User user) ;
```

从上述代码中可以看出修改了 UserServiceImpl.java，具体代码如示例 35 所示。

【示例 35】 UserServiceImpl.java

```
@Override
public boolean modify(User user)  {
    boolean flag = false;
    if(userMapper.modify(user) > 0)
        flag = true;
    return flag;
}
```

步骤 3 创建 UserController.java

在 src/main/java 目录下创建 cn.dsscm.controller 包，在该包下创建用于处理页面请求的 UserController.java，定义 getUserById()方法，具体代码如示例 36 所示。

【示例 36】 UserController.java

```
@RequestMapping(value = "/modify/{id}", method = RequestMethod.GET)
public String getUserById(@PathVariable String id, Model model,
        HttpServletRequest request) {
    User user = new User();
    try {
        user = userService.getUserById(Integer.parseInt(id));
    } catch (Exception e) {
        e.printStackTrace();
    }
    model.addAttribute(user);
    return "usermodify";
}

@RequestMapping(value = "/modifysave.html", method = RequestMethod.POST)
public String modifyUserSave(User user,HttpSession session,
                             HttpServletRequest request ) {
```

```
        System.out.println(user);
        logger.debug("modifyUserSave id===================== " + user.getId());
            user.setModifyBy(((User) session
                    .getAttribute(Constants.USER_SESSION)).getId());
            user.setModifyDate(new Date());
            try {
                if (userService.modify(user)) {
                    return "redirect:/sys/user/list.html";
                }
            } catch (Exception e) {
                e.printStackTrace();
            }

        return "usermodify";
}
```

步骤 4　编辑 userlist.jsp 和创建 usermodify.jsp

在 WebRoot/statics 目录的 userlist.jsp 中，为“更新”按钮绑定 Click 事件，具体代码如示例 37 所示。

【示例 37】　userlist.jsp

```
    $(".modifyUser").on("click",function(){
        var obj = $(this);
        window.location.href=path+"/sys/user/modify/"+ obj.attr("userid");
});
```

在/WEB-INF/jsp 目录下，创建用于展示用户信息的 usermodify.jsp，具体代码如示例 38 所示。

【示例 38】　usermodify.jsp

```
<form id="userForm" name="userForm" method="post"
    action="${pageContext.request.contextPath }/sys/user/addsave.html">
    <input type="hidden" name="id" value="${user.id }"/>
    <label>用户名</label>
    <input type="text" name="userName"><font color="red"></font>
    <label>用户编码</label>
    <input type="text" name="userCode"><font color="red"></font>
    <label>性别</label>
    <select name="gender" id="gender">
        <option value="">- - - 请选择 - - -</option>
        <option value="2">男</option>
        <option value="1">女</option>
    </select>
    <label>邮箱地址</label>
    <input type="email" name="email" id="email">
    <label>手机号码</label>
    <input name="phone" id="phone"><font color="red"></font>
    <label>密码</label>
    <input name="userPassword" id="userPassword"><font color="red"></font>
    <label>确认密码</label>
    <input name="ruserPassword" id="ruserPassword"><font color="red"></font>
    <label>地址</label>
    <input name="address" id="address">
    <label>出生日期</label>
    <input type="date" id="birthday" name="birthday"><font color="red"></font>
    <label>用户角色</label>
    <select name="userRole" id="userRole">
        <option value="">请选择</option>
        <c:forEach items="${roleList}" var="role">
            <option value="${role.id}">${role.roleName}</option>
        </c:forEach>
    </select><font color="red"></font>
    <button id="submit">修 改 用 户</button>
```

```
    <button id="back">返回</button>
</form>
```

步骤 5　启动项目，测试应用

将项目发布到 Tomcat 服务器中，并启动 Tomcat 服务器，在浏览器中访问 http://localhost:8888/，登录成功后选择“用户管理”选项，单击任意一条记录对应的“编辑”按钮，结果如图 14.13 所示。

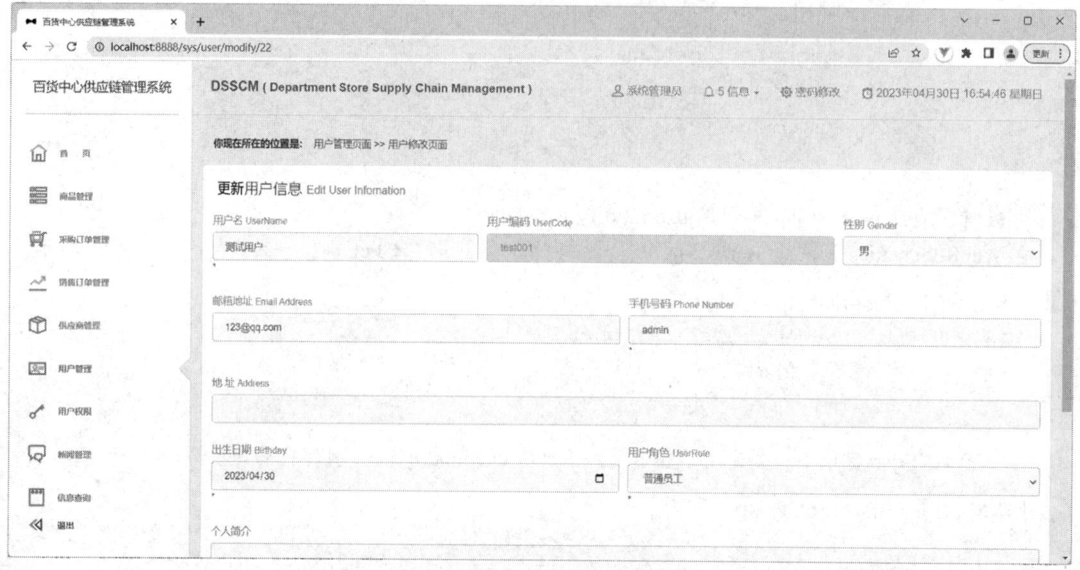

图 14.13　访问结果

在对应的文本框中输入相关信息，单击“编辑”按钮，更新成功后将跳转到用户信息页面，如图 14.14 所示。

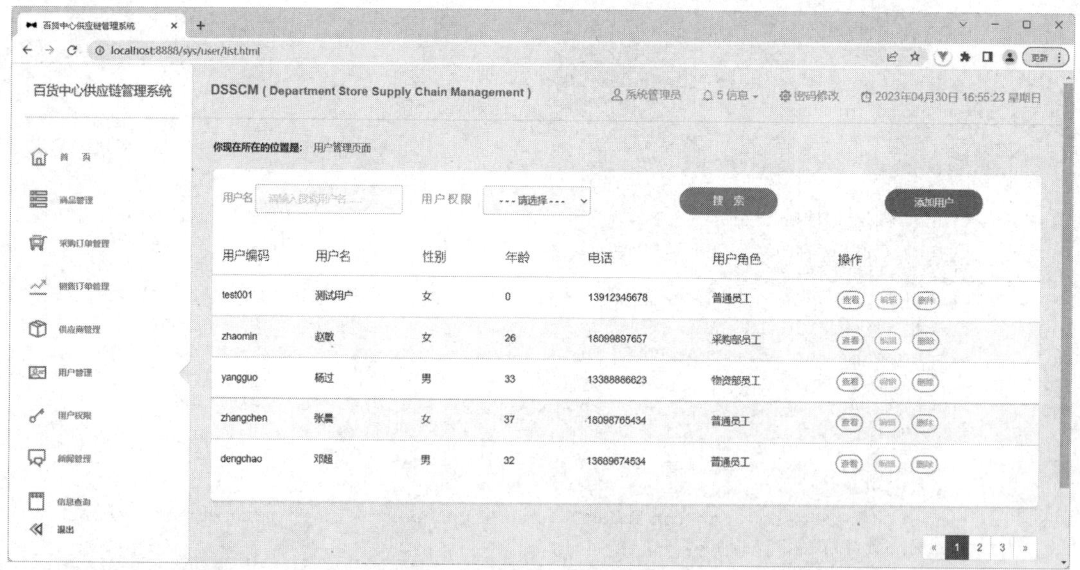

图 14.14　更新成功后的用户信息页面

可以看出，浏览器中已经成功显示出对应的内容，说明更新用户信息的功能设置成功。

14.6.5　删除用户信息

下面介绍删除用户信息的具体实现步骤。

步骤 1　编辑 UserMapper.java 和 UserMapper.xml

在 src/main/java 目录的 cn.dsscm.dao 包下，编辑 UserMapper.java 和 UserMapper.xml，定义删除用户信息的方法，具体代码如示例 39 和示例 40 所示。

【示例 39】　UserMapper.java

```
public int deleteUserById(@Param("id")Integer delId);
```

从上述代码中可以看出，UserMapper.java 中定义了删除用户信息的方法。

【示例 40】　UserMapper.xml

```
<delete id="deleteUserById" parameterType="Integer">
    delete from tb_user
    where id=#{id}
</delete>
```

步骤 2　创建 UserService.java 并修改 UserServiceImpl.java

在 src/main/java 目录下创建 cn.dsscm.service 包，在该包下创建 UserService.java，在 UserService.java 中定义删除用户信息的方法，具体代码如示例 41 所示。

【示例 41】　UserService.java

```
public boolean deleteUserById(Integer delId) ;
```

从上述代码中可以看出修改了 UserServiceImpl.java，具体代码如示例 42 所示。

【示例 42】　UserServiceImpl.java

```
@Override
public boolean deleteUserById(Integer delId)  {
    return userMapper.deleteUserById(delId) ==1;
}
```

步骤 3　创建 UserController.java

在 src/main/java 目录下创建 cn.dsscm.controller 包，在该包下创建用于处理页面请求的 UserController.java，定义 deluser()方法，具体代码如示例 43 所示。

【示例 43】　UserController.java

```
@RequestMapping(value = "/deluser.json", method = RequestMethod.GET)
@ResponseBody
public Object deluser(@RequestParam String id) {
    HashMap<String, String> resultMap = new HashMap<String, String>();
    if (StringUtils.isNullOrEmpty(id)) {
        resultMap.put("delResult", "notexist");
    } else {
        try {
            if (userService.deleteUserById(Integer.parseInt(id)))
                resultMap.put("delResult", "true");
            else
                resultMap.put("delResult", "false");
        } catch (NumberFormatException e) {
            e.printStackTrace();
        } catch (Exception e) {
            e.printStackTrace();
        }
    }
    return JSONArray.toJSONString(resultMap);
}
```

步骤 4　编辑 userlist.jsp 和创建 userview.jsp

在 WebRoot/statics 目录的 userlist.jsp 中，为“删除”按钮绑定 Click 事件，具体代码如示例 44 所示。

【示例 44】　userlist.jsp

```
@RequestMapping(value = "/deluser.json", method = RequestMethod.GET)
```

```java
    @ResponseBody
    public Object deluser(@RequestParam String id) {
        HashMap<String, String> resultMap = new HashMap<String, String>();
        if (StringUtils.isNullOrEmpty(id)) {
            resultMap.put("delResult", "notexist");
        } else {
            try {
                if (userService.deleteUserById(Integer.parseInt(id)))
                    resultMap.put("delResult", "true");
                else
                    resultMap.put("delResult", "false");
            } catch (NumberFormatException e) {
                e.printStackTrace();
            } catch (Exception e) {
                e.printStackTrace();
            }
        }
        return JSONArray.toJSONString(resultMap);
    }
```

步骤 5　启动项目，测试应用

将项目发布到 Tomcat 服务器中，并启动 Tomcat 服务器，在浏览器中访问 http://localhost:8888/，登录成功后选择“用户管理”选项，单击任意一条记录对应的“删除”按钮，结果如图 14.15 所示。

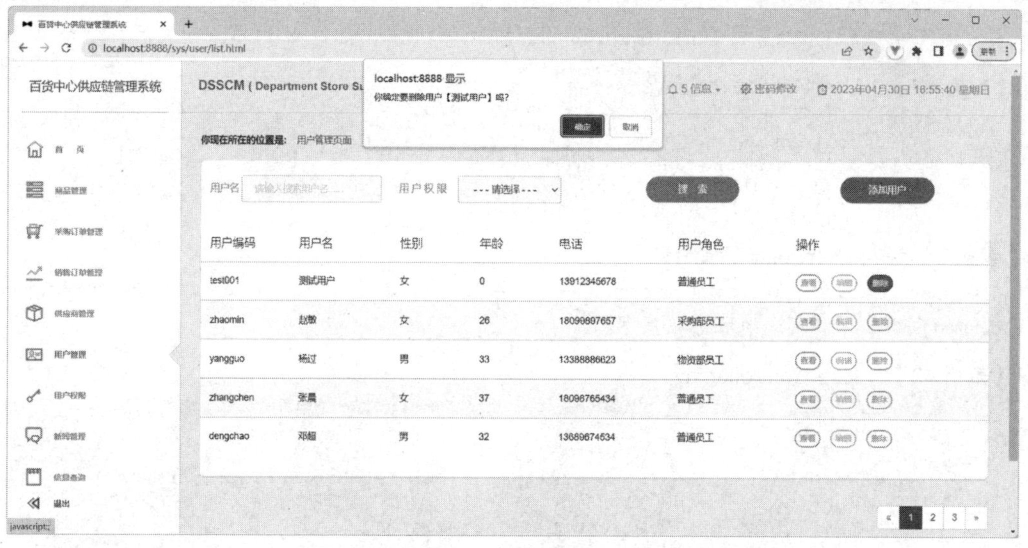

图 14.15　访问结果

可以看出，浏览器中已经成功显示出对应的内容，说明删除用户信息的功能设置成功。

14.7 技能训练

上机练习 1　实现商品管理模块的功能

⌘ 需求说明

搭建 SSM 框架，实现商品管理模块的功能。

（1）根据条件查询商品信息（商品名称、供应商名称）。

（2）添加商品信息。

（3）更新商品信息。

（4）删除指定商品信息。

（5）查询指定商品明细。

上机练习 2　实现供应商管理模块的功能

⌘ 需求说明

搭建 SSM 框架，实现供应商管理模块的功能。

（1）根据条件查询供应商信息（供应商编码、供应商名称）。

（2）添加供应商信息。

（3）更新供应商信息。

（4）删除指定供应商信息。

（5）查询指定供应商明细。

上机练习 3　实现采购订单管理模块的功能

⌘ 需求说明

搭建 SSM 框架，实现采购订单管理模块的功能。

（1）根据条件查询采购订单信息（供应商编码、供应商名称）。

（2）添加采购订单信息。

（3）更新采购订单信息。

（4）删除指定采购订单信息。

（5）查询指定采购订单明细。